普通高等教育"十四五"规划教材

冶金工业出版社

自动控制原理

董洁　丁大伟　张传放　任莹莹　主编

U0315024

北　京

冶金工业出版社

2025

内 容 提 要

本书系统地介绍了自动控制的基本理论与应用。全书共 10 章，前 9 章着重介绍经典控制理论及应用，最后一章重点介绍自动控制系统设计案例。内容涵盖数学建模、时域分析、复频域分析、频域分析、校正设计、离散系统和非线性系统分析等。

本书可作为自动化、电气工程及其自动化、电子信息工程等相关专业的本科及专科生教材，也可供相关领域的工程设计人员阅读参考。

图书在版编目 (CIP) 数据

自动控制原理 / 董洁等主编 . -- 北京 ：冶金工业出版社，2025. 2. -- (普通高等教育 "十四五" 规划教材) . -- ISBN 978-7-5240-0109-6

Ⅰ. TP13

中国国家版本馆 CIP 数据核字第 2025E6K330 号

自动控制原理

出版发行	冶金工业出版社	电　话	(010)64027926
地　址	北京市东城区嵩祝院北巷 39 号	邮　编	100009
网　址	www. mip1953. com	电子信箱	service@ mip1953. com

责任编辑　戈　兰　郭雅欣　美术编辑　彭子赫　版式设计　郑小利
责任校对　石　静　责任印制　窦　唯
三河市双峰印刷装订有限公司印刷
2025 年 2 月第 1 版，2025 年 2 月第 1 次印刷
787mm×1092mm　1/16；26 印张；627 千字；401 页
定价 66.00 元

投稿电话　(010)64027932　投稿信箱　tougao@cnmip. com. cn
营销中心电话　(010)64044283
冶金工业出版社天猫旗舰店　yjgycbs. tmall. com
(本书如有印装质量问题，本社营销中心负责退换)

前　言

自动控制技术作为现代工程技术中的重要组成部分，已广泛应用于工业生产、交通运输、航空航天、智能制造、机器人技术等各个领域。从 20 世纪初期的简单机械控制到今天的智能控制系统，自动控制技术有了巨大的进步。随着信息技术、计算机技术、传感器技术和人工智能的飞速进步，自动控制系统的复杂性、智能化程度和应用领域也在不断扩展。自动控制技术的快速发展不仅推动了工业自动化和智能化的进程，也极大地促进了社会生产力的提升。

"自动控制原理"为自动控制系统性能分析与综合提供基本理论与基本方法，是高等学校自动化及相关专业的基础核心课程。编者团队结合当下自动控制技术的发展和新工科理念的指导，聚焦教材的系统性、实践性以及创新思维，编写一本与自动化及相关专业培养教学大纲相适应，充分体现由浅入深、融会贯通思想的教材。

本教材立足于基础理论和概念，力求结构清晰，注重物理概念，避免繁琐数学推导。同时注重理论与工程实践的结合，塑造读者的工程应用思维。内容涵盖数学建模、时域分析、复频域分析、频域分析、校正设计、离散系统和非线性系统分析等章节，结合教学实践对各章内容进行优化。如在数学建模方面，在原有以图论为基础的结构图变换的基础上，引入信号变换的概念，以传递函数作为重点进行相应的编排；在时域分析章节，重点扩充典型输入信号与性能指标的定义，分析一阶系统和二阶系统的性能，主导极点的概念进一步强化，凸显工程实践特点；在控制系统设计综合章节中引入工程常用的 PID 控制器及其改进方法；在非线性系统分析章节重点介绍典型非线性环节的性质和作用，描述函数法的稳定性分析将和频域法进行统一介绍，让读者形成系统性的观点等。

本书着力构建课程思政的育人格局，在每章结尾处通过二维码数字化资源（云教材）引入与本章知识点密切关联的科学家生平介绍，同时回顾相关控制学科技术的发展历程，激发和塑造读者的科学精神和人文情怀。

本书引入 MATLAB 作为控制系统分析和设计的工具，将课程中的重点、难点用 MATLAB 进行形象、直观地计算机模拟与仿真实现，从而加深对自动控制系统基本原理、方法及应用的理解。全书通过 2 个工程案例贯穿连续控制系统的建模、分析和设计。每章均附有较丰富的例题、习题、MATLAB 设计实验题，便于读者自学。

　　教材编写历经两年，并广泛征求了国内外多位控制理论与工程实践的专家意见，参考了多种国内外优秀教材和最新成果。每章都设定了明确的教学目标和核心知识点，并通过思维导图形式归纳。书中的内容安排从基本概念到复杂系统分析，逐步深入，结合理论讲解和案例分析，强化学生的学习体验。

　　本书得到北京科技大学教材建设经费资助，得到了北京科技大学教务处的全程支持。

　　通过这本教材，我们希望能够为自动控制领域的学生及从业人员提供一个内容全面、结构清晰、理论与实践高度融合的学习工具，帮助他们在未来的学习和工作中取得成功。对于书中存在的不妥之处，恳请广大读者不吝指正。

编　者

2024 年 12 月

目　　录

1 自动控制系统的一般概念

本章提要

· 重点掌握自动控制的概念和基本原理；
· 能够对自动控制过程进行简单描述和分析；
· 掌握自动控制系统的组成和基本环节；
· 掌握自动控制系统的分类方法；
· 掌握自动控制系统的基本要求。

思维导图

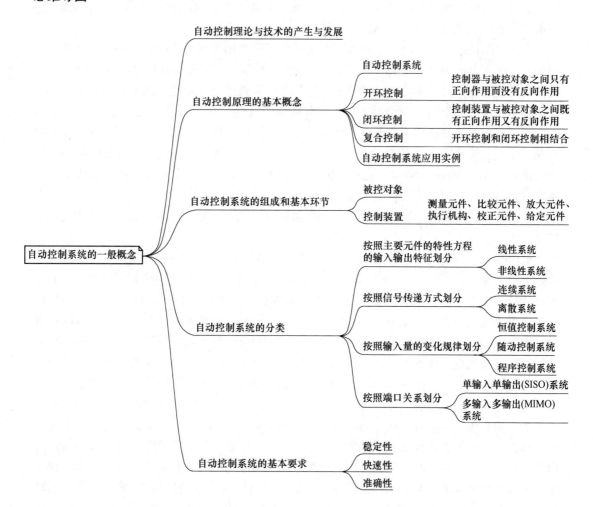

　　自动控制原理是自动化学科的重要理论基础，专门研究有关自动控制系统的基本概念、基本原理和基本方法。本章介绍自动控制理论与技术的产生与发展、自动控制系统的基本概念、自动控制系统的组成和基本环节、自动控制系统的分类，以及对自动控制系统的基本要求。

1.1　自动控制理论与技术的产生与发展

　　自动控制理论是研究自动控制系统建模、分析和设计的一般性理论，是在人类认识世界和改造世界的实践过程中产生，随着社会生产和科学技术的进步而不断发展和完善起来的。

　　自动控制技术是一种运用自动控制理论、仪器仪表、计算机和其他信息技术来设计、实现和优化控制系统的综合性技术。自动控制技术通过自动控制系统对各类机器、各种物理参量、工业生产过程等实现检测、控制、优化、调度、管理和决策，达到增加产量、提高质量、降低消耗、确保安全等目的。随着电子计算机技术的不断发展，自动控制技术已广泛应用于工业、农业及国民经济的各个领域，尤其在工业自动化、机器人、航空航天、核动力、电力系统等领域中发挥出巨大作用。

　　自动控制技术的发展历史，可追溯至两千多年前我国发明的指南车，这是一种开环自动调节系统。公元 1086—1089 年（北宋哲宗元祐初年），我国发明的水运仪象台，是一种按负反馈原理构成的闭环自动调节系统。随着科学技术与工业生产的发展，到 18 世纪，自动控制技术逐渐应用到现代工业中。其中最具代表性的是 1788 年瓦特（J. Watt）发明的蒸汽机离心调速器，用于在负荷变化条件下保持蒸汽机恒速，解决了蒸汽机的速度控制问题，加速了第一次工业革命的步伐。1868 年，英国物理学家麦克斯韦（J. C. Maxwell）发表论文《论调速器》，通过建立和分析调速系统的微分方程数学模型，解释了速度控制系统中的稳定性问题，被公认为是自动控制理论的开端。

　　根据自动控制技术的发展阶段，自动控制理论一般可以分为经典控制理论和现代控制理论。

　　英国数学家劳斯（E. J. Routh）与德国数学家赫尔维茨（A. Hurwitz）针对高阶微分方程描述的更复杂的系统，分别于 1877 年和 1895 年提出了两个著名的稳定性判据——劳斯判据和赫尔维茨判据，基本上满足了 20 世纪初期控制工程师的需要。1913 年，美国福特汽车公司建成最早的汽车装配流水线。1922 年，美国科学家米罗斯基（N. Minorsky）研制出用于船舶驾驶的伺服结构，首次提出了经典的 PID 控制方法。1927 年，美国 Bell 实验室工程师布莱克（H. S. Black）提出放大器性能的负反馈方法，首次提出了负反馈控制这一重要思想。1932 年，美国物理学家奈奎斯特（H. Nyquist）运用复变函数理论提出了频域内研究系统的频率响应法，为具有高质量的动态品质和静态准确度的军用控制系统提供了所需的分析工具。1938 年，美国科学家伯德（H. W. Bode）系统地研究了频率响应法，形成了经典控制理论的频域分析法。1948 年，美国科学家伊万斯（W. R. Evans）提出了复数域内研究系统的根轨迹法，为分析系统参数变化的规律性提供有力工具。1948 年，美国数学家维纳（N. Wiener）发表了划时代的著作《控制论》，标志着控制学科的诞生。我国著名科学家钱学森将控制理论应用于工程实践，于 1954 年出版了《工程控制论》。到 20 世纪 50 年代，经典控制理论已经形成了相对完整的理论体系，在当时的控制工程实践活动中发挥着重要的指导作用。

经典控制理论以传递函数为基础，以时域法、频域法和根轨迹法为主要方法，研究单输入单输出（single input single output，SISO）线性定常系统的稳定性、动态特性和稳态特性。

20 世纪 50 年代中期，随着科学技术及生产力的发展，特别是空间技术的快速发展，对解决多变量、非线性等复杂系统的最优控制问题提出了更高要求。例如，火箭和宇航器的导航、跟踪和着陆过程中的高精度、低消耗、最小时间控制等。50 年代研制导弹、卫星、航天器等的需求，以及计算机技术、现代数学的飞速发展所创造的计算条件，促使控制理论由经典控制理论向现代控制理论转变。1956 年，苏联科学家庞特里亚金（L. S. Pontryagin）发表《最优过程数学理论》，提出了极大值原理。1957 年，美国数学家贝尔曼（R. Bellman）发表著名的动态规划，建立了最优控制的基础。1959 年，美国数学家卡尔曼（R. E. Kalman）提出了著名的卡尔曼滤波算法，1960 年又引入状态空间法分析系统，提出了能控性、能观性，奠定了现代控制理论的基础。

至 20 世纪 60 年代初，一套以状态方程作为描述系统的数学模型，以最优控制和卡尔曼滤波为核心的控制系统分析设计的新原理和方法基本确定，现代控制理论应运而生。现代控制理论主要研究多输入多输出（multiple input multiple output，MIMO）的控制问题。

由于工业生产过程中被控对象、环境和控制任务的复杂性，为解决被控对象精准模型难以建立、所得最优控制器过于复杂等问题，新的控制方法和理论不断出现。1965 年，美国控制专家扎德（L. A. Zadeh）提出模糊集合和模糊控制概念。1967 年，瑞典控制理论学家阿斯特罗姆（Karl J. Aström）提出了最小二乘辨识，解决了线性定常系统参数估计问题和定阶方法；1973 年，又提出了自校正调节器，建立了自适应控制的基础。1981 年，加拿大自动控制理论专家扎姆斯（G. Zames）提出 H∞ 鲁棒控制设计方法等。这些控制方法大大扩展了控制理论的研究范围，促使研究理论不断向更深、更广的领域发展。

1.2 自动控制系统的基本概念

1.2.1 自动控制系统

为了更好地理解自动控制系统，需要先了解什么是控制以及系统的基本概念。"控制"是一个较为常见的词汇，可以将其理解为：一个对象为了达到掌握住另一个对象不使其任意活动或超出范围的目的，而在另一个对象上施加的操作。

在许多工业生产或设备运行过程中，这些目的可能是将某些物理量（电压、电流、水位、温度、位移、转速等）尽可能维持在某一范围，或使其按一定规律变化，进而使得生产过程、生产设备或是生产工具能够以正常的工作条件运行。这些生产过程、生产设备便是被施加操作的对象，为实现目的对生产机械或设备进行的操作通常称为控制。利用人工操作完成称为人工控制，利用自动装置完成称为自动控制。

在整个控制过程中，对某一对象进行单独分析时，一般将外部对该对象的作用称为输入，对象产生的量称为输出。当多个对象按照某一方式连接成一个有机整体的时候，这个整体称为系统。

下面以温度控制系统为例来说明自动控制系统基本原理。

图 1-1 所示为一个电阻炉人工温度控制系统。根据生产要求，系统的控制任务是保持电阻炉内的温度恒定或按一定的规律变化。在控制过程中，人们要用测温元件（如温度计）不断测量炉内的温度，靠人眼观察温度计，根据实际温度和期望温度的差值大小和方向，通过大脑的思考，产生控制指令，确定调压器的调节方向和幅度，然后用手调节调压器来加大或减小热源从而控制炉内温度。只要温度偏离期望值，则需要人工不断重复上述调节过程，最终使炉温恒定或按要求变化。在控制过程中，各个部分相互联系，可用方框图 1-2 表示。

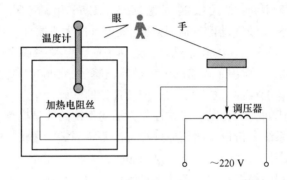

图 1-1　人工温度控制系统

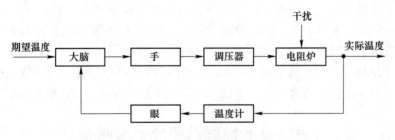

图 1-2　人工温度控制系统框图

通过研究上述人工温度控制系统的过程可以看到，被控对象是电阻炉，实施的操作是通过人手调节调压器。

当温度控制要求精度变高，仅由人工控制往往难以满足工业生产要求，这时就需要用控制装置代替人来完成工作。

图 1-3 所示是一个温度自动控制系统。该系统由测温元件（热电偶）、加热元件（电阻丝）、信号放大变换装置、直流电机、减速器等构成。该系统中，炉温通过热电偶测量，并将温度值转换为一个电压值 u_f。给定炉温通过一个电位器的电压值 u_g 反映。通过 u_f 与 u_g 的反向串接，得到电位器给出的给定信号和电阻炉的实际温度的差异信号 $u_g - u_f = \Delta u$。Δu 经放大和变换环节产生直流电机的电枢电压控制电机的转速和方向，再由传动装置去调节调压器的移动触头从而控制炉内温度的高低。若实际温度低于给定温度，$\Delta u > 0$，放大后控制电动机实现增大电压，调高炉温；若实际温度高于给定温度，$\Delta u < 0$，使电动机反转减小电压，调低炉温。只有当 $\Delta u = 0$ 时，电机才会停止转动，保持调压器不

变。其中，直流电机和减速器是执行机构，其作用类似于人工控制系统中人的手。整个过程中无需人工直接参与，控制过程是自动进行的。根据上述分析，控制系统的整个过程可用方框图 1-4 表示。

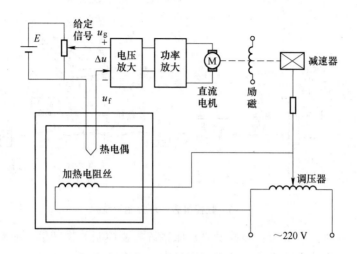

图 1-3 温度自动控制系统

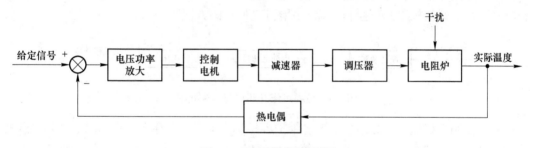

图 1-4 温度控制系统框图

综上分析可知，自动控制和人工控制的基本原理是相同的，其区别在于自动控制将一些装置有机地组合在一起，用以代替人完成控制。

1. 2. 2 开环控制

开环控制是指控制器与被控对象之间只有正向作用而没有反向作用的控制方式。开环控制系统只存在从输入端到输出端之间的前向通道，并不存在由输出端到输入端之间的反馈通道，因此系统的输出量不会对控制作用产生影响。开环控制系统示意框图如图 1-5 所示。

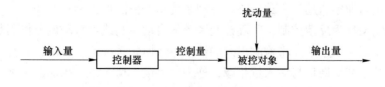

图 1-5 开环控制系统框图

　　图 1-6 为数控机床开环控制系统。该系统的任务是控制机床以预定路径和速度进行移动。通过操纵数控系统发出指令脉冲，经驱动电路功率放大后，驱动步进电机旋转一个角度，再经过齿轮减速装置带动丝杠旋转，通过丝杠螺母机构转换为移动部件的直线位移。移动部件的移动速度与位移量是由输入脉冲的频率与脉冲数所决定的。

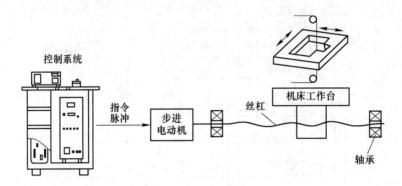

图 1-6　数控机床开环控制系统

　　该系统的被控对象是机床；被控量是机床系统需要控制的物理量，如机床的位置、速度等；输入量为用户输入的指令。在控制过程中，只有输入量指令对输出量机床移动量的单向控制作用，指令脉冲发出去后，实际移动值不再反馈回来，输出量对输入量没有任何影响和联系。数控机床开环控制系统可用图 1-7 所示的方框图表示。

图 1-7　数控机床开环控制系统框图

　　开环控制系统的优点是结构简单、维护容易、成本低且不存在稳定性问题；其缺点是控制精度不高，抑制干扰能力差，系统控制过程中受到来自内部扰动因素（如元件参数变化等）以及来自外部扰动因素（如负载变化等）的影响时，无法自动进行补偿。因此，开环控制系统一般用于输入量已知、系统扰动不大或不考虑扰动影响、精度要求不高的场合，如自动洗衣机、十字路口交通灯和产品自动生产流水线等。

1.2.3　闭环控制

　　闭环控制是指控制装置与被控对象之间既有正向作用又有反向作用的控制方式，系统的输出量影响系统的控制作用，控制器的信息来源中包含来自被控对象输出的反馈信息。

　　闭环控制系统控制作用的基础是被控量与给定量之间的偏差。当系统的输出量偏离期望值产生偏差信号时，该偏差信号以一定控制规律产生控制作用来逐步减小至消除此偏差，使被控量与期望值趋于一致。闭环控制系统示意框图如图 1-8 所示。

　　闭环控制又称为反馈控制，闭环控制系统的自动控制或者自动调节作用是基于输出信号的负反馈作用而产生的。将检测出来的输出量送回到系统的输入端，并与输入量比较的过程称为反馈。若反馈量与输入量相减，称为负反馈；反之，若相加，则称为正反馈。输入量与反馈量之差，称为偏差量。控制器对偏差量进行某种运算，产生一个控制作用，使

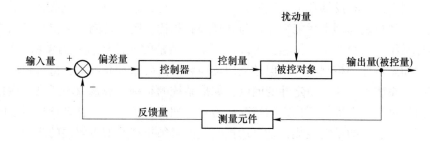

图 1-8   闭环控制系统框图

系统的输出量趋向于给定的数值或按照要求的规律变化。反馈控制具有自动修正被控量偏离给定值的作用，因而可以抑制各种干扰的影响，达到自动控制的目的。

　　如图 1-9 所示是一个锅炉液位控制系统。锅炉是常见的生产蒸汽的设备，锅炉在运行过程中需要控制炉内液位正常。如液位过低，易发生干烧事故；液位过高，易出现溢出危险。当蒸汽的耗气量与锅炉进水量相等时，锅炉液位保持在标准值。当给水量不变，而蒸汽负荷发生变化时，锅炉液位随之发生改变。一旦实际锅炉液位与给定液位之间出现偏差，调节器（即控制器）会立即控制给水阀门，使锅炉液位恢复标准值。

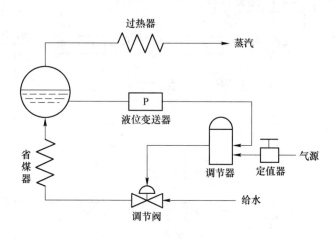

图 1-9   锅炉液位控制系统

　　在该系统中，锅炉为被控对象；被控量为锅炉液位；作用于锅炉上的扰动是给水压力变化或蒸汽负荷变化等产生的内外扰动；调节器是锅炉液位控制系统中的控制器；给水调节阀是锅炉液位控制系统中的执行器。锅炉液位闭环控制系统可用图 1-10 所示的方框图表示。

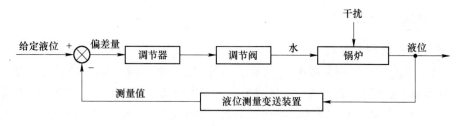

图 1-10   锅炉液位控制系统框图

闭环控制系统具有反馈环节，能依靠反馈环节进行自动调节，以克服扰动对系统的影响。因此，闭环控制抑制干扰能力强。与开环控制相比，闭环控制大大提高了系统的控制精度。闭环系统对参数变化不敏感，可以选用不太精密的元件构成较为精密的控制系统，获得满意的动态特性和控制精度。但是采用反馈装置需要添加元部件，造价较高，结构更为复杂。闭环系统需要注意稳定性的问题，如果系统的结构参数选取不适当，在控制过程中可能会出现振荡或发散等不稳定的情况。因此，如何分析系统，合理选择系统的结构和参数，从而获得满意的系统性能，是自动控制理论必须重视并加以解决的问题。

1.2.4　复合控制

开环控制和闭环控制各有优缺点，在实际工程中应根据工程要求和具体情况确定采用的控制方式。复合控制是开环控制和闭环控制相结合的一种控制方式，如图 1-11 所示，是在闭环控制回路的基础上，附加一个输入信号或扰动作用的前馈通路。前馈通路能使系统及时感受输入信号，使系统在偏差即将产生前就注意纠正偏差，能有效提高系统的控制精度。

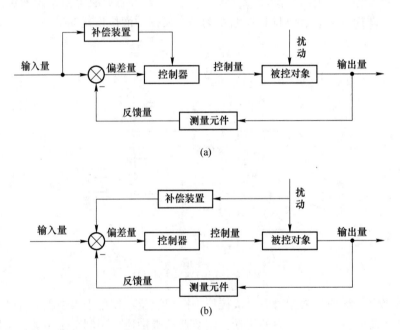

图 1-11　复合控制系统框图
（a）按输入信号补偿；（b）按扰动作用补偿

1.2.5　自动控制系统应用实例

1.2.5.1　电压调节系统

电压调节系统工作原理如图 1-12 所示。系统在运行过程中，不论负载如何变化，要求发电机能够提供规定的电压值。在负载恒定、发电机输出规定电压的情况下，偏差电压 $\Delta u = u_r - u = 0$，放大器输出为 0，电动机不动，励磁电位器的滑臂保持在原来的位置上，发电机的励磁电流不变，发电机在原动机带动下维持恒定的输出电压。当负载增加使发电机输出电压低于规定电压时，反馈后的偏差电压 $\Delta u = u_r - u > 0$，放大器输出电压 u_1 便驱动电动机带动励磁电位器的滑臂顺时针旋转，使励磁电流增加，发电机输出电压 u 上升。直到 u 达到规定电压 u_r 时，电动机停止转动，发电机在新的平衡状态下运行，输出满足要求的电压。

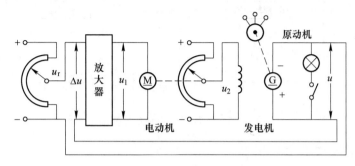

图 1-12　电压调节系统原理图

系统中，发电机是被控对象，发电机的输出电压是被控量，给定量是给定电位器设定的电压 u_r。系统方框图如图 1-13 所示。

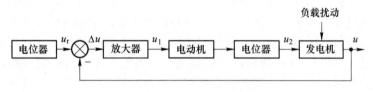

图 1-13　电压调节系统方框图

1.2.5.2　纸浆浓度控制系统

在造纸厂中，纸浆浓度的精确控制对于生产高质量的纸张至关重要。纸浆浓度控制系统如图 1-14 所示，系统中传感器实时监测配浆池中的纸浆浓度，并将监测数据反馈至比较器与设定值进行比较，计算出两者之间的偏差。控制电路接收到偏差信号后，计算出需要调整的电动调节阀的开度，以调节流入配浆池的清水流量。电动调节阀根据控制电路的指令调整电动调节阀的开度，令配浆池中的原浆与清水混合，形成新的纸浆浓度，从而形成一个闭环控制过程，确保纸浆浓度能够稳定地维持在设定值附近。

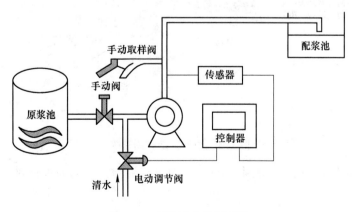

图 1-14　纸浆浓度控制系统

系统框图如图1-15所示。其中，系统实际输出为纸浆浓度，被控对象是配浆池，电动调节阀作为执行器直接对配浆池进行控制。

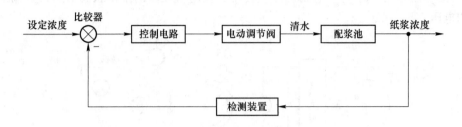

图1-15　纸浆浓度控制系统框图

1.2.5.3　汽车巡航控制系统

汽车巡航控制系统是一种利用电子控制技术保持汽车自动匀速行驶的系统。其主要作用是可以按照驾驶者的需求进行车辆时速的锁定，不用踩油门踏板就可自动保持一个固定时速行驶。如图1-16所示，巡航控制系统主要由控制开关、传感器、电子控制单元（ECU）和执行器组成。ECU有两个信号输入，一个是驾驶员按要求设定的指令速度信号，一个是实际行车中车速的反馈信号。控制器检测到这两个输入信号间的偏差后，产生一个送至节气门执行器的控制信号，节气门执行器根据所接收到的节气门控制信号调节发动机节气门开度，以修正ECU所检测到的偏差，从而使车速保持恒定。例如，当系统中的传感器检测到车辆正在上坡，控制器识别到车辆速度开始下降后，会通过调整节气门开度来增加动力，以补偿由于坡度增加而造成的速度损失。而当车辆的速度超过了设定值，控制器将减少发动机的动力输出以继续维持车速稳定。

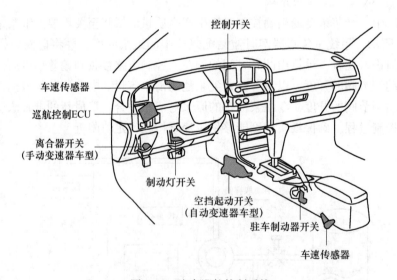

图1-16　汽车巡航控制系统

系统框图如图1-17所示。其中，节气门为执行机构，车辆为被控对象，汽车行驶的速度为输出量。

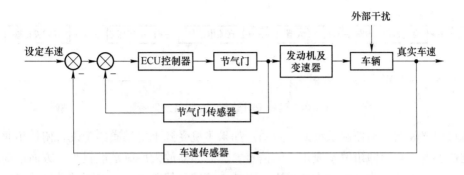

图 1-17 汽车巡航控制系统框图

1.2.5.4 导弹发射架的方位控制

图 1-18 所示是一个控制导弹发射架方位的电位器式随动系统原理图。其中，电位器 RP_1、RP_2 并联后跨接到同一电源 E_0 的两端，其滑臂分别与输入轴和输出轴相连接，以组成方位角的给定装置和反馈装置。输入轴由手轮操纵；输出轴由直流电动机经减速后带动，电动机采用电枢控制的方式工作。

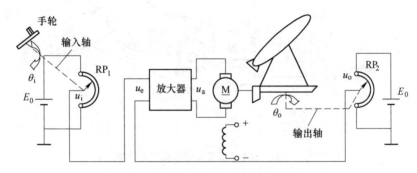

图 1-18 导弹发射架方位控制系统

当摇动手轮使电位器 RP_1 的滑臂转过一个输入角 θ_i 的瞬间，由于输出轴的转角 $\theta_o \neq \theta_i$，于是出现一个偏差 θ_e：$\theta_e = \theta_i - \theta_o$，该角偏差通过电位器 RP_1、RP_2 转换成电压，并以偏差电压的方式表示出来，即 $u_e = u_i - u_o$。

若 $\theta_i > \theta_o$，则 $u_i > u_o$，即 $u_e > 0$。该电压经放大后驱动电动机作正向转动，带动导弹发射架转动的同时，并通过输出轴带动电位器 RP_2 的滑臂转过一定的角度，直至 $\theta_o = \theta_i$，此时 $u_o = u_i$，所以偏差电压 $u_e = 0$，电动机停止转动。这时，导弹发射架就停留在相应的方位角上，也就是说，随动系统输出轴的运动已经完全复现了输入轴的运动。

系统框图如图 1-19 所示。其中，作为系统输出量的方位角 θ_o 是全部直接反馈到输入端与输入量 θ_i 进行比较的，故称为单位反馈系统。当 $\theta_e \neq 0$，系统出现偏差，从而产生控制作用，控制的结果是消除偏差 θ_e，使输出量 θ_o 严格地随输入量 θ_i 的变化而变化。

1.2.5.5 飞机——自动驾驶仪系统

飞机的自动驾驶仪是一种能保持或改变飞机飞行状态的自动装置。自动驾驶仪控制飞机飞行是通过控制飞机的三个操纵面（升降舵、方向舵和副翼）的偏转，改变舵面的空气动力特性，形成围绕飞机质心的旋转转矩，从而改变飞机的飞行姿态和轨迹。图 1-20

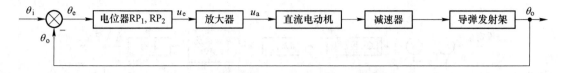

图 1-19　导弹发射架方位控制系统框图

为飞机自动驾驶俯仰角控制系统的示意图。如果飞机受到干扰偏离给定飞行俯仰角时，陀螺仪电位器输出与俯仰角偏差成正比的信号，经放大器放大后驱动舵机：一方面推动升降舵面向上偏转，产生使飞机抬头的转矩，以减小俯仰角偏差；另一方面带动反馈电位器滑臂，输出与偏角成正比的电压并反馈到输入端。随着俯仰角偏差的减小，陀螺仪电位器输出信号越来越小，舵偏角随之减小，直到俯仰角回到给定值。

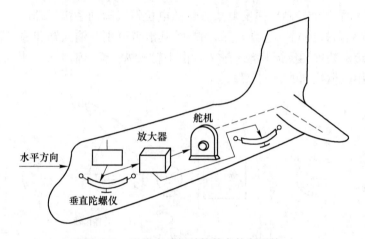

图 1-20　飞机自动驾驶俯仰角控制系统

图 1-21 所示为飞机自动驾驶俯仰角控制系统的框图。其中，垂直陀螺仪作为测量元件用以测量飞机的俯仰角，舵机为执行机构，飞机为被控对象，俯仰角为输出量。

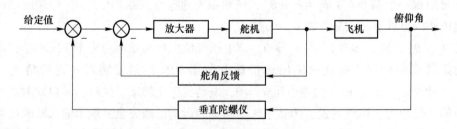

图 1-21　飞机自动驾驶俯仰角控制系统框图

1.2.5.6　函数记录仪

函数记录仪是一种通用的自动记录仪，它可以在直角坐标上自动描绘两个电量的函数关系。同时，记录仪还带有走纸机构，用以描绘一个电量对时间的函数关系。

函数记录仪通常由衰减器、测量元件、放大元件、伺服电动机—测速机组、齿轮系及绳轮等组成，采用负反馈控制原理工作，其原理如图 1-22 所示。系统的输入是待记录电压，被控对象是记录笔，其位移即为被控量。系统的任务是控制记录笔位移，在记录纸上描绘出待记录的电压曲线。

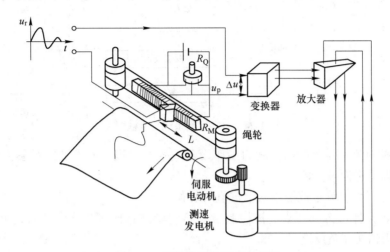

图 1-22 函数记录仪原理示意图

在图 1-22 中，测量元件是由电位器 R_Q 和 R_M 组成的桥式测量电路，记录笔就固定在电位器 R_M 的滑臂上，因此，测量电路的输出电压 u_p 与记录笔位移成正比。当有慢变的输入电压 u_r 时，在放大元件输入端得到偏差电压 $\Delta u = u_r - u_p$，经放大后驱动伺服电动机，并通过齿轮系及绳轮带动记录笔移动，同时使偏差电压减小。当偏差电压 $\Delta u = 0$ 时，电动机停止转动，记录笔也静止不动。此时，$u_p = u_r$，表明记录笔位移与输入电压相对应。如果输入电压随时间连续变化，记录笔便描绘出随时间连续变化的相应曲线。函数记录仪方框图如图 1-23 所示，其中测速发电机反馈与电动机速度成正比的电压，用以增加阻尼，改善系统性能。

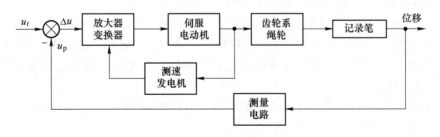

图 1-23 函数记录仪方框图

1.3 自动控制系统的组成和基本环节

根据被控对象和具体用途不同，自动控制系统可以有各种不同的结构形式。自动控制系统由被控对象和控制装置两部分构成。图 1-24 是一个典型自动控制系统的功能框图。控制装置通常是由测量元件、比较元件、放大元件、执行机构、校正元件以及给定元件组成。图中的每一个方框都代表相应的一个具有特定功能的元件。这些功能元件分别承担相应的职能，共同完成控制任务。

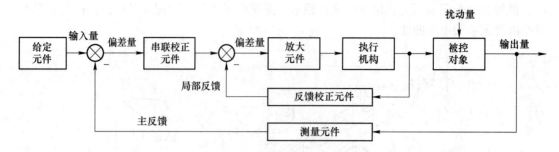

图 1-24　自动控制系统功能框图

（1）被控对象：需要进行控制的工作设备或生产过程，描述被控对象工作状态、需要控制的物理量称为被控量。

（2）给定元件：设定被控制量给定值的装置。

（3）比较元件：将所检测的被控制量与给定量进行比较，确定两者之间的偏差量，多用差动放大器实现负反馈。

（4）放大元件：放大偏差信号的幅值和功率，将偏差信号变换为适合控制器执行的信号。

（5）执行机构：一般由传动装置和调节机构组成，直接作用于被控对象，使被控制量达到所要求的数值。

（6）测量元件：检测被控制量，并将其转换为与给定量相同的物理量，产生反馈信号。

（7）校正元件：为改善系统性能而附加的装置，常用串联或反馈的方式连接在系统中。

下面介绍控制系统中常用的名词术语。

（1）前向通道：从系统输入端到输出端之间的通道。

（2）反馈通道：从系统输出端经测量装置到系统输入端之间的通道。

（3）输入信号：输入到控制系统的指令信号，又称参考输入、输入量、给定量。

（4）输出信号：被控对象中要求按一定规律变化的物理量，即系统的被控制量，又称被控量、输出量。

（5）反馈信号：由系统（或元件）输出端取出并反向送回系统（或元件）输入端的信号。反馈有主反馈和局部反馈之分。

（6）偏差信号：输入信号与主反馈信号之差，简称偏差。

（7）误差信号：系统输出量的实际值与期望值之差，简称误差。

（8）扰动信号：除控制信号外，对系统输出有影响的信号，但它与控制作用相反，是一种不希望的、影响系统输出的不利因素，简称扰动或干扰。扰动信号既可来自系统内部，又可来自系统外部，前者称为内部扰动，后者称为外部扰动。

1.4　自动控制系统的分类

自动控制系统的种类多样，根据不同的分类标准，可以得到不同的分类方法。下面介绍几种常见的分类方法。

按照主要元件特性方程的输入输出特征划分为：

（1）线性系统。由线性元件组成的系统，称为线性系统。其主要特征是满足叠加原理和齐次定理，即当系统在输入信号 $u_1(t)$ 的作用下产生系统的输出 $y_1(t)$，当系统在输入信号 $u_2(t)$ 的作用下产生系统的输出 $y_2(t)$。如果系统的输入信号为 $au_1(t) + bu_2(t)$ 时，系统的输出满足 $ay_1(t) + by_2(t)$，系数 a，b 可以是常数，也可以是时变参数。

（2）非线性系统。如果控制系统中包含一个或一个以上非线性元件，这样的系统就属于非线性系统。含非线性元件组成的系统，不满足叠加原理和齐次定理。非线性元件的输入、输出静特性是非线性特性。例如饱和限幅特性、死区特性、继电特性以及传动间隙等。

值得注意的是，任何物理系统的特性，精确地说都是非线性的，但是在误差允许范围内，可以将非线性特性线性化，近似地用线性微分方程来描述，这样就可以按照线性系统来处理。

按照信号传递方式划分为：

（1）连续系统。若系统各部分的信号都是时间的连续函数，则这类系统称为连续系统。

（2）离散系统。若系统的一处或几处信号是以脉冲系列或数码的形式传递，则这类系统称为离散系统（包括采样系统和数字系统）。离散系统信号只在特定离散时刻 t_1，t_2，t_3，$\cdots$，t_n 是时间的函数，而在上述离散时刻之外，信号无意义。

按照输入量的变化规律划分为：

（1）恒值控制系统。这类系统的特点是系统给定量是恒定不变的。控制系统的任务是尽量排除各种干扰因素带来的影响，使被控量保持给定值不变。例如常见的恒温、恒速系统。

（2）随动控制系统。这类系统的给定量随事先未知的时间函数而变化，系统输入是一个事先无法确定的任意变化量。控制系统的任务要求系统的输出量能按同样的规律迅速平稳地复现或跟踪输入信号的变化。例如雷达天眼的自动跟踪系统、自动火炮系统、自动驾驶仪系统等。

（3）程序控制系统。这类系统的给定量按照事先确定的时间函数变化，即输入信号是事先确定的程序信号。控制系统的任务要求被控对象的被控量按照确定的规律随控制信号变化。例如机械加工中的数控机床就是典型的程序控制系统。

按照端口关系划分为：

（1）单输入单输出（SISO）系统。SISO 系统通常被称为单变量系统，该系统的输入量（不包含扰动）和输出量均为一个。

（2）多输入多输出（MIMO）系统。若系统的输入量和输出量多于一个，则称为多输入多输出系统（多变量系统）。单变量系统可以看作是多变量系统的一个特例。对于线性的多变量系统，系统的任一输出都等于数个输入单独作用下输出的叠加。

另外，自动控制系统还有其他的分类方法。例如，按元件类型可分为机械控制系统、电气控制系统、机电控制系统、液压控制系统、气动控制系统、生物控制系统等；按系统功用可分为温度控制系统、压力控制系统、位置控制系统、流量控制系统等。一般，为了全面反映自动控制系统的特点，常常将上述各种分类方法组合应用。

1.5　自动控制系统的基本要求

在理想状态下，控制系统的输出量和输入量在任何时候都相等，系统无误差且不受干扰影响。然而，在实际的物理系统中，由于储能元件或惯性元件能量无法突变，导致输出量跟随输入量从原平衡状态变化到新的平衡状态总是需要经过一定时间。这个新的平衡状态称之为稳态。系统在输入信号的作用下，输出变量从初始状态达到最终稳态的动态过程称为过渡过程。过渡过程结束后的输出响应称为稳态过程，系统控制性能的优劣，可以从系统的动态和稳态过程中充分表现出来。

尽管针对不同的控制对象和控制任务，不同类型的系统具体的控制指标要求不尽相同。但针对不同系统，对被控量变化全过程提出的基本要求可以归纳为以下三个点：稳、快、准，即从系统的稳定性、快速性和准确性三方面进行衡量。

（1）稳定性。稳定性是指系统在受到干扰时工作状态会偏离预期值，在干扰消失后重新恢复平衡状态的能力。当系统的输入量改变或受任何干扰作用时，经过一段时间的控制过程后，其被控量偏离期望值在控制作用下可以随时间的推移而逐渐减少，最后达到某一稳定状态，则称系统是稳定的，否则称系统不稳定。稳定性是对自动控制系统的基本要求，是保证控制系统正常工作的先决条件。线性控制系统的稳定性由系统本身的结构与参数所决定，与外部条件和初始状态无关。

图 1-25（a）所示为稳定系统在阶跃给定信号作用下的响应情况，曲线 1 和 2 为振荡收敛现象，曲线 3 为单调收敛现象。图 1-25（b）所示为不稳定系统在阶跃给定信号作用下的响应情况，曲线 1 为等幅振荡现象，曲线 2 呈发散振荡现象，最终系统不能达到平衡，无法正常工作。

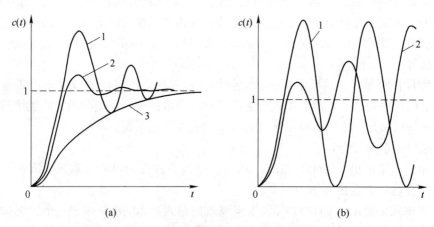

图 1-25　系统的单位阶跃响应曲线

（a）稳定系统的阶跃响应；（b）不稳定系统的阶跃响应

（2）快速性。快速性是对系统动态（过渡过程）性能品质的要求。动态性能是衡量系统质量高低的重要指标，描述系统动态性能可以从系统响应的快速性和平稳性两方面展开。平稳是指系统由初始状态过渡到新的平衡状态时，具有较小的过调和振荡性。当控制系统平稳性差时，系统动态过程振荡激烈，不但会使控制质量下降，而且会导致系统中元件和设备损坏。快速是指系统过渡到新的平衡状态所需要的调节时间较短。如图 1-25（a）所示，曲线 2 比曲线 1 的平稳性好、快速性也好；曲线 3 为单调变化过程，虽然系统平稳性好，但相较于曲线 2 响应时间更长，反应迟钝，快速性差。

（3）准确性。准确性是对系统静态（稳态过程）性能品质的要求。当一个稳定系统结束过渡过程并进入新的稳态时，在理想状态下，一般要求稳态值达到期望值。然而在实际过程中，由于存在输入信号形式、系统结构、外力作用等因素影响，被控量的稳态值和期望值之间可能存在一定误差，这种误差称为稳态误差。系统稳态误差的大小反映了系统的稳态精度，它是衡量系统控制准确程度的重要指标，稳态误差越小，则系统的稳态精度越高。

图 1-26（a）所示为有差系统，其稳态误差不为 0；图 1-26（b）所示为无差系统，其稳态误差为 0。

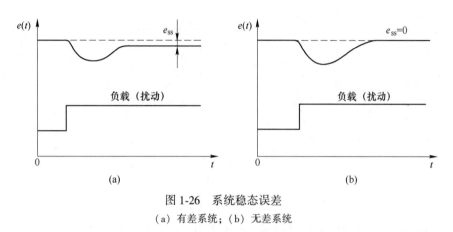

图 1-26　系统稳态误差

（a）有差系统；（b）无差系统

不同的控制对象和控制任务对于这三方面的性能要求各有侧重，需要根据具体情况设计控制系统。其中需要注意的是，在同一个系统中，系统的三项性能要求之间往往是相互制约的。过分强调过程快速性的同时可能会加剧系统振荡，而过分追求系统平稳性往往会延长控制过程，最终导致准确性变差。因此如何选择或设计合适的控制算法是解决三者平衡的关键。

本 章 小 结

本章首先概述了自动控制原理和技术的产生与发展，主要从经典控制理论和现代控制理论两个部分展开介绍。

自动控制是在无人直接参与的情况下，利用控制装置，使被控对象的被控量按给定的规律运行。自动控制系统基本的控制方式有开环控制和闭环控制，闭环控制系统的核心思想是反馈控制，其工作原理是将系统输出信号反馈到输入端，与输入信号进行比较，利用得到的偏差信号进行控制，达到减少偏差或消除偏差的目的。

自动控制系统由被控对象和控制装置组成，控制装置包括测量元件、比较元件、放大元件、执行机构、校正元件和给定元件。它的分类方法很多，本章主要介绍了按照输入量的变化规律分类、按照信号传递方式分类、按照主要元件的特性方程的输入输出特征分类以及按照端口关系分类四种。

对自动控制系统的基本要求主要包括稳定性、快速性和准确性三个方面。要根据不同的工作任务来分析和设计自动控制系统，使其满足主要性能要求同时，兼顾其他性能。

习　题

1-1　试举几个日常生活中所遇到的开环控制和闭环控制的例子，并简述它们的工作原理。

1-2　试比较开环控制系统和闭环控制系统的优缺点。

1-3　什么是系统的暂态过程？对一般的控制系统，当给定量或扰动量突然增加到某一个值时，输出量的暂态过程如何？

1-4　健康人的血糖和胰岛素浓度关系如图 1-27 所示。已知血糖浓度值可以通过调节胰岛素药物的注射量来控制，试设计能调节糖尿病人血糖浓度的系统，并绘制对应系统的方框图。

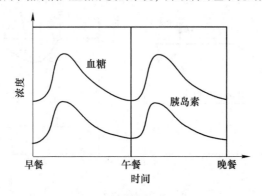

图 1-27　血糖和胰岛素浓度关系图

1-5　图 1-28 所示为一个电动机速度控制系统的原理图。现有五个接线端 1、2、3、4 和 5，试将系统连接成负反馈系统，并画出系统的方框图。

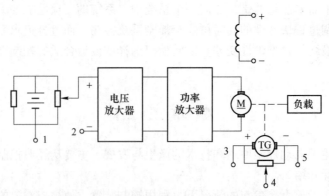

图 1-28　电动机速度控制系统原理示意图

1-6　图 1-29 所示为一个流量恒值控制系统。试分析系统的工作原理，指出被控对象、控制器、执行机构和传感器，指出系统的输出信号、参考输入信号、反馈信号、偏差信号、控制器输出信号、执行机构输出信号以及可能的干扰信号，并画出系统的方框图。

1-7　图 1-30 是液位自动控制系统原理示意图。在任意情况下，希望液面高度 c 维持不变，试说明系统工作原理，并画出系统方框图。

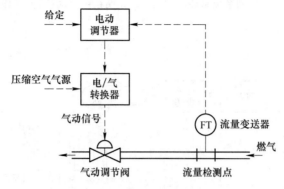

图 1-29　流量恒值控制系统示意图

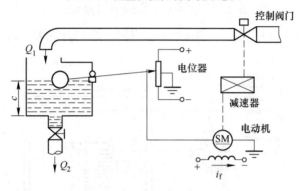

图 1-30　液位自动控制系统原理图

1-8　采用离心调速器的蒸汽机转速控制系统如图 1-31 所示。其工作原理是：蒸汽机在带动负载转动的同时，通过圆锥齿轮带动一对飞锤作水平旋转。飞锤通过铰链可带动套筒上下滑动，套筒内装有平衡弹簧，套筒上下滑动时可拨动杠杆，杠杆另一端通过连杆调节供汽阀门的开度。在蒸汽机正常运行时，飞锤旋转所产生的离心力与弹簧的反弹力相平衡，套筒保持某个高度，使阀门处于一个平衡位置。如果由于负载增大使蒸汽机转速 ω 下降，则飞锤因离心力减小而使套筒向下滑动，并通过杠杆增大供汽阀门的开度，从而使蒸汽机的转速回升。同理，如果由于负载减小使蒸汽机的转速增加，则飞锤因离心力增加而使套筒上滑，并通过杠杆减小供汽阀门的开度，迫使蒸汽机转速回落。这样，离心调速器就能自动地抵制负载变化对转速的影响，使蒸汽机的转速保持在某个期望值附近。指出系统中的被控对象、被控量和给定量，画出系统的方框图。

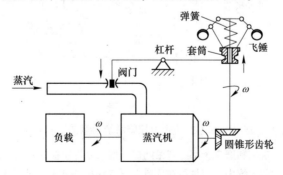

图 1-31　蒸汽机调速系统原理图

1-9 图 1-32 是仓库大门自动控制系统原理示意图。试说明系统自动控制大门开、闭的工作原理，并画出系统方框图。

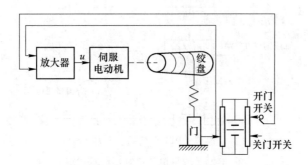

图 1-32 仓库大门自动开闭控制系统

1-10 电冰箱制冷原理图如图 1-33 所示，简述系统工作原理，指出被控对象、被控量和给定量，并画出系统方框图。

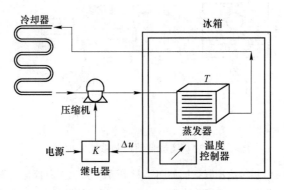

图 1-33 电冰箱制冷系统原理图

1-11 图 1-34 表示一个张力控制系统。当送料速度在短时间内突然变化时，试说明控制系统的作用情况，并画出系统原理方框图。

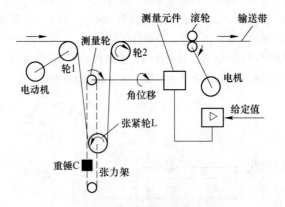

图 1-34 张力控制系统示意图

1-12 许多机器，像车床、铣床和磨床，都配有跟随器，用来复现模板的外形。图 1-35 就是这样一种跟随系统的原理图。在此系统中，刀具能在原料上复制模板的外形。试说明其工作原理，画出系统方框图。

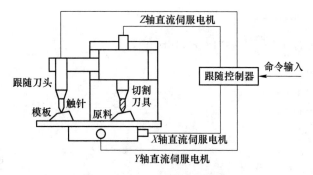

图 1-35　刀具跟随系统原理图

1-13　图 1-36 表示一个角位置随动系统。系统的任务是控制工作机械角位置 θ_c 随时跟踪手柄转角 θ_r。试分析其工作原理，并画出系统结构图。

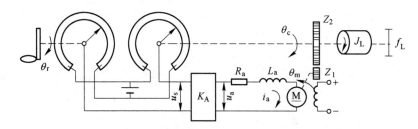

图 1-36　角位置随动系统原理图

1-14　图 1-37 为水温控制系统示意图。冷水在热交换器中由通入的蒸汽加热，从而得到一定温度的热水。冷水流量变化用流量计测量。试绘制系统方框图，并说明为了保持热水温度为期望值，系统是如何工作的？系统的被控对象和控制装置各是什么？

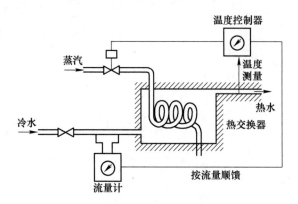

图 1-37　水温控制系统原理图

1-15　下列各式是描述系统的微分方程，其中 $c(t)$ 为输出量，$r(t)$ 为输入量，试判断哪些是线性定常或时变系统，哪些是非线性系统。

（1）$c(t) = 2 + 3r^2(t) + t\dfrac{\mathrm{d}^2 r(t)}{\mathrm{d}t^2}$

（2）$\dfrac{\mathrm{d}^3 c(t)}{\mathrm{d}t^3} + 5\dfrac{\mathrm{d}^2 c(t)}{\mathrm{d}t^2} + 4\dfrac{\mathrm{d}c(t)}{\mathrm{d}t} + 2c(t) = r(t)$

（3）$t\dfrac{\mathrm{d}c(t)}{\mathrm{d}t} + c(t) = r(t) + 5\dfrac{\mathrm{d}r(t)}{\mathrm{d}t}$

（4）$c(t) = r(t)\sin\omega t + 4$

（5）$c(t) = 2r(t) + 4\dfrac{\mathrm{d}r(t)}{\mathrm{d}t} + 3\displaystyle\int_{-\infty}^{t} r(\tau)\mathrm{d}\tau$

（6）$c(t) = 2r^2(t)$

（7）$c(t) = \begin{cases} 0 & t < 5 \\ r(t) & t \geqslant 5 \end{cases}$

延伸阅读

2 控制系统的数学模型

本章提要

- 理解单输入单输出线性连续系统的动态（微分）方程建模方法；
- 理解非线性方程线性化的方法；
- 掌握用拉氏变换方法求解线性常微分方程的方法，掌握零初始条件和非零初始条件的物理含义；
- 掌握传递函数的概念、定义、性质，理解系统的微分方程和传递函数之间的关系；
- 掌握典型环节的概念，熟悉常用元部件的传递函数；
- 掌握控制系统结构图的建立方法及等效变换；
- 掌握控制系统结构图、信号流图、传递函数、微分方程几种数学模型间的转换。

思维导图

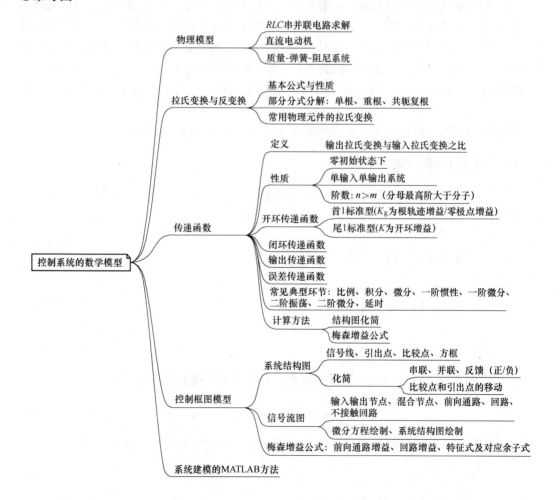

　　建立系统的数学模型，是对控制系统进行分析和设计的基础。控制系统的数学模型是描述系统输入、输出变量以及内部各变量之间关系的数学表达式。许多表面上完全不同的系统（如机械系统、电气系统、化工系统等），其数学模型可能完全相同。数学模型是系统固有特性的一种抽象和概括，深刻地解释了系统的本质特征。

　　建立控制系统数学模型的方法有分析法和实验法两种。分析法是对系统各部分的运动机制进行分析，根据它们所依据的物理规律或化学规律分别列出相应的运动方程。例如，电学中的基尔霍夫定律、力学中的牛顿定律、热力学中的热力学定律等。实验法是人为地给系统施加某种测试信号，记录其输出响应，并用适当的数学模型去逼近，这种方法也被称为系统辨识。近年来，系统辨识已发展成一门独立的学科分支，本章只讨论用分析法建立系统的数学模型。

　　在自动控制理论中，数学模型有多种形式。如时域中的微分方程、差分方程、状态空间表达式等，复频域中的传递函数、结构图以及频域中的频率特性。上述模型从不同角度描述了系统各变量间的相互关系。本章重点介绍微分方程、传递函数这两种基本的数学模型，其他几种数学模型将在以后各章中予以详述。

2.1　控制系统的时域模型

　　建立控制系统的微分方程时，一般先由系统原理图画出系统方块图，并分别列写控制系统各元件的微分方程；然后，消去中间变量便得到描述系统输出量与输入量之间关系的微分方程。列写控制系统的微分方程时，一是应注意信号传递的单向性，即前一个元件的输出是后一个元件的输入，逐级单向传送；二是应注意前后连接的两个元件中，后级对前级的负载效应，例如，无源网络输入阻抗对前级的影响，齿轮系对电动机转动惯量的影响等。

　　这里举例说明在控制系统中常用的电气、力学元件等微分方程的列写。

2.1.1　线性元件的时域数学模型

　　【例 2-1】图 2-1 是由电阻 R、电感 L 和电容 C 组成的无源网络，试列写以 $u_i(t)$ 为输入量，以 $u_o(t)$ 为输出量的网络微分方程。

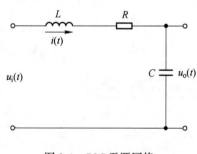

图 2-1　RLC 无源网络

　　解：设回路电流为 $i(t)$，由基尔霍夫定律可写出回路方程为

$$L\frac{\mathrm{d}i(t)}{\mathrm{d}t} + \frac{1}{C}\int i(t)\mathrm{d}t + Ri(t) = u_i(t)$$

$$u_o(t) = \frac{1}{C}\int i(t)\mathrm{d}t$$

消去中间变量 $i(t)$，便得到描述网络输入输出关系的微分方程为

$$LC\frac{\mathrm{d}^2 u_o(t)}{\mathrm{d}t^2} + RC\frac{\mathrm{d}u_o(t)}{\mathrm{d}t} + u_o(t) = u_i(t)$$

显然，这是一个二阶线性微分方程，也就是图 2-1 无源网络的时域数学模型。

【例2-2】试列写图2-2所示电枢控制直流电动机的微分方程，要求取电枢电压 $u_a(t)$ 为输入量，电动机转速 $\omega_m(t)$ 为输出量。图中 R_a、L_a 分别是电枢电路的电阻和电感；M_c 是折合到电动机轴上的总负载转矩。励磁磁通设为常值。

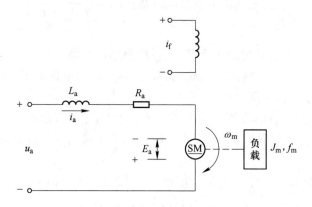

图2-2　电枢控制直流电动机原理图

解： 电枢控制直流电动机的工作实质是将输入的电能转换为机械能，也就是由输入的电枢电压 $u_a(t)$ 在电枢回路中产生电枢电流 $i_a(t)$，再由电流 $i_a(t)$ 与励磁磁通相互作用产生电磁转矩 $M_m(t)$，从而拖动负载运动。因此，直流电动机的运动方程由以下三部分组成：

（1）电枢回路电压平衡方程

$$u_a(t) = L_a \frac{di_a(t)}{dt} + R_a i_a(t) + E_a \tag{2-1}$$

式中，E_a 为电枢反电势，它是电枢旋转时产生的反电势，其大小与励磁磁通及转速成正比，方向与电枢电压 $u_a(t)$ 相反，即 $E_a = C_e \omega_m(t)$，C_e 是反电势系数。

（2）电磁转矩方程

$$M_m(t) = C_m i_a(t) \tag{2-2}$$

式中，C_m 为电动机转矩系数；$M_m(t)$ 为电枢电流产生的电磁转矩。

（3）电动机轴上的转矩平衡方程

$$J_m \frac{d\omega_m(t)}{dt} + f_m \omega_m(t) = M_m(t) - M_c(t) \tag{2-3}$$

式中，f_m 为电动机和负载折合到电动机轴上的黏性摩擦系数；J_m 为电动机和负载折合到电动机轴上的转动惯量。

由式（2-1）、式（2-2）和式（2-3）中消去中间变量 $i_a(t)$、E_a 及 $M_m(t)$，便可得到以 $\omega_m(t)$ 为输出量，$u_a(t)$ 为输入量的直流电动机微分方程：

$$L_a J_m \frac{d^2\omega_m(t)}{dt^2} + (L_a f_m + R_a J_m) \frac{d\omega_m(t)}{dt} + (R_a f_m + C_m C_e) \omega_m(t)$$

$$= C_m u_a(t) - L_a \frac{dM_c(t)}{dt} - R_a M_c(t) \tag{2-4}$$

在工程应用中，由于电枢电路电感 L_a 较小，通常忽略不计，因而式（2-4）可简化为

$$T_\mathrm{m} \frac{\mathrm{d}\omega_\mathrm{m}(t)}{\mathrm{d}t} + \omega_\mathrm{m}(t) = K_\mathrm{m}u_\mathrm{a}(t) - K_\mathrm{c}M_\mathrm{c}(t) \tag{2-5}$$

式中，$T_\mathrm{m} = \dfrac{R_\mathrm{a}J_\mathrm{m}}{R_\mathrm{a}f_\mathrm{m} + C_\mathrm{m}C_\mathrm{e}}$ 为电动机机电时间常数；$K_\mathrm{m} = \dfrac{C_\mathrm{m}}{R_\mathrm{a}f_\mathrm{m} + C_\mathrm{m}C_\mathrm{e}}$、$K_\mathrm{c} = \dfrac{R_\mathrm{a}}{R_\mathrm{a}f_\mathrm{m} + C_\mathrm{m}C_\mathrm{e}}$ 为电动机传递系数。

如果电枢电阻 R_a 和电动机的转动惯量 J_m 都很小可忽略不计时，式（2-4）还可进一步简化为 $C_\mathrm{e}\omega_\mathrm{m}(t) = u_\mathrm{a}(t)$，这时，电动机的转速 $\omega_\mathrm{m}(t)$ 与电枢电压 $u_\mathrm{a}(t)$ 成正比，于是，电动机可作为测速发电机使用。

【例 2-3】 弹簧-质块-阻尼器系统如图 2-3 所示。其中，m 表示质块的质量，k 为弹簧的弹性系数，f 为阻尼器的阻尼系数。试列写以外力 $F(t)$ 作用下，以质块位移 $y(t)$ 为输出的系统微分方程。

解： 取质块为分离体，分析其受力情况，如图 2-4 所示。由牛顿第二定律可写出：

$$F(t) - f\dot{y}(t) - ky(t) = m\ddot{y}(t)$$

经整理可得

$$\ddot{y}(t) + \frac{f}{m}\dot{y}(t) + \frac{k}{m}y(t) = \frac{1}{m}F(t) \tag{2-6}$$

当 k、f 和 m 为常数时，式（2-6）为二阶线性常系数微分方程。

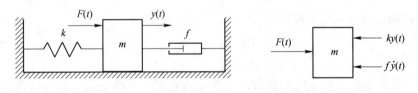

图 2-3　弹簧-质块-阻尼器系统　　　　图 2-4　质块受力分析

从上述各控制系统的元件或系统的微分方程可以发现，不同类型的元件或系统可具有形式相同的数学模型。例如，RLC 无源网络和弹簧-质块-阻尼器机械系统的数学模型均是二阶微分方程，我们称这些物理系统为相似系统。相似系统揭示了不同物理现象间的相似关系，具有相似的时间响应解。分析人员可以将一个系统的分析结果，推广到具有相同微分方程模型的其他系统。

2.1.2　非线性系统微分方程的线性化

在参数变化的一定范围内，绝大多数物理系统呈现出线性特性。不过，总体而言，当不限制参数的变化范围时，所有的物理系统终究都是非线性系统。例如，图 2-3 所示的弹簧-质块-阻尼器系统，当质块的位移 $y(t)$ 较小时，可以采用式（2-6）将其描述为线性系统，但当 $y(t)$ 不断增大时，弹簧最终将会因为过载而变形断裂。因此，应该仔细研究每个系统的线性特性和相应的线性工作范围。

我们用系统的激励和响应之间的关系来定义线性系统。在 RLC 电路中，激励是输入电压 $u_\mathrm{i}(t)$，响应是电容的输出电压 $u_\mathrm{o}(t)$。一般来说，线性系统的必要条件之一，需要用激励 $x(t)$ 和响应 $y(t)$ 的下述关系确定：如果系统对激励 $x_1(t)$ 的响应为 $y_1(t)$，对激

励 $x_2(t)$ 的响应为 $y_2(t)$，则线性系统对激励 $x_1(t) + x_2(t)$ 的响应一定是 $y_1(t) + y_2(t)$。这通常称为叠加性。

进一步，线性系统的激励和响应还必须保持相同的缩放系数。也就是说，如果系统对输入激励 $x(t)$ 的输出响应为 $y(t)$，则线性系统对放大了 β 倍的输入激励 $\beta x(t)$ 的响应一定是 $\beta y(t)$。这称为齐次性。线性系统满足叠加性和齐次性。

关系式 $y = x^2$ 描述的系统是非线性的，因为它不满足叠加性。关系式 $y = mx + b$ 描述的系统也不是线性的，因为它不满足齐次性。但是，当变量在工作点 (x_0, y_0) 附近做小范围变化时，对小信号变量 Δx 和 Δy 而言，系统 $y = mx + b$ 是线性的。事实上，当 $x = x_0 + \Delta x$ 和 $y = y_0 + \Delta y$ 时，有

$$y = mx + b$$
$$y_0 + \Delta y = mx_0 + m\Delta x + b$$

可以看出，$\Delta y = m\Delta x$ 满足线性系统的两个必要条件。

许多机械元件和电气元件的线性范围是相当宽的。但对热力元件和流体元件而言，情况就大不相同了，它们更容易呈现非线性特性。幸运的是，我们常常可以用所谓的"小信号"方法，将这些元件线性化。这也是对电子线路和晶体管进行线性化等效处理的惯用方法。考虑一个具有激励 $x(t)$ 和响应 $y(t)$ 的通用元件，这两个变量之间的关系可以写为下面的一般形式：

$$y(t) = g(x(t)) \tag{2-7}$$

式中，$g(x(t))$ 表示 $y(t)$ 是 $x(t)$ 的函数。设系统的正常工作点为 x_0，由于函数曲线在工作点附近的区间内常常是连续可微的。因此，在工作点附近可以进行泰勒级数展开，于是有

$$y = g(x) = g(x_0) + \left.\frac{\mathrm{d}g}{\mathrm{d}x}\right|_{x=x_0} \frac{x - x_0}{1!} + \left.\frac{\mathrm{d}^2 g}{\mathrm{d}x^2}\right|_{x=x_0} \frac{(x - x_0)^2}{2!} + \cdots \tag{2-8}$$

当 $(x - x_0)$ 在小范围内波动时，以上函数在工作点处为斜率 $\left.\dfrac{\mathrm{d}g}{\mathrm{d}x}\right|_{x=x_0}$ 的直线，能够很好地拟合函数的实际响应曲线。因此，式（2-8）可以近似为

$$y = g(x_0) + \left.\frac{\mathrm{d}g}{\mathrm{d}x}\right|_{x=x_0} (x - x_0) = y_0 + m(x - x_0) \tag{2-9}$$

式中，m 为工作点处的斜率。最后，式（2-9）可以改写为如下的线性方程：

$$(y - y_0) = m(x - x_0)$$
$$\Delta y = m\Delta x$$

如图 2-5（a）所示，质块 M 位于非线性弹簧之上，该系统的正常工作点是系统平衡点，即弹簧弹力与重力 Mg 达到平衡的点，其中 g 为地球引力常数，因此有 $f_0 = Mg$。如果非线性弹簧的弹力特性为 $\overline{f} = y^2$，系统工作在平衡点时，其位移为 $y_0 = \sqrt{Mg}$。该系统的位移增量的小信号线性模型为 $\Delta f = m\Delta y$，其中，$m = \left.\dfrac{\mathrm{d}f}{\mathrm{d}y}\right|_{y=y_0}$。整个线性化过程如图 2-5（b）所示。对特定的问题或场合而言，"小信号"假设常常是合理的。因此，线性近似处理具有相当高的精度。

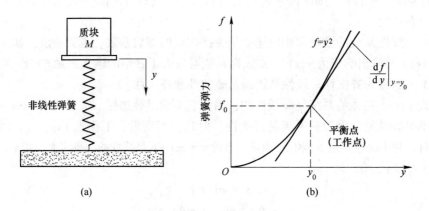

(a)   (b)

图 2-5   质块-弹簧系统

（a）质块位于非线性弹簧之上；（b）弹簧弹力与位移的关系

如果响应变量 y 依赖于多个激励变量 x_1，x_2，$\cdots$，x_n，则函数关系可以写为

$$y = g(x_1, x_2, \cdots, x_n) \tag{2-10}$$

而在工作点（x_{1_0}，x_{2_0}，$\cdots$，x_{n_0}）处，利用多元泰勒级数展开对非线性系统进行线性化近似，也是十分有用的。当高阶项可以忽略不计时，线性近似式可以写为

$$y = g(x_{1_0}, x_{2_0}, \cdots, x_{n_0}) + \frac{\partial g}{\partial x_1}\bigg|_{x_1 = x_{1_0}} (x_1 - x_{1_0}) + \frac{\partial g}{\partial x_2}\bigg|_{x_2 = x_{2_0}} (x_2 - x_{2_0}) + \cdots +$$

$$\frac{\partial g}{\partial x_n}\bigg|_{x_n = x_{n_0}} (x_n - x_{n_0})$$

$$\tag{2-11}$$

例 2-4 将进一步说明如何使用该线性化近似方法。

【例 2-4】摆振荡器线性化模型建立。

考虑图 2-6（a）所示的摆。作用于质块上的扭矩为

$$T = MgL\sin\theta \tag{2-12}$$

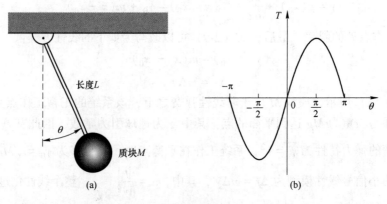

(a)   (b)

图 2-6   摆的振荡

（a）摆示意图；（b）摆角与扭矩的关系

式中，g 为地球引力常数。质块的平衡位置是 $\theta_0 = 0°$，T 与 θ 之间的非线性关系如图 2-6（b）所示。利用式（2-12）在平衡点处的一阶导数，可以得到系统的线性近似，即

$$T - T_0 \approx MgL\frac{\partial\sin\theta}{\partial\theta}\bigg|_{\theta=\theta_0}(\theta - \theta_0)$$

其中，$T_0 = 0$，于是可以得到

$$T = MgL(\cos0°)(\theta - 0°) = MgL\theta \tag{2-13}$$

在 $-\pi/4 \leqslant \theta \leqslant \pi/4$ 的范围内，式（2-13）的近似精度非常高。例如，在 $\pm30°$ 的范围内，摆的线性模型响应与实际非线性响应的误差小于 5%。

2.1.3 线性定常微分方程的求解

物理系统的线性化近似，为拉普拉斯变换创造了应用空间。拉普拉斯变换能够用相对简单的代数方程来取代复杂的微分方程，从而简化了微分方程的求解过程。利用拉普拉斯变换求解动态系统时域响应的主要步骤为：

（1）建立微分方程（组）；

（2）求微分方程（组）的拉普拉斯变换；

（3）对感兴趣的变量求解代数方程，得到它的拉普拉斯变换；

（4）运用拉普拉斯逆变换求取感兴趣变量的运动解。

对于一个时间函数 $f(t)$，当 $t < 0$，$f(t) = 0$，它的拉普拉斯变换记为 $F(s)$，定义如下：

$$\begin{cases} F(s) = \displaystyle\int_{0^-}^{+\infty} f(t)\,\mathrm{e}^{-st}\mathrm{d}t \\ f(t) = \dfrac{1}{2\pi\mathrm{j}} \displaystyle\int_{c-\mathrm{j}\infty}^{c+\mathrm{j}\infty} F(s)\,\mathrm{e}^{st}\mathrm{d}s \end{cases}$$

式中，s 为复数域中的变量，它的实部和虚部分别记为 σ 和 ω，即 $s = \sigma + \mathrm{j}\omega$。使用以上变换积分可以求得许多重要的基本拉普拉斯变换对，如表 2-1 所示。

表 2-1 重要的拉普拉斯变换对

$f(t)$	$F(s)$
$1(t)$	$\dfrac{1}{s}$
e^{-at}	$\dfrac{1}{s+a}$
$\sin\omega t$	$\dfrac{\omega}{s^2+\omega^2}$
$\cos\omega t$	$\dfrac{s}{s^2+\omega^2}$
t^n	$\dfrac{n!}{s^{n+1}}$
$f^{(k)}(t) = \dfrac{\mathrm{d}^k f(t)}{\mathrm{d}t^k}$	$s^k F(s) - s^{k-1}f(0^-) - \cdots - f^{k-1}(0^-)$
$\displaystyle\int_{-\infty}^{t} f(\tau)\mathrm{d}\tau$	$\dfrac{F(s)}{s} + \dfrac{1}{s}\displaystyle\int_{-\infty}^{0} f(t)\mathrm{d}t$

$f(t)$	$F(s)$
$\delta(t)$	1
$e^{-at}\sin\omega t$	$\dfrac{\omega}{(s+a)^2+\omega^2}$
$e^{-at}\cos\omega t$	$\dfrac{s+a}{(s+a)^2+\omega^2}$
$\dfrac{1}{\omega}\left[(\alpha-a)^2+\omega^2\right]^{1/2}e^{-at}\sin(\omega t+\phi),\ \phi=\tan^{-1}\dfrac{\omega}{\alpha-a}$	$\dfrac{s+\alpha}{(s+a)^2+\omega^2}$
$\dfrac{\omega_n}{\sqrt{1-\xi^2}}e^{-\xi\omega_n t}\sin\left[\omega_n\sqrt{1-\xi^2}\,t\right],\ \xi<1$	$\dfrac{\omega_n^2}{s^2+2\xi\omega_n s+\omega_n^2}$
$\dfrac{1}{a^2+\omega^2}+\dfrac{1}{\omega\sqrt{a^2+\omega^2}}e^{-at}\sin(\omega t-\phi),\ \phi=\tan^{-1}\dfrac{\omega}{-a}$	$\dfrac{1}{s\left[(s+a)^2+\omega^2\right]}$
$1-\dfrac{1}{\sqrt{1-\xi^2}}e^{-\xi\omega_n t}\sin\left[\omega_n\sqrt{1-\xi^2}\,t+\phi\right],\ \phi=\cos^{-1}\xi,\ \xi<1$	$\dfrac{\omega_n^2}{s(s^2+2\xi\omega_n s+\omega_n^2)}$
$\dfrac{\alpha}{a^2+\omega^2}+\dfrac{1}{\omega}\left[\dfrac{(\alpha-a)^2+\omega^2}{a^2+\omega^2}\right]^{1/2}e^{-at}\sin(\omega t+\phi),$ $\phi=\tan^{-1}\dfrac{\omega}{\alpha-a}-\tan^{-1}\dfrac{\omega}{-a}$	$\dfrac{s+\alpha}{s\left[(s+a)^2+\omega^2\right]}$

常用的拉氏变换定理汇总如下：

（1）线性定理

设 $F_1(s)=L[f_1(t)]$，$F_2(s)=L[f_2(t)]$，a 和 b 都为常数，则有

$$L[af_1(t)+bf_2(t)]=aL[f_1(t)]+bL[f_2(t)]=aF_1(s)+bF_2(s)$$

（2）微分定理

设 $F(s)=L[f(t)]$，则有

$$L\left[\frac{\mathrm{d}f(t)}{\mathrm{d}t}\right]=sF(s)-f(0)$$

式中，$f(0)$ 是函数 $f(t)$ 在 $t=0$ 时的值。

（3）积分定理

设 $F(s)=L[f(t)]$，则有

$$L\left[\int f(t)\,\mathrm{d}t\right]=\frac{1}{s}F(s)+\frac{1}{s}f^{(-1)}(0)$$

式中，$f^{(-1)}(0)$ 是 $\int f(t)\,\mathrm{d}t$ 在 $t=0$ 时的值。

（4）初值定理

若函数 $f(t)$ 及其一阶导数都是可拉氏变换的，那么函数 $f(t)$ 的初值为

$$f(0_+)=\lim_{t\to 0}f(t)=\lim_{s\to\infty}sF(s)$$

即原函数 $f(t)$ 在自变量从正向趋于 0 时的极限值，取决于其象函数 $F(s)$ 在自变量趋于无穷大时的极限值。

（5）终值定理

若函数 $f(t)$ 及其一阶导数都是可拉氏变换的，那么函数 $f(t)$ 的终值为

$$\lim_{t \to \infty} f(t) = \lim_{s \to 0} s F(s)$$

即原函数 $f(t)$ 在自变量趋于无穷大时的极限值，取决于其象函数 $F(s)$ 在自变量趋于 0 时的极限值。

（6）位移定理

设 $F(s) = L[f(t)]$，则有

$$L[f(t - \tau_0)] = \mathrm{e}^{-\tau_0 s} F(s)$$

$$L[\mathrm{e}^{\alpha t} f(t)] = F(s - \alpha)$$

分别表示实数域中的位移定理和复数域中的位移定理。

（7）相似定理

设 $F(s) = L[f(t)]$，则有

$$L\left[f\left(\frac{t}{a}\right)\right] = a F(as)$$

式中，a 为实常数。

（8）卷积定理

设 $F_1(s) = L[f_1(t)]$，$F_2(s) = L[f_2(t)]$，则有

$$F_1(s) F_2(s) = L\left[\int_0^t f_1(t - \tau) f_2(\tau) \mathrm{d}\tau\right]$$

式中，$\int_0^t f_1(t - \tau) f_2(\tau) \mathrm{d}\tau$ 即函数 $f_1(t)$ 和 $f_2(t)$ 的卷积，可以写为 $f_1(t) * f_2(t)$。

拉普拉斯变换的基本特性如表 2-2 所示。

表 2-2 拉普拉斯变换的基本特性

序号	基本运算	$f(t)$	$F(s) = L[f(t)]$
1	拉氏变换定义	$f(t)$	$F(s) = \int_0^\infty f(t) \mathrm{e}^{-st} \mathrm{d}t$
2	位移（时间域）	$f(t - \tau_0)$	$\mathrm{e}^{-\tau_0 s} F(s)$，$\tau_0 > 0$
3	相似性	$f(at)$	$\dfrac{1}{a} F\left(\dfrac{s}{a}\right)$，$a > 0$
4	一阶导数	$\dfrac{\mathrm{d}f(t)}{\mathrm{d}t}$	$s F(s) - f(0)$
5	n 阶导数	$\dfrac{\mathrm{d}^n}{\mathrm{d}t^n} f(t)$	$s^n F(s) - s^{n-1} f(0)$ $- s^{n-2} f'(0) - \cdots$ $- f^{(n-1)}(0)$
6	不定积分	$\int f(t) \mathrm{d}t$	$\dfrac{1}{s}\left[F(s) + f^{-1}(0)\right]$
7	定积分	$\int_0^t f(\tau) \mathrm{d}\tau$	$\dfrac{1}{s} F(s)$
8	函数乘以 t	$t f(t)$	$-\dfrac{\mathrm{d}}{\mathrm{d}s} F(s)$

序号	基本运算	$f(t)$	$F(s) = L[f(t)]$
9	函数除以 t	$\dfrac{1}{t}f(t)$	$\displaystyle\int_s^\infty F(s)\,\mathrm{d}s$
10	位移（s 域）	$\mathrm{e}^{at}f(t)$	$F(s-a)$
11	初值	$\displaystyle\lim_{t\to0}f(t)$	$\displaystyle\lim_{s\to\infty}sF(s)$
12	终值	$\displaystyle\lim_{t\to\infty}f(t)$	$\displaystyle\lim_{s\to0}sF(s)$
13	卷积	$f_1(t)*f_2(t) = \displaystyle\int_0^t f_1(\tau)f_2(t-\tau)\,\mathrm{d}\tau$	$F_1(s)F_2(s)$

通常，求解拉普拉斯逆变换时，需要对拉普拉斯变换式进行部分分式分解，即将 $F(s)$ 展开成部分分式，成为可在拉氏变换表中查到的 s 的简单函数，然后通过反查拉氏变换表求取原函数 $f(t)$。

设 $F(s) = F_1(s)/F_2(s)$，$F_1(s)$ 的阶次不高于 $F_2(s)$ 的阶次，否则，用 $F_2(s)$ 除 $F_1(s)$，以得到一个 s 的多项式与一个余式（真分式）之和。在部分分式为真分式时，需对分母多项式进行因式分解，求出 $F_2(s) = 0$ 的根。

设 $F_s = \dfrac{F_1(s)}{F_2(s)} = \dfrac{a_0s^m + a_1s^{m-1} + \cdots + a_m}{b_0s^n + b_1s^{n-1} + \cdots + b_n}(n > m)$，即 $F(s)$ 为真分式。下面讨论 $F_2(s) = 0$ 的根的情况。

（1）若 $F_2(s) = 0$ 有 n 个不同的单根 p_1，p_2，$\cdots$，p_n。利用部分分式可将 $F(s)$ 分解为：

$$F(s) = \frac{F_1(s)}{(s - p_1)(s - p_2)\cdots(s - p_n)} = \frac{a_1}{s - p_1} + \frac{a_2}{s - p_2} + \cdots + \frac{a_n}{s - p_n}$$

式中，$a_i = \lim\limits_{s\to p_i}(s - p_i)F(s) = \lim\limits_{s\to p_i}\dfrac{(s - p_i)\dot{F}_1(s) + F_1(s)}{\dot{F}_2(s)} = \lim\limits_{s\to p_i}\dfrac{F_1(p_i)}{\dot{F}_2(p_i)}$。原函数形式为：

$$f(t) = a_1\mathrm{e}^{p_1t} + a_2\mathrm{e}^{p_2t} + \cdots + a_n\mathrm{e}^{p_nt}$$

（2）若 $F_2(s) = 0$ 有共轭复根 $p_1 = \alpha + \mathrm{j}\omega$，$p_2 = \alpha - \mathrm{j}\omega$，$p_3\cdots p_n$ 为互异单根。利用部分分式可将 $F(s)$ 分解为：

$$F(s) = \frac{F_1(s)}{(s - p_1)(s - p_2)\cdots(s - p_n)} = \frac{a_1}{s - p_1} + \frac{a_2}{s - p_2} + \cdots + \frac{a_n}{s - p_n}$$

式中，$a_1 = [(s - \alpha - \mathrm{j}\omega)F(s)]_{s=\alpha+\mathrm{j}\omega}$，$a_2 = [(s - \alpha + \mathrm{j}\omega)F(s)]_{s=\alpha-\mathrm{j}\omega}$，$a_1$ 和 a_2 为共轭复数。设 $a_1 = |K_1|\mathrm{e}^{\mathrm{j}\theta}$，$a_2 = |K_1|\mathrm{e}^{-\mathrm{j}\theta}$。原函数的形式为：

$$f(t) = a_1\mathrm{e}^{(\alpha+\mathrm{j}\omega)t} + a_2\mathrm{e}^{(\alpha-\mathrm{j}\omega)t} + \cdots + a_n\mathrm{e}^{p_nt} = 2|K_1|\mathrm{e}^{\alpha t}\cos(\omega t + \theta) + \cdots + a_n\mathrm{e}^{p_nt}$$

（3）若 $F_2(s) = 0$ 具有重根 $p_1 = p_2 = \cdots p_r$。此时因 $F_2(s)$ 含有 $(s - p_1)^r$ 的因式，利用部分分式可将 $F(s)$ 分解为：

$$F(s) = \frac{F_1(s)}{(s - p_1)^r} = \frac{b_r}{(s - p_1)^r} + \frac{b_{r-1}}{(s - p_1)^{r-1}} + \cdots + \frac{b_1}{s - p_1}$$

则

$$b_r = \left[(s - p_1)^r F(s) \right]_{s = p_1}$$

$$b_{r-1} = \frac{\mathrm{d}}{\mathrm{d}s} \left[(s - p_1)^r F(s) \right]_{s = p_1}$$

$$\vdots$$

$$b_1 = \frac{1}{(r - 1)!} \frac{\mathrm{d}^{r-1}}{\mathrm{d}s^{r-1}} \left[(s - p_1)^r F(s) \right]_{s = p_1}$$

原函数形式为:

$$f(t) = b_1 \mathrm{e}^{p_1 t} + b_2 t \mathrm{e}^{p_1 t} + \cdots + b_r t^r \mathrm{e}^{p_1 t}$$

2.1.4 运动模态

线性微分方程的解由齐次方程的通解和输入信号对应的特解组成。通解反映系统自由运动的规律。如果微分方程的特征根是单实根 p_1, p_2, $\cdots$, p_n , 则把函数 $\mathrm{e}^{p_1 t}$, $\mathrm{e}^{p_2 t}$, $\cdots$, $\mathrm{e}^{p_n t}$ 称为该微分方程所描述运动的模态。如果特征根中有多重根 p , 则模态是具有 $t\mathrm{e}^{pt}$, $t^2 \mathrm{e}^{pt}$, $\cdots$, $t^r \mathrm{e}^{pt}$ 形式的函数。如果特征根中有共轭复根 $\alpha \pm \mathrm{j}\omega$, 则其共轭复模态 $\mathrm{e}^{\alpha + \mathrm{j}\omega}$, $\mathrm{e}^{\alpha - \mathrm{j}\omega}$ 可写成实函数模态 $\mathrm{e}^{\alpha t} \sin\omega t$, $\mathrm{e}^{\alpha t} \cos\omega t$ 。

每一种模态可以看成是线性系统自由响应中最基本的运动形态, 线性系统的自由响应就是其相应模态的线性组合, 其瞬态响应的特性由所有特征根共同确定, 而各个特征根响应模态的幅度则由留数表示。通过模态分析, 可以了解系统的运动特性, 后续章节将着重探讨特征根的位置分布与系统的稳态和瞬态响应之间的关系。

2.2 控制系统的复频域数学模型

控制系统的微分方程是在时间域描述系统动态性能的数学模型, 在给定外作用及初始条件下, 求解微分方程可以得到系统的输出响应。这种方法比较直观, 特别是借助于计算机可以迅速而准确地求得结果。但是如果系统的结构改变或某个参数变化时, 就要重新列写并求解微分方程, 不便于对系统进行分析和设计。

用拉氏变换法求解线性系统的微分方程时, 可以得到控制系统在复数域中的数学模型——传递函数。传递函数不仅可以表征系统的动态性能, 而且可以用来研究系统的结构或参数变化对系统性能的影响。经典控制理论中广泛应用的频率法和根轨迹法, 就是以传递函数为基础建立起来的, 传递函数是经典控制理论中最基本和最重要的概念。

2.2.1 传递函数

对于线性定常系统, 其传递函数 $G(s)$ 是零初始条件下, 系统输出的拉普拉斯变换 $C(s)$ 与系统输入的拉普拉斯变换 $R(s)$ 之间的比值, 即

$$G(s) = \frac{C(s)}{R(s)}$$

上式所示系统可以用框图 2-7 表示, 其中 $C(s) = G(s)R(s)$ 。
单位冲激函数 $\delta(t)$ 的拉普拉斯变换 $L[\delta(t)] = 1$, 系统的单位冲激响应的拉氏变换为 $C(s) = G(s)L[\delta(t)] = G(s)$, 即系统

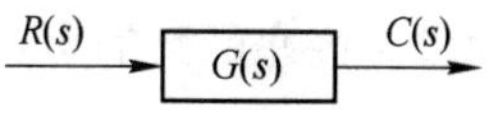

图 2-7 传递函数的图示

的单位冲激响应的拉氏变换等于传递函数本身。

一般地，考虑如下 n 阶线性常微分方程描述的线性定常系统

$$a_n \frac{\mathrm{d}^n c(t)}{\mathrm{d}t^n} + a_{n-1} \frac{\mathrm{d}^{n-1} c(t)}{\mathrm{d}t^{n-1}} + \cdots + a_1 \frac{\mathrm{d}c(t)}{\mathrm{d}t} + a_0 c(t)$$

$$= b_m \frac{\mathrm{d}^m r(t)}{\mathrm{d}t^m} + b_{m-1} \frac{\mathrm{d}^{m-1} r(t)}{\mathrm{d}t^{m-1}} + \cdots + b_1 \frac{\mathrm{d}r(t)}{\mathrm{d}t} + b_0 r(t) \tag{2-14}$$

式中，$c(t)$ 为系统响应；$r(t)$ 为输入激励函数；a_n，a_{n-1}，$\cdots$，a_0 及 b_m，b_{m-1}，$\cdots$，b_0 均为由系统结构、参数决定的常系数。在零初始条件下对式（2-14）两端进行拉普拉斯变换，可得相应的代数方程

$$\left[a_n s^n + a_{n-1} s^{n-1} + \cdots + a_1 s + a_0 \right] C(s) = \left[b_m s^m + b_{m-1} s^{m-1} + \cdots + b_1 s + b_0 \right] R(s)$$

则系统的传递函数为

$$\frac{C(s)}{R(s)} = \frac{b_m s^m + b_{m-1} s^{m-1} + \cdots + b_1 s + b_0}{a_n s^n + a_{n-1} s^{n-1} + \cdots + a_1 s + a_0} \tag{2-15}$$

传递函数是在零初始条件下定义的。控制系统的零初始条件有两方面的含义：一是指输入量是在 $t \geqslant 0$ 时才作用于系统，因此，在 $t = 0^-$ 时，输入量及其各阶导数均为零；二是指输入量加于系统之前，系统处于稳定的工作状态，即输出量及其各阶导数在 $t = 0^-$ 时的值也为零，现实的工程控制系统多属此类情况。因此，传递函数可表征控制系统的动态性能，并用以求出在给定输入量时系统的零初始条件响应，即由拉氏变换的卷积定理，有

$$c(t) = L^{-1} [C(s)] = L^{-1} [G(s)R(s)] = \int_0^t r(t)g(t-\tau)\mathrm{d}\tau = \int_0^t r(t-\tau)g(\tau)\mathrm{d}\tau$$

式中，$g(t) = L^{-1}[G(s)]$ 为系统的脉冲响应。

【例 2-5】 试求例 2-1 中 RLC 无源网络的传递函数。

解： 由例 2-1 可知，RLC 无源网络的微分方程为

$$LC \frac{\mathrm{d}^2 u_o(t)}{\mathrm{d}t^2} + RC \frac{\mathrm{d}u_o(t)}{\mathrm{d}t} + u_o(t) = u_i(t)$$

在零初始条件下，对上式两端取拉普拉斯变换并整理可得网络传递函数

$$G(s) = \frac{U_o(s)}{U_i(s)} = \frac{1}{LCs^2 + RCs + 1}$$

传递函数只取决于系统或元部件自身的结构和参数，与外作用的形式和大小无关。传递函数是复变量 s 的有理分式函数，它具有复变函数的所有性质。因为实际物理系统总是存在惯性的，并且动力源功率有限，所以实际系统传递函数的分母阶次 n 总是大于或等于分子的阶次 m，即 $n \geqslant m$。值得注意的是，传递函数的定义只适用于单输入单输出线性定常系统。非定常系统，即时变系统中，至少有一个系统参数随时间变化，因而可能无法运用拉普拉斯变换。此外，传递函数只是系统的输入输出描述，它并不提供系统内部的结构和行为信息。

2.2.2 传递函数的零点和极点

传递函数的分子多项式和分母多项式经因式分解后可写为如下形式：

$$G(s) = \frac{b_0(s - z_1)(s - z_2)\cdots(s - z_m)}{a_0(s - p_1)(s - p_2)\cdots(s - p_n)} = K^* \frac{\prod\limits_{i=1}^{m}(s - z_i)}{\prod\limits_{j=1}^{n}(s - p_j)}$$

式中，$z_i(i = 1, 2, \cdots, m)$ 是分子多项式的零点，称为传递函数的零点；$p_j(j = 1, 2, \cdots, n)$ 是分母多项式的零点，称为传递函数的极点。传递函数的零点和极点可以是实数，也可以是复数；系数 $K^* = b_0/a_0$ 称为传递系数或根轨迹增益。在复数平面上表示传递函数的零点和极点的图形，称为传递函数的零极点分布图。在图中一般用 "。" 表示零点，用 "×" 表示极点。传递函数的零极点分布图可以更形象地反映系统的全面特性。

传递函数的分子多项式和分母多项式经因式分解后也可写为如下因子连乘积的形式：

$$G(s) = \frac{b_m(\tau_1 s + 1)(\tau_2^2 s^2 + 2\xi\tau_2 s + 1)\cdots(\tau_m s + 1)}{a_n(T_1 s + 1)(T_2^2 s^2 + 2\xi T_2 s + 1)\cdots(T_n s + 1)}$$

式中，一次因子对应于实数零极点，二次因子对应于共轭复数零极点，τ_i 和 T_j 称为时间常数，$K = b_m/a_n = K^* \prod\limits_{i=1}^{m}(-z_i) \Big/ \prod\limits_{j=1}^{n}(-p_j)$ 称为传递系数或增益。传递函数的这种表示形式在频率法中使用较多。

2.2.3 传递函数的极点和零点对输出的影响

由于传递函数的极点就是微分方程的特征根，因此它们决定了所描述系统自由运动的模态，而且在强迫运动中（即零初始条件响应）也会包含这些自由运动的模态。现举例说明。

设某系统传递函数为 $G(s) = \dfrac{C(s)}{R(s)} = \dfrac{6(s + 3)}{(s + 1)(s + 2)}$，显然，其极点 $p_1 = -1$，$p_2 = -2$，零点 $z_1 = -3$，自由运动的模态是 e^{-t} 和 e^{-2t}。当 $r(t) = r_1 + r_2 e^{-5t}$，即 $R(s) = \dfrac{r_1}{s} + \dfrac{r_2}{s + 5}$ 时，可求得系统的零初始条件响应为

$$c(t) = L^{-1}[C(s)] = L^{-1}\left[\frac{6(s + 3)}{(s + 1)(s + 2)}\left(\frac{r_1}{s} + \frac{r_2}{s + 5}\right)\right]$$

$$= 9r_1 - r_2 e^{-5t} + (3r_2 - 12r_1)e^{-t} + (3r_1 - 2r_2)e^{-2t}$$

式中，前两项具有与输入函数 $r(t)$ 相同的模态，后两项中包含了由极点 -1 和 -2 形成的自由运动模态。这是系统 "固有" 的成分，但其系数却与输入函数有关，因此可以认为这两项是受输入函数激发而形成的。这意味着传递函数的极点可以受输入函数的激发，在输出响应中形成自由运动的模态。

传递函数的零点并不形成自由运动的模态，但它们却影响各模态在响应中所占的比重，因而也影响响应曲线的形状。设具有相同极点但零点不同的传递函数分别为 $G_1(s) = \dfrac{4s + 2}{(s + 1)(s + 2)}$，$G_2(s) = \dfrac{1.5s + 2}{(s + 1)(s + 2)}$，其极点都是 -1 和 -2，$G_1(s)$ 的零点 $z_1 = -0.5$，$G_2(s)$ 的零点 $z_2 = -1.33$，它们的零极点分布图如图 2-8（a）所示。在零初始条件下，它们的单位阶跃响应分别是

$$c_1(t) = L^{-1}\left[\frac{4s+2}{s(s+1)(s+2)}\right] = 1 + 2e^{-t} - 3e^{-2t}$$

$$c_2(t) = L^{-1}\left[\frac{1.5s+2}{s(s+1)(s+2)}\right] = 1 - 0.5e^{-t} - 0.5e^{-2t}$$

上述结果表明，模态 e^{-t} 和 e^{-2t} 在两个系统的单位阶跃响应中所占的比重是不同的，它取决于极点之间的距离和极点与零点之间的距离，以及零点与原点之间的距离。在极点相同的情况下，$G_1(s)$ 的零点 z_1 接近原点，距两个极点的距离都比较远，因此，两个模态所占比重大且零点 z_1 的作用明显；而 $G_2(s)$ 的零点 z_2 距原点较远且与两个极点均相距较近，因此两个模态所占比重就小。这样，尽管两个系统的模态相同，但由于零点的位置不同，其单位阶跃响应 $c_1(t)$ 和 $c_2(t)$ 却具有不同的形状，如图 2-8（b）所示。

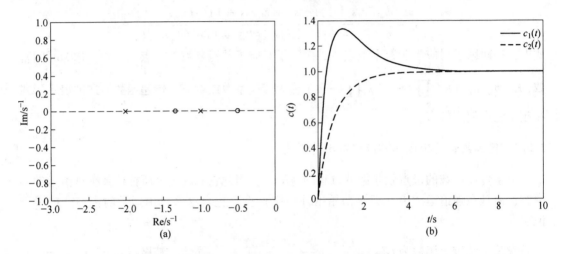

图 2-8   零极点对输出响应的影响

（a）零极点图；（b）单位阶跃响应曲线

2.2.4   常用控制元件的传递函数

自动控制系统是由各种元部件相互连接组成的，它们一般是机械的、电子的、液压的、光学的或其他类型的装置。在实际问题分析中，将各功能不同的元件抽象化，用其传递函数代替。传递函数即为这些元件在控制系统的数学模型。

2.2.4.1   电位器

电位器的作用是把位移变换成电压信号。在控制系统中常用作位移传感器，如通过电压脉冲计数确定位移的编码器。单个电位器作为信号变换装置，如图 2-9（a）所示；一对电位器可组成误差检测器，如图 2-9（b）所示。

空载时，单个电位器的电刷角位移 $\theta(t)$ 与输出电压 $u(t)$ 的关系曲线如图 2-9（c）所示。图中阶梯形状是由绕线线径产生的误差，理论分析时可用直线近似。由图可得输出电压为

$$u(t) = K_1\theta(t) \tag{2-16}$$

式中，$K_1 = E/\theta_{max}$ 为电刷单位角位移对应的输出电压，称为电位器传递系数，其中 E 为电

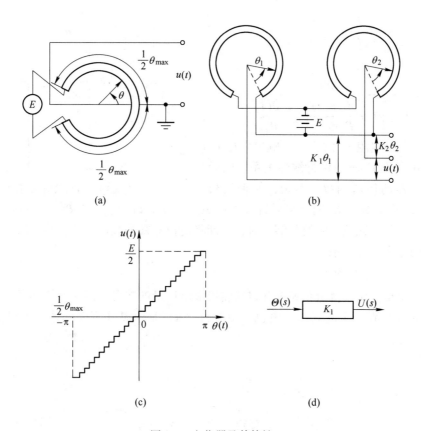

图 2-9　电位器及其特性

（a）单个电位器；（b）一对电位器；（c）单个电位器输入输出关系曲线；（d）方框图

位器电源电压，θ_{max} 为电位器最大工作角。对式（2-16）求拉氏变换，并令 $U(s) = L[u(t)]$，$\Theta(s) = L[\theta(t)]$，可求得电位器传递函数为

$$G(s) = \frac{U(s)}{\Theta(s)} = K_1 \qquad (2-17)$$

式（2-17）表明，电位器的传递函数是一个常值，它取决于电源电压 E 和电位器最大工作角度 θ_{max}。电位器可用图 2-9（d）的方框图表示。

　　用一对相同的电位器组成误差检测器时，其输出电压为

$$u(t) = u_1(t) - u_2(t) = K_1[\theta_1(t) - \theta_2(t)] = K_1 \Delta\theta(t)$$

式中，K_1 为单个电位器的传递系数；$\Delta\theta(t) = \theta_1(t) - \theta_2(t)$ 为两个电位器电刷角位移之差，称为误差角。因此，以误差角为输入量时，误差检测器的传递函数与单个电位器传递函数相同，即为

$$G(s) = \frac{U(s)}{\Delta\Theta(s)} = K_1$$

　　电位器要注意负载效应。所谓负载效应是指在电位器输出端接有负载时所产生的影响。图 2-10 表示电位器输出端接有负载电阻 R_1 时的电路图，设电位器电阻是 R_p，可求得电位器输出电压为

$$u(t) = \frac{E}{\dfrac{R_p}{R'_p} + \dfrac{R_p}{R_1}\left(1 - \dfrac{R'_p}{R_p}\right)}$$

$$= \frac{E\theta(t)}{\theta_{max}\left[1 + \dfrac{R_p}{R_1}\dfrac{\theta(t)}{\theta_{max}}\left(1 - \dfrac{\theta(t)}{\theta_{max}}\right)\right]}$$

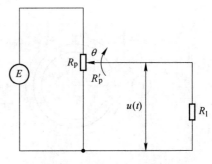

图 2-10　负载效应示意图

可见，由于负载电阻 R_1 的影响，输出电压 $u(t)$ 与电刷角位移 $\theta(t)$ 不再保持线性关系，因而也求不出电位器的传递函数。但是，如果负载电阻 R_1 很大，如 $R_1 \geqslant 10R_p$ 时，可以近似得到 $u(t) \approx E\theta(t)/\theta_{max} = K_1\theta(t)$。因此，当电位器接负载时，只是在负载阻抗足够大时，才能将电位器视为线性元件，其输出电压与电刷角位移之间才有线性关系。

2.2.4.2　测速发电机

测速发电机是用于测量角速度并将它转换成电压量的装置，即速度传感器。在控制系统中常用的有直流和交流测速发电机。图 2-11（a）是永磁式直流测速发电机的原理线路图。

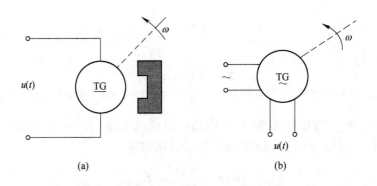

(a)　　　　　　　　　　　(b)

图 2-11　测速发电机示意图

(a) 直流测速发电机；(b) 交流测速发电机

测速发电机的输入量是角位移 $\theta(t)$，输出量是电压信号 $u(t)$，中间量是角速度 $\omega(t)$。测速发电机的转子与待测量的轴相连接，在电枢两端输出与转子角速度成正比的直流电压，即

$$u(t) = K_t\omega(t) = K_t\frac{d\theta(t)}{dt} \tag{2-18}$$

式中，K_t 为测速发电机输出斜率，表示单位角速度的输出电压。在零初始条件下，对式（2-18）求拉氏变换可得直流测速发电机的传递函数为

$$G(s) = \frac{U(s)}{\Omega(s)} = K_t$$

或

$$G(s) = \frac{U(s)}{\Theta(s)} = K_\mathrm{t} s$$

图 2-11（b）是交流测速发电机的示意图。在结构上它有两个互相垂直放置的线圈，其中一个是激磁绕组，接入一定频率的正弦额定电压，另一个是输出绕组。当转子旋转时，输出绕组产生与转子角速度成比例的交流电压 $u(t)$，其频率与激磁电压频率相同，其包络线也可以用式（2-18）表示，因此其传递函数及方框图亦同直流测速发电机。

2.2.4.3 直流电动机

直流电机是向负载提供动力的执行机构，如图 2-12（a）所示。图 2-12（b）给出了直流电机的结构略图。直流电机将直流电能转化成旋转运动的机械能，转子（电枢）所产生的扭矩中，绝大部分用于驱动外部负载。由于具有扭矩大、转速可控范围宽、转速-扭矩特性优良、便于携带、适用面广等特点，在机器人操纵系统、传送带系统、磁盘驱动器、机床及伺服阀驱动器等实际控制系统中，直流电机都得到了广泛的应用。

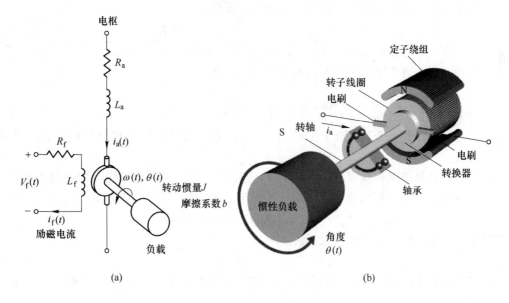

图 2-12 直流电动机

（a）原理图；（b）结构略图

直流电机传递函数只是对实际电机的线性近似描述。一些二阶以上的高阶影响，如磁滞现象和电刷上的压降等因素，都将忽略不计。输入电压可以作用于磁场，也可以作用于电枢两端。当励磁磁场非饱和时，气隙磁通 ϕ 与励磁电流成比例，因此，

$$\phi = K_\mathrm{f} i_\mathrm{f}$$

再假设电机扭矩与电枢电流之间有如下的线性关系

$$T_\mathrm{m} = K_1 \phi i_\mathrm{a}(t) = K_1 K_\mathrm{f} i_\mathrm{f}(t) i_\mathrm{a}(t) \tag{2-19}$$

由式（2-19）可以清楚地看出，为了保持扭矩与电流间的线性关系，必须有一个电流保持恒定。这样，另一个电流便成了输入电流。我们首先考虑磁场控制式电机，它具有可观的功率放大能力。于是，经拉普拉斯变换后有

$$T_\mathrm{m}(s) = (K_1 K_\mathrm{f} I_\mathrm{a}) I_\mathrm{f}(s) = K_\mathrm{m} I_\mathrm{f}(s) \tag{2-20}$$

式中，$i_a = I_a$ 为恒定的电枢电流，K_m 为电机常数。励磁电流与磁场电压之间的关系为

$$V_f(s) = (R_f + L_f s)I_f(s) \tag{2-21}$$

电机扭矩 $T_m(s)$ 等于传送给负载的扭矩，即有关系式

$$T_m(s) = T_L(s) + T_d(s) \tag{2-22}$$

式中，$T_L(s)$ 为负载扭矩；$T_d(s)$ 为扰动扭矩且通常可以忽略不计。不过，当负载受到其他外力作用时，就不能忽略扰动扭矩了。图 2-12 所示的惯性负载所需要的扭矩为

$$T_L(s) = Js^2\theta(s) + bs\theta(s) \tag{2-23}$$

整理式（2-20）~式（2-22），可以得到

$$T_L(s) = T_m(s) - T_d(s)$$
$$T_m(s) = K_m I_f(s) \tag{2-24}$$
$$I_f(s) = \frac{V_f(s)}{R_f + L_f s}$$

于是，当 $T_d(s) = 0$ 时，电机-负载组合体的传递函数为

$$\frac{\theta(s)}{V_f(s)} = \frac{K_m}{s(Js+b)(L_f s + R_f)} = \frac{K_m/(JL_f)}{s(s+b/J)(s+R_f/L_f)} \tag{2-25}$$

此外，传递函数还可以写成电机时间常数的形式，即

$$\frac{\theta(s)}{V_f(s)} = G(s) = \frac{K_m/(bR_f)}{s(\tau_f s + 1)(\tau_L s + 1)}$$

式中，$\tau_f = L_f/R_f$，$\tau_L = J/b$。通常都有 $\tau_L > \tau_f$，并且励磁磁场的时间常数 τ_f 可以忽略不计。

电枢控制式直流电机则以电枢电流 i_a 作为控制变量，通过励磁线圈和电路或永磁体建立电枢的定子磁场。当励磁线圈中建立了恒定的励磁电流后，电机扭矩为

$$T_m(s) = (K_1 K_f I_f)I_a(s) = K_m I_a(s)$$

如果使用的是永磁体，那么电机扭矩为

$$T_m(s) = K_m I_a(s) \tag{2-26}$$

式中，K_m 为永磁体材料磁导率的函数。电枢电流与作用在电枢上的输入电压之间的关系为

$$V_a(s) = (R_a + L_a s)I_a(s) + V_b(s)$$

式中，$V_b(s)$ 是与电机速度成正比的反相感应电压，且有

$$V_b(s) = K_b\omega(s)$$

式中，$\omega(s) = s\theta(s)$ 为角速度的拉普拉斯变换，而电枢电流为

$$I_a(s) = \frac{V_a(s) - K_b\omega(s)}{R_a + L_a s} \tag{2-27}$$

负载扭矩仍由式（2-23）和式（2-24）给出，于是有

$$T_L(s) = Js^2\theta(s) + bs\theta(s) = T_m(s) - T_d(s) \tag{2-28}$$

根据式（2-26）~式（2-28），可以得到 $T_d(s) = 0$ 时的传递函数为

$$G(s) = \frac{\theta(s)}{V_a(s)} = \frac{K_m}{s[(R_a + L_a s)(Js+b) + K_b K_m]}$$

对许多直流电机而言，可以忽略电枢时间常数 $\tau_a = L_a/R_a$ 的影响，故有

$$G(s) = \frac{\theta(s)}{V_a(s)} = \frac{K_m}{s[R_a(Js + b) + K_b K_m]} = \frac{K_m/(R_a b + K_b K_m)}{s(\tau_1 s + 1)}$$

式中，等效时间常数为 $\tau_1 = R_a J/(R_a b + K_b K_m)$。

2.2.4.4 两级滤波网络

为了改善控制系统的性能，常在系统中引入无源网络作为校正元件。无源网络通常由电阻、电容和电感组成。应该注意，求取无源网络传递函数时，一般假设网络输出端接有无穷大负载阻抗，输入内阻为零，否则应考虑负载效应。

【例 2-6】在图 2-13 中所示的 RC 两级滤波网络，其输入信号为 e_i，输出信号为 e_o，试求两级串联后传递函数。

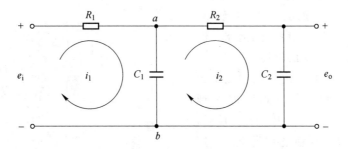

图 2-13 RC 两级滤波网络

解： 不计负载效应：第一级滤波器的输入信号是 e_i，输出信号是 e_{ab}，其传递函数为：

$$G_1(s) = \frac{E_{ab}(s)}{E_i(s)} = \frac{\dfrac{1}{C_1 s}}{R_1 + \dfrac{1}{C_1 s}} = \frac{1}{R_1 C_1 s + 1}$$

第二级滤波器的输入信号是 e_{ab}，输出信号是 e_o，其传递函数为：

$$G_2(s) = \frac{E_o(s)}{E_{ab}(s)} = \frac{\dfrac{1}{C_2 s}}{R_2 + \dfrac{1}{C_2 s}} = \frac{1}{R_2 C_2 s + 1}$$

若将 $G_1(s)$ 与 $G_2(s)$ 两个方框串联连接，则其传递函数

$$G(s) = \frac{E_o(s)}{E_i(s)} = \frac{E_{ab}(s)}{E_i(s)} \cdot \frac{E_o(s)}{E_{ab}(s)} = \frac{1}{R_1 R_2 C_1 C_2 s^2 + (R_1 C_1 + R_2 C_2)s + 1}$$

考虑负载效应：第一级滤波器的传递函数为：

$$G_1(s) = \frac{E_{ab}(s)}{E_i(s)} = \frac{\dfrac{1}{C_1 s}//\left(R_2 + \dfrac{1}{C_2 s}\right)}{R_1 + \dfrac{1}{C_1 s}//\left(R_2 + \dfrac{1}{C_2 s}\right)} = \frac{R_2 C_2 s + 1}{R_1 R_2 C_1 C_2 s^2 + (R_1 C_1 + R_2 C_2 + R_1 C_2)s + 1}$$

第二级滤波器的传递函数没有变。若将两个 RC 网络直接连接，则由电路微分方程可求得连接后电路的传递函数为

$$G(s) = \frac{E_\mathrm{o}(s)}{E_\mathrm{i}(s)} = \frac{1}{R_1 R_2 C_1 C_2 s^2 + (R_1 C_1 + R_2 C_2 + R_1 C_2)s + 1}$$

显然，$G(s) \neq G_1(s)G_2(s)$，$G(s)$ 中增加的项 $R_1 C_2$ 是由负载效应产生的。如果 $R_1 C_2$ 与其余项相比数值很小可略而不计时，则有 $G(s) \approx G_1(s)G_2(s)$。这时，要求后级网络的输入阻抗足够大，或要求前级网络的输出阻抗趋于零，或在两级网络之间接入隔离放大器。

2.2.4.5　单容水箱

水箱是常见的水位控制系统的被控对象。设单容水箱如图 2-14 所示，流入水箱的流量取决于水箱液位和出水阀的开度，而出水阀的开度随用户需要而改变。液体以 $U(t)$ 的速度从入口阀门流出，经长度为 l 的管道以 $I(t)$ 的速度流入水箱，水箱中液位 $Y(t)$ 升高，出口阀门处水压随之增大，使得流出出口阀门的流速 $O(t)$ 增大。最终，入口液体流速和出口液体流速趋于相等，系统达到稳态，工作点为 (U_0, Y_0, O_0, I_0)。

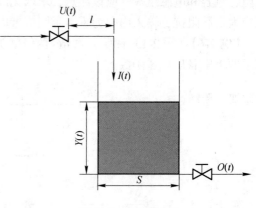

图 2-14　单容水箱

根据物料平衡公式有：

$$I(t) - O(t) = S \frac{\mathrm{d}Y(t)}{\mathrm{d}t}$$

$$(I_0 + \Delta I(t)) - (O_0 + \Delta O(t)) = S \frac{\mathrm{d}(Y_0 + \Delta Y(t))}{\mathrm{d}t} \tag{2-29}$$

因工作点处 $I_0 = O_0$，代入式（2-29）有：

$$\Delta I(t) - \Delta O(t) = S \frac{\mathrm{d}\Delta Y(t)}{\mathrm{d}t} \tag{2-30}$$

根据液位与流速公式有：

$$\Delta O(t) = \frac{\Delta Y(t)}{R} \tag{2-31}$$

上式为水位在稳态值附近小范围波动时线性化后的公式，R 为一系数，确切公式应当为 $O(t) = k\sqrt{Y(t)}$。将式（2-31）代入式（2-30）有：

$$RS \frac{\mathrm{d}\Delta Y(t)}{\mathrm{d}t} + \Delta Y(t) = R\Delta I(t) \tag{2-32}$$

由于 l 的存在，$I(t)$ 与 $U(t)$ 存在滞后关系：

$$\Delta I(t) = \Delta U(t - \tau) \tag{2-33}$$

以式（2-33）代入式（2-32）得到：

$$RS \frac{\mathrm{d}\Delta Y(t)}{\mathrm{d}t} + \Delta Y(t) = R\Delta U(t - \tau) \tag{2-34}$$

式（2-34）即为该单容水箱的微分方程模型。取系统输入 $u(t)$ 为入口阀门处液体流

速变化量 $\Delta U(t)$，系统输出 $y(t)$ 为液位高度变化量 $\Delta Y(t)$；令 $RS \triangleq T$，$R \triangleq K$，得到

$$T\frac{\mathrm{d}y(t)}{\mathrm{d}t} + y(t) = Ku(t - \tau) \tag{2-35}$$

将式（2-35）两边同时作拉普拉斯变换得到：

$$TsY(s) + Y(s) = KU(s)\mathrm{e}^{-\tau s}$$

$$G(s) = \frac{Y(s)}{U(s)} = \frac{K}{Ts + 1}\mathrm{e}^{-\tau s} \tag{2-36}$$

式（2-36）即为该单容水箱的传递函数模型，其形式即所谓的一阶惯性纯滞后模型。其中，"一阶"指传递函数分母多项式的阶次 n 为一次；"惯性"指该系统具有某种保持原有状态的性质，即输出要经过一段时间才能达到 $y(\infty)$；"纯滞后"指该系统不会立即对施加的控制增量，而是要滞后一段时间。

2.2.4.6 电加热炉

在工业生产中，电加热炉是常见的热处理设备，其示意图如图 2-15 所示。图中，u 为电热丝两端电压，设电热丝质量为 m，比热容为 C，传热系数为 H，传热面积为 A，未加温前炉内温度为 T_0，加温后的温度为 T_1，电热丝自身产生的热量为 Q_i，电热丝发热功率为 P。

根据热力学原理，有电热丝自身发热比热容方程：

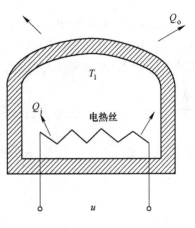

图 2-15 电加热炉

$$mC(T_1 - T_0) = Q_\mathrm{i}$$

$$mC\frac{\mathrm{d}(T_1 - T_0)}{\mathrm{d}t} = P$$

电热丝向周围传热热阻 $R = HA$，传热功率为 P_i

$$P_\mathrm{i} = R(T_1 - T_0) = HA(T_1 - T_0)$$

根据能量守恒

$$mC\frac{\mathrm{d}(T_1 - T_0)}{\mathrm{d}t} + HA(T_1 - T_0) = P$$

电热丝功率 $P = \dfrac{u^2}{r}$，其中 r 为电热丝电阻。在平衡点 $(u_\mathrm{b}, P_\mathrm{b}, T_\mathrm{b})$ 附近满足：$u = u_\mathrm{b} + \Delta u$，$\Delta u$ 为电压变化量，于是

$$u^2 = (u_\mathrm{b} + \Delta u)^2 = u_\mathrm{b}^2 + 2u_\mathrm{b}\Delta u + \Delta u^2 \approx u_\mathrm{b}^2 + 2u_\mathrm{b}\Delta u$$

$$P \approx \frac{u_\mathrm{b}^2 + 2u_\mathrm{b}\Delta u}{r} = P_\mathrm{b} + \Delta P$$

$$\frac{\Delta P}{\Delta u} = \frac{2u_\mathrm{b}}{r} = K_\mathrm{u}$$

在平衡点附近，P 和 u 近似线性化。以平衡点为参考点，设温升 $\Delta T = T_1 - T_\mathrm{b}$，则有

$$mC\frac{\mathrm{d}\Delta T}{\mathrm{d}t} + HA\Delta T = \Delta P$$

化简得

$$\frac{mC}{HA}\frac{\mathrm{d}\Delta T}{\mathrm{d}t} + \Delta T = \frac{2u_{\mathrm{b}}}{HA \cdot r}\Delta u$$

令 $T = \dfrac{mC}{HA}$，$K = \dfrac{2u_{\mathrm{b}}}{HA \cdot r}$，得

$$T\frac{\mathrm{d}\Delta T}{\mathrm{d}t} + \Delta T = K\Delta u \tag{2-37}$$

式中，$\Delta T = T_1 - T_0$ 为温度差；$T = mC/(HA)$ 为电加热炉时间常数；$K = K_{\mathrm{u}}/(HA)$ 为电加热炉传递系数。在零初始条件下，对式（2-37）两端进行拉氏变换，可得炉内温度变化量对控制电压变化量之间的电加热炉传递函数

$$G(s) = \frac{\Delta T(s)}{\Delta U(s)} = \frac{K}{Ts + 1}$$

2.2.4.7　双容水槽

双容水箱系统结构图如图 2-16 所示，其输入量为调节阀 1 产生的阀门开度变化 Δu，而输出量为第二个水槽的液位增量 Δh_2。

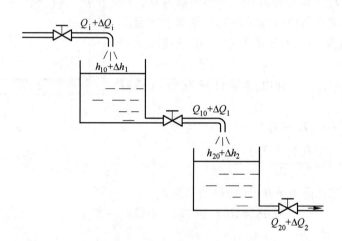

图 2-16　双容水槽

根据动态平衡关系列出如下方程：

上水箱

$$\frac{\mathrm{d}\Delta h_1}{\mathrm{d}t} = \frac{1}{C_1}(\Delta Q_{\mathrm{i}} - \Delta Q_1) \tag{2-38}$$

下水箱

$$\frac{\mathrm{d}\Delta h_2}{\mathrm{d}t} = \frac{1}{C_2}(\Delta Q_1 - \Delta Q_2) \tag{2-39}$$

其中，

$$\Delta Q_1 = \frac{\Delta h_1}{R_1}, \ \Delta Q_2 = \frac{\Delta h_2}{R_2}, \ \Delta Q_{\mathrm{i}} = K_{\mathrm{u}}\Delta u \tag{2-40}$$

C_1 和 C_2 分别为上下水箱的横截面积，R_1 和 R_2 为两水箱的液阻。将式（2-40）代入式（2-39），得

$$\frac{\Delta h_1}{R_1} - \frac{\Delta h_2}{R_2} = C_2\frac{\mathrm{d}\Delta h_2}{\mathrm{d}t}$$

故有

$$\Delta h_1 = R_1 \left(C_2 \frac{\mathrm{d}\Delta h_2}{\mathrm{d}t} + \frac{\Delta h_2}{R_2} \right) \tag{2-41}$$

对上式求微分，可得

$$\frac{\mathrm{d}\Delta h_1}{\mathrm{d}t} = R_1 C_2 \frac{\mathrm{d}^2 \Delta h_2}{\mathrm{d}t^2} + \frac{R_1}{R_2} \frac{\mathrm{d}\Delta h_2}{\mathrm{d}t} \tag{2-42}$$

将式（2-40）代入式（2-38），得

$$C_1 \frac{\mathrm{d}\Delta h_1}{\mathrm{d}t} + \frac{\Delta h_1}{R_1} = K_u \Delta u$$

分别将式（2-41）和式（2-42）代入上式，整理后可得双容水槽的微分方程

$$T_1 T_2 \frac{\mathrm{d}^2 \Delta h_2}{\mathrm{d}t^2} + (T_1 + T_2) \frac{\mathrm{d}\Delta h_2}{\mathrm{d}t} + \Delta h_2 = K \Delta u \tag{2-43}$$

式中，$T_1 = R_1 C_1$ 为第一个水槽的时间常数；$T_2 = R_2 C_2$ 为第二个水槽的时间常数；K 为双容水槽的传递系数。在零初始条件下，对式（2-43）进行拉氏变换，得双容水槽的传递函数为

$$G(s) = \frac{\Delta H_2(s)}{\Delta U(s)} = \frac{K}{T_1 T_2 s^2 + (T_1 + T_2)s + 1}$$

2.2.5 典型环节

在控制系统中所用的元部件有电气的、机械的、液压的、光电的等，种类繁多，工作原理各不相同，但若将其对应的传递函数抽象出来，却都可以看做是有限个基本单元的组合。为了便于分析系统，将系统的基本单元表示为如表 2-3 所示的典型环节。

表 2-3 典型环节

序号	环节名称	微分方程	传递函数	举　例
1	比例环节	$c = K \cdot r$	K	电位器、放大器、减速器、测速发电机等
2	惯性环节	$T\dot{c} + c = r$	$\dfrac{1}{Ts + 1}$	RC 电路、交直流电动机等
3	振荡环节	$T^2\ddot{c} + 2\xi T\dot{c} + c = r$ $(0 < \xi < 1)$	$\dfrac{1}{T^2 s^2 + 2\xi Ts + 1}$	RLC 电路、弹簧-质块-阻尼器系统等
4	积分环节	$\dot{c} = r$	$\dfrac{1}{s}$	电容上的电流与电压、测速发电机角位移与电压等
5	微分环节	$c = \dot{r}$	s	
6	一阶复合微分环节	$c = \tau\dot{r} + r$	$\tau s + 1$	
7	二阶复合微分环节	$c = \tau^2\ddot{r} + 2\xi\tau\dot{r} + r$	$\tau^2 s^2 + 2\xi\tau s + 1$	

2.3 控制系统的结构图及其等效变换

2.3.1 结构图

系统结构图是描述组成系统的各元部件之间信号传递关系的图形化数学模型。建立系统结构图一般有两种方法：（1）在已知系统微分方程组的条件下，将方程组中各子方程分别进行拉普拉斯变换，绘出各子方程对应的子结构图，将子结构图连接便可获得系统的结构图；（2）在得到系统方框图的条件下，将每个方框中的元部件名称换成其相应的传递函数，并将所有变量用相应的拉普拉斯变换形式表示，就转换成系统的结构图。下面分别举例说明。

【例 2-7】描述图 2-12 所示的磁场控制式直流电机各环节传递函数分别为

$$T_m(s) = (K_1 K_f I_a) I_f(s) = K_m I_f(s)$$
$$V_f(s) = (R_f + L_f s) I_f(s)$$
$$T_m(s) = T_L(s) + T_d(s)$$
$$T_L(s) = Js^2\theta(s) + bs\theta(s) = Js\omega(s) + b\omega(s)$$
$$T_L(s) = T_m(s) - T_d(s)$$
$$T_m(s) = K_m I_f(s)$$
$$I_f(s) = \frac{V_f(s)}{R_f + L_f s}$$

试建立相应的结构图。

解：列出各环节对应的子结构图，如图 2-17（a）所示，连接子结构图成为系统结构图，如图 2-17（b）所示。

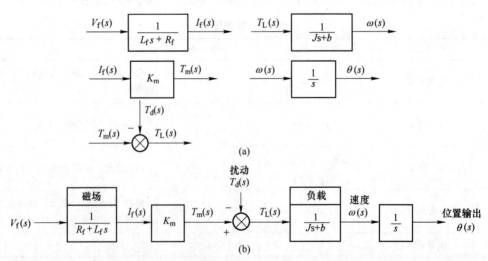

图 2-17 磁场控制式直流电机的系统结构图

（a）各环节子结构图；（b）系统结构图

【例 2-8】描述图 2-12 所示的电枢控制式直流电机各环节传递函数分别为

$$T_m(s) = K_m I_a(s)$$

$$V_a(s) = (R_a + L_a s)I_a(s) + V_b(s)$$

$$V_b(s) = K_b \omega(s)$$

$$I_a(s) = \frac{V_a(s) - K_b \omega(s)}{R_a + L_a s}$$

$$T_L(s) = Js^2\theta(s) + bs\theta(s) = Js\omega(s) + b\omega(s)$$

$$T_L(s) = T_m(s) - T_d(s)$$

$$T_m(s) = K_m I_f(s)$$

解：列出各环节对应的子结构图，如图 2-18（a）所示，连接子结构图成为系统结构图，如图 2-18（b）所示。

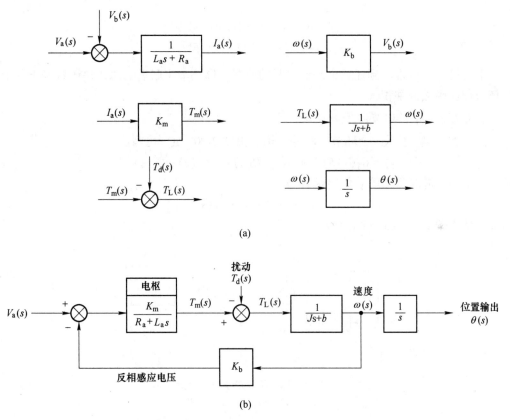

(a)

(b)

图 2-18　电枢控制式直流电机系统结构图

(a) 各环节子结构图；(b) 系统结构图

2.3.2　结构图等效变换

结构图是从具体系统中抽象出来的数学图形，建立结构图的目的是求取系统的传递函数，当只讨论系统的输入输出特性，而不考虑它的具体结构时，完全可以对其进行必要的变换，当然，这种变换必须是"等效的"，应使变换前后输入量与输出量之间的传递函数保持不变。下面依据等效原则推导结构图变换的一般法则。

2.3.2.1　串联环节的等效变换

图 2-19（a）表示两个环节串联的结构。由图 2-19（a）可写出

$$C(s) = G_2(s) G_1(s) R(s)$$

所以两个环节串联后的等效传递函数为

$$G(s) = \frac{C(s)}{U(s)} = G_2(s) G_1(s)$$

其等效结构图如图 2-19（b）所示。

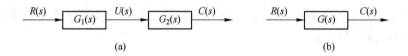

图 2-19　两个环节串联的等效变换

（a）串联结构；（b）等效结构

上述结论可以推广到任意个环节串联的情况，即环节串联后的总传递函数等于各个串联环节传递函数的乘积。

2.3.2.2　并联环节的等效变换

图 2-20（a）表示两个环节并联的结构。由图 2-20（a）可写出

$$C(s) = G_1(s) R(s) \pm G_2(s) R(s) = [G_1(s) \pm G_2(s)] R(s)$$

所以两个环节并联后的等效传递函数为

$$G(s) = G_1(s) \pm G_2(s)$$

其等效结构图如图 2-20（b）所示。

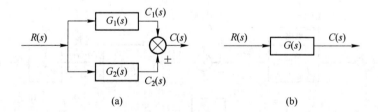

图 2-20　两个环节并联的等效变换

（a）并联结构；（b）等效结构

上述结论可以推广到任意个环节并联的情况，即环节并联后的总传递函数等于各个并联环节传递函数的代数和。

2.3.2.3　反馈连接的等效变换

图 2-21（a）为反馈连接的一般形式。由图 2-21（a）可写出

$$C(s) = G(s) E(s) = G(s) [R(s) \pm B(s)] = G(s) [R(s) \pm H(s) C(s)]$$

可得

$$C(s) = \frac{G(s)}{1 \mp G(s)H(s)}R(s)$$

所以反馈连接后的等效传递函数为

$$\Phi(s) = \frac{G(s)}{1 \mp G(s)H(s)}$$

其等效结构图如图 2-21（b）所示。

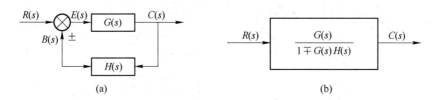

(a)   (b)

图 2-21 反馈连接的等效变换

（a）反馈结构；（b）等效结构

当反馈通道的传递函数 $H(s) = 1$ 时，称相应系统为单位反馈系统，此时闭环传递函数为

$$\Phi(s) = \frac{G(s)}{1 \mp G(s)}$$

2.3.2.4 比较点和引出点的移动

比较点和引出点的移动，包含比较点前移、比较点后移、引出点前移、引出点后移以及比较点与引出点之间的移动等不同情况。由于容易理解，不再赘述。表 2-4 中列出了结构图等效变换的基本规则，可供查阅。

表 2-4 系统结构图的等效变换原则

变换方式	变换前	变换后	等效关系
串联	$R(s) \rightarrow G_1(s) \rightarrow G_2(s) \rightarrow C(s)$	$R(s) \rightarrow G_1(s)G_2(s) \rightarrow C(s)$	$C(s) = G_1(s)G_2(s)R(s)$
并联	$R(s) \rightarrow G_1(s),\ G_2(s) \rightarrow C(s)$	$R(s) \rightarrow G_1(s) \pm G_2(s) \rightarrow C(s)$	$C(s) = [G_1(s) \pm G_2(s)]R(s)$
反馈	$R(s) \rightarrow G(s),\ H(s) \rightarrow C(s)$	$R(s) \rightarrow \dfrac{G(s)}{1 \mp G(s)H(s)} \rightarrow C(s)$	$C(s) = \dfrac{G(s)R(s)}{1 \mp G(s)H(s)}$
比较点前移	$R(s) \rightarrow G(s) \rightarrow C(s),\ Q(s)$	$R(s) \rightarrow G(s) \rightarrow C(s),\ \dfrac{1}{G(s)} \leftarrow Q(s)$	$C(s) = G(s)R(s) \pm Q(s)$ $= G(s)\left[R(s) \pm \dfrac{Q(s)}{G(s)}\right]$

续表 2-4

变换方式	变换前	变换后	等效关系
比较点后移	$R(s)$ ⊗ $G(s)$ $C(s)$ $\pm$ $Q(s)$	$R(s)$ $G(s)$ ⊗ $C(s)$ $\pm$ $Q(s)$ $G(s)$	$C(s) = G(s)(R(s) + Q(s))$ $= G(s)R(s) \pm G(s)Q(s)$
引出点前移	$R(s)$ $G(s)$ $C(s)$ $C(s)$	$R(s)$ $G(s)$ $C(s)$ $G(s)$ $C(s)$	$C(s) = G(s)R(s)$
引出点后移	$R(s)$ $G(s)$ $C_1(s)$ $C_2(s)$	$R(s)$ $G(s)$ $C_1(s)$ $\dfrac{1}{G(s)}$ $C_2(s)$	$C_1(s) = G(s)R(s)$ $C_2(s) = G(s)\dfrac{1}{G(s)}R(s)$
比较点与引出点之间的移动	$R_1(s)$ ⊗ $C(s)$ $C(s)$ $-$ $R_2(s)$	$R_2(s)$ $-$ ⊗ $C(s)$ $R_1(s)$ ⊗ $C(s)$ $-$ $R_2(s)$	$C(s) = R_1(s) - R_2(s)$

【例 2-9】 简化图 2-22 所示多回路反馈控制系统结构图，求系统的闭环传递函数 $\Phi(s) = \dfrac{C(s)}{R(s)}$。

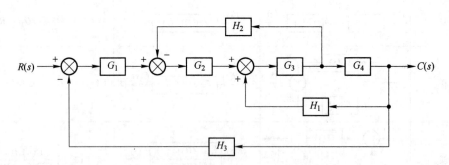

图 2-22　多回路反馈控制系统结构图

解： 系统结构图等效变换过程如图 2-23 所示。

系统闭环传递函数为

$$G(s) = \frac{C(s)}{R(s)} = \frac{G_1 G_2 G_3 G_4}{1 - G_3 G_4 H_1 + G_2 G_3 H_2 + G_1 G_2 G_3 G_4 H_3}$$

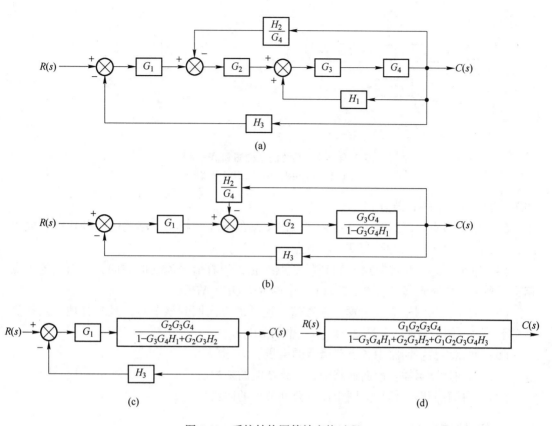

图 2-23   系统结构图等效变换过程

2.4   控制系统的信号流图

信号流图和结构图一样，都可用以表示系统结构和各变量之间的数学关系，只是形式不同。由于信号流图符号简单，便于绘制，因而在信号、系统和控制等相关学科领域中被广泛采用。

2.4.1   信号流图

图 2-24（a）（b）分别是同一个系统的结构图和对应的信号流图。

信号流图中的基本图形符号有三种：节点、支路和支路增益。节点代表系统中的一个变量（信号），用符号"○"表示；支路是连接两个节点的有向线段，用符号"→"表示，箭头表示信号传递的方向；增益表示支路上的信号传递关系，标在支路旁边，相当于结构图中环节的传递函数。

关于信号流图，有如下术语：

（1）源节点：只有输出支路的节点，相当于输入信号，如图 2-24（b）中的 R、N 节点。

（2）阱节点：阱节点也称为汇节点，只有输入支路的节点，对应系统的输出信号，

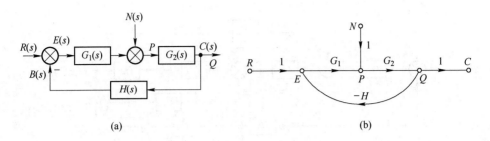

图 2-24 控制系统的结构图和信号流图

（a）系统结构图；（b）系统信号流图

如图 2-24（b）中的 C 节点。

（3）混合节点：既有输入支路又有输出支路的节点，相当于结构图中的比较点或引出点，如图 2-24（b）中的 E、P、Q 节点。

（4）前向通路：从源节点开始到阱节点终止，顺着信号流动的方向，且与其他节点相交不多于一次的通路，如图 2-24（b）中的 $REPQC$、$NPQC$。

（5）回路：从同一节点出发，顺着信号流动的方向回到该节点，且与其他节点相交不多于一次的闭合通路，如图 2-24（b）中的 $EPQE$。

（6）回路增益：回路中各支路增益的乘积。

（7）前向通路增益：前向通路中各支路增益的乘积。

（8）不接触回路：信号流图中没有公共节点的回路。

2.4.2　梅逊增益公式

利用梅逊（Mason）增益公式不进行结构图变换就可以直接写出系统的传递函数 $\Phi(s)$。梅逊增益公式的一般形式为

$$\Phi(s) = \frac{1}{\Delta} \sum_{k=1}^{n} P_k \Delta_k$$

式中，Δ 称为特征式，其计算公式为

$$\Delta = 1 - \sum L_a + \sum L_b L_c - \sum L_d L_e L_f$$

式中，$\sum L_a$ 为所有不同回路的回路增益之和；$\sum L_b L_c$ 为所有两两互不接触回路的回路增益乘积之和；$\sum L_d L_e L_f$ 为所有三个互不接触回路的回路增益乘积之和；n 为系统前向通路的条数；P_k 为从源节点到阱节点之间第 k 条前向通路的总增益；Δ_k 为第 k 条前向通路的余子式（也称为余因式），即把特征式 Δ 中与第 k 条前向通路接触的回路所有节点和支路除去后余下的部分。下面举例说明应用梅逊增益公式求取系统传递函数的方法。

【例 2-10】图 2-25（a）给出了一个 2 通路关联系统的信号流图，对应的系统结构图如图 2-25（b）所示。这是一个多足步行机器人多通道控制系统的例子，求该系统的闭环传递函数。

解： 连接输入 $R(s)$ 和输出 $C(s)$ 的两条前向通路分别为

$$P_1 = G_1 G_2 G_3 G_4, \quad P_2 = G_5 G_6 G_7 G_8$$

4 个回路分别为

$$L_1 = G_2 H_2, \quad L_2 = H_3 G_3, \quad L_3 = G_6 H_6, \quad L_4 = G_7 H_7$$

由于回路 L_1、L_2 与回路 L_3、L_4 不接触，故该流图的特征式为

$$\Delta = 1 - (L_1 + L_2 + L_3 + L_4) + (L_1 L_3 + L_1 L_4 + L_2 L_3 + L_2 L_4)$$

从 Δ 中去掉与前向通路 P_1 相接触的回路项，就得到了 P_1 的余因式，故有

$$\Delta_1 = 1 - (L_3 + L_4)$$

类似地，P_2 的余因式为

$$\Delta_2 = 1 - (L_1 + L_2)$$

于是，系统的传递函数为

$$G(s) = \frac{C(s)}{R(s)} = \frac{P_1 \Delta_1 + P_2 \Delta_2}{\Delta} = \frac{G_1 G_2 G_3 G_4 (1 - L_3 - L_4) + G_5 G_6 G_7 G_8 (1 - L_1 - L_2)}{1 - (L_1 + L_2 + L_3 + L_4) + L_1 L_3 + L_1 L_4 + L_2 L_3 + L_2 L_4}$$

利用结构图化简方法也能够得到同样的结果。从图 2-25（b）可以看出，整个结构图包含 4 个内部反馈回路。首先化简这 4 个内部反馈回路，再将化简结果用串联方式连接起来，就可以逐步完成该框图的化简。顶部通路的传递函数为

$$\frac{C_1(s)}{R(s)} = G_1(s) \cdot \frac{G_2(s)}{1 - G_2(s) H_2(s)} \cdot \frac{G_3(s)}{1 - G_3(s) H_3(s)} \cdot G_4(s)$$

$$= \frac{G_1(s) G_2(s) G_3(s) G_4(s)}{(1 - G_2(s) H_2(s))(1 - G_3(s) H_3(s))}$$

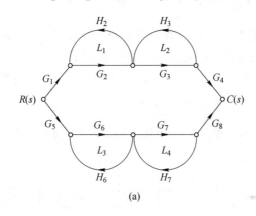

(a)

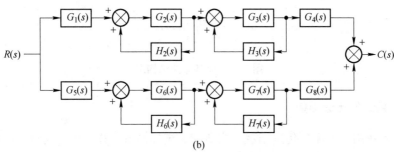

(b)

图 2-25　2 通路关联系统

同样，可以得到底部通路的传递函数为

$$\frac{C_2(s)}{R(s)} = G_5(s) \cdot \frac{G_6(s)}{1 - G_6(s)H_6(s)} \cdot \frac{G_7(s)}{1 - G_7(s)H_7(s)} \cdot G_8(s)$$

$$= \frac{G_5(s)G_6(s)G_7(s)G_8(s)}{(1 - G_6(s)H_6(s))(1 - G_7(s)H_7(s))}$$

最后得到全系统的传递函数为

$$G(s) = \frac{C_1(s) + C_2(s)}{R(s)}$$

$$= \frac{G_1(s)G_2(s)G_3(s)G_4(s)}{(1 - G_2(s)H_2(s))(1 - G_3(s)H_3(s))} +$$

$$\frac{G_5(s)G_6(s)G_7(s)G_8(s)}{(1 - G_6(s)H_6(s))(1 - G_7(s)H_7(s))}$$

2.5　控制系统的传递函数

实际控制系统不仅会受到控制信号 $r(t)$ 的作用，还会受到干扰信号 $n(t)$ 的影响。在分析系统时，会讨论输出特性 $c(t)$，也会涉及误差响应 $e(t)$。针对不同的问题，需要写出不同的传递函数。

2.5.1　系统的开环传递函数

闭环系统结构图如图 2-26 所示，为分析系统方便起见，常常需要"人为"地断开系统的主反馈通路，将前向通路与反馈通路上的传递函数乘在一起，称为系统的开环传递函数，用 $G(s)H(s)$ 表示。即

$$G(s)H(s) = G_1(s)G_2(s)H_1(s)$$

需要指出，这里的开环传递函数是针对闭环系统而言的，而不是指开环系统的传递函数。

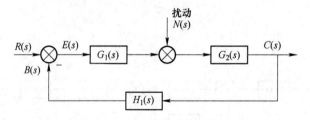

图 2-26　闭环系统结构图

2.5.2　闭环系统的传递函数

（1）输入作用下的闭环传递函数：当研究系统控制输入作用时，可令 $N(s) = 0$，写出系统输出 $C(s)$ 对输入 $R(s)$ 的闭环传递函数

$$\Phi(s) = \frac{C(s)}{R(s)} = \frac{G_1(s)G_2(s)}{1 + G_1(s)G_2(s)H_1(s)}$$

（2）干扰作用下的闭环传递函数：当研究扰动对系统的影响时，同理令 $R(s) = 0$，可写出扰动作用下的闭环传递函数

$$\Phi_n(s) = \frac{C(s)}{N(s)} = \frac{G_2(s)}{1 + G_1(s)G_2(s)H_1(s)}$$

根据叠加原理，线性系统的总输出等于不同外作用单独作用时引起响应的代数和，所以系统的总输出为

$$C(s) = \Phi(s)R(s) + \Phi_n(s)N(s) = \frac{G_1(s)G_2(s)R(s) + G_2(s)N(s)}{1 + G_1(s)G_2(s)H_1(s)}$$

2.5.3 闭环系统的误差传递函数

（1）控制输入作用下系统的误差传递函数：讨论控制输入引起的误差响应时，可写出系统的误差传递函数

$$\Phi_e(s) = \frac{E(s)}{R(s)} = \frac{1}{1 + G_1(s)G_2(s)H_1(s)}$$

（2）干扰作用下系统的误差传递函数：讨论干扰引起的误差影响时，可写出闭环系统在干扰作用下的误差传递函数

$$\Phi_{en}(s) = \frac{E(s)}{N(s)} = \frac{-G_2(s)H_1(s)}{1 + G_1(s)G_2(s)H_1(s)}$$

同理，在控制输入和干扰同时作用下，系统的总误差为

$$E(s) = \Phi_e(s)R(s) + \Phi_{en}(s)N(s) = \frac{R(s) - G_2(s)H_1(s)N(s)}{1 + G_1(s)G_2(s)H_1(s)}$$

【例 2-11】 图 2-27 给出的是用机械式加速度计测量悬浮试验撬加速度的示意图。试验撬采取磁悬浮方式，以很小的间隙高度 δ 悬浮于导轨上方。质块 M 相对于加速度计箱体的位移 y 与箱体的（即试验撬的）加速度 $a(t)$ 成正比，正因为如此，加速度计能够测量试验撬的加速度。

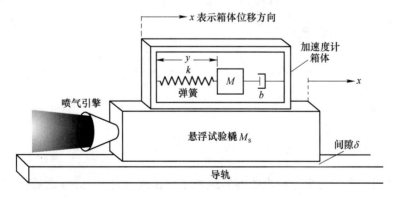

图 2-27 安装试验撬上的加速度计

我们的目的是设计一个具有合理动态响应的加速度计，它能够在可接受的时间内测得所需要的特征量 $y(t) = qa(t)$，q 为常数。分析质块 M 的受力情况，有

$$- b \frac{\mathrm{d}y}{\mathrm{d}t} - ky = M \frac{\mathrm{d}^2}{\mathrm{d}t^2}(y + x)$$

$$M \frac{\mathrm{d}^2 y}{\mathrm{d}t^2} + b \frac{\mathrm{d}y}{\mathrm{d}t} + ky = - M \frac{\mathrm{d}^2 x}{\mathrm{d}t^2}$$

由于引擎推力为

$$M_\mathrm{s} \frac{\mathrm{d}^2 x}{\mathrm{d}t^2} = F(t)$$

于是有

$$M\ddot{y} + b\dot{y} + ky = - \frac{M}{M_\mathrm{s}} F(t)$$

$$\ddot{y} + \frac{b}{M}\dot{y} + \frac{k}{M}y = - \frac{F(t)}{M_\mathrm{s}}$$

选取参数为 $b/M = 3$，$k/M = 2$，$F(t)/M_\mathrm{s} = q(t)$，初始条件为 $y(0) = -1$，$\dot{y}(0) = 2$，当推力 $q(t)$ 为阶跃信号时，经过拉普拉斯变换，有

$$(s^2 Y(s) - sy(0) - \dot{y}(0)) + 3(sY(s) - y(0)) + 2Y(s) = - Q(s)$$

其中，$Q(s) = P/s$，P 为阶跃信号的幅值，于是有

$$(s^2 Y(s) + s - 2) + 3(sY(s) + 1) + 2Y(s) = - \frac{P}{s}$$

或

$$(s^2 + 3s + 2)Y(s) = \frac{-(s^2 + s + P)}{s}$$

于是，输出响应的拉普拉斯变换为

$$Y(s) = \frac{-(s^2 + s + P)}{s(s^2 + 3s + 2)} = \frac{-(s^2 + s + P)}{s(s + 1)(s + 2)} \tag{2-44}$$

对式（2-44）进行部分分式展开，可以得到

$$Y(s) = \frac{k_1}{s} + \frac{k_2}{s + 1} + \frac{k_3}{s + 2}$$

进行部分分式分解，可以得到

$$Y(s) = \frac{-P}{2s} + \frac{P}{s + 1} + \frac{-P - 2}{2(s + 2)}$$

因此，输出响应为

$$y(t) = \frac{1}{2} \big[-P + 2Pe^{-t} - (P + 2)e^{-2t} \big], \quad t \geqslant 0$$

当 $P = 3$ 时，$y(t)$ 的响应曲线如图 2-28 所示。由此可见，在 5 s 之后，$y(t)$ 与引擎推力 $F(t)$ 的幅值成比例，也即像我们希望的那样，$y(t)$ 的稳态响应与加速度成比例。如果系统瞬态响应的过渡时间太长，可以采取增大弹簧系数 k 或摩擦系数 b，或者减小质块 M 等措施加以改善。

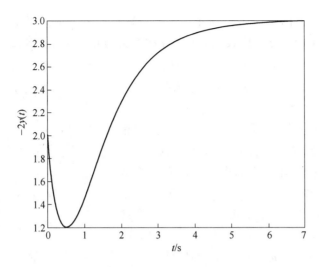

图 2-28 加速度计的时间响应

2.6 控制系统建模实例

2.6.1 实例 1 汽车悬架系统

图 2-29 所示为一个汽车悬架系统。假定一个车轮支撑汽车质量的四分之一，且是一维垂直运动，写出汽车和车轮的运动方程。通常取四个车轮之一作为系统，称为四分之一汽车模型。假设包含四个车轮的汽车质量为 1580 kg，每个车轮质量为 20 kg。直接在汽车上放置一个已知质量的物体并测量汽车的垂直偏移量，可得 $k_s = 130000$ N/m。同时测量车轮的偏移，可得 $k_w \approx 1000000$ N/m。定量观察汽车的阶跃响应变化，符合 $\xi = 0.7$ 的阻尼比曲线，得到 $b = 9800$ Ns/m。

系统可以近似为如图 2-30 所示的简化系统。两质量体坐标分别为 x 和 y，表示相对平

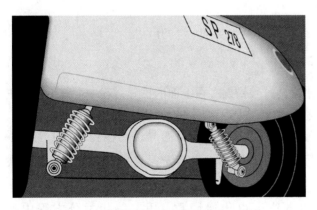

图 2-29 汽车悬架系统图

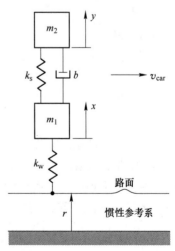

图 2-30 四分之一汽车模型图

衡位置的位移，参考方向如图 2-30 所示。平衡位置是指由于重力而使弹簧处于压缩状态的位置，在示意图中用阻尼器代表减振器，摩擦系数为 6。假定减振器产生的力的大小与两质量体相对位移的变化率成正比，也就是 $b(\dot{y} - \dot{x})$。在受力图中本应包括重力，但它的作用效果是产生 x 和 y 的恒定位移，因为所定义的 x 和 y 是距平衡位置的距离，所以不必考虑重力。

汽车悬架系统作用在两质量体的力与它们的相对位移成比例，比例系数是弹簧的弹性系数 k。图 2-31 所示为每一个质量体的受力图，可以看到弹簧作用在两物体的力大小相等、方向相反，减振器也是如此。如果质量体 m_2 有一个正的位移 y，则弹簧 k_s 作用在 m_2 上的力和作用在 m_1 上的力的方向如图

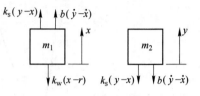

图 2-31　悬架系统受力图

中所示。然而，当质量体 m_1 有一个正的位移 x 时，则弹簧 k 作用在 m_1 上的力的方向与图 2-30 所画出的方向是相反的，弹力中 x 项为负证实了这一点。

位于下面的弹簧 k_w 表示轮胎的可压缩性，该轮胎不能提供模型中缓冲器所要求的阻尼（和速度有关的力）。该弹力与轮胎被压缩的距离成正比，额定平衡力是指支撑 m_1 和 m_2 所受的重力。定义 x 为相对平衡位置的距离，如果路面颠簸（r 随偏离平衡位置而变化）或车轮弹起（x 变化），则此弹簧将产生力的作用。汽车在颠簸不平的路面行驶时，$r(t)$ 就不是常数。

如前所述，虽然恒定的重力作用在每一个质量体上，但由于弹簧产生一个与之大小相等、方向相反的力，因此重力被忽略不计。在下列情况下，竖直弹簧质量体系统中重力常被忽略：（1）定义的位置坐标是相对重力作用后的平衡位置而言的；（2）我们所分析的弹力实际是对处于平衡时弹力的扰动。将牛顿第二定律应用于每一部分质量体，且注意到作用在物体上的某些力的方向是负向的（向下），得到系统的方程为

$$b(\dot{y} - \dot{x}) + k_s(y - x) - k_w(x - r) = m_1 \ddot{x}$$

$$- k_s(y - x) - b(\dot{y} - \dot{x}) = m_2 \ddot{y}$$

重新整理得

$$\ddot{x} + \frac{b}{m_1}(\dot{x} - \dot{y}) + \frac{k_s}{m_1}(x - y) + \frac{k_w}{m_1}x = \frac{k_w}{m_1}r \tag{2-45}$$

$$\ddot{y} + \frac{b}{m_2}(\dot{y} - \dot{x}) + \frac{k_s}{m_2}(y - x) = 0 \tag{2-46}$$

列写这样的系统方程，最常见的错误是符号错误。在上面的推导过程中，确保符号正确的方法是，需要仔细画出物体的位移和位移方向上产生的作用力。一旦获得系统的方程，由实际推理可知，系统明显是稳定的，可以很快地对其符号进行检查。对于上述系统，式（2-45）表明 $\ddot{x}$、$\dot{x}$、x 项的符号都为正，因为系统肯定是稳定的。同样地，在式（2-46）中，$\ddot{y}$、$\dot{y}$、y 项的符号也都为正。

在零初始条件下，用前面类似的方法可得传递函数。用 s 替代微分方程中的 $\mathrm{d}/\mathrm{d}t$，得

$$s^2 X(s) + s\frac{b}{m_1}(X(s) - Y(s)) + \frac{k_s}{m_1}(X(s) - Y(s)) + \frac{k_w}{m_1}X(s) = \frac{k_w}{m_1}R(s)$$

$$s^2 Y(s) + s\frac{b}{m_2}(Y(s) - X(s)) + \frac{k_s}{m_2}(Y(s) - X(s)) = 0$$

经代数运算及重新消元整理，上式满足传递函数

$$\frac{Y(s)}{R(s)} = \frac{\dfrac{k_w b}{m_1 m_2} \cdot \left(s + \dfrac{k_s}{b}\right)}{s^4 + \left(\dfrac{b}{m_1} + \dfrac{b}{m_2}\right)s^3 + \left(\dfrac{k_s}{m_1} + \dfrac{k_s}{m_2} + \dfrac{k_w}{m_1}\right)s^2 + \left(\dfrac{k_w b}{m_1 m_2}\right)s + \dfrac{k_w k_s}{m_1 m_2}} \qquad (2\text{-}47)$$

为确定数值，我们从总的汽车质量 1580 kg 中减去四个车轮的质量，再除以 4 得到 $m_2 = 375$ kg，每个车轮的质量可直接测量，得 $m_1 = 20$ kg。因此，带有数值的传递函数可表示为

$$\frac{Y(s)}{R(s)} = \frac{1.31 \times 10^6 (s + 13.3)}{s^4 + 516.1 s^3 + (5.685 \times 10^4) s^2 + (1.307 \times 10^6) s + 1.733 \times 10^7} \qquad (2\text{-}48)$$

2.6.2 实例 2 厚板轧制液压系统

在厚板轧制中，来料的厚度与宽度主要由大功率传动系统和液压压下系统精确控制。下面具体分析液压系统的运动学模型并建立相应的微分方程和传递函数。

电液位置伺服系统由供油管道、伺服阀、回油管道、液压缸、传感器、控制放大器组成，如图 2-32 所示。

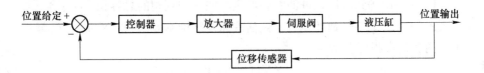

图 2-32　液压压下系统结构图

2.6.2.1 阀控液压缸模型

阀控缸系统主要根据油缸直径、阀芯直径、受压油最大体积、油缸活塞质量、轧机自然刚度、轧辊辊系总质量、受压油体积弹性模量、液压活塞的有效面积、总流量压力系数 K_{ce}、液压缸控制腔初始容积、惯性环节的转折频率、液压固有频率，以及液压阻尼比等计算。

阀控系统又称节流控制系统，是由伺服阀来控制进入执行机构的液体流量，从而改变执行机构的输出位置。由三位四通滑阀控制的对称液压缸如图 2-33 所示。

阀的线性化流量方程：阀负载流量 Q_L、负载压降 p_L 和阀芯位移 x_v 之间的函

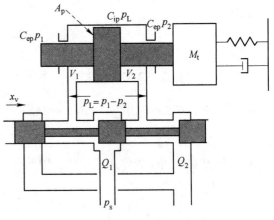

图 2-33　阀控液压缸

数关系为：$Q_L = f(x_v，p_L)$。在工作点附近线性化后有 $\Delta Q_L = k_q\Delta x_v - k_c\Delta p_L$。由于阀是在稳态工作点附近进行微量的运动，为书写方便，仍用变量本身表示从某平衡点初始状态开始的变化量，即阀的线性化流量方程可近似为

$$Q_L = k_q x_v - k_c P_L \tag{2-49}$$

式中，k_q 为流量增益系数；k_c 为流量压力系数。

液压缸流量的连续性方程：假设所有液压管道短而粗，可忽略管道内的摩擦损失、流体质量等；液压缸内油温和体积弹性模量是常数；液压缸的内、外泄漏为层流流动。当考虑液体的可压缩性时，密封容腔有流量进出、容积变化以及有压力作用，可压缩流体的流量平衡方程为 $\sum Q_{in} - \sum Q_{out} = \dfrac{dV}{dt} + \dfrac{V}{\beta}\dfrac{dp}{dt}$（其中，$V$ 为所取的控制腔的体积，$\sum Q_{in}$ 为流入控制腔的总容量，$\sum Q_{out}$ 为流出控制腔的总容量，β 为液体体积弹性模量，p 为液压）。

对液压缸的两油腔分别写出流量平衡方程：

$$Q_1 - C_{ip}(p_1 - p_2) - C_{ep}p_1 = \frac{dV_1}{dt} + \frac{V_1}{\beta_e}\frac{dp_1}{dt} \tag{2-50}$$

$$C_{ip}(p_1 - p_2) - C_{ep}p_2 - Q_2 = \frac{dV_2}{dt} + \frac{V_2}{\beta_e}\frac{dp_2}{dt} \tag{2-51}$$

式中，Q_1，Q_2——流入和流出液压缸的流量，m^3/s；

p_1，p_2——液压缸进油和回油腔油压，N/m^2；

C_{ip}，C_{ep}——液压缸内和缸外泄漏系数，$m^5/(N \cdot s)$；

V_1，V_2——由阀到液压缸进油腔和液压缸回油腔到阀的总容积，m^3；

β_e——系统综合弹性模量，包括液体及结构刚度影响，N/m^3。

液压缸两腔的容积可表示为：

$$V_1 = V_{01} + \nabla V(x_p) = V_{01} + A_p x_p \tag{2-52}$$
$$V_2 = V_{02} - \nabla V(x_p) = V_{02} + A_p x_p \tag{2-53}$$

式中　V_{01}，V_{02}——液压缸进油腔和回油腔初始的容积；

$\nabla V(x_p)$——活塞移动时的容积变化；

A_p——活塞有效面积。

易知，

$$\frac{dV_1}{dt} = -\frac{dV_2}{dt} = A_p\frac{dx_p}{dt} \tag{2-54}$$

式（2-50）和式（2-51）相减，并考虑式（2-52）~式（2-54），可得：

$$Q_1 + Q_2 = (2C_{ip} + C_{ep})(p_1 - p_2) + 2A_p\frac{dx_p}{dt} + \frac{V_{01}}{\beta_e}\frac{dp_1}{dt} - \frac{V_{02}}{\beta_e}\frac{dp_2}{dt} + A_p x_p\left(\frac{dp_1}{dt} + \frac{dp_2}{dt}\right) \tag{2-55}$$

假定活塞在中间位置作小幅位移，因此有

$$V_{01} = V_{02} = V_0 = \frac{V_t}{2} \tag{2-56}$$

式中　V_0——活塞在中间位置时左右腔的容积；

V_t——两个油腔的总容积，$V_t = 2V_0$。

又 $A_p x_p \ll V_0$；并假定动态时，$p_1 + p_2 = p_s$ 仍适用，p_s 为常数，则

$$\frac{\mathrm{d}p_1}{\mathrm{d}t} + \frac{\mathrm{d}p_2}{\mathrm{d}t} = \frac{\mathrm{d}(p_1 + p_2)}{\mathrm{d}t} = \frac{\mathrm{d}p_s}{\mathrm{d}t} = 0$$

则式（2-55）可写成：

$$Q_L = A_p \frac{\mathrm{d}x_p}{\mathrm{d}t} + C_{tp} p_L + \frac{V_t}{4\beta_e} \frac{\mathrm{d}p_L}{\mathrm{d}t} \tag{2-57}$$

式中　Q_L——负载流量，且 $Q_L = \dfrac{Q_1 + Q_2}{2}$；

　　　C_{tp}——液压缸总泄漏系数，$C_{tp} = C_{ip} + \dfrac{C_{ep}}{2}$；

　　　p_L——负载液压，$p_L = p_1 - p_2$。

液压缸和负载的力平衡方程：忽略库仑摩擦等非线性负载，忽略油液的质量，根据牛顿第二定律，可得活塞推力与惯性力、阻尼力、弹簧力以及任意外负载力作用情况下的力平衡方程为

$$F_g = A_p(p_1 - p_2) = A_p p_L = M_t \frac{\mathrm{d}^2 x_p}{\mathrm{d}t^2} + B_p \frac{\mathrm{d}x_p}{\mathrm{d}t} + K x_p + F_L \tag{2-58}$$

式中　M_t——活塞及负载的总质量，kg；

　　　B_p——活塞及负载的黏性阻尼系数，kg/s；

　　　K——负载的弹簧刚度，N/m；

　　　F_L——作用在活塞上的任意外负载力，N；

　　　F_g——液压缸在油压作用时产生的驱动力，N。

阀控液压缸的三个基本方程式，即阀的负载流量方程（2-49）；液压缸流量的连续方程（2-57）；液压缸与负载的力平衡方程（2-58）。这三个方程就确定了阀控液压缸的动态特性，它们的拉普拉斯变换式为

$$Q_L(s) = k_q X_v(s) - k_c P_L(s) \tag{2-59}$$

$$Q_L(s) = A_p s X_p(s) + \left(C_{tp} + \frac{V_t}{4\beta_e} s \right) P_L(s) \tag{2-60}$$

$$A_p P_L(s) = (M_t s^2 + B_p s + K) X_p(s) + F_L(s) \tag{2-61}$$

阀控缸的三个基本方程式都是线性方程，可以分别求得 $X_p(s)/X_v(s)$ 以及 $X_p(s)/F_L(s)$：

$$\frac{X_p(s)}{X_v(s)} = \frac{k_q/A_p}{\dfrac{V_t M_t}{4\beta_e A_p^2} s^3 + \left(\dfrac{M_t k_{ce}}{A_p^2} + \dfrac{B_p V_t}{4\beta_e A_p^2} \right) s^2 + \left(1 + \dfrac{B_p k_{ce}}{A_p^2} + \dfrac{K V_t}{4\beta_e A_p^2} \right) s + \dfrac{K k_{ce}}{A_p^2}} \tag{2-62}$$

$$\frac{X_p(s)}{F_L(s)} = \frac{-\dfrac{k_{ce}}{A_p^2}\left(1 + \dfrac{V_t}{4\beta_e k_{ce}} s \right)}{\dfrac{V_t M_t}{4\beta_e A_p^2} s^3 + \left(\dfrac{M_t k_{ce}}{A_p^2} + \dfrac{B_p V_t}{4\beta_e A_p^2} \right) s^2 + \left(1 + \dfrac{B_p k_{ce}}{A_p^2} + \dfrac{K V_t}{4\beta_e A_p^2} \right) s + \dfrac{K k_{ce}}{A_p^2}} \tag{2-63}$$

阀控缸总的响应 $X_p(s)$ 是关于阀开口变化输入 $X_v(s)$ 及任意外负载变化输入 $F_L(s)$ 的线性叠加。则有

$$X_p(s) = \frac{\dfrac{k_q}{A_p}X_v(s) - \dfrac{k_{ce}}{A_p^2}\left(1 + \dfrac{V_t}{4\beta_e k_{ce}}s\right)F_L(s)}{\dfrac{V_t M_t}{4\beta_e A_p^2}s^3 + \left(\dfrac{M_t k_{ce}}{A_p^2} + \dfrac{B_p V_t}{4\beta_e A_p^2}\right)s^2 + \left(1 + \dfrac{B_p k_{ce}}{A_p^2} + \dfrac{K V_t}{4\beta_e A_p^2}\right)s + \dfrac{K k_{ce}}{A_p^2}} \tag{2-64}$$

式中，k_{ce} 为总的流量-压力系数，$k_{ce} = k_c + C_{tp}$。

由于阻尼系数 A_p^2/k_{ce} 通常比 B_p 大得多，即 $\dfrac{B_p k_{ce}}{A_p^2} \ll 1$，则上式可简化为

$$X_p(s) = \frac{\dfrac{k_q}{A_p}X_v(s) - \dfrac{k_{ce}}{A_p^2}\left(1 + \dfrac{V_t}{4\beta_e k_{ce}}s\right)F_L(s)}{\dfrac{s^3}{\omega_h^2} + \dfrac{2\xi_h}{\omega_h}s^2 + \left(1 + \dfrac{K}{K_h}\right)s + \dfrac{K k_{ce}}{A_p^2}} \tag{2-65}$$

式中　K_h——液压弹簧刚度，

$$K_h = \frac{4\beta_e A_p^2}{V_t} \tag{2-66}$$

　　　　ω_h——液压固有频率，

$$\omega_h = \sqrt{\frac{K_h}{M_t}} = \sqrt{\frac{4\beta_e A_p^2}{V_t M_t}} \tag{2-67}$$

　　　　ξ_h——阻尼比，

$$\xi_h = \frac{k_{ce}}{A_p}\sqrt{\frac{M_t \beta_e}{V_t}} + \frac{B_p}{4A_p}\sqrt{\frac{V_t}{\beta_e M_t}} \tag{2-68}$$

如果负载弹簧刚度与液压弹簧刚度之比 $K/K_h \ll 1$，在满足 $\left(\dfrac{k_{ce}\sqrt{M_t K}}{A_p^2}\right)^2 \ll 1$ 这个条件时，式（2-65）可以表示为：

$$X_p(s) = \frac{\dfrac{k_q}{A_p}X_v(s) - \dfrac{k_{ce}}{A_p^2}\left(1 + \dfrac{V_t}{4\beta_e k_{ce}}s\right)F_L(s)}{\left(s + \dfrac{K k_{ce}}{A_p^2}\right)\left(\dfrac{s^2}{\omega_h^2} + \dfrac{2\xi_h}{\omega_h}s + 1\right)} \tag{2-69}$$

式（2-69）可以改写为：

$$X_p(s) = \frac{\dfrac{A_p}{K k_{ce}}k_q X_v(s) - \dfrac{1}{K}\left(1 + \dfrac{V_t}{4\beta_e k_{ce}}s\right)F_L(s)}{\left(\dfrac{s}{\omega_r} + 1\right)\left(\dfrac{s^2}{\omega_h^2} + \dfrac{2\xi_h}{\omega_h}s + 1\right)} \tag{2-70}$$

式中　ω_r——惯性环节转折频率，

$$\omega_r = \frac{k_{ce}K}{A_p^2} \tag{2-71}$$

把液压压下系统组成图中的阀控液压缸部分用传递函数表示如图 2-34 所示。

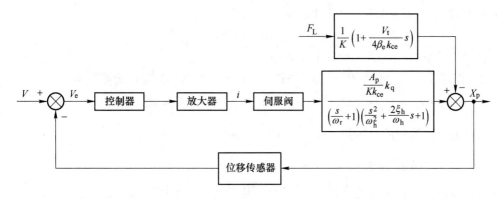

图 2-34　液压缸传递函数在液压压下系统中的结构

阀控缸传递函数的计算：以某液压压下系统为对象，参数如表 2-5 所示。

表 2-5　液压压下系统参数设定

油缸负载参数		伺服阀及其他参数	
油缸直径/m	1.05	阀的额定流量/L·min^{-1}	250
阀芯直径/m	0.019	阀的角频率/rad·s^{-1}	600
受压油最大体积/m^3	0.0173	油源压力/MPa	21
油缸活塞质量/kg	4000	阀线圈额定电流/A	0.01
轧机自然刚度/N·m^{-1}	3×10^9	油源额定压力偏差/MPa	7
轧辊辊系总质量/kg	150000	纯滞后/ms	5
		位置传感器增益	1

（1）某轧机的基本参数。

负载质量（上支撑辊、上工作辊之半与压下缸质量的和）：

$$M_t = \frac{150}{4} + 4 = 41.5 \text{ t}$$

弹性负载的综合刚度：

$$K = \frac{K_m Q}{K_m + Q}$$

式中，K_m 为轧机刚度；Q 为钢板塑性刚度。则：

$$K = 3.0 \times 10^9 \text{ N/m}$$

对于油弹性模数 β_e，取 $\beta_e = 7 \times 10^8 \text{ N/m}^2$；

对于活塞控制腔面积 A_p，取 $A_p = 0.8659 \text{ m}^2$。

（2）总流量压力系数计算。

伺服阀流量压力系数为

$$k_c = \frac{\pi w c_r^2}{32\mu}$$

式中，c_r 为伺服阀主滑径向间隙，$c_r = 10\ \mu m = 10 \times 10^{-6}\ m$；$w$ 为伺服阀阀芯的面积梯度，QDY3-250 伺服阀阀芯直径 $d = 19.0\ mm$，则 $w = \pi d = 3.14 \times 19.0 \times 10^{-3} = 5.97 \times 10^{-2}\ m$；$\mu$ 为油液黏度，取 $\mu = 1.8 \times 10^{-2}\ Pa \cdot s$。那么有：

$$k_c = \frac{\pi w c_r^2}{32\mu} = \frac{\pi \times 5.97 \times 10^{-2} \times (10 \times 10^{-6})^2}{32 \times 1.8 \times 10^{-2}} = 32.56 \times 10^{-12}\ m^5/(N \cdot s)$$

油缸泄漏系数 C_{tp} 取为 $50 \times 10^{-13}\ m^5/(N \cdot s)$，那么总流量压力系数为：

$$k_{ce} = k_c + C_{tp} = (32.56 + 5.0) \times 10^{-12} = 3.756 \times 10^{-11}\ m^5/(N \cdot s)$$

（3）液压缸油腔的总体积 $V = \dfrac{V_t}{4} = 0.0173\ m^3$

（4）阻尼系数 $B_p = 3.48 \times 10^7\ kg/s$

（5）惯性转折频率 $\omega_r = \dfrac{k_{ce}K}{A_p^2} = \dfrac{3.756 \times 10^{-11} \times 3.0 \times 10^9}{0.8659^2} = 0.130\ s^{-1}$

（6）液压固有频率 $\omega_h = \sqrt{\dfrac{4\beta_e A_p^2}{V_t M_t}} = \sqrt{\dfrac{7 \times 10^8 \times 0.8659^2}{0.0173 \times 41.5 \times 10^3}} = 0.855 \times 10^3\ s^{-1}$

（7）阻尼比 $\xi_h = \dfrac{k_{ce}}{A_p}\sqrt{\dfrac{M_t \beta_e}{V_t}} + \dfrac{B_p}{4A_p}\sqrt{\dfrac{V_t}{\beta_e M_t}}$

$$= \frac{3.756 \times 10^{-11}}{0.8659}\sqrt{\frac{41.5 \times 10^3 \times 7 \times 10^8}{0.0173}} +$$

$$\frac{3.48 \times 10^7}{4 \times 0.8659}\sqrt{\frac{0.0173}{7 \times 10^8 \times 41.5 \times 10^3}} = 0.2$$

把以上参数代入液压缸的传递函数 $G_s(s) = \dfrac{\dfrac{A_p}{K k_{ce}}}{\left(\dfrac{s}{\omega_r} + 1\right)\left(\dfrac{s^2}{\omega_h^2} + \dfrac{2\xi_h}{\omega_h}s + 1\right)}$，则有：

$$G_s(s) = \frac{\dfrac{0.8659}{3.0 \times 10^9 \times 3.756 \times 10^{-11}}}{\left(\dfrac{s}{0.130} + 1\right)\left(\dfrac{s^2}{855^2} + \dfrac{2 \times 0.2}{855}s + 1\right)} \tag{2-72}$$

$$= \frac{8.8658}{\left(\dfrac{s}{0.130} + 1\right)\left(\dfrac{s^2}{855^2} + \dfrac{2 \times 0.2}{855}s + 1\right)} \tag{2-73}$$

2.6.2.2　伺服阀模型

一个完整的伺服阀数学模型是一个九阶系统，非常复杂。在通常情况下，伺服阀的数学模型可以简化成二阶系统：

$$G_{sv} = \frac{Q_v}{I} = \frac{k_{sv}}{\dfrac{s^2}{\omega_{sv}^2} + \dfrac{2\xi_{sv}}{\omega_{sv}}s + 1} \tag{2-74}$$

式中 k_{sv} ——伺服阀的流量增益系数；

$\quad\quad \omega_{sv}$ ——伺服阀的二阶振荡环节；

$\quad\quad \xi_{sv}$ ——伺服阀的阻尼系数；

$\quad\quad Q_v$ ——伺服阀的流量；

$\quad\quad I$ ——伺服阀的输入电流。

伺服阀选用 QDY3-250，其参数为：$Q_0 = 433.2$ L/min，$I_e = 10$ mA，$\omega_{sv} = 600$ s^{-1}，$k_{sv} = \sqrt{2}\dfrac{Q_0}{I_e 60} = \sqrt{2}\dfrac{433.2}{10 \times 60} = 1.02$，$\xi_{sv}$ 取 0.7。

伺服阀的传递函数为：

$$G_{sv}(s) = \frac{1.02}{\dfrac{s^2}{600^2} + \dfrac{2 \times 0.7}{600}s + 1} \tag{2-75}$$

2.6.2.3 功率放大器模型

伺服放大器一般被当作比例环节。选伺服放大器型号为 SF-72，其输入电压 $v_e = \pm10$ V，输入电流为 $i = \pm10$ mA。所以其传递函数为

$$G_i(s) = K_i = \frac{10 \times 10^{-3}}{10} = 0.001 \text{ A/V} \tag{2-76}$$

2.6.2.4 位移传感器模型

忽略位移传感器的响应特性，其传递函数也是比例环节。选型号为 FX-63 的位移传感器，其参数为：输入范围 ±10 mm，输出 ±10 V，精度 0.1%。其传递函数为：

$$G_f(s) = K_f = \frac{10}{10 \times 10^{-3}} = 1000 \tag{2-77}$$

最后可得电液位置伺服系统的结构框图如图 2-35 所示。

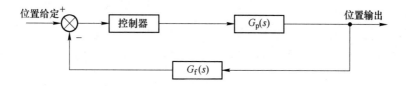

图 2-35 电液位置伺服系统结构框图

根据以上结果，可以求出被控对象总的传递函数。考虑空载时的情况，由式（2-73）、式（2-75）、式（2-76）知

$$G_p(s) = G_i(s)G_{sv}(s)G_s(s)$$

$$= 0.001 \times \frac{1.02}{\dfrac{s^2}{600^2} + \dfrac{2 \times 0.7}{600}s + 1} \times \frac{8.8658}{\left(\dfrac{s}{0.130} + 1\right)\left(\dfrac{s^2}{855^2} + \dfrac{2 \times 0.2}{855}s + 1\right)}$$

$G_f(s) = 1000$，将压力 F_L 影响与 $G_f(s)$ 进行折算可得：$K_{VP} = 14500$。

以上计算均采用国际单位制。一般液压缸的位置输出单位为毫米，整个控制系统结构图如图 2-36 所示。

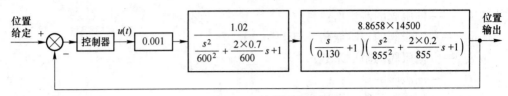

图 2-36　液压压下控制系统结构图

2.7　MATLAB 在系统建模中的应用

控制系统常用的数学模型有四种：传递函数模型（tf 对象）、零极点增益模型（zpk 对象）、结构框图模型和状态空间模型（ss 对象）。经典控制理论中数学模型一般使用前三种模型，状态空间模型属于现代控制理论范畴。

2.7.1　有理函数模型

线性连续系统的传递函数模型可一般地表示为：

$$G(s) = \frac{b_1 s^m + b_2 s^{m-1} + \cdots + b_m s + b_{m+1}}{s^n + a_1 s^{n-1} + \cdots + a_{n-1} s + a_n} \quad (n \geqslant m)$$

将系统的分子和分母多项式的系数按降幂的方式以向量的形式输入给两个变量 *num* 和 *den*，就可以轻易地将传递函数模型输入到 MATLAB 环境中。命令格式为：

```
num = [b₁, b₂, …, bₘ, bₘ₊₁];
den = [1, a₁, a₂, …, aₙ₋₁, aₙ];
```

用函数 tf( ) 来建立控制系统的传递函数模型，该函数的调用格式为：

```
G=tf(num, den);
```

【例 2-12】系统传递函数模型：$G(s) = \dfrac{6(s + 5)}{(s^2 + 3s + 1)^2(s + 6)}$，可以由下面的命令输入到 MATLAB 工作空间中去。

```
>> num=6 * [1, 5];
   den=conv (conv ([1, 3, 1], [1, 3, 1]), [1, 6]);
   tf (num, den)
```

运行结果：

```
   Transfer function:

                 6 s + 30
   -------------------------------

   s^5 + 12 s^4 + 47 s^3 + 72 s^2 + 37 s + 6
```

其中 conv( ) 函数（标准的 MATLAB 函数）用来计算两个向量的卷积，多项式乘法也可以用这个函数来计算。该函数允许任意地多层嵌套，从而表示复杂的计算。这时对象 G 可以用来描述给定的传递函数模型，作为其他函数调用的变量。

2.7.2 零极点模型

线性系统的传递函数还可以写成零极点的形式：

$$G(s) = K \frac{(s + z_1)(s + z_2)\cdots(s + z_m)}{(s + p_1)(s + p_2)\cdots(s + p_n)}$$

将系统增益 K、零点 $-z_i$ 和极点 $-p_j$ 以向量的形式输入给三个变量 KGain、Z 和 P，命令格式为：

```
KGain=K;
Z=[-z₁; -z₂; …; -zₘ];
P=[-p₁; -p₂; …; -pₙ];
```

用函数命令 zpk( ) 来建立系统的零极点增益模型，其函数调用格式为：

```
G=zpk (Z, P, KGain)
```

2.7.3 控制系统模型间的相互转换

零极点模型转换为传递函数模型：

```
[num,den]=zp2tf ( z, p, k )
```

传递函数模型转化为零极点模型：

```
[z, p, k]=tf2zp ( num, den )
```

【例 2-13】给定系统传递函数为：$G(s) = \dfrac{6.8s^2 + 61.2s + 95.2}{s^4 + 7.5s^3 + 22s^2 + 19.5s}$，对应的零极点模型可由下面的命令得出

```
>> num=[6.8, 61.2, 95.2];
   den=[1, 7.5, 22, 19.5, 0];
   G=tf (num, den);
   G1=zpk (G)
```

显示结果：

```
Zero/pole/gain:
        6.8 (s+7)(s+2)
    -----------------------
     s (s+1.5)(s^2 + 6s + 13)
```

可见，在系统的零极点模型中若出现复数值，则在显示时将以二阶因子的形式表示相应的共轭复数对。

2.7.4 反馈系统结构图模型

设反馈系统结构图如图 2-21（a）所示。

两个环节反馈连接后，其等效传递函数可用 feedback( ) 函数求得，其调用格式为：

```
sys=feedback (G, H, sign)
```

其中 sign 是反馈极性，sign 缺省时，默认为负反馈，sign=-1；正反馈时，sign=1；单位反馈时，H=1，且不能省略。

series(　) 函数：实现两个模型的串联；必须嵌套使用。

parallel(　) 函数：实现两个模型的并联；必须嵌套使用。

【例 2-14】若反馈系统如图 2-21（a）所示，其中两个传递函数分别为：$G(s) = \dfrac{1}{(s+1)^2}$，$H(s) = \dfrac{1}{s+1}$，则反馈系统的传递函数：

```
>> G=tf (1, [1, 2, 1]);
   H=tf (1, [1, 1]);
   G=feedback (G, H)
```

运行结果：

```
Transfer function:
      s + 1
-----------------
s^3 + 3 s^2 + 3 s + 2
```

若采用正反馈连接结构，输入命令

```
>> G=feedback (G, H, 1)
```

则得出如下结果：

```
Transfer function:
      s + 1
---------------
s^3 + 3 s^2 + 3 s
```

2.7.5　Simulink 建模方法

在一些实际应用中，如果系统的结构过于复杂，不适合用前面介绍的方法建模。在这种情况下，功能完善的 Simulink 程序可以用来建立新的数学模型。Simulink 是由 Math Works 软件公司 1990 年为 MATLAB 提供的控制系统模型图形输入仿真工具。它具有两个显著的功能：Simul（仿真）与 Link（连接），即可以利用鼠标在模型窗口上"画"出所需的控制系统模型。然后利用 Simulink 提供的功能来对系统进行仿真或线性化分析。与 MATLAB 中逐行输入命令相比，输入更容易，分析更直观。下面简单介绍 Simulink 建立系统模型的基本步骤：

（1）Simulink 的启动：在 MATLAB 命令窗口的工具栏中单击按钮 或者在命令提示符 >> 下键入 simulink 命令，回车后即可启动 Simulink 程序。启动后软件自动打开 Simullink 模型库窗口，如图 2-37 所示。这一模型库中含有许多子模型库，如 Sources（输入源模块库）、Sinks（输出显示模块库）、Nonlinear（非线性环节）等。若想建立一个控制系统结构框图，则应该选择 File | New 菜单中的 Model 选项，或选择工具栏上 new Model 按钮，打开一个空白的模型编辑窗口，如图 2-38 所示。

（2）画出系统的各个模块：打开相应的子模块库，选择所需要的元素，用鼠标左键点中后拖到模型编辑窗口的合适位置。

（3）给出各个模块参数：由于选中的各个模块只包含默认的模型参数，如默认的传递函数模型为 $\dfrac{1}{s+1}$ 的简单格式，必须通过修改得到实际的模块参数。要修改模块的参

图 2-37　Simulink 模型库

数，可以用鼠标双击该模块图标，则会出现一个相应对话框，提示用户修改模块参数。

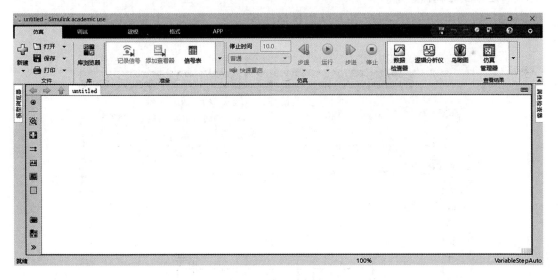

图 2-38　模型编辑窗口

（4）画出连接线：当所有的模块都画出来之后，可以再画出模块间所需要的连线，构成完整的系统。模块间连线的画法很简单，只需要用鼠标点按起始模块的输出端（三角符号），再拖动鼠标，到终止模块的输入端释放鼠标键，系统会自动地在两个模块间画出带箭头的连线。若需要从连线中引出节点，可在鼠标点击起始节点时按住 Ctrl 键，再将鼠标拖动到目的模块。

(5) 指定输入和输出端子：在 Simulink 下允许有两类输入输出信号，第一类是仿真信号，可从 Sources（输入源模块库）图标中取出相应的输入信号端子，从 Sinks（输出显示模块库）图标中取出相应输出端子即可；第二类是要提取系统线性模型，则需打开Connection（连接模块库）图标，从中选取相应的输入输出端子。

【例 2-15】典型二阶系统的结构图如图 2-39所示。用 Simulink 对系统进行仿真分析。

按前面步骤，启动 Simulink 并打开一个空白的模型编辑窗口。

(1) 画出所需模块，并给出正确的参数：

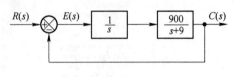

图 2-39 典型二阶系统结构图

1) 在 Sources 子模块库中选中阶跃输入

(step) 图标，将其拖入编辑窗口，并用鼠标左键双击该图标，打开参数设定的对话框，将参数 step time（阶跃时刻）设为 0。

2) 在 Math（数学）子模块库中选中加法器（sum）图标，拖到编辑窗口中，并双击该图标将参数 List of signs（符号列表）设为 | +-（表示输入为正，反馈为负）。

3) 在 Continuous（连续）子模块库中、选积分器（Integrator）和传递函数（Transfer Fcn）图标拖到编辑窗口中，并将传递函数分子（Numerator）改为 ［900］，分母（Denominator）改为 ［1，9］。

4) 在 Sinks（输出）子模块库中选择 Scope（示波器）和 Out1（输出端口模块）图标并将之拖到编辑窗口中。

(2) 将画出的所有模块按图 2-39 用鼠标连接起来，构成一个原系统的框图描述，如图 2-40 所示。

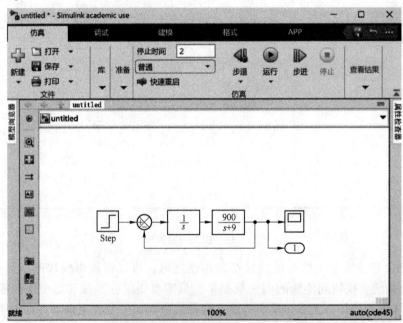

图 2-40 二阶系统的 Simulink 实现

（3）选择仿真算法和仿真控制参数，启动仿真过程。

在编辑窗口中点击 Simulation｜Simulation parameters 菜单，出现参数对话框，在 solver 模板中设置响应的仿真范围 StartTime（开始时间）和 StopTime（终止时间），仿真步长范围 Maximun step size（最大步长）和 Mininum step size（最小步长）。对于本例，StopTime 可设置为 2。最后点击 Simulation｜Start 菜单或点击相应的热键启动仿真。双击示波器，在弹出的图形上会"实时地"显示出仿真结果。输出结果如图 2-41 所示。

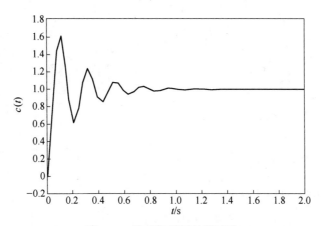

图 2-41 仿真结果示波器显示

命令窗口中键入 whos 命令，会发现工作空间中增加了两个变量——tout 和 yout，这是因为 Simulink 中的 Out1 模块自动将结果写到了 MATLAB 的工作空间中。利用 MATLAB 命令 plot（tout，yout），可将结果绘制出来，如图 2-42 所示。比较图 2-41 和图 2-42，可以发现这两种输出结果是完全一致的。

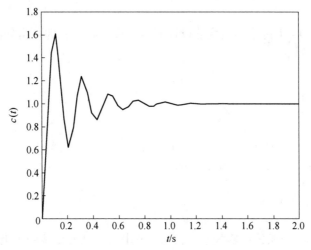

图 2-42 MATLAB 命令得出的系统响应曲线

【例 2-16】2.2.3 节中讨论传递函数零极点对输出响应的影响，执行以下程序，即可得到如图 2-8 所示的结果。

MATLAB 程序如下：

```
clear all;
clc;
num1 =[4 2];
den =[1 3 2];
num2 =[1.5 2];
%% 零极点图
figure (1)
pzmap (num1, den);
hold on;
pzmap (num2, den);
axis( [-3 0 -1 1]);
%% 单位阶跃响应
sys1 = tf (num1, den);
sys2 = tf (num2, den);
t = 0: 0.01: 10;
y1 = step (num1, den, t);
y2 = step (num2, den, t);
figure (2)
plot (t, y1, 'b-', 'LineWidth', 1);
hold on;
plot (t, y2, 'b--', 'LineWidth', 1);
xlabel ('t/s');
ylabel ('c (t)');
legend ('c_1 (t)', 'c_2 (t)');
grid on;
```

【例 2-17】例 2-11 中讨论加速度计设计时执行以下程序，即可得如图 2-28 的结果。

MATLAB 程序如下：

```
clear all;
clc;
x = 0: 0.01: 7;
P = 3;
y = -2 * 0.5 * [-P+2 * P * exp (-x)-(P+2) * exp (-2 * x)];
plot (x, y, 'b', 'LineWidth', 1.5);
xlabel ('t (s)');
ylabel ('-2y (t)');
grid on;
```

【例 2-18】汽车悬架系统的零极点。2.6.1 节中汽车悬架系统的零极点分析，执行以下程序：

```
clear all;
clc;
num =[1.31e06 1.31e06 * 13.3];
den =[1 516.1 5.685e04 1.307e06 1.733e07];
sys = tf (num, den);
```

```
[z, p, k]=zpkdata (sys,'v')
```

可得运行结果：

```
z =
  -13.3000
p =
  1.0e+02 *
  -3.7260 + 0.0000i
  -1.1821 + 0.0000i
  -0.1265 + 0.1528i
  -0.1265 -0.1528i
k =
    1310000
```

【例 2-19】厚板轧制液压系统的零极点。2.6.2 节中液压系统的零极点（控制器传递函数为 1）分析，执行以下程序：

```
clear all;
clc;
num1 =[1.02 * 8.8658 * 14.5]; %% 前向通道分子多项式系数
den1 = conv (conv ([1/(600 * 600) 1.4/600 1], [1/0.13 1]), [1/(855 * 855) 0.4/
855 1]);
%% 前向通道分母多项式系数
sys1 = tf (num1, den1);   %% 开环传递函数
sys = feedback (sys1, 1, -1);   %% 单位反馈连接的闭环传递函数
[z, p, k]=zpkdata (sys, 'v')
```

可得运行结果：

```
z =
  空的 0×1 double 列向量
p =
  1.0e+02 *
  -1.7546 + 8.3516i
  -1.7546 -8.3516i
  -4.0658 + 4.2251i
  -4.0658 -4.2251i
  -0.1805 + 0.0000i
k =
  4.4861e+12
```

本 章 小 结

本章主要介绍了数学模型的基本概念，机理法建立实际系统的数学模型，传递函数的求法，结构图化简及运用信号流图求系统传递函数。

数学模型是描述系统因果关系的数学表达式，是对系统进行理论分析研究的主要依据。根据系统各环节的工作原理，建立其微分方程式，反映其动态本质。

编写闭环系统微分方程的一般步骤：

（1）确定系统的输入量和输出量。

（2）将系统分解为各环节，依次确定各环节的输入量和输出量，根据各环节的物理规律写出各环节的微分方程。

（3）消去中间变量，得系统的微分方程式。

通过拉氏变换求解微分方程是一种简捷的微分方程求解方法。本章介绍了如何将线性微分方程转换为复数域的数学模型——传递函数以及典型环节的传递函数。

动态结构图是传递函数的图解化，能够直观形象地表示出系统中信号的传递变换特性，有助于求解系统的各种传递函数，进一步分析和研究系统。

信号流图是一种用图线表示系统中信号流向的数学模型，包括了描述系统的所有信息及相互关系。通过运用梅森增益公式能够简便、快捷地求出系统的传递函数。

习　题

2-1　在图 2-43 的液位自动控制系统中，设容器横截面积为 A，希望液位为 c_0。若液位高度变化率与液体流量差 $Q_1 - Q_2$ 成正比，试列写以液位为输出量的微分方程式。

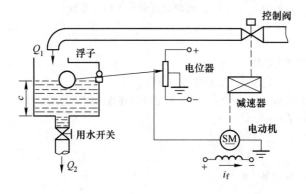

图 2-43　题 2-1 液位自动控制系统

2-2　建立图 2-44 所示各机械系统的微分方程（其中 $F(t)$ 为外力，$x(t)$、$y(t)$ 为位移；k 为弹性系数，f 为阻尼系数，m 为质量；忽略重力影响及滑块与地面的摩擦）。

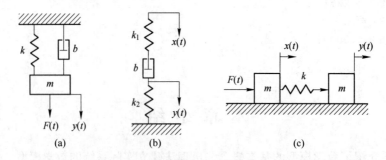

图 2-44　题 2-2 系统原理图

2-3　应用复数阻抗方法求图 2-45 所示各无源网络的传递函数。

2-4　在液压系统管道中，设通过阀门的流量 Q 满足如下流量方程：

$$Q = K\sqrt{P}$$

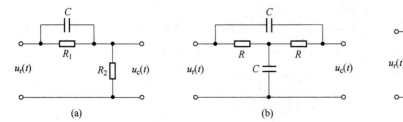

图 2-45 题 2-3 无源网络

式中，K 为比例常数，P 为阀门前后的压差。若流量 Q 和压差 P 在其平衡点（Q_0，P_0）附近做微小变化，试推导线性化流量方程。

2-5 设弹簧特性由下式描述：

$$F = 12.64x^{1.1}$$

式中，F 为弹簧力；x 为变形位移。若弹簧在变形位移 0.25 附近做微小变化，试推导 ΔF 的线性化方程。

2-6 若某系统在阶跃输入 $r(t) = 1(t)$ 时，零初始条件下的输出响应为

$$c(t) = 1 - e^{-2t} + e^{-t}$$

试求系统的传递函数和脉冲响应。

2-7 求下列各拉氏变换式的原函数。

(1) $X(s) = \dfrac{e^{-s}}{s-1}$

(2) $X(s) = \dfrac{2}{s^2+9}$

(3) $X(s) = \dfrac{s+1}{s(s^2+2s+1)}$

(4) $X(s) = \dfrac{1}{s(s+2)^3(s+3)}$

2-8 已知系统传递函数 $\dfrac{C(s)}{R(s)} = \dfrac{2}{s^2+3s+2}$，且初始条件为 $c(0) = -1$，$\dot{c}(0) = 0$，试求系统在输入 $r(t) = 1(t)$ 作用下的输出 $c(t)$。

2-9 设晶闸管三相桥式全控整流电路的输入量为控制角 α，输出量为空载整流电压 e_d，其间的关系为：

$$e_d = E_{d_0}\cos\alpha$$

式中，E_{d_0} 为整流电压的理想空载值；试推导其线性化方程。

2-10 在图 2-46 中，已知 $G(s)$ 和 $H(s)$ 对应的微分方程分别是：

$$6\frac{dc(t)}{dt} + 10c(t) = 20e(t)$$

$$20\frac{db(t)}{dt} + 5b(t) = 10c(t)$$

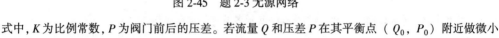

图 2-46 题 2-10 系统结构图

且初始条件均为零，试求传递函数 $C(s)/R(s)$ 及 $E(s)/R(s)$。

2-11　已知系统方程组如下，试绘制系统结构图，并求系统闭环传递函数。

$$\begin{cases} X_1(s) = G_1(s)R(s) - G_1(s)[G_7(s) - G_8(s)]C(s) \\ X_2(s) = G_2(s)[X_1(s) - G_6(s)X_3(s)] \\ X_3(s) = [X_2(s) - C(s)G_5(s)]G_3(s) \\ C(s) = G_4(s)X_3(s) \end{cases}$$

2-12　试用结构图等效化简的方法，求图 2-47 所示各系统的传递函数。

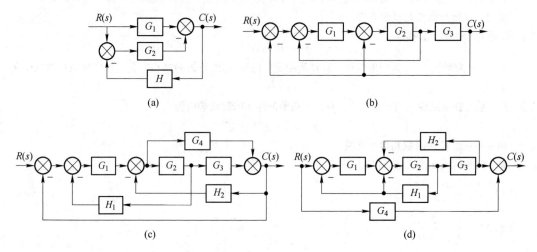

图 2-47　题 2-12 系统结构图

2-13　应用梅森增益公式求图 2-47 中各结构图对应的闭环传递函数。

2-14　试绘制图 2-48 所示系统的信号流图，求传递函数 $C(s)/R(s)$。

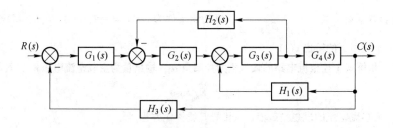

图 2-48　题 2-14 系统结构图

2-15　绘制图 2-49 所示信号流图对应的系统结构图，求传递函数 $\dfrac{X_5(s)}{X_1(s)}$。

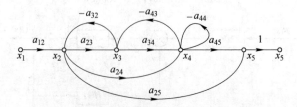

图 2-49　题 2-15 系统信号流图

2-16　已知系统结构图如图 2-50 所示，试通过结构图等效变换求系统传递函数 $C(s)/R(s)$。

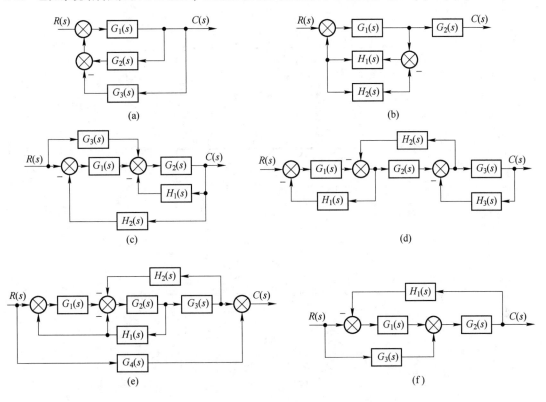

图 2-50　题 2-16 系统结构图

2-17　应用梅森增益公式求解图 2-51 中各系统的闭环传递函数。

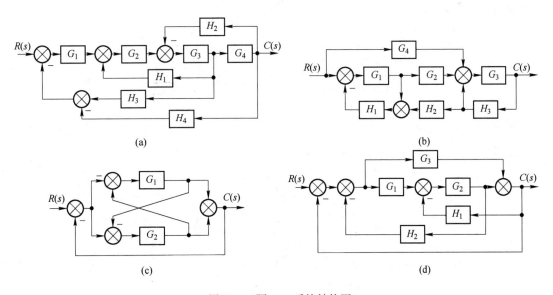

图 2-51　题 2-17 系统结构图

2-18　用梅森增益公式求图 2-52 中各系统信号流图的传递函数 $C(s)/R(s)$。

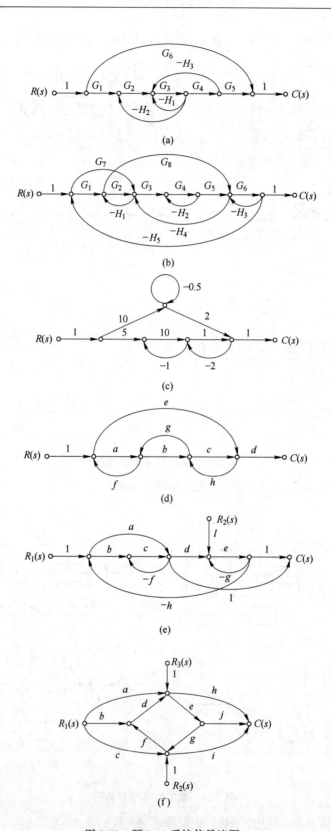

图 2-52 题 2-18 系统信号流图

2-19　已知系统的结构图如图 2-53 所示，当 $r(t) = n(t) = 1$ 同时作用时，求系统的输出 $c(t)$ 及偏差 $e(t)$。

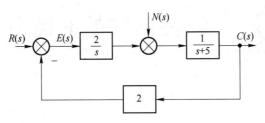

图 2-53　题 2-19 系统结构图

延伸阅读

3 线性系统的时域分析

本章提要

· 理解控制系统中常用的典型输入信号和时域性能指标；
· 掌握不同系统对典型输入信号的瞬态响应特性；
· 掌握一阶系统的极点位置与系统性能指标的关系；
· 掌握二阶系统的极点位置与瞬态响应特性之间的直接关系；
· 熟练掌握二阶系统的极点位置与系统性能指标，如超调量、调节时间、上升时间和峰值时间等之间的关系式；
· 理解零点和极点对二阶系统响应的影响；
· 理解高阶系统的主导极点及其时域分析方法。

思维导图

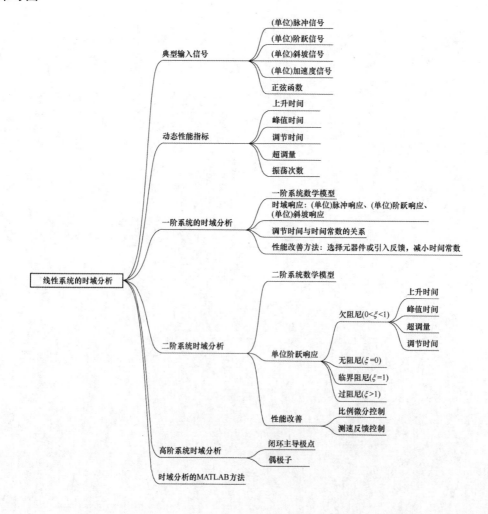

上一章我们已经了解并掌握了建立系统的数学模型，在建立系统的数学模型后，便可对其进行分析与校正。分析和校正是自动控制原理的两大任务。系统分析是由已知的系统模型确定系统的性能指标；校正则是需要在系统中加入一些机构和装置并确定相应的参数，用以改善系统性能，使其满足所要求的性能指标。系统分析的目的在于"认识"系统，系统校正的目的在于"改造"系统。

在经典控制理论中，系统的分析与校正方法一般有时域法、复域法（即根轨迹法）与频域法，本章介绍时域法的相关内容。时域分析法在经典控制领域中占据重要地位，该方法通过研究系统的时域响应特性，评估系统的动态性能和稳定性，并为系统设计和调节提供指导。

3.1　时域法概述

时域分析是系统分析与校正三大分析方法之一，其在时域中研究问题，重点讨论过渡过程的响应形式。时域分析法可以将系统的输入输出关系表达为微分方程或差分方程，通过求解这些方程，得到系统的时域响应。常见的时域分析方法包括阶跃响应分析、脉冲响应分析等。

时域法直接在时间域中对系统进行分析和校正，可以提供系统时间响应的全部信息，具有直观、精确的优点。但在研究系统参数改变引起系统性能指标变化的趋势等问题时，时域法计算繁琐，并不方便。时域法是最基础的分析方法，且该方法引出的概念、方法和结论是其他方法的基础。

3.1.1　时域法常用典型输入信号

控制系统的动态性能可以通过在输入信号作用下系统的过渡过程来评价。而系统的响应过程不仅取决于系统本身的特性，还与外加输入信号的形式有关。一般情况下，控制系统的外加输入信号具有随机性而无法预先确定。例如，火炮控制系统在跟踪目标过程中，由于目标可以做任意机动飞行，以致其飞行规律事先无法确定，于是火炮控制系统的输入信号具有随机性。只有在一些特殊情况下，控制系统的输入信号才是确知的。因此，为了在符合实际情况的基础上便于实现和分析计算，时域法中一般采用如表 3-1 中的典型输入信号。

表 3-1　典型输入信号

名　　称	时域表达式	复域表达式
单位阶跃函数	$1(t)$，$t \geq 0$	$\dfrac{1}{s}$
单位斜坡函数	t，$t \geq 0$	$\dfrac{1}{s^2}$
单位加速度函数	$\dfrac{1}{2}t^2$，$t \geq 0$	$\dfrac{1}{s^3}$
单位脉冲函数	$\delta(t)$，$t = 0$	1
正弦函数	$A\sin\omega t$	$\dfrac{A\omega}{s^2 + \omega^2}$

为了评价线性系统时间响应的性能指标，需要研究控制系统在典型输入信号作用下的时间响应过程。分析动态响应时，选择典型输入信号有如下好处：（1）分析处理简单，给定典型信号下的性能指标，便于分析、综合系统；（2）典型输入的响应往往可以作为分析复杂输入时系统性能的基础；（3）便于进行系统辨识，确定未知环节的传递函数。

3.1.2　系统时间响应的性能指标

系统的响应过程包括动态响应与稳态响应。动态也称为过渡过程，指系统在某一输入信号作用下，其输出量从初始状态到稳定状态的响应过程。稳态也称为静态，指当某一信号输入时，系统在时间趋于无穷大时的输出状态。系统的动态性能指标和稳态性能指标即分别针对两种响应定义的。

对控制系统的一般要求可归结为"稳、准、快"三点。工程上为了定量评价系统性能的好坏，给出了一系列控制系统的性能指标的定义与相应的定量计算方法。稳定是控制系统正常运行的基本条件。只有在系统稳定的前提下，响应过程才能收敛，后续研究系统的性能才有意义。

3.1.2.1　动态性能

时域中评价系统的动态性能，通常以系统对单位阶跃输入信号的动态响应为依据。一般认为阶跃输入对系统而言是比较严峻的工作状态，若系统在阶跃函数作用下的动态性能满足要求，那么系统在其他形式的输入作用下，其动态响应也大多让人满意。系统的典型阶跃响应如图 3-1 所示。

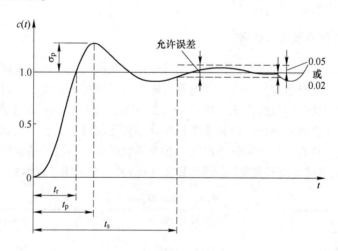

图 3-1　典型阶跃响应

常用的动态性能指标通常有如下六项：

延迟时间 t_d：阶跃响应第一次到达终值 $c(\infty)$ 的 50% 所需的时间。

上升时间 t_r：响应曲线从 0 首次上升到稳态值 $c(\infty)$ 所需的时间，称为上升时间。若响应曲线无振荡的系统，t_r 是响应曲线从稳态值的 10% 上升到 90% 所需的时间。

峰值时间 t_p：响应曲线超过稳态值 $c(\infty)$ 达到第一个峰值所需的时间。

调节时间 t_s：在稳态值 $c(\infty)$ 附近取一个误差带，通常取响应曲线开始进入并保持在误差带内所需的最小时间，称为调节时间。常用误差带为 ±5% 误差带与 ±2% 误差带。

超调量 σ_p：响应曲线超出稳态值的最大偏差与稳态值之比，即

$$\sigma_p = \frac{c(t_p) - c(\infty)}{c(\infty)} \times 100\%$$

超调量表示系统响应过冲的程度，超调量过大将使系统元件工作在恶劣条件，同时加长了调节时间。

振荡次数 N：在调节时间以内，响应曲线穿越其稳态值次数的一半。

性能指标 t_r、t_p 和 t_s 表示控制系统反映输入信号的快速性，σ_p 和 N 反映系统动态过程的平稳性，其中工程上最常用的是调节时间 t_s、超调量 σ_p 与峰值时间 t_p。

3.1.2.2 稳态性能

稳态误差是描述系统稳态性能的一种性能指标，通常在阶跃函数、斜坡函数或加速度函数作用下进行测定或计算。其定义是时间趋于无穷时系统实际输出与理想输出之间的误差，是系统控制精度或抗干扰能力的一种度量。

3.2 一阶系统的时域分析

凡以一阶微分方程作为运动方程的控制系统，称为一阶系统。一阶系统在控制工程中应用广泛，如加热炉、单容水箱等。有些高阶系统的特性，也可以用一阶系统的特性近似表征。

3.2.1 一阶系统的模型

图 3-2（a）所示电路为 RC 电路，可推导出其运动微分方程为

$$T\dot{c}(t) + c(t) = r(t) \tag{3-1}$$

式中，$c(t)$ 为电路输出电压；$r(t)$ 为电路输入电压，$T = RC$ 为时间常数。当该电路的初始条件为零时，其传递函数为

$$G(s) = \frac{C(s)}{R(s)} = \frac{1}{Ts + 1} \tag{3-2}$$

相应的结构图如图 3-2（b）所示。可以证明，室温调节系统、恒温箱以及水位调节系统的闭环传递函数形式与式（3-2）完全相同，仅时间常数含意有所区别。因此，式（3-1）或式（3-2）称为一阶系统的数学模型。在以下的分析和计算中，均假定系统初始条件为零。

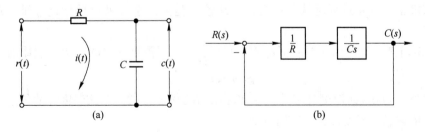

图 3-2 一阶控制系统
（a）电路图；（b）结构图

应当指出，具有同一运动方程或传递函数的所有线性系统，对同一输入信号的响应是相同的。当然，对于不同形式或不同功能的一阶系统，其响应特性的数学表达式具有不同的物理意义。

3.2.2　一阶系统的单位阶跃响应

单位阶跃输入 $r(t) = 1(t)$ 的拉氏变换函数为 $R(s) = \dfrac{1}{s}$，对应的系统响应过程 $c(t)$ 称为单位阶跃响应，其拉氏变换为

$$C(s) = G(s)R(s) = \frac{1}{Ts + 1} \cdot \frac{1}{s} = \frac{1}{s} - \frac{T}{Ts + 1}$$

对 $C(s)$ 取拉氏反变换，得单位阶跃响应为

$$c(t) = L^{-1}\left[C(s) \right] = \left(1 - e^{-\frac{t}{T}} \right) 1(t)$$

一阶系统的单位阶跃响应是一条初始值为零，以指数规律上升到终值 $c_{ss} = 1$ 的曲线，一阶系统的单位阶跃响应曲线如图 3-3 所示。

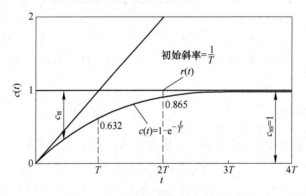

图 3-3　一阶系统单位阶跃响应

3.2.3　一阶系统动态性能指标计算

根据动态性能指标的定义，一阶系统的动态指标为：上升时间 $t_r = 2.2T$；调节时间 $t_s = 3T(5\%)$ 或 $t_s = 4T(2\%)$。显然，峰值时间 t_p 和超调量 σ_p 都不存在。

由图 3-3 及一阶系统动态性能指标的计算公式可知，时间常数 T 可以用于描述一阶系统的响应特征。时间常数 T 是一阶系统的重要特征参数：T 越小，系统惯性越小，系统极点越远离虚轴，过渡过程越快；反之，系统惯性越大，系统极点越靠近虚轴，过渡过程越慢。

【例 3-1】某温度计插入温度恒定的热水后，其显示温度随时间变化的规律为

$$h(t) = 1 - e^{-\frac{t}{T}}$$

实验测得当 $t = 60$ s 时温度计读数达到实际水温的 95%，试确定该温度计的传递函数。

解：依题意，温度计的调节时间为

$$t_s = 60 = 3T$$

故得

$$T = 20$$

$$h(t) = 1 - e^{-\frac{t}{T}} = 1 - e^{-\frac{t}{20}}$$

由线性系统性质
$$k(t) = h'(t) = \frac{1}{20}e^{-\frac{t}{20}}$$

由传递函数性质
$$\Phi(s) = L[k(t)] = \frac{1}{20s + 1}$$

3.2.4　一阶系统的典型输入响应

3.2.4.1　单位脉冲响应

当输入信号为单位脉冲信号，即 $r(t) = \delta(t)$ 时，系统的输出响应为该系统的脉冲响应。因为 $L[\delta(t)] = 1$，一阶系统脉冲响应的拉氏变换为：

$$C(s) = G(s)R(s) = \frac{1}{Ts + 1} \times 1 = \frac{1/T}{s + 1/T}$$

对上式取拉氏反变换，得系统的单位脉冲响应为

$$c(t) = L^{-1}[C(s)] = \frac{1}{T}e^{-\frac{t}{T}} \times 1(t)$$

响应结果如图 3-4 所示。

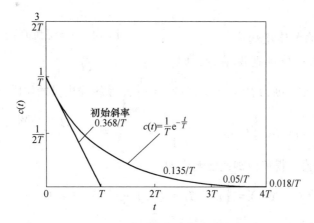

图 3-4　一阶系统的单位脉冲响应

由图 3-4 可见，一阶系统的脉冲响应为一单调下降的指数曲线。若定义该指数曲线衰减到其初始值的 5% 或 2% 所需的时间为脉冲响应调节时间，则有调节时间 $t_s = 3T(5\%)$ 或 $t_s = 4T(2\%)$。因此可以得出系统的惯性越小，响应过程的快速性越好的结论。鉴于工程上无法得到理想单位脉冲函数，因此常用具有一定脉宽和有限幅度的矩形脉冲函数来代替。为减小近似误差，要求实际脉冲函数的宽度 h 远小于系统的时间常数 T，一般规定 $h < 0.1T$。

3.2.4.2　单位斜坡响应

当输入信号为单位斜坡信号，即 $r(t) = t \times 1(t)$ 时，因为 $R(s) = L[r(t)] = \dfrac{1}{s^2}$，系统输出量的拉氏变换为

$$C(s) = G(s)R(s) = \frac{1}{Ts+1} \cdot \frac{1}{s^2} = \frac{1}{s^2} - \frac{T}{s} + \frac{T^2}{Ts+1}$$

对上式取拉氏反变换，得单位斜坡响应为：

$$c(t) = L^{-1}[C(s)] = (t - T + Te^{-\frac{t}{T}}) \times 1(t)$$

由上式可知，一阶系统的单位斜坡响
应的稳态分量是一个与输入斜坡函数斜率
相同但时间滞后 T 的斜坡函数，因此在位
置上存在稳态跟踪误差，其值正好等于时
间常数 T；一阶系统单位斜坡响应的瞬态
分量为衰减非周期函数。响应结果如图 3-5
所示。

由图 3-5 可知，时间 t 趋于无穷时的
误差 $e(\infty)$ 趋于常值 T。这说明，一阶系
统在跟踪单位斜坡输入时有跟踪误差存
在，当跟踪时间充分长时其值在数量上等
于时间常数 T。显然，系统的惯性越小，
跟踪的准确度越高。

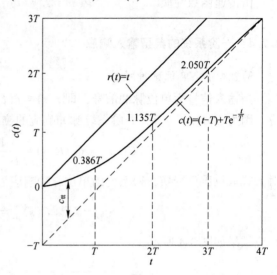

图 3-5　一阶系统的单位斜坡响应

3.2.4.3　单位加速度响应

当输入信号为单位加速度信号，即

$r(t) = \frac{1}{2}t^2 \times 1(t)$ 时，因为 $R(s) = L[r(t)] = \frac{1}{s^3}$，系统输出量的拉氏变换为

$$C(s) = G(s)R(s) = \frac{1}{Ts+1} \cdot \frac{1}{s^3} = \frac{1}{s^3} - \frac{T}{s^2} + \frac{T^2}{s} - \frac{T^3}{Ts+1}$$

对上式取拉氏反变换，得单位加速度响应为：

$$c(t) = \frac{1}{2}t^2 - Tt + T^2(1 - e^{-\frac{t}{T}}), \quad t \geq 0$$

因此，系统的跟踪误差为

$$e(t) = r(t) - c(t) = Tt - T^2(1 - e^{-\frac{t}{T}})$$

上式表明，跟踪误差随时间推移而增大直至无限大。因此，一阶系统不能实现对加速
度输入函数的跟踪。

将上述三种系统典型输入信号的输出响应列成表 3-2。

表 3-2　一阶系统对典型输入信号的输出响应

$r(t)$	$R(s)$	$C(s) = \Phi(s)R(s)$	$c(t)$	响应曲线
$\delta(t)$	1	$\dfrac{1}{Ts+1} = \dfrac{1/T}{s+1/T}$	$c(t) = \dfrac{1}{T}e^{-\frac{t}{T}}, \quad t \geq 0$	

$r(t)$	$R(s)$	$C(s) = \Phi(s)R(s)$	$c(t)$	响应曲线
$1(t)$	$\dfrac{1}{s}$	$\dfrac{1}{Ts+1} \cdot \dfrac{1}{s}$ $= \dfrac{1}{s} - \dfrac{1}{s+1/T}$	$c(t) = 1 - e^{-\frac{t}{T}}, \quad t \geqslant 0$	
t	$\dfrac{1}{s^2}$	$\dfrac{1}{Ts+1} \cdot \dfrac{1}{s^2}$ $= \dfrac{1}{s^2} - T\left(\dfrac{1}{s} - \dfrac{1}{s+1/T}\right)$	$c(t) = t - T(1 - e^{-\frac{t}{T}}),$ $t \geqslant 0$	

从表 3-2 中容易看出，系统对某一输入信号的微分/积分的响应，等于系统对该输入信号响应的微分/积分。这是线性定常系统的重要性质，对任意阶线性定常系统均适用。由于阶跃响应的动态特性较直观，且又有一定代表性，因此今后以单位阶跃响应分析系统动态特性。

【例 3-2】 原系统传递函数为 $G(s) = \dfrac{10}{0.2s+1}$，现采用如图 3-6 所示的负反馈方式，欲将反馈系统的调节时间减小为原来的 0.1 倍，并且保证原放大倍数不变。试确定参数 K_0 和 K_1 的取值。

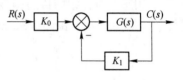

图 3-6 反馈系统结构图

解： 依题意，原系统时间常数 $T = 0.2$，放大倍数 $K = 10$，要求反馈后系统的时间常数 $T_\Phi = 0.2 \times 0.1 = 0.02$，放大倍数 $K_\Phi = K = 10$。由结构图可知，反馈系统传递函数为

$$\Phi(s) = \frac{K_0 G(s)}{1 + K_1 G(s)} = \frac{10K_0}{0.2s + 1 + 10K_1} = \frac{\dfrac{10K_0}{1 + 10K_1}}{\dfrac{0.2}{1 + 10K_1}s + 1} = \frac{K_\Phi}{T_\Phi s + 1}$$

应有

$$\begin{cases} K_\Phi = \dfrac{10K_0}{1 + 10K_1} = 10 \\[2mm] T_\Phi = \dfrac{0.2}{1 + 10K_1} = 0.02 \end{cases}$$

联立求解得

$$\begin{cases} K_1 = 0.9 \\ K_0 = 10 \end{cases}$$

3.3 二阶系统的时域分析

凡是以二阶微分方程描述运动方程的控制系统，称为二阶系统。在控制工程中，不仅

二阶系统的典型应用极为普遍，而且不少高阶系统的特性在一定条件下可用二阶系统的特性来表征。因此，着重研究二阶系统的分析和计算方法，具有较大的实际意义。

3.3.1　二阶系统的模型、函数形式及分类

3.3.1.1　二阶系统的数学模型

设位置控制系统如图 3-7 所示，其任务是控制有黏性摩擦和转动惯量的负载，使负载位置与输入手柄位置协调。

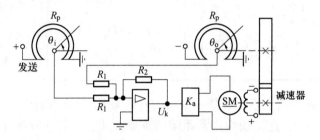

图 3-7　位置控制系统原理图

利用第 2 章介绍的传递函数列写和结构图绘制方法，不难画出位置控制系统的结构图，如图 3-8 所示。由图得系统的开环传递函数为

$$G(s) = \frac{K_s K_a C_m / i}{s\left[(L_a s + R_a)(Js + f) + C_m C_e \right]}$$

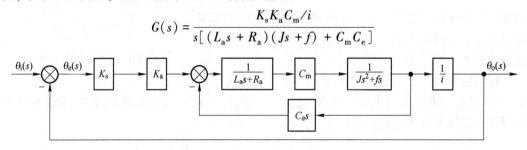

图 3-8　位置控制系统结构图

3.3.1.2　二阶系统的函数形式

常见二阶系统结构如图 3-9（a）所示。其中 K，T_0 为环节参数。系统闭环传递函数为

$$\Phi(s) = \frac{K}{T_0 s^2 + s + K}$$

为分析方便起见，常将二阶系统结构图表示成如图 3-9（b）所示的标准形式。系统闭环传递函数标准形式为

$$\Phi(s) = \frac{\omega_n^2}{s^2 + 2\xi\omega_n s + \omega_n^2} \tag{3-3}$$

$$\Phi(s) = \frac{1}{T^2 s^2 + 2T\xi s + 1} \tag{3-4}$$

式(3-3)为首 1 型，式(3-4)为尾 1 型。式中，$T = \sqrt{\dfrac{T_0}{K}}$，$\omega_n = \dfrac{1}{T} = \sqrt{\dfrac{K}{T_0}}$，$\xi = \dfrac{1}{2}\sqrt{\dfrac{1}{KT_0}}$。

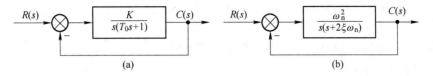

图 3-9 常见二阶系统结构图

ξ、ω_n 分别称为系统的阻尼比和无阻尼自然频率，是二阶系统重要的特征参数。系统的首1 标准型传递函数常用于时域分析中，频域分析时则常用尾 1 标准型。

3.3.1.3 二阶系统的分类

二阶系统的特征方程为

$$D(s) = s^2 + 2\xi\omega_n s + \omega_n^2 = 0$$

解得特征根为

$$s_{1,2} = -\xi\omega_n \pm \omega_n \sqrt{\xi^2 - 1}$$

二阶系统按照阻尼比取值范围不同，其特征根形式不同，响应特性也不同，由此可将二阶系统分类，如表 3-3 所示。

表 3-3　二阶系统分类表

分　类	特　征　根	特征根分布	模　态
过阻尼 （$\xi > 1$）	$\lambda_{1,2} = -\xi\omega_n \pm \omega_n\sqrt{\xi^2-1}$		$e^{\lambda_1 t}$，　$e^{\lambda_2 t}$
临界阻尼 （$\xi = 1$）	$\lambda_1 = \lambda_2 = -\omega_n$		$e^{-\omega_n t}$，　$te^{-\omega_n t}$
欠阻尼 （$0 < \xi < 1$）	$\lambda_{1,2} = -\xi\omega_n \pm j\omega_n\sqrt{1-\xi^2}$		$e^{-\xi\omega_n t}\sin\sqrt{1-\xi^2}\,\omega_n t$ $e^{-\xi\omega_n t}\cos\sqrt{1-\xi^2}\,\omega_n t$
零阻尼 （$\xi = 0$）	$\lambda_{1,2} = \pm j\omega_n$		$\sin\omega_n t$，　$\cos\omega_n t$

3.3.2　二阶系统的单位阶跃响应

3.3.2.1　欠阻尼响应过程分析

如果 $0 < \xi < 1$，则特征方程有一对具有负实部的共轭复根 $s_{1,2} = -\xi\omega_n \pm j\omega_n\sqrt{1-\xi^2}$，对应于 s 平面左半部的共轭复数极点，相应的阶跃响应为衰减振荡过程，此时系统处于欠

阻尼情况。欠阻尼二阶系统的特征参量如图 3-10
所示。

欠阻尼二阶系统的极点可以用以下两种形式表示：

（1）直角坐标表示

$$s_{1,2} = \sigma \pm j\omega_d = -\xi\omega_n \pm j\sqrt{1-\xi^2}\,\omega_n$$

（2）极坐标表示

$$\begin{cases} |s| = \omega_n \\ \angle s = \beta \end{cases} \quad \begin{cases} \cos\beta = \xi \\ \sin\beta = \sqrt{1-\xi^2} \end{cases}$$

当输入信号为单位阶跃函数时，系统输出的拉氏
变换为

$$C(s) = \frac{\omega_n^2}{s^2 + 2\xi\omega_n s + \omega_n^2} \times \frac{1}{s}$$

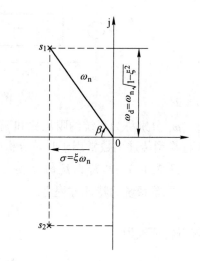

图 3-10 欠阻尼二阶系统的特征参量

$$= \frac{1}{s} - \frac{s + \xi\omega_n}{(s + \xi\omega_n)^2 + \omega_d^2} - \frac{\xi\omega_n}{(s + \xi\omega_n)^2 + \omega_d^2}$$

对上式进行拉氏反变换，则欠阻尼二阶系统的单位阶跃响应为

$$c(t) = 1 - e^{-\xi\omega_n t}\left(\cos\sqrt{1-\xi^2}\,\omega_n t + \frac{\xi}{\sqrt{1-\xi^2}}\sin\sqrt{1-\xi^2}\,\omega_n t\right)$$

$$= 1 - \frac{1}{\sqrt{1-\xi^2}}e^{-\xi\omega_n t}\sin(\omega_d t + \beta) \quad (t \geqslant 0) \tag{3-5}$$

典型二阶系统的单位阶跃响应输出曲线如图 3-11 所示。

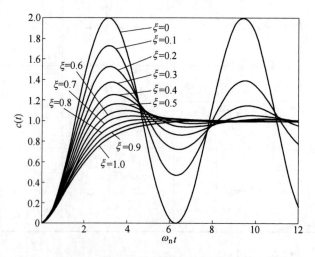

图 3-11 典型二阶系统的单位阶跃响应

响应曲线位于两条包络线 $1 \pm e^{-\xi\omega_n t}/\sqrt{1-\xi^2}$ 之间，如图 3-12 所示。包络线收敛速率
取决于 $\xi\omega_n$（特征根实部之模），响应的阻尼振荡频率取决于 $\sqrt{1-\xi^2}\,\omega_n$（特征根虚部）。
响应的初始值 $c(0) = 0$，初始斜率 $c'(0) = 0$，终值 $c(\infty) = 1$。

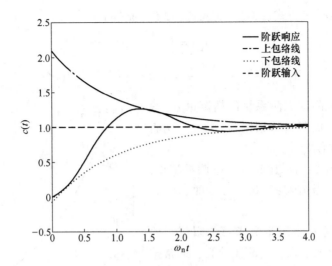

图 3-12 欠阻尼二阶系统的单位阶跃响应

通常，控制系统的性能指标是通过其单位阶跃响应的特征量来定义的。因此，为按性能指标定量地评价二阶系统的性能，必须进一步分析 ξ 和 ω_n 对系统单位阶跃响应的影响，并根据单位阶跃响应的特征量定义评价控制系统的性能指标。

在控制工程中，除了那些不允许产生振荡响应的系统外，通常希望控制系统的响应过程在具有适度的振荡特性下，能有比较短的调节时间及较快的响应速度。在设计二阶系统时，一般取 ξ 值介于 $0.4 \sim 0.8$，使系统工作在欠阻尼状态。因此，关于性能指标的定义及其与系统参量 ξ 和 ω_n 的定量关系推导主要根据二阶系统的欠阻尼响应过程来进行。

下面介绍欠阻尼二阶系统动态性能指标的计算。

（1）上升时间 t_r。在式（3-5）中，令 $c(t) = 1$，求得

$$\frac{1}{\sqrt{1-\xi^2}} e^{-\xi \omega_n t_r} \sin(\omega_d t_r + \beta) = 0$$

由于 $e^{-\xi \omega_n t_r} \neq 0$，所以有

$$t_r = \frac{\pi - \beta}{\omega_d} \tag{3-6}$$

由式（3-6）可见，当阻尼比 ξ 一定时，阻尼角 β 不变，系统的响应速度与 ω_n 成正比；而当阻尼振荡频率 ω_d 一定时，阻尼比越小，上升时间越短。

（2）峰值时间 t_p。令 $c'(t_p) = k(t_p) = 0$ 利用式（3-5）可得

$$\sin(\sqrt{1-\xi^2} \omega_n t_p) = 0$$

即有 $\sqrt{1-\xi^2} \omega_n t_p = 0$，$\pi$，$2\pi$，$3\pi$，…，根据峰值时间的定义可得

$$t_p = \frac{\pi}{\sqrt{1-\xi^2} \omega_n} \tag{3-7}$$

式（3-7）表明，峰值时间等于阻尼振荡周期的一半。或者说，峰值时间与闭环极点的虚部数值成反比。当阻尼比一定时，闭环极点离负实轴的距离越远，系统的峰值时间越短。

（3）超调量 σ_p。将式（3-7）代入式（3-5）整理后可得

$$c(t_p) = 1 + \mathrm{e}^{\frac{-\xi\pi}{\sqrt{1-\xi^2}}}$$

$$\sigma_p = \frac{c(t_p) - c(\infty)}{c(\infty)} \times 100\% = \mathrm{e}^{\frac{-\xi\pi}{\sqrt{1-\xi^2}}} \times 100\% \qquad (3\text{-}8)$$

可见，典型欠阻尼二阶系统的超调量 σ_p 只与阻尼比 ξ 有关，而与自然频率 ω_n 无关。两者的关系如图 3-13 所示。

由图 3-13 可见，阻尼比越大，超调量越小，反之亦然。一般，当选取 $\xi = 0.4 \sim 0.8$ 时，σ_p 介于 $1.5\% \sim 25.4\%$。

（4）调节时间 t_s。用定义求解欠阻尼二阶系统的调节时间比较麻烦，为简便计算，通常按阶跃响应的包络线进入 5% 误差带的时间计算调节时间。令

$$\left| 1 + \frac{\mathrm{e}^{-\xi\omega_n t}}{\sqrt{1-\xi^2}} - 1 \right| = \frac{\mathrm{e}^{-\xi\omega_n t}}{\sqrt{1-\xi^2}} = 0.05$$

可解得

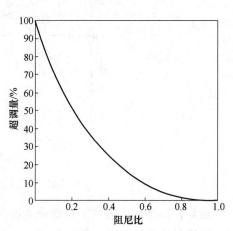

图 3-13　欠阻尼二阶系统 σ_p 与 ξ 的关系曲线

$$t_s = -\frac{\ln 0.05 + \frac{1}{2}\ln(1-\xi^2)}{\xi\omega_n} \approx \frac{3.5}{\xi\omega_n} \quad (0.3 < \xi < 0.8) \qquad (3\text{-}9)$$

式（3-6）～式（3-9）给出了典型欠阻尼二阶系统动态性能指标的计算公式。可见，典型欠阻尼二阶系统超调量 σ_p 只取决于阻尼比 ξ，而调节时间 t_s 则与阻尼比 ξ 和自然频率 ω_n 均有关。按式（3-9）计算得出的调节时间 t_s 偏于保守。ω_n 一定时，调节时间 t_s 实际上随阻尼比 ξ 还有所变化。

调节时间 t_s 与阻尼比 ξ 之间的关系曲线如图 3-14 所示。不难看出，当 $\xi = 0.707(\beta = 45°)$ 时，$t_s \approx 2T$，实际调节时间最短，$\sigma_p = 4.32\% \approx 5\%$，超调量不大，所以一般称 $\xi = 0.707$ 为"最佳阻尼比"。

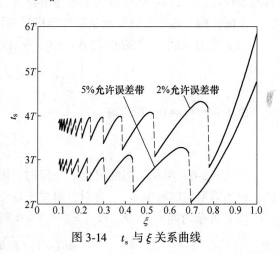

图 3-14　t_s 与 ξ 关系曲线

【例 3-3】已知二阶系统的闭环传递函数为

$$\frac{C(s)}{R(s)} = \frac{\omega_n^2}{s^2 + 2\xi\omega_n s + \omega_n^2}$$

其中 $\xi = 0.6$；$\omega_n = 5 \text{ rad/s}$，试计算该系统单位阶跃响应的动态性能指标 t_r、t_p、σ_p、t_s。

解：依据定义式计算得

$$t_r = \frac{\pi - \beta}{\omega_n \sqrt{1 - \xi^2}} = \frac{\pi - 0.93}{4} = 0.55 \text{ s}$$

其中

$$\beta = \arctan \frac{\sqrt{1 - \xi^2}}{\xi} = 0.93 \text{ rad}$$

$$t_p = \frac{\pi}{\omega_n \sqrt{1 - \xi^2}} = \frac{\pi}{4} = 0.785 \text{ s}$$

$$\sigma_p = e^{-\frac{\xi\pi}{\sqrt{1-\xi^2}}} = e^{-\frac{0.6\pi}{0.8}} = 9.5\%$$

$$t_s = \frac{4 + \ln\frac{1}{\sqrt{1-\xi^2}}}{\xi\omega_n} = 1.4 \text{ s} \qquad (\Delta = 0.02)$$

$$t_s = \frac{3 + \ln\frac{1}{\sqrt{1-\xi^2}}}{\xi\omega_n} = 1.1 \text{ s} \qquad (\Delta = 0.05)$$

【例 3-4】 设系统结构图如图 3-15 所示。若要求系统具有性能指标 $\sigma_p = 0.2$，$t_p = 1$ s，试确定系统参数 K 和 τ，并计算单位阶跃响应的性能指标 t_r 和 t_s。

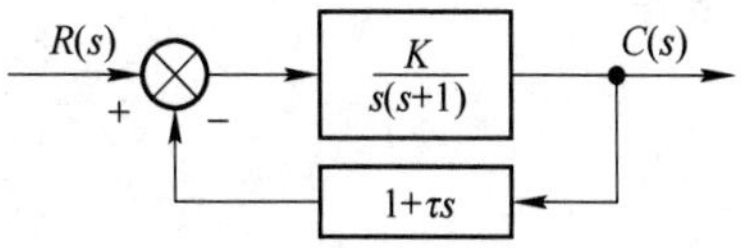

解： 由图 3-15 知，系统闭环传递函数为

图 3-15 反馈系统结构图

$$\frac{C(s)}{R(s)} = \frac{K}{s^2 + (1 + K\tau)s + K}$$

与典型二阶系统传递函数标准形式相比，可得

$$\omega_n = \sqrt{K}, \quad \xi = \frac{1 + K\tau}{2\sqrt{K}}$$

由 ξ 与 σ_p 的关系式，解得

$$\xi = \frac{\ln(1/\sigma_p)}{\sqrt{\pi^2 + \left(\ln\frac{1}{\sigma_p}\right)^2}} = 0.46$$

再由峰值时间计算式，算出

$$\omega_n = \frac{\pi}{t_p \sqrt{1 - \xi^2}} = 3.54 \text{ rad/s}$$

从而解得

$$K = \omega_n^2 = 12.53 \ (\text{rad/s})^2, \quad \tau = \frac{2\xi\omega_n - 1}{K} = 0.18 \text{ s}$$

由于

$$\beta = \arccos\xi = 1.09 \text{ rad}, \quad \omega_d = \omega_n \sqrt{1 - \xi^2} = 3.14 \text{ rad/s}$$

故由式（3-6）和式（3-9）计算得

$$t_r = \frac{\pi - \beta}{\omega_d} = 0.65 \text{ s}, \quad t_s = \frac{3.5}{\xi \omega_n} = 2.15 \text{ s}$$

若取误差带 $\Delta = 0.02$，则调节时间为

$$t_s = \frac{4.4}{\xi \omega_n} = 2.70 \text{ s}$$

【例 3-5】控制系统结构图如图 3-16 所示。

（1）开环增益 $K = 10$ 时，求系统的动态性能指标；

（2）确定使系统阻尼比 $\xi = 0.707$ 时 K 的值。

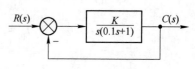

图 3-16　控制系统结构图

解：（1）当 $K = 10$ 时，系统闭环传递函数

$$\Phi(s) = \frac{G(s)}{1 + G(s)} = \frac{100}{s^2 + 10s + 100}$$

与典型二阶系统传递函数标准形式比较，得

$$\omega_n = \sqrt{100} = 10 \text{ rad/s}, \quad \xi = \frac{10}{2 \times 10} = 0.5$$

$$t_p = \frac{\pi}{\sqrt{1 - \xi^2}\, \omega_n} = \frac{\pi}{\sqrt{1 - 0.5^2} \times 10} = 0.363 \text{ s}$$

$$\sigma_p = e^{-\xi \pi / \sqrt{1 - \xi^2}} = e^{-0.5\pi / \sqrt{1 - 0.5^2}} = 16.3\%$$

$$t_s = \frac{3.5}{\xi \omega_n} = \frac{3.5}{0.5 \times 10} = 0.7 \text{ s}$$

相应的单位阶跃响应如图 3-17 所示。

（2）$\Phi(s) = \dfrac{10K}{s^2 + 10s + 10K}$，与典型

二阶系统传递函数标准形式比较，得

$$\begin{cases} \omega_n = \sqrt{10K} \\ \xi = \dfrac{10}{2\sqrt{10K}} \end{cases}$$

令 $\xi = 0.707$，得 $K = \dfrac{100 \times 2}{4 \times 10} = 5$。

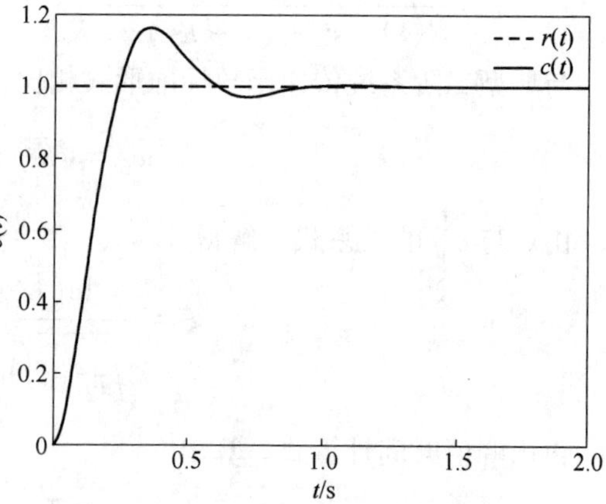

3.3.2.2　无阻尼情况

若 $\xi = 0$，则二阶系统无阻尼时的单位

阶跃响应为

$$c(t) = 1 - \cos\omega_n t$$

图 3-17　单位阶跃响应曲线

如图 3-18 所示，这是一条幅值为 1 的正/余弦形式的等幅振荡，其振荡频率为 ω_n，故可称为无阻尼振荡频率。由图 3-8 位置控制系统可知，ω_n 由系统本身的结构参数决定，故常称 ω_n 为自然频率。

应当指出，实际的控制系统通常都有一定的阻尼比，因此不可能通过实验方法测得 ω_n，只能测得 ω_d，其值总小于自然频率 ω_n。只有在 $\xi = 0$ 时，才有 $\omega_n = \omega_d$。当阻尼比 ξ 增大时，阻尼振荡频率 ω_d 将减小。

3.3.2.3 临界阻尼响应过程分析

如果 $\xi = 1$，则二阶系统临界阻尼时的单位阶跃响应为

$$c(t) = 1 - e^{-\omega_n t}(1 + \omega_n t) \qquad (t \geq 0)$$

系统特征方程具有两个相等的负实根，$s_{1,2} = -\omega_n$，对应于 s 平面负实轴上的两个相等的实极点，相应的阶跃响应非周期地趋于稳态输出，此时系统处于临界阻尼情况。临界阻尼二阶系统的单位阶跃响应是稳态值为 1 的非周期上升过程，整个响应特性不产生振荡，临界阻尼单位阶跃响应曲线如图 3-19 所示。

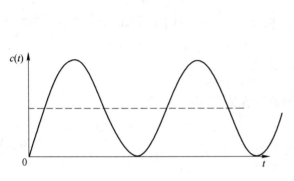

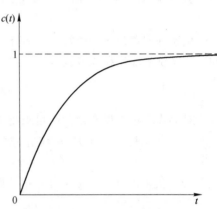

图 3-18　无阻尼单位阶跃响应曲线　　　　图 3-19　临界阻尼单位阶跃响应曲线

3.3.2.4 过阻尼响应过程分析

若 $\xi > 1$，则二阶系统过阻尼时的单位阶跃响应为

$$c(t) = 1 - \frac{1}{2\sqrt{\xi^2 - 1}}\left[\frac{e^{-(\xi - \sqrt{\xi^2 - 1})\omega_n^2 t}}{\xi - \sqrt{\xi^2 - 1}} - \frac{e^{-(\xi + \sqrt{\xi^2 - 1})\omega_n^2 t}}{\xi + \sqrt{\xi^2 - 1}}\right] \qquad (t \geq 0)$$

此时系统特征方程有两个不相等的负实根，$s_{1,2} = -\xi\omega_n \pm \omega_n\sqrt{\xi^2 - 1}$，对应于 s 平面负实轴上的两个不相等的实极点，相应的单位阶跃响应也是非周期地趋于稳态输出，但响应速度比临界阻尼情况缓慢。系统响应含有两个单调衰减的指数项，它们的代数和决不会超过稳态值 1。响应曲线如图 3-20 所示。

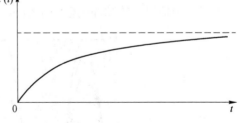

图 3-20　过阻尼单位阶跃响应曲线

3.3.2.5 负阻尼情况

若 $\xi < 0$，则二阶系统负阻尼时的单位阶跃响应为

$$c(t) = 1 - \frac{1}{\sqrt{1 - \xi^2}}e^{-\xi\omega_n t}\sin(\omega_d t + \beta)$$

由于阻尼比 ξ 为负，指数因子具有正幂指数，因此系统的动态过程为发散正弦振荡或单调发散的形式，从而表明 $\xi < 0$ 的二阶系统是不稳定的。响应曲线如图 3-21 所示。

3.3.3 二阶系统的典型输入响应

典型的二阶系统输入响应除上一节详细介绍的单位阶跃响应外，还包括单位脉冲响应、单位斜坡响应和正弦响应等。

3.3.3.1 单位脉冲响应

当二阶系统的输入信号为理想单位脉冲函数时，其响应过程称为二阶系统的脉冲响应，记作 $k(t)$。

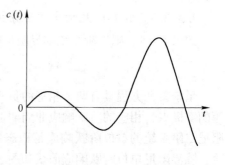

图 3-21   负阻尼单位阶跃响应曲线

由于理想单位脉冲函数 $\delta(t)$ 的拉氏变换等于 1，所以对于具有标准形式闭环传递函数的二阶系统的输出拉氏变换为

$$C(s) = \frac{\omega_n^2}{s^2 + 2\xi\omega_n s + \omega_n^2}$$

对上式取拉氏反变换，便可求得下列各种情况下的脉冲响应：

（1）无阻尼（$\xi = 0$）单位脉冲响应

$$k(t) = \omega_n \sin\omega_n t \quad (t \geqslant 0) \tag{3-10}$$

（2）欠阻尼（$0 < \xi < 1$）单位脉冲响应

$$k(t) = \frac{\omega_n}{\sqrt{1 - \xi^2}} e^{-\xi\omega_n t} \sin\omega_n \sqrt{1 - \xi^2}\, t \quad (t \geqslant 0) \tag{3-11}$$

（3）临界阻尼（$\xi = 1$）单位脉冲响应

$$k(t) = \omega_n^2 t e^{-\omega_n t} \quad (t \geqslant 0) \tag{3-12}$$

（4）过阻尼（$\xi > 1$）单位脉冲响应

$$k(t) = \frac{\omega_n}{2\sqrt{\xi^2 - 1}} \left[e^{-(\xi - \sqrt{\xi^2-1})\omega_n t} - e^{-(\xi + \sqrt{\xi^2-1})\omega_n t} \right] \quad (t \geqslant 0) \tag{3-13}$$

上述各种情况下的脉冲响应示于图 3-22。

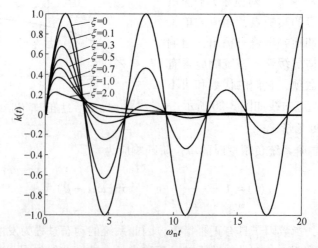

图 3-22   单位脉冲响应曲线

从图 3-22 可见，二阶系统的欠阻尼脉冲响应是稳态值为零的衰减振荡过程，其瞬时值有正也有负。但临界阻尼脉冲响应（式（3-12））以及由式（3-13）描述的过阻尼脉冲响应则为单调衰减过程，其瞬时值不改变符号，即不存在超调现象。

3.3.3.2　单位斜坡响应

当二阶系统的输入信号为单位斜坡函数时，即 $r(t) = t$ 时，其输出响应的拉氏变换为

$$C(s) = \frac{\omega_n^2}{s^2 + 2\xi\omega_n s + \omega_n^2} \cdot \frac{1}{s^2} = \frac{1}{s^2} - \frac{\omega_n}{s} + \frac{\omega_n}{s^2} + \frac{\omega_n(s + \xi\omega_n) + (2\xi^2 - 1)}{s^2 + 2\xi\omega_n s + \omega_n^2}$$

取上式的拉氏反变换，可求得下列各种情况下二阶系统的单位斜坡响应：

（1）欠阻尼（$0 < \xi < 1$）单位斜坡响应

$$c(t) = t - \frac{2\xi}{\omega_n} + e^{-\xi\omega_n t}\left(\frac{2\xi}{\omega_n}\cos\omega_d t + \frac{2\xi^2 - 1}{\omega_n\sqrt{1 - \xi^2}}\sin\omega_d t\right)$$

$$= t - \frac{2\xi}{\omega_n} + \frac{e^{-\xi\omega_n t}}{\omega_n\sqrt{1 - \xi^2}}\sin\left(\omega_d t + \arctan\frac{2\xi\sqrt{1 - \xi^2}}{2\xi^2 - 1}\right) \quad (t \geqslant 0)$$

（2）临界阻尼（$\xi = 1$）单位斜坡响应

$$c(t) = t - \frac{2}{\omega_n} + \frac{2}{\omega_n}e^{-\omega_n t}\left(1 + \frac{\omega_n}{2}t\right) \quad (t \geqslant 0)$$

（3）过阻尼（$\xi > 1$）单位斜坡响应

$$c(t) = t - \frac{2\xi}{\omega_n} - \frac{2\xi^2 - 1 - 2\xi\sqrt{\xi^2 - 1}}{2\omega_n\sqrt{\xi^2 - 1}}e^{-(\xi + \sqrt{\xi^2 - 1})\omega_n t} +$$

$$\frac{2\xi^2 - 1 + 2\xi\sqrt{\xi^2 - 1}}{2\omega_n\sqrt{\xi^2 - 1}}e^{-(\xi - \sqrt{\xi^2 - 1})\omega_n t} \quad (t \geqslant 0)$$

二阶系统的单位斜坡响应还可通过对其单位阶跃响应取积分求得，其中积分常数可根据 $t = 0$ 时响应过程 $c(t)$ 的初始条件来确定。

3.3.3.3　正弦响应

正弦响应是指当输入信号为正弦函数时系统的输出响应。数学表示为 $r(t) = A\sin(\omega t)$ 或者 $r(t) = A\cos(\omega t)$，式中 A 为振幅，ω 为角频率。

对于二阶系统，正弦响应通常表现为振荡，其振荡频率和阻尼比有关。当阻尼比为零时，振荡频率等于系统的固有频率，而随着阻尼比的增加，振荡频率会逐渐减小。需要注意的是，二阶系统的响应形式受到系统的参数（例如阻尼比、固有频率等）以及初始条件的影响。具体的响应形式可以通过求解系统的微分方程来得到。这一部分内容我们会在后续学习中深入讨论。

3.3.4　二阶系统动态性能的改善措施

改善二阶系统的动态性能是在控制系统和其他相关领域中常见的目标。阻尼比是衡量系统阻尼程度的参数。增加阻尼比可以减少系统的振荡，使其更快地收敛到稳定状态。过度阻尼可能会导致响应的收敛速度变慢，因此需要在阻尼比和系统响应速度之间做出适当的权衡。以下介绍一些改善二阶系统动态性能的常用措施。

3.3.4.1　比例-微分控制

在控制系统中，使用合适的控制器（如比例-积分-微分控制器，即 PID 控制器）可以有效地改善二阶系统的动态性能。控制器的选择和参数调节对系统的响应速度和稳定性有重要影响。

设比例-微分控制的二阶系统如图 3-23 所示。图中，$E(s)$ 为误差信号，T_d 为微分器时间常数。由图可见，系统输出量同时受误差信号及其速率的双重作用。因此，比例-微分控制是一种早期控制，可在出现位置误差前，提前产生修正作用，从而达到改善系统性能的目的。

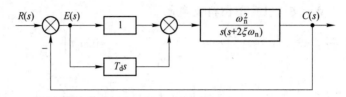

图 3-23　比例-微分控制结构图

3.3.4.2　测速反馈控制

输出量的导数同样可以用来改善系统的性能。通过将输出的速度信号反馈到系统输入端，并与误差信号比较，其效果与比例-微分控制相似，可以增大系统阻尼，改善系统动态性能。图 3-24 是采用测速反馈的结构图。

【例 3-6】已知系统结构图如图 3-25 所示。试分析：

（1）该系统能否正常工作？

（2）若要求 $\xi = 0.707$，系统应如何改进？

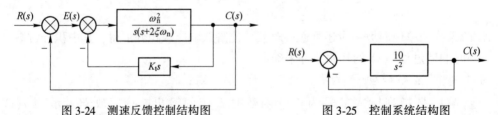

图 3-24　测速反馈控制结构图　　　　　图 3-25　控制系统结构图

解：由图 3-25 求得系统的闭环传递函数为

$$\frac{C(s)}{R(s)} = \frac{10}{s^2 + 10}$$

系统工作于无阻尼（$\xi = 0$）状态，其单位阶跃响应 $c(t)$ 为

$$c(t) = 1 - \cos \sqrt{10}t$$

其中无阻尼自振角频率 $\omega_n = \sqrt{10}$ rad/s。上式说明，在无阻尼状态下系统的单位阶跃响应为不衰减的等幅振荡过程。由于系统的输出不反映控制信号 $r(t) = 1(t)$ 的规律，所以系统的工作是不正常的。

欲使系统满足 $\xi = 0.707$ 的要求，可以通过加入传递函数为 τs 的微分负反馈来改进原系统。改进后的系统结构图如图 3-26 所示。改进后系统的闭环传递函数为

$$\frac{C(s)}{R(s)} = \frac{10}{s^2 + 10\tau s + 10}$$

由传递函数求得

$$2\xi\omega_n = 10\tau$$

$$\omega_n = \sqrt{10} \ \text{rad/s}$$

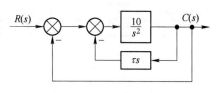

图 3-26 改进后的系统结构图

取 $\xi = 0.707$，由以上两式解出反馈系数 τ 为

$$\tau = \frac{2\xi\omega_n}{10} = 0.447$$

上式说明，加入反馈系数为 0.447 的微分负反馈后，系统的单位阶跃响应将由无阻尼时的等幅振荡转化为具有 $\xi = 0.707$ 的衰减振荡过程。这时的超调量 σ_p 由 100% 降至 4.3%，微分负反馈提高了系统的阻尼程度。

【例 3-7】设控制系统如图 3-27 所示，图中输入信号 $\theta_i(t) = t$，放大器增益 K_a 分别取为 13.5，200 和 1500。试分别写出系统的误差响应表达式，并估算其性能指标。

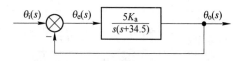

图 3-27 控制系统结构图

解：由图 3-27 知，系统开环传递函数为

$$G(s) = \frac{5K_a}{s(s + 34.5)} = \frac{\omega_n^2}{s(s + 2\xi\omega_n)}$$

因而，$\xi = 17.25/\sqrt{5K_a}$，$\omega_n = \sqrt{5K_a}$。当 $K_a = 13.5$ 时，算得 $\xi = 2.1$，$\omega_n = 8.2 \ \text{rad/s}$，属过阻尼二阶系统，可得

$$\theta_e(t) = 0.51(1 - e^{-2.08t} + 0.004e^{-32.4t}) \approx 0.51(1 - e^{-2.08t})$$

此时，系统等效为一阶系统，其等效时间常数 $T = 0.48 \ \text{s}$，因而性能指标：$t_r = 1.06 \ \text{s}$，$t_s = 1.44 \ \text{s}$，$\theta_e(\infty) = 0.51 \ \text{rad}$。

当 $K_a = 200$ 时，算得 $\xi = 0.55$，$\omega_n = 31.6 \ \text{rad/s}$，属于欠阻尼二阶系统。可得

$$\theta_e(t) = 0.035 - 0.038e^{-17.4t}\sin(26.4t + 113°)$$

于是，由定义式算出性能指标为：$t_p = 0.08 \ \text{s}$，$t_s = 0.17 \ \text{s}$，$\theta_e(\infty) = 0.035 \ \text{rad}$。

当 $K_a = 1500$ 时，算得 $\xi = 0.2$ 和 $\omega_n = 86.6 \ \text{rad/s}$，仍属于欠阻尼二阶系统。可得

$$\theta_e(t) = 0.0046 - 0.012e^{-17.4t}\sin(84.9t + 157°)$$

性能指标为：$t_p = 0.02 \ \text{s}$，$t_s = 0.17 \ \text{s}$，$\theta_e(\infty) = 0.0046 \ \text{rad}$。

【例 3-8】在如图 3-28（a）所示系统中，分别采用测速反馈和比例-微分控制，系统结构图分别如图 3-28（b）和（c）所示。其中 $K_t = 0.216$。分别写出它们各自的闭环传递函数，计算出动态性能指标 σ_p、t_s 并进行对比分析。

解：图 3-28（a）、（b）中的系统是典型欠阻尼二阶系统，其动态性能指标（σ，t_s）按公式计算。而图 3-28（c）表示的系统有一个闭环零点，不符合公式应用的条件，需要按定义计算。将各系统的性能指标的计算结果列于表 3-4 中。可以看出，采用测速反馈和比例加微分控制后，系统动态性能得到了明显改善。

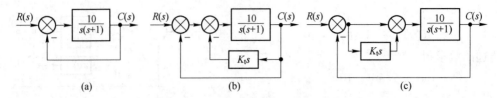

图 3-28　控制系统结构图

表 3-4　性能对比分析

系统结构	原系统图 3-28（a）	测速反馈图 3-28（b）	比例+微分图 3-28（c）
开环传递函数	$G_a(s) = \dfrac{10}{s(s+1)}$	$G_b(s) = \dfrac{10}{s(s+1+10K_t)}$	$G_c(s) = \dfrac{10(K_t s + 1)}{s(s+1)}$
开环增益	$K_a = 10$	$K_b = \dfrac{10}{1+10K_t}$	$K_c = 10$
闭环传递函数	$\Phi_a(s) = \dfrac{10}{s^2 + s + 10}$	$\Phi_b(s) = \dfrac{10}{s^2 + (1+10K_t)s + 10}$	$\Phi_c(s) = \dfrac{10(K_t s + 1)}{s^2 + (1+10K_t)s + 10}$
ξ	0.158	0.5	0.5
$\omega_n / \mathrm{rad \cdot s^{-1}}$	3.06	3.16	3.16
闭环零点	—	—	−4.63
闭环极点	−0.5 ±j3.12	−1.58 ±j2.74	−1.58 ±j2.74
t_p / s	1.01	1.15	1.05
$\sigma_p / \%$	60	16.3	23
t_s / s	7	2.2	2.1

图 3-29 给出了各系统的闭环极点位置及其单位阶跃响应。由于引入了测速反馈和 PD 控制，图 3-28（b）和（c）所示系统的闭环极点和较图 3-28（a）所示系统闭环极点远离虚轴（相应调节时间 t_s 小），且 β 角减小（对应阻尼比较大，超调量 σ_p 较小），因而动态性能优于图 3-28（a）所示系统。

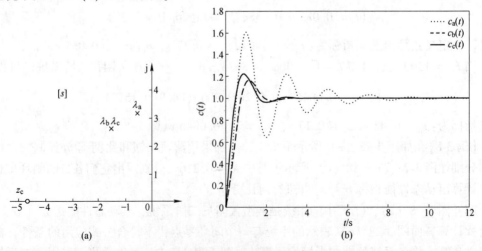

图 3-29　闭环系统

（a）零极点图；（b）单位阶跃响应

3.3.5 非零初始条件下二阶系统的响应过程

在上述分析二阶系统的响应过程中，假定系统的初始条件为零。然而，实际上当输入信号作用于系统的瞬间，系统的初始条件并不一定为零。例如，对于电动机转速控制系统，若在控制信号作用于系统之前，曾发生过电动机负载波动，而在控制信号作用于系统的瞬时，负载波动影响尚未完全消失，则分析系统响应过程时，需要考虑初始条件的影响。

设二阶系统运动方程为

$$a_0 \ddot{c}(t) + a_1 \dot{c}(t) + a_2 c(t) = b_2 r(t)$$

对上式取拉氏变换，并考虑初始条件，可得

$$C(s) = \frac{b_2}{a_0 s^2 + a_1 s + a_2} R(s) + \frac{a_0 [c(0)s + \dot{c}(0)] + a_1 c(0)}{a_0 s^2 + a_1 s + a_2}$$

若 $a_2 = b_2$，则上式可写为标准形式：

$$C(s) = \frac{\omega_n^2}{s^2 + 2\xi\omega_n s + \omega_n^2} R(s) + \frac{c(0)(s + 2\xi\omega_n) + \dot{c}(0)}{s^2 + 2\xi\omega_n s + \omega_n^2}$$

式中，$\omega_n = \sqrt{a_2/a_0}$，$2\xi\omega_n = a_1/a_0$。对上式取拉氏反变换，得

$$c(t) = c_1(t) + c_2(t)$$

式中，$c_1(t)$ 为零初始条件响应分量；$c_2(t)$ 为非零初始条件响应分量。当 $0 < \xi < 1$ 时，有

$$c_2(t) = \sqrt{c^2(0) + \left[\frac{c(0)\xi\omega_n + \dot{c}(0)}{\omega_n \sqrt{1 - \xi^2}}\right]^2} e^{-\xi\omega_n t} \sin(\omega_d t + \theta) \quad (t \geq 0) \quad (3\text{-}14)$$

式中，$\theta = \arctan \dfrac{\omega_n \sqrt{1 - \xi^2}}{\dot{c}(0)/c(0) + \xi\omega_n}$，若 $\xi = 0$，则有

$$c_2(t) = \sqrt{c^2(0) + [\dot{c}(0)/\omega_n]^2} \sin(\omega_n t + \theta_1) \quad (t \geq 0) \quad (3\text{-}15)$$

式中，$\theta_1 = \arctan \dfrac{\omega_n}{\dot{c}(0)/c(0)}$。由式 (3-14) 及式 (3-15) 可见，欠阻尼二阶系统的非零初始条件响应分量 $c_2(t)$ 为阻尼正弦振荡过程，其初始幅值及相位与初始条件有关，振荡性与阻尼比 ξ 有关，ξ 值越大，振荡性越弱；反之，ξ 值越小，振荡性越强。响应分量衰减速率取决于乘积 $\xi\omega_n$。当 $\xi = 0$ 时，$c_2(t)$ 为不衰减等幅振荡，幅值与初始条件有关。

由上述分析可以看出，关于响应分量 $c_2(t)$ 所得各项结论与分析响应分量 $c_1(t)$ 所得的相应结论一致。因此，若仅限于分析系统自身固有特性，可不考虑非零初始条件对响应过程的影响。

3.4 高阶系统的时域分析

严格来说，任何一个控制系统几乎都是由高阶微分方程来描述的高阶系统。但高阶系统的分析一般是比较复杂的。因此，通常要求分析高阶系统时，抓住主要矛盾，忽略次要

因素，使分析过程得到简化。同时希望将分析二阶系统的方法应用于高阶系统的分析中去。为此本节将着重建立描述高阶系统响应特性的闭环主导极点概念，并基于这一重要概念对高阶系统的响应过程进行近似分析。

3.4.1 高阶系统的单位阶跃响应

高阶系统传递函数一般可表示为

$$G(s) = \frac{C(s)}{R(s)} = \frac{K(s^m + b_{m-1}s^{m-1} + \cdots + b_1 s + b_0)}{s^n + a_{n-1}s^{n-1} + \cdots + a_1 s + a_0}$$

$$= \frac{K(s^m + b_{m-1}s^{m-1} + \cdots + b_1 s + b_0)}{\prod\limits_{j=1}^{q}(s + p_j)\prod\limits_{k=1}^{r}(s^2 + 2\xi_k\omega_k s + \omega_k^2)} \quad (m \leqslant n)$$

式中，$q + 2r = n$。由于 $C(s)$ 和 $R(s)$ 均为实系数多项式，故闭环零点 z_i、极点 λ_j；只能是实根或共扼复根。

系统单位阶跃响应的拉普拉斯变换可表示为

$$C(s) = G(s)\frac{1}{s} = \frac{K\prod\limits_{i=1}^{m}(s - z_i)}{s\prod\limits_{j=1}^{q}(s - \lambda_j)\prod\limits_{k=1}^{r}(s^2 + 2\xi_k\omega_k s + \omega_k^2)}$$

$$= \frac{A_0}{s} + \sum_{j=1}^{q}\frac{A_j}{s - \lambda_j} + \sum_{k=1}^{r}\frac{B_k s + C_k}{s^2 + 2\xi_k\omega_k s + \omega_k^2} \quad (3\text{-}16)$$

式中，$A_0 = \lim\limits_{s \to 0}sC(s) = \frac{M(0)}{D(0)}$，$A_j = \lim\limits_{s \to 0}\lambda_j(s - \lambda_j)$ 是 $C(s)$ 在闭环实极点 λ_j 处的留数，B_k 和 C_k 是与 $C(s)$ 在闭环复数极点 $-\xi_k\omega_k \pm j\omega_k\sqrt{1 - \xi_k^2}$ 处的留数。对式 (3-16) 进行拉普拉斯反变换可得

$$c(t) = A_0 + \sum_{i=1}^{q}A_j \cdot e^{\lambda_j t} + \sum_{k=1}^{r}D_k \cdot e^{-\xi_k\omega_k t}\sin(\omega_{dk}t + \varphi_k)$$

式中，D_k 是与 $C(s)$ 在闭环复数极点 $-\xi_k\omega_k \pm j\omega_k\sqrt{1 - \xi_k^2}$ 处的留数有关的常系数。

高阶系统动态响应各分量衰减的快慢由 $-p_j$ 和 $-\xi_k\omega_k$ 决定，即高阶系统动态响应各分量衰减的快慢由闭环极点在 s 平面左半边离虚轴的距离决定。高阶系统动态响应各分量的系数不仅和极点在 s 平面的位置有关，还与零点的位置有关。当所有极点均具有负实部时，除常数 A_0 其他各项随着时间 $t \to \infty$ 而衰减为零。

3.4.2 主导极点

对稳定的闭环系统，远离虚轴的极点对应的模态因为收敛较快，只影响阶跃响应的起始段，而距虚轴近的极点对应的模态衰减缓慢，系统动态性能主要取决于这些极点对应的响应分量。此外，各瞬态分量的具体值还与其系数大小有关。根据部分分式理论，各瞬态分量的系数与零、极点的分布有如下关系：

（1）若某极点远离原点，则相应项的系数很小；

（2）若某极点接近一零点，而又远离其他极点和零点，则相应项的系数也很小；

（3）若某极点远离零点又接近原点或其他极点，则相应项系数就比较大。

系数大而且衰减慢的分量在瞬态响应中起主要作用。因此，距离虚轴最近而且附近又没有零点的极点对系统的动态性能起主导作用，称相应极点为主导极点。一般的，在高阶系统中某一极点或一对共轭复数极点距虚轴的距离是其他极点距虚轴距离的 1/5 或更小，并且附近没有闭环零点，称该极点（对）为该高阶系统的主导极点。可以用主导极点来估计高阶系统的性能指标。

3.4.3 高阶系统动态性能指标的估算

一般认为，若某极点的实部大于主导极点实部的 5~6 倍以上时，则可以忽略相应分量的影响；若两相邻零、极点间的距离比它们本身的模值小一个数量级时，则称该零、极点对为"偶极子"，其作用近似抵消，可以忽略相应分量的影响。

在绝大多数实际系统的闭环零、极点中，可以选留最靠近虚轴的一个或几个极点作为主导极点，略去比主导极点距虚轴远 5 倍以上的闭环零、极点，以及不十分接近虚轴的偶极子，忽略其对系统动态性能的影响，然后按表 3-5 中相应的公式估算高阶系统的动态性能指标。

表 3-5 高阶系统动态性能指标估算公式

系统名称	闭环零、极点分布图	性能指标估算公式
振荡型二阶系统		$t_p = \dfrac{\pi}{D}$，$\sigma_p = e^{-\sigma_1 t_p} \times 100\%$，$t_s = \dfrac{3 + \ln\left(\dfrac{A}{D}\right)}{\sigma_1}$
		$t_p = \dfrac{\pi - \theta}{D}$，$\sigma_p = \dfrac{E}{F} e^{-\sigma_1 t_p} \times 100\%$，$t_s = \dfrac{3 + \ln\left(\dfrac{A}{D}\dfrac{E}{F}\right)}{\sigma_1}$
振荡型三阶系统		$t_p = \dfrac{\pi + \alpha}{D}$，$c_1 = -\left(\dfrac{A}{B}\right)^2$，$c_2 = \dfrac{A}{B}\dfrac{C}{D}$，$\sigma_p = \left(\dfrac{C}{B} e^{-\sigma_1 t_p} + c_1 e^{-\sigma_1 t_p}\right) \times 100\%$，$t_s = \dfrac{3 + \ln c_2}{\sigma_1}$（$C > \sigma_1$，$\sigma_p \neq 0$ 时）或 $t_s = \dfrac{3 + \ln|c_1|}{\sigma_1}$ （$C < \sigma_1$，$\sigma_p = 0$ 时）
		$t_p = \dfrac{\pi + \alpha - \theta}{D}$，$c_1 = -\left(\dfrac{A}{B}\right)^2\left(1 - \dfrac{C}{F}\right)$，$c_2 = \dfrac{A}{B}\dfrac{C}{D}\dfrac{E}{F}$，$\sigma_p = \left(\dfrac{C}{B}\dfrac{E}{F} e^{-\sigma_1 t_p} + c_1 e^{-\sigma_1 t_p}\right) \times 100\%$，$t_s = \dfrac{3 + \ln c_2}{\sigma_1}$ （$C > \sigma_1$，$\sigma_p \neq 0$ 时）或 $t_s = \dfrac{3 + \ln|c_1|}{\sigma_1}$ （$C < \sigma_1$，$\sigma_p = 0$ 时）

系统名称	闭环零、极点分布图	性能指标估算公式
非振荡型 三阶系统		$$t_s = \frac{3 - \ln\left(1 - \frac{\sigma_1}{\sigma_2}\right) - \ln\left(1 - \frac{\sigma_1}{\sigma_3}\right)}{\sigma_1} \quad (\sigma_1 \neq \sigma_2 \neq \sigma_3)$$
		$$t_s = \frac{3 + \ln\left(1 - \frac{\sigma_1}{F}\right) - \ln\left(1 - \frac{\sigma_1}{\sigma_2}\right) - \ln\left(1 - \frac{\sigma_1}{\sigma_3}\right)}{\sigma_1}$$ $(\sigma_1 \neq \sigma_2 \neq \sigma_3,\ F > 1.1\sigma_1$ 时$)$

【例 3-9】设三阶系统闭环传递函数为

$$\Phi(s) = \frac{5(s^2 + 5s + 6)}{s^3 + 6s^2 + 10s + 8}$$

试确定其单位阶跃响应。

解：将已知的 $\Phi(s)$ 进行因式分解，可得

$$\Phi(s) = \frac{5(s + 2)(s + 3)}{(s + 4)(s^2 + 2s + 2)}$$

由于 $R(s) = 1/s$ ，所以

$$C(s) = \frac{5(s + 2)(s + 3)}{s(s + 4)(s^2 + 2s + 2)}$$

其部分分式为

$$C(s) = \frac{A_0}{s} + \frac{A_1}{s + 4} + \frac{A_2}{s + 1 + j} + \frac{\overline{A}_2}{s + 1 - j}$$

式中，A_2，$\overline{A}_2$ 共轭。可以算出：

$$A_0 = \frac{15}{4}, \ A_1 = -\frac{1}{4}, \ A_2 = \frac{1}{4}(-7 + j), \ \overline{A}_2 = \frac{1}{4}(-7 - j)$$

对部分分式进行拉氏反变换，并设初始条件全部为零，得高阶系统的单位阶跃响应：

$$c(t) = \frac{1}{4}\left[15 - e^{-4t} - 10\sqrt{2}\,e^{-t}\cos(t + 352°)\right]$$

【例 3-10】已知系统的闭环传递函数为

$$\Phi(s) = \frac{0.24s + 1}{(0.25s + 1)(0.04s^2 + 0.24s + 1)(0.0625s + 1)}$$

试估算系统的动态性能指标。

解：先将闭环传递函数表示为零极点的形式

$$\Phi(s) = \frac{383.693(s + 4.17)}{(s + 4)(s^2 + 6s + 25)(s + 16)}$$

可见，系统的主导极点为 $\lambda_{1,2} = -3 \pm j4$，忽略非主导极点 $\lambda_3 = -16$ 和一对偶极子（$\lambda_4 = -4$，$z_1 = -4.17$）。注意原系统闭环增益为 1，降阶处理后的系统闭环传递函数为

$$\Phi(s) = \frac{383.693 \times 4.17}{4 \times 16} \cdot \frac{1}{s^2 + 6s + 25} = \frac{25}{s^2 + 6s + 25}$$

可以利用估算公式近似估算系统的动态指标。这里 $\omega_n = 5$，$\xi = 0.6$，有

$$\sigma_p = e^{-\xi\pi/\sqrt{1-\xi^2}} = 9.5\%, \quad t_s = \frac{3.5}{\xi\omega_n} = 1.17 \text{ s}$$

降阶前后系统的阶跃响应曲线比较如图 3-30 所示。

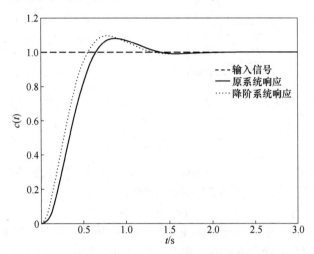

图 3-30　降阶前后系统的阶跃响应曲线

3.5　MATLAB 在线性系统时域分析中的应用

MATLAB 在线性系统时域分析中的应用主要有以下几个方面。

（1）求系统的特征根。若已知系统的特征多项式 $D(s)$，利用 roots( ) 函数可以求其特征根。若已知系统的传递函数，利用 eig( ) 函数可以直接求出系统的特征根。

（2）求系统的闭环根、ξ 和 ω_n。函数 damp( ) 可以计算出系统的闭环根、ξ 和 ω_n。

（3）零极点分布图。可利用 pzmap( ) 函数绘制连续系统的零、极点图，从而分析系统的稳定性，调用格式为：

```
pzmap (num, den)
```

【例 3-11】给定传递函数：

$$G(s) = \frac{3s^4 + 2s^3 + 5s^2 + 4s + 6}{s^5 + 3s^4 + 4s^3 + 2s^2 + 7s + 2}$$

利用下列命令可自动打开一个图形窗口，显示该系统的零、极点分布图，如图 3-31 所示。

```
>> num = [3, 2, 5, 4, 6];
   den = [1, 3, 4, 2, 7, 2];
   pzmap (num, den)
   title('Pole-Zero Map') % 图形标题。
```

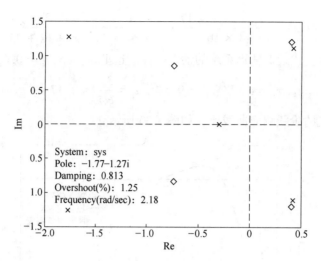

图 3-31　零、极点分布图

（4）求系统的单位阶跃响应。step（　）函数可以计算连续系统单位阶跃响应
（impulse（　）函数可以计算连续系统单位脉冲响应）：

```
step（sys）或step（sys, t）或step（num, den）
```

函数在当前图形窗口中直接绘制出系统的单位阶跃响应曲线，对象 sys 可以由 tf（　）
或 zpk（　）函数中任何一个建立的系统模型。第二种格式中 t 可以指定一个仿真终止时间，
也可以设置为一个时间矢量（如 t=0：dt：Tfinal，即 dt 是步长，Tfinal 是终止时刻）。

如果需要将输出结果返回到 MATLAB 工作空间中，则采用以下调用格式：

```
c=step（sys）
```

此时，屏幕上不会显示响应曲线，必须利用 plot（　）命令查看响应曲线。plot 可以
根据两个或多个给定的向量绘制二维图形。

【例 3-12】　已知传递函数为：$G(s) = \dfrac{25}{s^2 + 4s + 25}$，利用以下 MATLAB 命令可得阶跃
响应曲线如图 3-32 所示。

```
>> num = [0, 0, 25];
   den = [1, 4, 25];
   step（num, den）
   grid % 绘制网格线。
   title（'Unit-Step Response of G(s) = 25/(s^2+4s+25)'）% 图像标题
```

还可以用下面的语句来得出阶跃响应曲线：

```
>> G=tf（[0, 0, 25], [1, 4, 25]）;
   t=0：0.1：5; % 从 0 到 5 每隔 0.1 取一个值。
   c=step（G, t）; % 动态响应的幅值赋给变量 c。
   plot（t, c）% 绘二维图形，横坐标取 t，纵坐标取 c。
   Css=dcgain（G）% 求取稳态值。
```

系统显示的图形类似于图 3-32，在命令窗口中显示了如下结果：

```
   Css =
      1
```

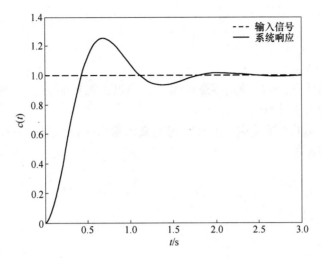

图 3-32　MATLAB 绘制的响应曲线

（5）求阶跃响应的性能指标。MATLAB 提供了强大的绘图计算功能，可以用多种方法求取系统的动态响应指标。首先介绍一种最简单的方法——游动鼠标法。对于例 3-12，在程序运行完毕后，在曲线中空白区域，单击鼠标右键，在快捷菜单中选择"characteristics"，包含：Peak response（峰值）；Settling time（调节时间）；Rise time（上升时间）；Steady state（稳态值）；在相应位置出现相应点，用鼠标单击后，相应性能值就显示出来。用鼠标左键点击时域响应曲线任意一点，系统会自动跳出一个小方框，小方框显示了这一点的横坐标（时间）和纵坐标（幅值）。这种方法简单易用，但同时应注意它不适用于用 plot（）命令画出的图形。

另一种比较常用的方法就是用编程方式求取时域响应的各项性能指标。与游动鼠标法相比，编程方法稍微复杂，但可以获取一些较为复杂的性能指标。

若将阶跃响应函数 step（）获得系统输出量返回到变量 y 中，可以调用如下格式

```
[y, t]=step (G)
```

该函数还同时返回了自动生成的时间变量 t，对返回变量 y 和 t 进行计算，可以得到时域性能指标。

1）峰值时间（timetopeak）可由以下命令获得：

```
[Y, k]=max (y);
timetopeak=t (k)
```

2）最大（百分比）超调量（percentovershoot）可由以下命令得到：

```
C=dcgain (G);
[Y, k]=max (y);
percentovershoot=100 * (Y-C)/C
```

dcgain（）函数用于求取系统的终值。

3）上升时间（risetime）可利用 MATLAB 中控制语句编制 m 文件来获得。

要求出上升时间，可以用 while 语句编写以下程序得到：

```
C=dcgain (G);
n=1;
```

```
while y (n) <C
    n=n+1;
end
risetime=t (n)
```

在阶跃输入条件下，y 的值由零逐渐增大，当以上循环满足 y=C 时，退出循环，此时对应的时刻，即为上升时间。

对于输出无超调的系统响应，上升时间定义为输出从稳态值的 10% 上升到 90% 所需时间，则计算程序如下：

```
C=dcgain (G);
n=1;
  while y (n) <0.1*C
      n=n+1;
  end
m=n;
  while y (n) <0.9*C
      n=n+1;
  end
risetime=t (n) - t (m)
```

4）调节时间（setllingtime）可由 while 语句编程得到：

```
C=dcgain (G);
i=length (t);
  while (y (i) >0.98*C) & (y (i) <1.02*C)
  i=i-1;
end
setllingtime=t (i)
```

用向量长度函数 length( ) 可求得 t 序列的长度，将其设定为变量 i 的上限值。

【例 3-13】已知二阶系统传递函数为：$G(s) = \dfrac{3}{(s + 1 - 3j)(s + 1 + 3j)}$

利用下面的 stepanalysis. m 程序可得到阶跃响应如图 3-33 及性能指标数据。

```
>> G=zpk ( [ ], [-1+3*i, -1-3*i], 3);
  %  计算最大峰值时间和超调量。
  C=dcgain (G)
  [y, t]=step (G);
  plot (t, y)
  grid
  [Y, k]=max (y);
  timetopeak=t (k)
  percentovershoot=100 * (Y-C) /C
  %  计算上升时间。
  n=1;
  while y (n) < C
        n=n+1;
```

```
       end
risetime=t (n)
%  计算调节时间。
i=length (t);
   while (y(i)>0.98*C) & (y(i)<1.02*C)
      i=i-1;
   end
setllingtime=t (i)
```

运行后的响应图如图 3-33 所示，命令窗口中显示的结果为：

```
C =                    timetopeak =
    0.3000                    1.0491
percentovershoot =     risetime =
    35.0914                   0.6626
setllingtime =
    3.5337
```

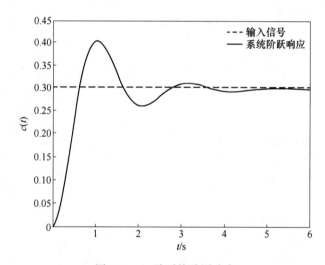

图 3-33　二阶系统阶跃响应

用游动鼠标法求取此二阶系统的各项性能指标与本例是一致的。

(6) 分析 ω_n 不变时，改变阻尼比 ξ，观察闭环极点的变化及其阶跃响应的变化。

【例 3-14】3.3.2 节中讨论典型二阶系统的单位阶跃响应执行以下程序，即可得如图 3-11 的结果。

参考程序：

```
t =[0：0.1：12];
y =[  ];
xi =[0 0.1 0.2 0.3 0.4 0.5 0.6 0.7 0.8 0.9 1.0];
for i = 1：11
    num =[1];
    den =[1 1*xi (i) 1];
    [y x t] = step (num, den, t);
```

```
plot (t, y, 'LineWidth', 1.5);
        hold on;
end
xlabel ('\omega_ nt');
ylabel ('c (t)');
grid on;
```

(7) 保持 ξ 不变，分析 ω_n 变化时，闭环极点对系统单位阶跃响应的影响。

【例 3-15】典型二阶系统，$\xi = 0.25$，当 $\omega_n = 10$，30，50 时，求系统的阶跃响应曲线；并分析 ω_n 对系统性能的影响。

参考程序：

```
sgma = 0.25; i = 0;
for wn = 10 : 20 : 50
    num = wn ^2;
    den = [1, 2 * sgma * wn, wn ^2];
    sys = tf (num, den);
    i = i + 1;
    step (sys, 2)
    hold on;
    grid
end
hold off
title ('wn 变化时系统的阶跃响应曲线')
lab1 = 'wn = 10^';
text (0.35, 1.4, lab1);
lab2 = 'wn = 30^';
text (0.12, 1.3, lab2);
lab3 = 'wn = 50^';
text (0.05, 1.2, lab3);
```

阶跃响应曲线如图 3-34 所示。

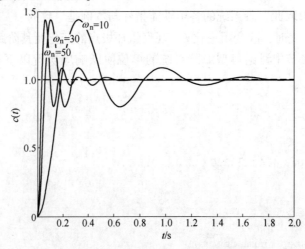

图 3-34 ω_n 不同时的阶跃响应曲线

【例 3-16】3.3.2 节中讨论二阶欠阻尼系统的单位阶跃响应执行以下程序，即可得如图 3-12 的结果。

参考程序：

```
wn = 2.5;
xi = 0.4;
t =[0：0.05：4];
t1 = acos (xi) *ones (1, length (t));
a1 = (1/sqrt (1-xi^2));
h1 = 1-a1*exp (-xi*wn*t) .*sin (wn*sqrt (1-xi^2) *t+t1);
bu = a1*exp (-xi*wn*t) +1;
b1 = 2-bu;
plot (t, h1, 'k-', t, bu, '-.', t, b1, ':', t, ones (size (t)), '--', 'LineWidth',
1.5);
legend ('阶跃响应', '上包络线', '下包络线', '阶跃输入');
xlabel ('\omega_nt');
ylabel ('c (t)');
grid on;
```

【例 3-17】3.3.2 节中讨论欠阻尼二阶系统超调量与阻尼比的关系执行以下程序，即可得如图 3-12 的结果。

参考程序：

```
Sigma =[  ];
t = 0：0.1：50;
xi=0：0.005：1;
wn = 5;
for i=1：length (xi)
    num = wn*wn;
    den =[1 2*xi (i) *wn wn*wn];
    y = step (num, den, t);
    Sigma =[Sigma (max (y) -1) *100];
end
plot (xi, Sigma, 'b-', 'LineWidth', 2);
xlabel ('阻尼比');
ylabel ('超调量/%');
grid on;
```

【例 3-18】3.3.2 节中讨论欠阻尼二阶系统调节时间与阻尼比的关系执行以下程序，即可得如图 3-14 的结果。

参考程序：

```
Ts2 =[  ];
Ts5 =[  ];
Xi =[  ];
re = 1;
t = 0：0.002：50;
```

```
for im = 10: -0.02: 0
    Xi =[Xi, cos (atan (im/re))];
    num = re * re + im * im;
    den =[1 2 * re re * re + im * im];
    y = step (num, den, t);
    for k = 5000: -1: 0
        if abs (y (k) -1) >= 0.05
            Ts5 =[Ts5, k * 0.01];
            break
        end
    end
    for k = 5000: -1: 0
        if abs (y (k) -1) >= 0.02
            Ts2 =[Ts2, k * 0.01];
            break
        end
    end
end
plot (Xi, Ts2, 'b-', 'LineWidth', 1);
hold on;
plot (Xi, Ts5, 'r-', 'LineWidth', 1);
xlabel ('\xi');
ylabel ('t_ s');
grid on;
```

【例 3-19】3.3.3 节中讨论二阶欠阻尼系统的单位脉冲响应执行以下程序，即可得如图 3-22 的结果。

参考程序：

```
t =[0: 0.01: 20];
xi =[0 0.1 0.3 0.5 0.7 1 2];
wn = 1; figure;
for i = 1: length (xi)
    num = wn * wn;
    den =[1 2 * xi (i) * wn wn * wn];
    y = impulse (num, den, t);
    plot (t, y, 'b-', 'LineWidth', 1.2); hold on;
end
xlabel ('\omega_ n t'); ylabel ('k (t)'); grid on;
```

【例 3-20】3.3.4 节中讨论闭环极点位置及其单位阶跃响应时执行以下程序，即可得如图 3-29 的结果。

```
t =[0: 0.1: 12];
r = ones (size (t));
im = 1;
```

```
xi = 0.5;
numFa =[10];
denFa =[1 1 10];
ca = step (numFa, denFa, t);
numFb =[10];
denFb =[1 3.16 10];
cb = step (numFb, denFb, t);
numFc =[2.16 10];
denFc =[1 3.16 10];
cc = step (numFc, denFc, t);
plot (t, ca, 'r: ', 'LineWidth', 1.5);
hold on;
plot (t, cb, 'g--', 'LineWidth', 1.5);
hold on;
plot (t, cc, 'b-', 'LineWidth', 1.5);
xlabel ('t/s');
ylabel ('c (t)');
grid on;
legend ('c_ a (t)', 'c_ b (t)', 'c_ c (t)');
```

【例 3-21】3.4.3 节中讨论降阶前后系统的阶跃响应时执行以下程序，即可得如图 3-30 的结果。

参考程序：

```
clear all;
clc;
num1 =[383.693 383.693 * 4.17];
den1 =[1 26 209 884 1600];
num2 = 25;
den2 =[1 6 25];
%% 单位阶跃响应
sys1 = tf (num1, den1);
sys2 = tf (num2, den2);
t = 0: 0.01: 3;
y1 = step (num1, den1, t);
y2 = step (num2, den2, t);
figure;
r = (t>=0);
plot (t, r, 'b--', 'LineWidth', 1);
hold on;
plot (t, y1, 'b-', 'LineWidth', 1);
hold on;
plot (t, y2, 'b: ', 'LineWidth', 1);
xlabel ('t/s');
```

```
ylabel ('c (t)');
legend ('输入信号', '原系统响应', '降阶系统响应');
grid on
```

【例 3-22】汽车悬架系统的时域分析。2.6.1 节中建立了汽车悬架系统的数学模型，分析其单位阶跃响应，执行以下程序，可得如图 3-35 的结果。

参考程序：

```
clear all;
clc;
num =[1.31e06 1.31e06 * 13.3];
den =[1 516.1 5.685e04 1.307e06 1.733e07];
t = 0: 0.01: 3;
y = step (num, den, t);
figure;
r = (t>=0);
plot (t, r, 'b--', 'LineWidth', 1);
hold on;
plot (t, y, 'b-', 'LineWidth', 1);
xlabel ('t/s');
ylabel ('c (t)');
legend ('输入信号', '单位阶跃响应');
grid on
```

进一步可以分析其超调量约为 30%，调节时间约为 0.25 s。

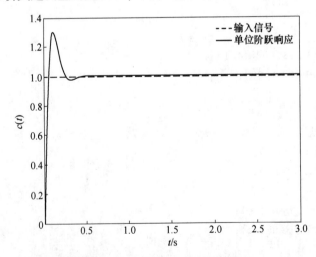

图 3-35　悬架系统单位阶跃响应曲线

【例 3-23】厚板轧制液压系统的时域分析。2.6.2 节中建立了液压系统的数学模型，分析其单位阶跃响应，执行以下程序，可得如图 3-36 的结果。

参考程序：

```
clear all;
clc;
```

```
t = 0: 0.01: 1;
num1 =[1.02 * 8.8658 * 14.5]; %% 前向通道分子多项式系数
den1 = conv (conv ([1/(600 * 600) 1.4/600 1], [1/0.13 1]), [1/(855 * 855) 0.4/
855 1]); %% 前向通道分母多项式系数
sys1 = tf (num1, den1);
sys = feedback (sys1, 1, -1);
y = step (sys, t);
figure;
r = (t>=0);
plot (t, r, 'b--', 'LineWidth', 1);
hold on;
plot (t, y, 'b-', 'LineWidth', 1);
xlabel ('时间 (s)');
ylabel ('c (t)');
axis ( [0 1 0 1.2]);
legend ('输入信号', '单位阶跃响应');
grid on
```

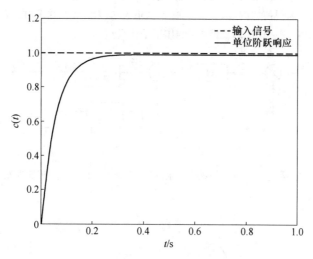

图 3-36　液压系统单位阶跃响应曲线

可以看出该系统的单位阶跃响应单调收敛。

本 章 小 结

　　时域法是分析设计自动控制系统最基本、最直观的方法。利用时域法可以根据系统传递函数及其参数直接分析系统的稳定性、动态性能和稳态性能，也可以依据设计要求确定校正装置的结构参数。

　　自动控制系统的动态性能指标主要是指系统阶跃响应的峰值时间、超调量和调节时间。典型一阶、二阶系统的动态性能指标与系统参数有严格的对应关系，必须牢固掌握。比例-微分控制和测速反馈控制是改善二阶系统性能常用的两种方法。比例-微分控制可以增大系统的阻尼，使阶跃响应的超调量下降，缩短调节时间，且不影响常值稳态误差及系统的自然频率，但对噪声有明显的放大作用。测速反馈控制同样不影响系统的自然频率，并可增大系统的阻尼比，使用场合比较广泛，但它会降低系统的开环增益。

高阶系统的时间响应是由一阶系统和二阶系统的时间响应函数项组成的。对稳定的高阶系统而言，如果在所有的闭环极点中，距虚轴最近的极点周围没有闭环零点，而其他闭环极点又远离虚轴，那么它所对应的响应分量在系统的时间响应过程中起主导作用，这样的闭环极点就称为闭环主导极点，并可以据此估算高阶系统的动态性能。

3-1　某单位负反馈系统在单位阶跃输入作用下的输出响应为

$$c(t) = 1(t) + t \cdot e^{-t} - e^{-t}$$

（1）求系统的开环传递函数和闭环传递函数。

（2）求 t_r、t_p、σ_p。

3-2　已知系统的结构图如图 3-37 所示。若 $r(t) = 2 \times 1(t)$ 时，试求：

（1）当 $K_f = 0$ 时，求系统的响应 $c(t)$，超调量 σ_p 及调节时间 t_s。

（2）当 $K_f \neq 0$ 时，若要使超调量 $\sigma_p = 20\%$，试求 K_f 应为多大？并求出此时的调节时间的值。

（3）比较上述两种情况，说明内反馈 $K_f s$ 的作用是什么？

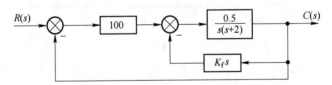

图 3-37　题 3-2 图

3-3　某一单位负反馈二阶系统，实验测得该系统在 $r(t) = 1$ 作用下的响应曲线如图 3-38 所示，求系统的开环传递函数。

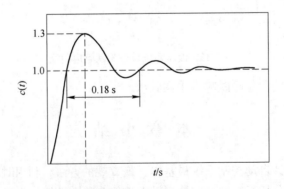

图 3-38　题 3-3 图

3-4　设图 3-39（a）所示系统的单位阶跃响应如图 3-39（b）所示，试确定参数 K_1、K_2 和 T 值。

3-5　系统结构图如图 3-40（a）所示，其单位阶跃响应如图 3-40（b）所示，求 K、v 和 T。

3-6　已知二阶系统的单位阶跃响应为 $h(t) = 10 - 12.5e^{-1.2t}\sin(1.6t + 53.1°)$，试确定此系统的自然频率 ω_n，阻尼比 ξ，传递函数 $\Phi(s)$。

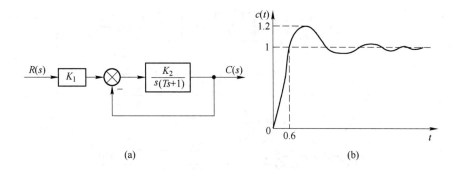

图 3-39　题 3-4 图

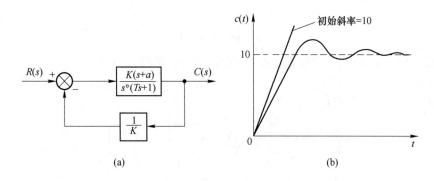

图 3-40　题 3-5 图

3-7　系统结构如图 3-41（a）所示，要求如下：

（1）$H(s) = 0$ 时闭环系统的单位阶跃响应曲线如图 3-41（b）所示，确定 K、ξ 和 ω_n。

（2）如要求 ξ 提高到 ξ'，而保持 K 和 ω_n 不变，设计 $H(s)$（确定结构、参数）。

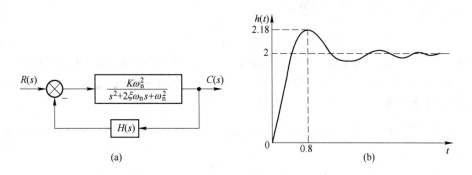

图 3-41　题 3-7 图

3-8　系统结构如图 3-42 所示。

（1）若确定系统一个闭环极点为 -5，试求 K_b 的取值范围和其余的闭环极点；

（2）根据（1）得到的系统配置，采用时域法分析系统的瞬态性能。

3-9　系统结构如图 3-43 所示。

（1）确定使系统有一对复根的阻尼比 $\xi = 0.707$ 时 K 的取值。

（2）在条件（1）下，求闭环极点。

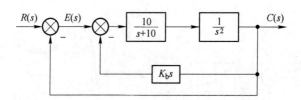

图 3-42　题 3-8 图

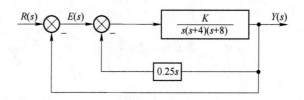

图 3-43　题 3-9 图

3-10　系统结构如图 3-44 所示，参数 K_1、K_2 为正常数，β 为非负常数。试分析：

（1）β 对稳定性的影响；

（2）β 对系统阶跃响应动态性能的影响。

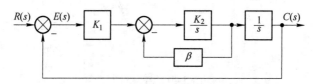

图 3-44　题 3-10 图

3-11　控制系统的闭环传递函数为 $\Phi(s) = \dfrac{10}{(s+10)(s^2+2s+2)}$，计算超调量 σ_p。

3-12　设单位负反馈系统的开环传递函数为

$$G(s) = \frac{10}{s(s+3)(s+4)}$$

且系统的一个闭环极点为 -5，已知该系统稳定。采用主导极点法求取系统的单位阶跃响应。

3-13　若希望控制系统的特征方程所有根都位于 s 平面 $s = -1$ 的左侧区域，且 $\xi < 0.707$，在 s 平面上画出根的分布区域。

3-14　设单位反馈系统的开环传递函数为 $G(s) = \dfrac{K}{s(Ts+1)}$，要求所有的特征根位于 $s = -1 + \mathrm{j}\omega$ 的左侧，且 $\xi \geqslant 0.5$。

（1）在 s 平面上用阴影表示特征根的分布情况；

（2）求出 K、T 的取值范围，并在 $K\text{-}T$ 直角平面上表示出来。

3-15　电压测量系统如图 3-45 所示，输入电压 $e_t(t)$，输出位移 $y(t)$，放大器增益 $K = 10$，丝杆每转螺距 1 mm，电位器滑臂移动 1 cm，电压增量为 0.4 V。对电动机 10 V 阶跃电压时（带载），稳态转速为 1000 r/min，达到该值 63.2% 需要 0.5 s，

（1）画出系统结构图；

（2）求系统传递函数 $\dfrac{Y(s)}{E_t(s)}$；

（3）当 $e_t(t) = 1$ 时，分别求 t_p、σ_p、t_s、$y(\infty)$ 的值。

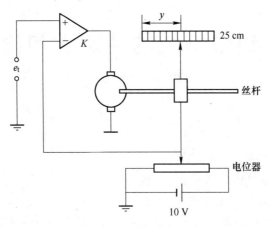

图 3-45　题 3-15 图

4 线性系统的稳定性和稳态误差

本章提要

· 理解动态系统稳定性的基本概念；
· 理解绝对稳定性和相对稳定性两个重要概念；
· 熟悉有界输入-有界输出稳定性定义；
· 掌握系统稳定性与传递函数模型中的极点在 s 平面上的位置分布的密切关联；
· 掌握如何构建劳斯表，并利用劳斯-赫尔维茨稳定性判据分析系统的稳定性；
· 掌握使用终值定理计算系统的稳态误差；
· 掌握使用静态误差系数法计算控制输入作用下的稳态误差；
· 理解减小或消除稳态误差的方法。

思维导图

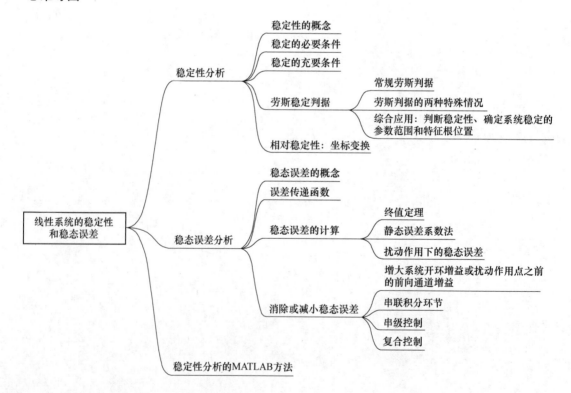

线性控制系统的稳定性和稳态误差是控制工程中的基本概念和重要内容。稳定性是评估系统在长时间运行中的行为，决定了系统是否会渐近地收敛到平衡状态，而稳态误差则是衡量系统输出与期望输出之间的差异。这些概念在控制系统的设计、分析和优化中起着关键作用。

确保闭环控制系统稳定工作是控制系统设计的核心环节。反馈控制系统的稳定性与传递函数的特征根在 s 平面的位置密切相关。本章介绍了劳斯-赫尔维茨（Routh-Hurwitz）稳定性判据，这是一种非常实用的系统稳定性分析方法。利用该方法判断系统是否稳定时，无须具体求出系统的特征根，就能够直接得到分布在 s 右半平面内的特征根的个数。利用劳斯-赫尔维茨稳定性判据，可以为系统参数选择合适的取值，以保证闭环系统稳定。在此基础上引入了相对稳定性的概念，用来表征稳定系统的稳定程度。

最后，本章讨论了线性系统的稳态误差计算和改善系统稳态精度的方法。稳态误差是系统在稳定状态下输出与期望输出之间的差异，系统的类型和静态误差系数与稳态误差之间有密切关系。通过增大开环放大系数、采用前馈控制、增加积分环节等方法，可以有效地改善系统的稳态精度。

4.1　稳定性的概念

稳定性是控制系统的重要性能，也是系统能够正常运行的首要条件。控制系统在实际运行过程中，总会受到外界和内部一些因素的扰动，例如负载和能源的波动、系统参数的变化、环境条件的改变等。如果系统不稳定，就会在任何微小的扰动作用下偏离原来的平衡状态，并随时间的推移而发散。美国的塔科马峡谷大桥是一个典型的不稳定系统，该大桥于 1940 年 7 月 1 日建成通车，是首座横跨华盛顿州普吉特海峡塔科马峡谷的大桥。该桥建成后，只要有风，大桥就会持续晃动。4 个月后的 11 月 7 日，随着一阵风吹过后，大桥开始晃动，且晃动幅度越来越大，直到整座桥断裂。图 4-1（a）和（b）分别给出了大桥开始晃动和桥断时的情景。因此，分析系统的稳定性并提出保证系统稳定的措施，是自动控制理论的基本任务之一。

(a)　　　　　　　　　　　　　(b)

图 4-1　塔科马峡谷大桥

（a）开始晃动时；（b）大桥垮塌时

　　一个闭环系统或者是稳定的，或者是不稳定的，这里所说的"稳定"指的是绝对稳定性。而具有绝对稳定性的系统称为稳定系统（常常省略"绝对"二字）。对于稳定系统，还可以进一步引入相对稳定性的概念，以便衡量其稳定程度。例如，飞机设计者们意识到了相对稳定性的重要意义——飞行器越稳定，机动性就越差（例如，转弯）；反之亦然。现代战斗机的相对不稳定性追求的就是良好的机动性，因此，与商业运输机相比，战斗机的相对稳定性较差，但机动性较强。这也意味着战斗机的飞行运动对"机组成员"是相当严酷的挑战。

　　为了便于说明稳定性的基本概念，先看一个直观示例。图 4-2 是置于水平面上的正圆锥。当圆锥体底部朝下置于水平面时，若将它稍稍倾斜，它仍将返回到初始平衡状态，称其为稳定的。而当圆锥体侧面朝下平放于水平面时，如果稍稍移动其位置，它会滚动，但仍然保持侧面朝下平放于水平面的姿态，称其为临界稳定。最后，当圆锥体尖端朝下立于水平面时，一旦将其释放，圆锥体将立即倾倒，称其为不稳定的。

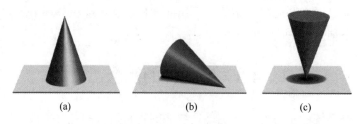

（a）　　　　　　　　　　　（b）　　　　　　　　　　　（c）

图 4-2　动态系统示例

（a）稳定系统；（b）临界稳定系统；（c）不稳定系统

　　可以采用类似的方式来定义动态系统的稳定性。系统在受到扰动而偏离原来的平衡状态，当扰动消除后系统能够恢复到原来的平衡状态，则称该系统稳定，否则称该系统不稳定。系统对位移或初始条件的响应，包括衰减、临界和放大 3 种情况。线性系统的稳定性仅取决于系统自身的固有特性，而与外界条件无关。因此，设线性系统在初始条件为零时，作用一个理想单位脉冲 $\delta(t)$，这时系统的输出增量为脉冲响应 $c(t)$。这相当于系统在扰动信号作用下，输出信号偏离原平衡工作点的问题。若 $t \to \infty$ 时，脉冲响应 $\lim\limits_{t \to \infty} c(t) = 0$，即输出增量收敛于原平衡工作点，则线性系统是稳定的。

　　系统极点在 s 平面的位置决定了相应的瞬态响应。如图 4-3 所示，位于 s 平面的左半部分的极点将对干扰信号产生衰减响应；而位于虚轴 $j\omega$ 上和 s 右半平面的极点，则分别对干扰输入产生临界响应和放大响应。显然，我们希望动态系统的极点均位于 s 左半平面。系统的闭环传递函数可以写为

$$G(s) = \frac{K\prod\limits_{i=1}^{M}(s+z_i)}{s^N\prod\limits_{k=1}^{Q}(s+\sigma_k)\prod\limits_{m=1}^{R}\left[s^2 + 2\alpha_m s + (\alpha_m^2 + \omega_m^2)\right]} = \frac{K\prod\limits_{i=1}^{M}(s+z_i)}{\Delta(s)}$$

式中，$\Delta(s) = 0$ 为闭环系统的特征方程，其根为闭环系统的极点。当 $N = 0$ 时，系统的脉冲响应为

$$c(t) = \sum_{k=1}^{Q} A_k e^{-\sigma_k t} + \sum_{m=1}^{R} B_m \frac{1}{\omega_m} e^{-\alpha_m t} \sin(\omega_m t + \theta_m)$$

式中，A_k 和 B_m 是与 σ_k、z_i、α_m、K 和 ω_m 有关的常数。为了保证输出 $\lim\limits_{t \to \infty} c(t) = 0$，闭环系统的极点必须位于 s 左半平面；若闭环系统极点有一个或一个以上位于 s 右半平面，则 $\lim\limits_{t \to \infty} c(t) = \infty$，系统不稳定；若闭环系统极点有一个或一个以上位于虚轴上，而其余极点均位于 s 左半平面，则脉冲响应 $c(t)$ 趋于常数，或保持等幅正弦振荡，按照稳定性定义，此时系统不是渐近稳定的。顺便指出，最后一种系统处于稳定和不稳定的临界状态，常称为临界稳定系统。在经典控制理论中，只有渐近稳定的系统才称为稳定系统，否则称为不稳定系统。因此，反馈系统稳定的充分必要条件是系统传递函数的所有极点均具有负的实部。

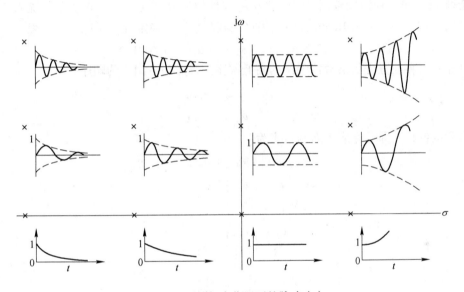

图 4-3　不同极点位置下的脉冲响应

4.2　劳斯-赫尔维茨判据

19 世纪末，A. Huiwitz 和 H. J. Routh 分别独立地提出了一种线性系统稳定性判定方法，这种方法称为劳斯-赫尔维茨稳定性判据，通过分析系统特征方程的系数来判断系统的稳定性。设 n 阶系统的特征方程为：

$$\Delta(s) = a_n s^n + a_{n-1} s^{n-1} + \cdots + a_1 s + a_0 = 0 \tag{4-1}$$

式中，s 为拉普拉斯变量。为了确定式（4-1）是否有根位于 s 右半平面，对 $\Delta(s)$ 进行因式分解，式（4-1）可写为：

$$\Delta(s) = a_n(s - r_1)(s - r_2) \cdots (s - r_n) = 0 \tag{4-2}$$

式中，r_i 为特征方程的第 i 个根。再将式（4-2）展开，可以得到

$$\Delta(s) = a_n s^n - a_n \cdot (\text{所有根之和}) \cdot s^{n-1} + a_n \cdot (\text{所有根两两相乘之和}) \cdot s^{n-2} -$$

$a_n \cdot ($所有三个根相乘之和$) \cdot s^{n-3} + \cdots + a_n \cdot (-1)^n ($所有 n 个根相乘之和$) = 0$

$$(4\text{-}3)$$

由式 (4-3) 可以看出，当所有根都位于 s 左半平面时，多项式的所有系数都将具有相同的符号；更进一步，对稳定系统而言，特征多项式的所有系数都不能为零。这两点是系统稳定性的必要条件，但不是充分条件。也就是说，当不能完全满足上述条件时，我们能够立即判定系统是不稳定的；但当完全满足上述条件时，却不能确定系统是否稳定，还必须继续进行分析。例如，某系统的特征方程为

$$\Delta(s) = (s + 2)(s^2 - s + 4) = s^3 + s^2 + 2s + 8 = 0$$

由此可以看出，尽管多项式的系数均为正数，但系统的共轭复根却位于 s 右半平面，因此系统是不稳定的。

劳斯-赫尔维茨稳定性判据是线性系统稳定性的充分必要判据，它基于系统的特征方程，并通过构造一个称为 Routh 数组的表格来判断系统的稳定性。考虑特征方程

$$a_n s^n + a_{n-1} s^{n-1} + \cdots + a_1 s + a_0 = 0$$

首先，将特征方程的系数按阶次的高低次序，排成如下两行的顺序表

$$\begin{array}{c|cccc} s^n & a_n & a_{n-2} & a_{n-4} & \cdots \\ s^{n-1} & a_{n-1} & a_{n-3} & a_{n-5} & \cdots \end{array}$$

再发展后续各行，即可完成劳斯判定表为

$$\begin{array}{c|cccc} s^n & a_n & a_{n-2} & a_{n-4} & \cdots \\ s^{n-1} & a_{n-1} & a_{n-3} & a_{n-5} & \cdots \\ s^{n-2} & b_{n-1} & b_{n-3} & b_{n-5} & \cdots \\ s^{n-3} & c_{n-1} & c_{n-3} & c_{n-5} & \cdots \\ \vdots & \vdots & \vdots & \vdots & \\ s^0 & h_{n-1} & & & \end{array}$$

其中，

$$b_{n-1} = \frac{a_{n-1} a_{n-2} - a_n a_{n-3}}{a_{n-1}} = -\frac{1}{a_{n-1}} \begin{vmatrix} a_n & a_{n-2} \\ a_{n-1} & a_{n-3} \end{vmatrix}, \quad b_{n-3} = -\frac{1}{a_{n-1}} \begin{vmatrix} a_n & a_{n-4} \\ a_{n-1} & a_{n-5} \end{vmatrix}, \quad \cdots$$

$$c_{n-1} = -\frac{1}{b_{n-1}} \begin{vmatrix} a_{n-1} & a_{n-3} \\ b_{n-1} & b_{n-3} \end{vmatrix}, \quad \cdots$$

$$\vdots$$

以此类推，可以参照上述 b_{n-1} 的求解方式，计算得到整个判定表。

劳斯-赫尔维茨稳定性判据指出，特征方程 $\Delta(s) = 0$ 的正实部根的个数，等于劳斯判定表第 1 列元素的正负符号的变化次数。由此可知，对于稳定系统而言，在相应的劳斯判定表的第 1 列中，各个元素的正负号不会发生变化。这是系统稳定的充分必要条件。如果劳斯表中第一列系数的符号有变化，则符号的变化次数等于该特征方程式的根在右半 s 平面的个数，相应的系统为不稳定。

我们需要考虑劳斯判定表首列的 4 种不同的构成情形，并区别对待其中的每种情形。在必要时，还应该修改完善判定表的计算方式。这 4 种情形分别为：（1）首列中不存在

零元素；（2）首列中有一个元素为零，但零元素所在行中存在非零元素；（3）首列中有一个元素为零，且零元素所在行中，其他元素均为零；（4）其他条件同（3），但是在虚轴 $j\omega$ 上有重根。

接下来将针对上述 4 种情形，分别采用示例进行说明。

情形 1：首列中不存在零元素。二阶系统的特征多项式为

$$\Delta(s) = a_2 s^2 + a_1 s + a_0$$

其劳斯判定表为

$$\begin{array}{c|cc} s^2 & a_2 & a_0 \\ s^1 & a_1 & 0 \\ s^0 & b_1 & 0 \end{array}$$

其中，

$$b_1 = \frac{a_1 a_0 - a_2 \cdot 0}{a_1} = -\frac{1}{a_1} \begin{vmatrix} a_2 & a_0 \\ a_1 & 0 \end{vmatrix} = a_0$$

可见，稳定的二阶系统要求特征多项式的系数全为正，或者全为负。

三阶系统的特征多项式为

$$\Delta(s) = a_3 s^3 + a_2 s^2 + a_1 s + a_0$$

其劳斯判定表为

$$\begin{array}{c|cc} s^3 & a_3 & a_1 \\ s^2 & a_2 & a_0 \\ s^1 & b_1 & 0 \\ s^0 & c_1 & 0 \end{array}$$

其中，

$$b_1 = \frac{a_2 a_1 - a_0 a_3}{a_2} \quad , \quad c_1 = \frac{b_1 a_0}{b_1} = a_0$$

由此可见，三阶系统稳定的充分必要条件是全部系数同号，且 $a_2 a_1 > a_0 a_3$。当 $a_2 a_1 = a_0 a_3$ 时，系统是临界稳定的，即在 s 平面的虚轴上有一对共轭复根。当 $a_2 a_1 = a_0 a_3$ 时，首列中出现了零元素，这属于情形 3，稍后将进行详细讨论。

考虑一个具体系统，其特征多项式为

$$\Delta(s) = (s - 1 + j\sqrt{7})(s - 1 - j\sqrt{7})(s + 3) = s^3 + s^2 + 2s + 24 \qquad (4\text{-}4)$$

多项式的所有系数都非零且为正数，即系统满足了稳定的必要条件。因此，构建劳斯判定表，进一步分析系统是否稳定，劳斯判定表为

$$\begin{array}{c|cc} s^3 & 1 & 2 \\ s^2 & 1 & 24 \\ s^1 & -22 & 0 \\ s^0 & 24 & 0 \end{array}$$

由于首列元素出现了两次符号变化，因此可以判定 $\Delta(s) = 0$ 有两个根在 s 右半面上，即系统是不稳定的。由式（4-4）可以看出，系统的确在 s 右半平面有一对共轭复根，这

与劳斯-赫尔维茨稳定性判据的结论是一致的。

　　情形 2：首列中出现零元素，且零元素所在的行中存在非零元素。如果首列中只有一个元素为零，我们可用一个很小的正数 ε 来代替零元素参与计算，在完成判定表的计算之后，再令 ε 趋向于 0，就可以得到真正的判定表。例如，考虑如下的特征多项式：

$$\Delta(s) = s^5 + 2s^4 + 2s^3 + 4s^2 + 11s + 10$$

其劳斯判定表为

$$
\begin{array}{c|ccc}
s^5 & 1 & 2 & 11 \\
s^4 & 2 & 4 & 10 \\
s^3 & \varepsilon & 6 & \\
s^2 & c_1 & 10 & \\
s^1 & d_1 & & \\
s^0 & 10 & &
\end{array}
$$

其中，

$$c_1 = \frac{4\varepsilon - 12}{\varepsilon} = -\frac{12}{\varepsilon}, \quad d_1 = \frac{6c_1 - 10\varepsilon}{c_1} \rightarrow 6$$

由于 $c_1 = -\dfrac{12}{\varepsilon}$ 是一个绝对值很大的负数，它的存在将导致首列元素出现两次符号变化，所以系统是不稳定的，且有两个根位于 s 右半平面。

　　作为情形 2 的示例，考虑特征多项式

$$\Delta(s) = s^4 + s^3 + s^2 + s + K$$

希望能选择增益 K 的合适取值，使系统至少达到临界稳定。构建劳斯判定表得到

$$
\begin{array}{c|ccc}
s^4 & 1 & 1 & K \\
s^3 & 1 & 1 & 0 \\
s^2 & \varepsilon & K & 0 \\
s^1 & c_1 & 0 & 0 \\
s^0 & K & 0 & 0
\end{array}
$$

其中，

$$c_1 = \frac{\varepsilon - K}{\varepsilon} \rightarrow -\frac{K}{\varepsilon}$$

可以看出，当 $K > 0$ 时，首列元素将出现两次符号变化，因此系统是不稳定的。同时，因为首列的最后一项为 K，K 为负值将导致首列元素出现一次符号变化，也会使系统不稳定。因此，无论 K 取何值，系统都是不稳定的。

　　情形 3：首列中有零元素，且零元素所在行的其他元素均为零。在这种情形下，劳斯判定表中存在某行，其所有元素都为零，或者仅有一个元素且该元素为零。当特征根关于零点对称时，即特征多项式包含形如 $(s + \sigma)(s - \sigma)$ 或 $(s + j\omega)(s - j\omega)$ 的因式时，就会出现这种情形。可以引入辅助多项式来解决这个问题。辅助多项式 $U(s)$ 总是偶数次多项式，其系数由零元素行的上一行决定，其阶次表明了对称根的个数。

　　为了具体说明此方法，考虑一个三阶系统的例子，其特征多项式为

$$\Delta(s) = s^3 + 2s^2 + 4s + K$$

其中，K 为可调的开环增益。劳斯判定表为

$$
\begin{array}{c|cc}
s^3 & 1 & 4 \\
s^2 & 2 & K \\
s^1 & \dfrac{8-K}{2} & 0 \\
s^0 & K & 0
\end{array}
$$

为了保证系统稳定，增益 K 应该满足 $0 < K < 8$。当 $K = 8$ 时，虚轴 $j\omega$ 上有两个根，此时系统是临界稳定的，而且劳斯判定表中也的确出现了一个零元素行。辅助多项式 $U(s)$ 由零元素行上面的一行，即 s^2 行决定，由于该行给出的是 s 的偶数幂次项的系数，因此可以得到

$$U(s) = 2s^2 + Ks^0 = 2s^2 + 8 = 2(s^2 + 4) = 2(s + j2)(s - j2)$$

辅助多项式 $U(s)$ 其实是特征多项式的因式，可以用长除法来验证这一点。用 $U(s)$ 去除 $\Delta(s)$，可得

$$
\begin{array}{r}
\frac{1}{2}s + 1 \\
2s^2 + 8 \overline{)\,s^3 + 2s^2 + 4s + 8} \\
\underline{s^3 \qquad\quad + 4s} \\
+2s^2 \qquad + 8 \\
\underline{+2s^2 \qquad + 8}
\end{array}
$$

由此可见，当 $K = 8$ 时，特征多项式因式分解的结果是

$$\Delta(s) = (s + 2)(s + j2)(s - j2)$$

此时，临界系统具有持续等幅振荡的响应，这是无法接受的。

情形 4：特征方程在虚轴 $j\omega$ 上有重根。如果特征方程在虚轴 $j\omega$ 上的共轭根是单根，则系统的脉冲响应模态是持续的正弦振荡，此时系统既不是稳定的，也不是不稳定的，而是临界稳定的。如果在虚轴 $j\omega$ 上的共轭根是重根，则系统响应至少具有 $t\sin(\omega t + \phi)$ 的形式，因此系统是不稳定的。劳斯-赫尔维茨稳定性判据不能发现这种形式的不稳定。

例如某系统的特征多项式为

$$\Delta(s) = (s + 1)(s + j)(s - j)(s + j)(s - j) = s^5 + s^4 + 2s^3 + 2s^2 + s + 1$$

则劳斯判定表为

$$
\begin{array}{c|ccc}
s^5 & 1 & 2 & 1 \\
s^4 & 1 & 2 & 1 \\
s^3 & \varepsilon & \varepsilon & 0 \\
s^2 & 1 & 1 & \\
s^1 & \varepsilon & 0 & \\
s^0 & 1 & &
\end{array}
$$

其中，$\varepsilon \rightarrow 0$。注意到首列元素的符号没有发生变化，这样很容易使我们错误地判定系统是

临界稳定的。而实际上，系统的脉冲响应 $t\sin(t+\phi)$ 将随时间增大。与 s^2 行对应的辅助多项式为 s^2+1，与 s^4 行对应的辅助多项式为 $s^4+2s^2+1=(s^2+1)^2$，这说明特征方程在虚轴 $j\omega$ 上有重根。

考虑某 5 阶系统，其特征多项式为

$$\Delta(s)=s^5+s^4+4s^3+24s^2+3s+63$$

劳斯判定表为

$$
\begin{array}{c|ccc}
s^5 & 1 & 4 & 3 \\
s^4 & 1 & 24 & 63 \\
s^3 & -20 & -60 & 0 \\
s^2 & 21 & 63 & 0 \\
s^1 & 0 & 0 & 0
\end{array}
$$

可以构建辅助多项式 $U(s)$ 为

$$U(s)=21s^2+63=21(s^2+3)=21(s+j\sqrt{3})(s-j\sqrt{3})$$

可以看出，$U(s)=0$ 在虚轴上有两个根。为了确定系统特征方程其他根的位置，用特征多项式除以辅助多项式，得到

$$\frac{\Delta(s)}{s^2+3}=s^3+s^2+s+21$$

对这个新的多项式，建立劳斯判定表，可以得到

$$
\begin{array}{c|cc}
s^3 & 1 & 1 \\
s^2 & 1 & 21 \\
s^1 & -20 & \\
s^0 & 21 &
\end{array}
$$

由此可见，首列元素出现了两次符号变化，这说明系统特征方程还有两个根位于 s 右半平面，因此系统是不稳定的。经计算可以得到，位于右半平面的根为 $s=1\pm j\sqrt{6}$。

【例 4-1】目前，汽车制造厂已经广泛应用了大型焊接机器人。焊接头要在车身的不同部位之间移动，需要做出快速精确的响应。焊接头定位控制系统的框图如图 4-4 所示。我们要做的是，确定参数 K 和 a 的范围，使系统保持稳定。

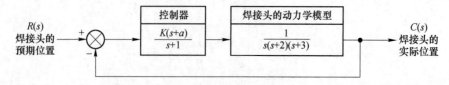

图 4-4　焊接头定位控制系统

解：系统的特征方程为

$$1 + G(s) = 1 + \frac{K(s + a)}{s(s + 1)(s + 2)(s + 3)} = 0$$

整理后，可以得到

$$\Delta(s) = s^4 + 6s^3 + 11s^2 + (K + 6)s + Ka = 0$$

针对 $\Delta(s)$ 构建劳斯判定表，于是有

$$
\begin{array}{c|ccc}
s^4 & 1 & 11 & Ka \\
s^3 & 6 & K+6 & \\
s^2 & b_3 & Ka & \\
s^1 & c_3 & & \\
s^0 & Ka & &
\end{array}
$$

其中，

$$b_3 = \frac{60 - K}{6}, \quad c_3 = \frac{b_3(K + 6) - 6Ka}{b_3}$$

由 $b_3 > 0$ 可以得到，K 必须满足 $K < 60$；与此同时，c_3 决定了 K 和 a 的取值范围。由 $c_3 \geqslant 0$ 可得 $(K - 60)(K + 6) + 36Ka \leqslant 0$，因此，$K$ 和 a 之间应该满足关系 $a \leqslant \frac{(60 - K)(K + 6)}{36K}$，其中，$a$ 必须为正数。因此，如果选择 $K = 40$，则参数 a 必须满足 $a \leqslant 0.639$。

4.3 反馈控制系统的相对稳定性

劳斯-赫尔维茨稳定性判据通过分析特征根是否全部位于 s 左半平面，由此来判断系统是否稳定，但这只解决了系统稳定性的部分问题。如果已经用劳斯-赫尔维茨稳定性判据确定了系统是绝对稳定系统，我们还希望进一步分析系统的相对稳定性。相对稳定性是由特征方程的实根，或者共轭复根的实部决定的系统特性。例如，在图 4-5 中，相对于共轭复根 r_1 和 $\bar{r}_1$ 而言，实根 r_2 就更稳定一些。为了使稳定的控制系统具有良好的动态性能，即不仅要求系统的全部特征根在 s 左半平面，而且还希望能与虚轴有一定的距离 α，这种系统在系统参数发生一定变化时仍能保持稳定。为了估计一

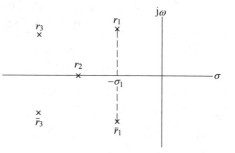

图 4-5 s 平面上特征根的分布

个稳定系统的所有闭环特征根中最靠近虚轴的根离虚轴有多远，从而了解系统稳定的"程度"——稳定裕度，可以通过在 s 平面进行简单的坐标变换，扩展利用劳斯-赫尔维茨稳定性判据来分析系统的相对稳定性。具体地，令 $s = s_1 - \alpha$，代入原系统的闭环特征方程中，得到以 s_1 为变量的特征方程式，然后用劳斯判据去判断该方程中是否有位于垂线

$s_1 = -\alpha$ 右侧。

【例 4-2】 劳斯判据检验下列特征方程：$2s^3 + 10s^2 + 13s + 4 = 0$ 是否有根在 s 的右半平面上，并检验有几个根在 $s = -1$ 的右方。

解： 列劳斯表：

$$
\begin{array}{c|cc}
s^3 & 2 & 13 \\
s^2 & 10 & 4 \\
s^1 & \dfrac{130-8}{10}=12.2 & \\
s^0 & 4 &
\end{array}
$$

第一列全为正，所有的根均位于 s 左半平面，系统稳定。令 $s = s_1 - 1$ 代入特征方程得：

$$2(s_1 - 1)^3 + 10(s_1 - 1)^2 + 13(s_1 - 1) + 4 = 0$$

化简得：

$$2s_1^3 + 4s_1^2 - s_1 - 1 = 0$$

式中有负号，显然有根在 $s = -1$ 的右方。

列劳斯表：

$$
\begin{array}{c|cc}
s_1^3 & 2 & -1 \\
s_1^2 & 4 & -1 \\
s_1^1 & -\dfrac{1}{2} & \\
s_1^0 & -1 &
\end{array}
$$

第一列的系数符号变化了一次，表示原方程有一个根在垂线 $s = -1$ 的右方。

4.4　线性系统的稳态误差

　　一个稳定的系统在典型外作用下经过一段时间后就会进入稳态，控制系统的稳态精度是其重要的技术指标。稳态误差必须在允许范围之内，控制系统才有使用价值。例如，工业加热炉的炉温误差超过限度就会影响产品质量，轧钢机的辊缝误差超过限度就轧不出合格的钢材，导弹的跟踪误差若超过允许的限度就不能用于实战等。

　　表 4-1 展示了常用于稳态误差分析的参考输入形式。其中，对于位置控制系统，阶跃输入表示恒定位置，如图 4-6 所示的天线位置控制就是一个使用阶跃输入进行跟踪精度测试的系统示例；斜坡输入表示系统的恒定速度输入，可用于测试控制系统跟踪恒定速度目标的能力，如跟踪以恒定角速度在天空中移动的卫星以评估卫星角位置与控制系统的误差；抛物线输入表示恒定加速度输入。

表 4-1　常用于稳态误差分析的参考输入形式

波　　形	输入信号	物理解释	时间函数	拉普拉斯变换
	阶跃函数	恒定位置	$1(t)$	$\dfrac{1}{s}$

续表 4-1

波　　形	输入信号	物理解释	时间函数	拉普拉斯变换
r(t) 斜坡图	斜坡函数	恒定速度	t	$\dfrac{1}{s^2}$
r(t) 抛物线图	抛物线函数	恒定加速度	$\dfrac{1}{2}t^2$	$\dfrac{1}{s^3}$

　　控制系统的稳态误差是指时间 $t \to \infty$ 时输入信号与输出信号之间的差异，是描述系统控制精度的一种度量。由于系统自身的结构参数、外作用的类型（控制量或扰动量）以及外作用的形式（阶跃、斜坡或加速度等）不同，系统可能会产生原理性稳态误差。此外，系统中存在的不灵敏区、间隙、零漂等非线性因素也会造成附加的稳态误差，如齿轮中的齿隙或电机在输入电压超过阈值前无法移动等。控制系统的稳态误差是不可避免的，控制系统设计的任务之一就是尽量减小系统到达稳态后输入与输出的差异，或者使稳态误差小于某一容许值。显然，只有当系统稳定时，研究稳态误差才有意义。通常把在阶跃输入作用下没有原理性稳态误差的系统称为无差系统；而把有原理性稳态误差的系统称为有差系统。

图 4-6　位置控制系统

　　本节主要讨论线性系统由于系统结构、输入作用形式和类型所产生的稳态误差，即原理性稳态误差的一般计算方法，以及系统类型与稳态误差的关系。

4.4.1　误差及稳态误差的定义

　　为了说明系统的稳态误差，图 4-7（a）展示了一个阶跃输入和两个可能的输出。输出 1 的稳态误差为 0，而输出 2 的稳态误差为有限值。图 4-7（b）展示了一个斜坡输入及其可能的输出，稳态误差是在瞬态衰减后输入和输出的垂直距离。输出 1 的稳态误差为 0，输出 2 的稳态误差为有限值，输出 3 的斜率与输入的斜率不同，当时间趋于无穷时，稳态误差为 ∞ 。

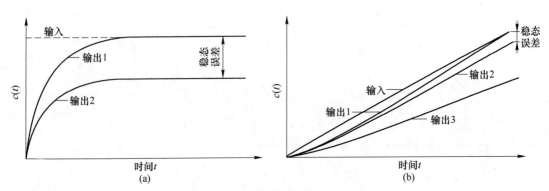

图 4-7   不同控制输入作用下的稳态误差

（a）阶跃输入；（b）斜坡输入

一般控制系统结构图一般可用图 4-8（a）的形式表示，经过等效变换可以转化成图 4-8（b）的形式。系统的误差通常有两种定义方法：按输入端定义和按输出端定义。

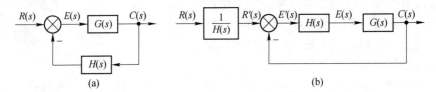

图 4-8   控制系统结构图

（1）按输入端定义的误差：输入信号 $R(s)$ 与主反馈信号 $H(s)C(s)$ 的差

$$E(s) = R(s) - H(s)C(s)$$

（2）按输出端定义的误差：系统输出的期望值 $\dfrac{R(s)}{H(s)}$ 与实际值 $C(s)$ 之差

$$E'(s) = \frac{R(s)}{H(s)} - C(s)$$

按输入端定义的误差 $E(s)$ 通常是可测量的，有一定的物理意义；按输出端定义的误差在实际系统中有时不可测量，因而一般只有数学意义。两种误差定义之间存在如下关系：

$$E'(s) = \frac{E(s)}{H(s)}$$

对单位反馈系统而言，上述两种定义是一致的。除特别说明外，以后讨论的误差都是指按输入端定义的误差 $E(s)$。

4.4.2   稳态误差的计算

误差本身是时间的函数，其时域表达式为

$$e(t) = L^{-1}[E(s)] = L^{-1}[\Phi_e(s)R(s)]$$

其中，$\Phi_e(s) = \dfrac{E(s)}{R(s)} = \dfrac{1}{1 + G(s)H(s)}$ 为系统误差传递函数。误差信号包含两部分，一种是

指时间趋于无穷大时误差的稳态分量 $e_{ss} = \lim_{t \to \infty} e(t)$ ，称为"静态误差"或"终值误差"；另一种是指误差 $e(t)$ 信号中的瞬态分量 $e_s(t)$ ，称为"动态误差"。由于系统必须稳定，故当时间趋于无穷时，必有 $e_s(t)$ 趋于零。因此，控制系统的稳态误差定义为误差信号 $e(t)$ 的稳态分量 e_{ss} 。如果有理函数 $sE(s)$ 除在原点处有唯一的极点外，在 s 右半平面及虚轴上解析，即 $sE(s)$ 的极点均位于 s 左半平面（包括坐标原点），则可根据拉氏变换的终值定理，计算系统的稳态误差：

$$e_{ss} = e(\infty) \lim_{s \to 0} sE(s) = \lim_{s \to 0} \frac{sR(s)}{1 + G(s)H(s)} \tag{4-5}$$

【例 4-3】系统的开环传递函数为 $G(s)H(s) = \dfrac{20}{(0.5s + 1)(0.04s + 1)}$ ，求输入 $r(t) = 1(t)$ 及 t 时的稳态误差。

解：控制系统稳定，其稳态误差

$$e_{ss} = \lim_{s \to 0} \frac{sR(s)}{1 + G(s)H(s)} = \lim_{s \to 0} s \frac{(0.5s + 1)(0.04s + 1)}{(0.5s + 1)(0.04s + 1) + 20} R(s)$$

当 $r(t) = 1(t)$ 时，$R(s) = \dfrac{1}{s}$

$$e_{ss} = \lim_{s \to 0} s \frac{(0.5s + 1)(0.04s + 1)}{(0.5s + 1)(0.04s + 1) + 20} \frac{1}{s} = \frac{1}{21} \approx 0.05$$

当 $r(t) = t$ 时，$R(s) = \dfrac{1}{s^2}$

$$e_{ss} = \lim_{s \to 0} s \frac{(0.5s + 1)(0.04s + 1)}{(0.5s + 1)(0.04s + 1) + 20} \frac{1}{s^2} = \infty$$

4.5 系统的类型和静态误差系数

由稳态误差计算通式（4-5）可见，控制系统稳态误差数值，与开环传递函数 $G(s)H(s)$ 的结构和输入信号 $R(s)$ 的形式密切相关。对于一个给定的稳定系统，当输入信号形式一定时，系统是否存在稳态误差就取决于开环传递函数描述的系统结构。因此，按照控制系统跟踪不同输入信号的能力来进行系统分类是必要的。

一般情况下，分子阶次为 m ，分母阶次为 n ，系统开环传递函数可以表示为

$$G(s)H(s) = \frac{K(\tau_1 s + 1) \cdots (\tau_m s + 1)}{s^v(T_1 s + 1) \cdots (T_{n-v} s + 1)} = \frac{K}{s^v} G_0(s)$$

式中，$G_0(s) = \dfrac{(\tau_1 s + 1) \cdots (\tau_m s + 1)}{(T_1 s + 1) \cdots (T_{n-v} s + 1)}$ ，且 $\lim_{s \to 0} G_0(s) = 1$ ；K 为开环增益；$\tau_i(i = 1, 2, \cdots, m)$ 和 $T_j(j = 1, 2, \cdots, n - v)$ 为时间常数；v 是系统开环传递函数中纯积分环节的个数，称为系统型别。因此，控制输入 $r(t)$ 作用下的稳态误差可以表示为：

$$e_{ss} = \lim_{s \to 0} s \frac{E(s)}{R(s)} R(s) = \lim_{s \to 0} \frac{sR(s)}{1 + G(s)H(s)} = \lim_{s \to 0} \frac{sR(s)}{1 + \dfrac{K}{s^v} G_0(s)} = \lim_{s \to 0} \frac{sR(s)}{1 + \dfrac{K}{s^v}}$$

上式表明，影响稳态误差的因素有：系统型别、开环增益、输入信号的形式和幅值。下面讨论不同型别系统在不同输入信号形式作用下的稳态误差计算。实际输入多为阶跃函数、斜坡函数和加速度函数，或者是其组合，因此只考虑系统分别在阶跃、斜坡或加速度函数输入作用下的稳态误差计算问题。

4.5.1　阶跃输入作用下的稳态误差与静态位置误差系数

阶跃（位置）输入时，$r(t) = A \times 1(t)$，其中 A 为输入阶跃函数的幅值，则 $R(s) = \dfrac{A}{s}$。由式（4-5）可以计算系统在阶跃输入作用下的稳态误差为

$$e_{ss} = \frac{A}{1 + \lim\limits_{s \to 0} G(s)H(s)}$$

定义静态位置误差系数

$$K_{p} = \lim_{s \to 0} G(s)H(s) = \lim_{s \to 0} \frac{K}{s^{v}}$$

则各型系统的静态位置误差系数为

$$K_{p} = \begin{cases} K, & v = 0 \\ \infty, & v \geq 1 \end{cases}$$

各型系统在阶跃输入作用下的稳态误差为：

$$e_{ss} = \begin{cases} \dfrac{A}{1 + K}, & v = 0 \\ 0, & v \geq 1 \end{cases}$$

对于 0 型系统，在阶跃输入作用下，其稳态误差为常数。如果要求系统对于阶跃输入作用不存在稳态误差，则必须选用 Ⅰ 型及 Ⅰ 型以上的系统。习惯上常把系统在阶跃输入作用下的稳态误差称为静差。因此，0 型系统可称为有（静）差系统或零阶无差度系统，Ⅰ型系统可称为一阶无差度系统，Ⅱ型系统可称为二阶无差度系统，依此类推。

4.5.2　斜坡输入作用下的稳态误差与静态速度误差系数

斜坡（速度）输入时，$r(t) = At$，其中 A 为速度输入函数的斜率，则 $R(s) = \dfrac{A}{s^{2}}$。由式（4-5）可以计算系统在斜坡输入作用下的稳态误差为

$$e_{ss} = \frac{A}{\lim\limits_{s \to 0} sG(s)H(s)}$$

定义静态速度误差系数

$$K_{v} = \lim_{s \to 0} sG(s)H(s) = \lim_{s \to 0} \frac{K}{s^{v-1}}$$

则各型系统的静态速度误差系数为

$$K_{v} = \begin{cases} 0, & v = 0 \\ K, & v = 1 \\ \infty, & v \geq 2 \end{cases}$$

各型系统在斜坡输入作用下的稳态误差为：

$$e_{\mathrm{ss}} = \begin{cases} \infty , & v = 0 \\ \dfrac{A}{K}, & v = 1 \\ 0, & v \geqslant 2 \end{cases} \tag{4-6}$$

通常，式（4-6）表达的稳态误差称为速度误差。如图 4-9 所示，速度误差的含意并不是指系统稳态输出与输入之间存在速度上的误差，而是指系统在速度（斜坡）输入作用下，系统稳态输出与输入之间存在位置上的误差。此外，式（4-6）还表明：0 型系统在稳态时不能跟踪斜坡输入；对于 I 型单位反馈系统，稳态输出速度恰好与输入速度相同，但存在一个稳态位置误差，其数值与输入速度信号的斜率 A 成正比，而与开环增益 K 成反比；对于 II 型及 II 型以上的系统，稳态时能准确跟踪斜坡输入信号，不存在位置误差。

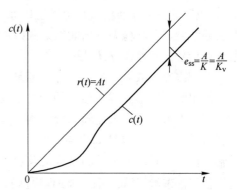

图 4-9 I 型单位反馈系统的速度误差

4.5.3 加速度输入作用下的稳态误差与静态加速度误差系数

加速度输入时，$r(t) = \dfrac{A}{2}t^2$，其中 A 为加速度输入函数的速度变化率，则 $R(s) = \dfrac{A}{s^3}$。由式（4-5）可以计算系统在加速度输入作用下的稳态误差为：

$$e_{\mathrm{ss}} = \frac{A}{\lim\limits_{s \to 0} s^2 G(s) H(s)}$$

定义静态加速度误差系数

$$K_{\mathrm{a}} = \lim\limits_{s \to 0} s^2 G(s) H(s) = \lim\limits_{s \to 0} \frac{K}{s^{v-2}}$$

则各型系统的静态加速度误差系数为

$$K_{\mathrm{a}} = \begin{cases} 0, & v = 0,\ 1 \\ K, & v = 2 \\ \infty , & v \geqslant 3 \end{cases}$$

各型系统在加速度输入作用下的稳态误差为：

$$e_{\mathrm{ss}} = \begin{cases} \infty , & v = 0,\ 1 \\ \dfrac{A}{K}, & v = 2 \\ 0, & v \geqslant 3 \end{cases} \tag{4-7}$$

II 型单位反馈系统在加速度输入作用下的稳态误差如图 4-10 所示。由式（4-7）表达的稳态误差称为加速度误差。与前面情况类似，加速度误差是指系统在加速度函数输入作用下，系统稳态输出与输入之间的位置误差。式（4-7）表明：0 型及 I 型单位反馈系统，在稳态时都不能跟踪加速度输入；对于Ⅱ型单位反馈系统，稳态输出的加速度与输入加速度函数相同，但存在一定的稳态位置误差，其值与输入加速度信号的变化率 A 成正比，而与开环增益（静态加速度误差系数）K（或 K_a）成反比；对于Ⅲ型及Ⅲ型以上的系统，只要系统稳定，其稳态输出能准确跟踪加速度输入信号，不存在位置误差。

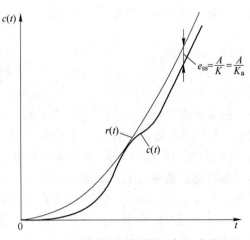

图 4-10   Ⅱ型单位反馈系统的加速度误差

静态误差系数 K_p、K_v 和 K_a，定量描述了系统跟踪不同形式输入信号的能力。控制输入作用下系统稳态误差随系统结构、参数及输入形式变化的规律如表 4-2 所示。当系统输入信号形式、输出量的希望值及容许的稳态位置误差确定后，可以方便地根据静态误差系数去选择系统的型别和开环增益。

表 4-2   典型输入信号作用下的稳态误差

系统类型 v	静态误差系数			稳态误差		
	$K_p = \lim\limits_{s \to 0} \dfrac{K}{s^v}$	$K_v = \lim\limits_{s \to 0} \dfrac{K}{s^{v-1}}$	$K_a = \lim\limits_{s \to 0} \dfrac{K}{s^{v-2}}$	$r(t) = A \times 1(t)$	$r(t) = At$	$r(t) = \dfrac{1}{2}A \cdot t^2$
0	K	0	0	$\dfrac{A}{1+K}$	∞	∞
Ⅰ	∞	K	0	0	$\dfrac{A}{K}$	∞
Ⅱ	∞	∞	K	0	0	$\dfrac{A}{K}$

如果系统承受的输入信号是多种典型函数的组合，例如

$$r(t) = A_0 \times 1(t) + A_1 t + \frac{1}{2}A_2 t^2$$

则根据线性叠加原理，可将每一输入分量单独作用于系统，再将各稳态误差分量叠加起来，得到

$$e_{ss} = \frac{A_0}{1 + K_p} + \frac{A_1}{K_v} + \frac{A_2}{K_a}$$

显然，这时至少应选用Ⅱ型系统，否则稳态误差将为无穷大。无穷大的稳态误差，表示系统输出量与输入量之间在位置上的误差随时间 t 而增长，稳态时达到无穷大。由此可见，采用高型别系统对提高系统的控制准确度有利，但应以确保系统的稳定性为前提，同时还要兼顾系统的动态性能要求。

【例 4-4】设具有测速发电机内反馈的位置随动系统如图 4-11 所示。要求计算 $r(t)$ 分别为 $1(t)$，t，$\dfrac{1}{2}t^2$ 时系统的稳态误差，并对系统在不同输入形式下具有不同稳态误差的现象进行物理说明。

解： 由图 4-11 得系统的开环传递函
数为

$$G(s) = \frac{1}{s(s + 1)}$$

可见，本例是 $K = 1$ 的 I 型系统，其静态
误差系数：$K_p = \infty$，$K_v = 1$，$K_a = 0$。当
$r(t)$ 分别为 $1(t)$，t 和 $\frac{1}{2}t^2$ 时，相应的稳
态误差分别为 0，1 和 ∞。

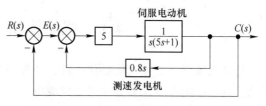

图 4-11　位置随动系统

系统对于阶跃输入信号不存在稳态误差的物理解释是清楚的。由于系统受到单位阶跃
位置信号作用后，其稳态输出必定是一个恒定的位置（角位移），这时伺服电动机必须停
止转动。显然，要使电动机不转，加在电动机控制绕组上的电压必须为零。这就意味着系
统输入端的误差信号的稳态值应等于零。因此，系统在单位阶跃输入信号作用下，不存在
位置误差。当单位斜坡输入信号作用于系统时，系统的稳态输出速度，必定与输入信号速
度相同。这样，就要求电动机作恒速运转，因此在电动机控制绕组上需要作用以一个恒定
的电压，由此推得误差信号的终值应等于一个常值，所以系统存在常值速度误差。当加速
度输入信号作用于系统时，系统的稳态输出也应作等加速变化，为此要求电动机控制绕组
有等速变化的电压输入，最后归结为要求误差信号随时间线性增长。显然，当 $t \to \infty$ 时，
系统的加速度误差必为无穷大。

【例 4-5】 系统结构图如图 4-12 所示。已知输入
$r(t) = 2t + 4t^2$，求系统的稳态误差。

解： 系统开环传递函数为

$$G(s) = \frac{K_1(Ts + 1)}{s^2(s + a)}$$

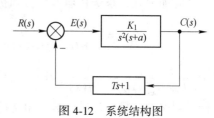

图 4-12　系统结构图

开环增益 $K = \dfrac{K_1}{a}$，系统类型 $v = 2$。系统闭环传递
函数

$$\Phi(s) = \frac{K_1}{s^2(s + a) + K_1(Ts + 1)}$$

特征方程 $D(s) = s^3 + as^2 + K_1Ts + K_1 = 0$。列劳斯表判定系统稳定性

$$
\begin{array}{c|ccc}
s^3 & 1 & K_1T & \\
s^2 & a & K_1 & a > 0 \\
s^1 & \dfrac{(aT - 1)K_1}{a} & 0 & aT > 0 \\
s^0 & K_1 & K_1 & K_1 > 0
\end{array}
$$

设参数满足稳定性要求，利用表 4-2 计算系统的稳态误差。当 $r_1(t) = 2t$ 时，$e_{ss1} = 0$；当
$r_2(t) = 4t^2 = 8 \times \dfrac{1}{2}t^2$ 时，$e_{ss2} = \dfrac{A}{K} = \dfrac{8a}{K_1}$，故得 $e_{ss} = e_{ss1} + e_{ss2} = \dfrac{8a}{K_1}$。

4.6 扰动作用下的稳态误差

控制系统除承受输入信号作用外，还经常处于各种扰动作用之下。例如，负载转矩的变动、放大器的零点漂移和噪声、电源电压和频率的波动、组成元件的零位输出，以及环境温度的变化等。因此，控制系统在扰动作用下的稳态误差值，反映了系统的抗干扰能力。在理想情况下，系统对于任意形式的扰动作用，其稳态误差应该为零，但实际上这是不能实现的。

由于输入信号和扰动信号作用于系统的不同位置，因而即使系统对于某种形式输入信号作用的稳态误差为零，但对于同一形式的扰动作用，其稳态误差未必为零。设控制系统如图 4-13 所示，其中 $N(s)$ 代表扰动信号的拉氏变换。

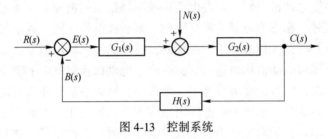

图 4-13 控制系统

由叠加原理，系统在输入信号和扰动信号共同作用下的误差信号为：

$$E(s) = \frac{1}{1 + G_1(s)G_2(s)H(s)}R(s) + \frac{-G_2(s)H(s)}{1 + G_1(s)G_2(s)H(s)}N(s)$$

式中，$\dfrac{1}{1 + G_1(s)G_2(s)H(s)}$ 为输入信号到误差信号的传递函数，$\dfrac{-G_s(s)H(s)}{1 + G_1(s)G_2(s)H(s)}$ 为扰动信号到误差信号的传递函数。由终值定理得到系统的稳态误差为：

$$e_{ss} = \lim_{s \to 0} sE(s) = \lim_{s \to 0} s\frac{1}{1 + G_1(s)G_2(s)H(s)}R(s) + \lim_{s \to 0} s\frac{-G_2(s)H(s)}{1 + G_1(s)G_2(s)H(s)}N(s)$$

$$= e_{ssr} + e_{ssn}$$

式中，e_{ssr} 为输入信号引起的稳态误差分量，在 4.5 节中已经讨论过；e_{ssn} 为扰动信号产生的稳态误差。为了便于讨论，在此假设 $H(s) = 1$，$N(s) = \dfrac{1}{s}$，则单位阶跃扰动引起的稳态误差分量为

$$e_{ssn} = -\frac{1}{\displaystyle\lim_{s \to 0}\frac{1}{G_2(s)} + \lim_{s \to 0}G_1(s)} \tag{4-8}$$

因此，可以通过增加 $G_1(s)$ 的直接传输增益或者减小 $G_2(s)$ 的传输增益来减小阶跃扰动引起的稳态误差。为了进一步说明，当 $R(s) = 0$，$H(s) = 1$ 时，图 4-13 所示系统可以进一步整理成如图 4-14 所示的结构框图，其中 $N(s)$ 为输入信号，$E(s)$ 为输出信号。若要最小化稳态误差，可以通过增大 $G_1(s)$ 的直接传输增益，以便可以反馈更低的 $E(s)$ 以匹配 $N(s)$ 的稳态值；或者减小 $G_2(s)$ 的直接传输增益，从而获得更小的 $E(s)$。

【**例 4-6**】某系统框图如图 4-15 所示，其中 $R(s) = \dfrac{1}{s}$，$N(s) = \dfrac{1}{s}$ 分别为输入信号和扰动信号，试计算系统的稳态误差并进行分析。

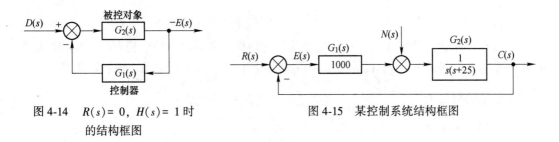

图 4-14　$R(s) = 0$，$H(s) = 1$ 时
　　　　的结构框图

图 4-15　某控制系统结构框图

解：该系统稳定，系统开环传递函数为

$$G(s) = \frac{1000}{s(s + 25)}$$

该系统为 I 型系统，由静态误差系数法得该系统在阶跃输入作用下的稳态误差分量为 0。由式（4-8）得单位阶跃扰动引起的稳态误差分量为：

$$e_{\text{ssn}} = -\frac{1}{\lim\limits_{s \to 0} \dfrac{1}{G_2(s)} + \lim\limits_{s \to 0} G_1(s)} = -\frac{1}{0 + 1000} = -\frac{1}{1000}$$

因此，该系统在上述信号作用下的稳态误差为 $-\dfrac{1}{1000}$。在该系统中，$G_2(s)$ 的直接传输增益为 ∞，阶跃扰动引起的稳态误差与 $G_1(s)$ 的直接传输增益成反比。

【**例 4-7**】设比例控制系统如图 4-16 所示。图中，$R(s) = \dfrac{R_0}{s}$ 为阶跃输入信号；M 为比例控制器输出转矩，用于改变被控对象的位置；$N(s) = \dfrac{n_0}{s}$ 为扰动转矩。试求系统的稳态误差。

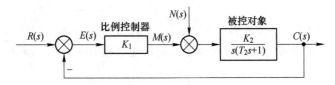

图 4-16　比例控制系统

解：由图 4-16 可见，本例系统为 I 型系统。令扰动 $N(s) = 0$，则系统对阶跃输入信号的稳态误差为 0。但是，如果令 $R(s) = 0$，则系统在扰动作用下输出量的实际值为

$$C_{\text{n}}(s) = \frac{K_2}{s(T_2 s + 1) + K_1 K_2} N(s)$$

而输出量的希望值为零，因此误差信号

$$E_n(s) = - \frac{K_2}{s(T_2 s + 1) + K_1 K_2} N(s)$$

系统在阶跃扰动转矩作用下的稳态误差

$$e_{ssn} = \lim_{s \to 0} E_n(s) = - \frac{n_0}{K_1}$$

系统在阶跃扰动转矩作用下存在稳态误差的物理意义是明显的。稳态时，比例控制器产生一个与扰动转矩 n_0 大小相等而方向相反的转矩 $-n_0$ 以进行平衡，该转矩折算到比较装置输出端的数值为 $-\frac{n_0}{K_1}$，所以系统必定存在常值稳态误差 $-\frac{n_0}{K_1}$。

4.7　改善系统稳态精度的方法

改善系统稳态精度是控制工程中非常重要的目标，以下是从不同方面来实现这一目标的方法：

（1）增大系统开环增益或扰动作用点之前系统的前向通道增益。对输入信号而言，增大开环放大系数，以提高系统对给定输入的跟踪能力：开环放大系数越大，系统的响应速度和跟踪能力越强。这样可以更快地将输出信号调整到期望值，从而减小稳态误差。但是要注意开环放大系数过大可能导致系统不稳定，因此需要综合考虑系统的稳定性和性能。对干扰信号而言，增大输入和干扰作用点之间环节的放大系数，有利于减小稳态误差。在控制系统中，干扰信号可能会对系统的稳态精度产生影响。通过增大输入和干扰作用点之间环节的放大系数，可以减小干扰对输出的影响，从而降低稳态误差。

（2）在系统的前向通道或主反馈通道设置串联积分环节。在图 4-13 所示非单位反馈控制系统中，设

$$G_1(s) = \frac{M_1(s)}{s^{v_1} N_1(s)}, \quad G_2(s) = \frac{M_2(s)}{s^{v_2} N_2(s)}, \quad H(s) = \frac{H_1(s)}{H_2(s)}$$

式中，$N_1(s)$、$M_1(s)$、$N_2(s)$、$M_2(s)$、$H_1(s)$ 及 $H_2(s)$ 均不含 $s=0$ 的因子；v_1 和 v_2 为系统前向通道的积分环节数目。则系统对输入信号的误差传递函数为

$$\Phi_e(s) = \frac{1}{1 + G_1(s)G_2(s)H(s)} = \frac{s^v N_1(s)N_2(s)H_2(s)}{s^v N_1(s)N_2(s)H_2(s) + M_1(s)M_2(s)H_1(s)}$$

式中，$v = v_1 + v_2$。上式表明，当系统主反馈通道传递函数 $H(s)$ 不含 $s=0$ 的零点和极点时，如下结论成立：

1）系统前向通道所含串联积分环节数目 v，与误差传递函数 $\Phi_e(s)$ 所含 $s=0$ 的零点数目 v 相同，从而决定了系统响应输入信号的型别。

2）当 $\Phi_e(s)$ 含有 v 个 $s=0$ 的零点时，只要在系统前向通道中设置 v 个串联积分环节，即可消除系统在输入信号 $r(t) = \sum_{i=1}^{n-1} R_i t^i$ 作用下的稳态误差。

如果系统主反馈通道传递函数含有 v_3 个积分环节，即

$$H(s) = \frac{H_1(s)}{s^{v_3} H_2(s)}$$

而其余假定同上，则系统对扰动作用的误差传递函数

$$\Phi_{en}(s) = -\frac{G_2(s)}{1 + G_1(s)G_2(s)H(s)} = -\frac{s^{v_1+v_3}M_2(s)N_1(s)H_2(s)}{s^v N_1(s)N_2(s)H_2(s) + M_1(s)M_2(s)H_1(s)}$$

式中，$v = v_1 + v_2 + v_3$。由于上式所示误差传递函数 $\Phi_{en}(s)$ 具有 $(v_1 + v_3)$ 个 $s = 0$ 的零点，其中 v_1 为系统扰动作用点前的前向通道所含的积分环节数，v_3 为系统主反馈通道所含的积分环节数，从而系统响应扰动信号 $n(t) = \sum_{i=0}^{v_1+v_3-1} n_i t^i$ 的稳态误差为零。这类系统称为响应扰动信号的 $(v_1 + v_3)$ 型系统。

由于误差传递函数 $\Phi_{en}(s)$ 所含 $s = 0$ 的零点数等于系统扰动作用点前的前向通道串联积分环节数 v_1 与主反馈通道串联积分环节数 v_3 之和，故对于响应扰动作用的系统，下列结论成立：

1）扰动作用点之前的前向通道积分环节数与主反馈通道积分环节数之和决定系统响应扰动作用的型别，该型别与扰动作用点之后前向通道的积分环节数无关。

2）如果在扰动作用点之前的前向通道或主反馈通道中设置 v 个积分环节，则必可消除系统在扰动信号 $n(t) = \sum_{i=0}^{v-1} n_i t^i$ 作用下的稳态误差。

特别需要指出，在反馈控制系统中，设置串联积分环节或增大开环增益以消除或减小稳态误差的措施，必然导致系统的稳定性降低，甚至造成系统不稳定，从而恶化系统的动态性能。因此，权衡考虑系统稳定性、稳态误差与动态性能之间的关系，便成为系统校正设计的主要内容。

（3）采用串级控制抑制内回路扰动。当控制系统中存在多个扰动信号，且控制精度要求较高时，宜采用串级控制方式，可以显著抑制内回路的扰动影响。

图 4-17 为串级直流电动机速度控制系统，具有两个闭合回路，内回路为电流环，称为副回路；外回路为速度环，称为主回路。主、副回路各有调节器和测量变送器。主回路中的速度调节器称为主调节器，主回路的测量变送器为速度反馈装置；副回路中的电流调节器称为副调节器，副回路的测量变送器为电流反馈装置。主调节器与副调节器以串联的方式进行共同控制，故称为串级控制。由于主调节器的输出作为副调节器的给定值，因而串级控制系统的主回路是一个恒值控制系统，而副回路可以看做是一个随动系统。根据外部扰动作用位置的不同，扰动亦有一次扰动和二次扰动之分：被副回路包围的扰动，称为二次扰动，如图 4-17 所示系统中电网电压波动形成的扰动 ΔU_d；处于副回路之外的扰动，称为一次扰动，如图 4-17 系统中由负载变化形成的扰动 I_z。

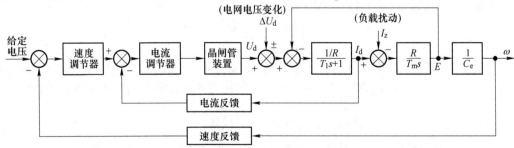

图 4-17　串级直流电动机速度控制系统

串级控制系统在结构上比单回路控制系统多了一个副回路，因而对进入副回路的二次扰动有很强的抑制能力。为了便于定性分析，设一般的串级控制系统如图 4-18 所示。图中，$G_{c1}(s)$ 和 $G_{c2}(s)$ 分别为主、副调节器的传递函数；$H_1(s)$ 和 $H_2(s)$ 分别为主、副测量变送器的传递函数；$N_2(s)$ 为加在副回路上的二次扰动。

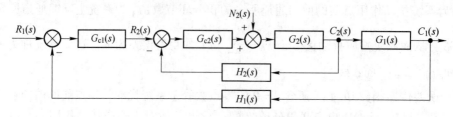

图 4-18   串级控制系统结构图

若将副回路视为一个等效环节 $G_2'(s)$，则有

$$G_2'(s) = \frac{C_2(s)}{R_2(s)} = \frac{G_{c2}(s)G_2(s)}{1 + G_{c2}(s)G_2(s)H_2(s)}$$

在副回路中，输出 $C_2(s)$ 对二次扰动 $N_2(s)$ 的闭环传递函数为

$$G_{n2}(s) = \frac{C_2(s)}{N_2(s)} = \frac{G_2(s)}{1 + G_{c2}(s)G_2(s)H_2(s)}$$

比较 $G_2'(s)$ 与 $G_{n2}(s)$ 可见，必有

$$G_{n2}(s) = \frac{G_2'(s)}{G_{c2}(s)}$$

于是，图 4-18 所示串级系统结构图可等效为图 4-19 所示结构图。显然，在主回路中，系统对输入信号的闭环传递函数为

$$\frac{C_1(s)}{R_1(s)} = \frac{G_{c1}(s)G_2'(s)G_1(s)}{1 + G_{c1}(s)G_2'(s)G_1(s)H_1(s)}$$

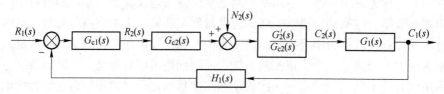

图 4-19   串级控制系统的等效结构图

系统对二次扰动信号 $N_2(s)$ 的闭环传递函数为

$$\frac{C_1(s)}{N_2(s)} = \frac{[G_2'(s)/G_{c2}(s)]G_1(s)}{1 + G_{c1}(s)G_2'(s)G_1(s)H_1(s)}$$

对于一个理想的控制系统，总是希望多项式比值 $C_1(s)/N_2(s)$ 趋于 0，而 $C_1(s)/R_1(s)$ 趋于 1，因此串级控制系统抑制二次扰动 $N_2(s)$ 的能力可用下式表示：

$$\frac{C_1(s)/R_1(s)}{C_1(s)/N_2(s)} = G_{c1}(s)G_{c2}(s)$$

若主、副调节器均采用比例调节器，其增益分别为 K_{c1} 和 K_{c2}，则上式可写为

$$\frac{C_1(s)/R_1(s)}{C_1(s)/N_2(s)} = K_{c1}K_{c2}$$

上式表明，主、副调节器的总增益越大，则串级系统抑制二次扰动 $N_2(s)$ 的能力越强。

由于在串级控制系统设计时副回路的阶数一般都取得较低，因而副调节器的增益 K_{c2} 可以取得较大，通常满足

$$K_{c1}K_{c2} > K_{c1}$$

可见，与单回路控制系统相比，串级控制系统对二次扰动的抑制能力有很大的提高，一般可达 $10 \sim 100$ 倍。

（4）采用复合控制方法。如果控制系统中存在强扰动，特别是低频强扰动，则一般的反馈控制方式难以满足高稳态精度的要求，此时可以采用复合控制方式。

复合控制系统是在系统的反馈控制回路中加入前馈通路，组成一个前馈控制与反馈控制相结合的系统，只要系统参数选择合适，不但可以保持系统稳定，极大地减小乃至消除稳态误差，而且可以抑制几乎所有的可量测扰动，其中包括低频强扰动。

【例 4-8】如果在例 4-7 系统中采用比例-积分控制器，如图 4-20 所示，试分别计算系统在阶跃转矩扰动和斜坡转矩扰动作用下的稳态误差。

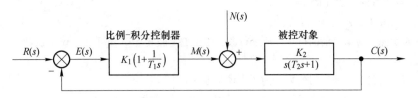

图 4-20 比例-积分控制系统

解：由图 4-20 可知，在扰动作用点之前的积分环节数 $v_1 = 1$，而 $v_3 = 0$，故该比例-积分控制系统对扰动作用为 I 型系统，在阶跃扰动作用下不存在稳态误差，而在斜坡扰动作用下存在常值稳态误差。

由图 4-20 写出扰动作用下的系统误差表达式

$$E_n(s) = -\frac{K_2 T_1 s}{T_1 T_2 s^3 + T_1 s^2 + K_1 K_2 T_1 s + K_1 K_2} N(s)$$

设 $sE_n(s)$ 的极点位于 s 左半平面，则可用终值定理法求得稳态误差。

当 $N(s) = n_0/s$ 时

$$e_{ssn} = \lim_{s \to 0} sE_n(s) = -\lim_{s \to 0} \frac{n_0 K_2 T_1 s}{T_1 T_2 s^3 + T_1 s^2 + K_1 K_2 T_1 s + K_1 K_2} = 0$$

当 $N(s) = n_1/s^2$ 时

$$e_{ssn} = -\lim_{s \to 0} \frac{n_1 K_2 T_1}{T_1 T_2 s^3 + T_1 s^2 + K_1 K_2 T_1 s + K_1 K_2} = -\frac{n_1 T_1}{K_1}$$

显然，提高比例增益 K_1 可以减小斜坡转矩作用下的稳态误差，但 K_1 的增大要受到稳定性要求和动态过程振荡性要求的制约。

系统采用比例-积分控制器后，可以消除阶跃扰动转矩作用下稳态误差，其物理意义是清楚的：由于控制器中包含积分控制作用，只要稳态误差不为 0，控制器就一定会产生

一个继续增长的输出转矩来抵消阶跃扰动转矩的作用，力图减小这个误差，直到稳态误差为 0，系统取得平衡而进入稳态。在斜坡转矩扰动作用下，系统存在常值稳态误差的物理意义可以这样解释：由于转矩扰动是斜坡函数，因此需要控制器在稳态时输出一个反向的斜坡转矩与之平衡，这只有在控制器输入的误差信号为一负常值时才有可能。

实际系统总是同时承受输入信号和扰动作用的。由于所研究的系统为线性定常控制系统，因此系统总的稳态误差将等于输入信号和扰动分别作用于系统时，所得稳态误差的和。如果给出系统相应的时间响应，则系统的稳态误差是一目了然的，因此可以应用 MATLAB 软件包验证和分析系统稳态误差的计算结果。

4.8　MATLAB 在稳定性分析中的应用

【例 4-9】汽车悬架系统的稳定性分析。2.6.1 节建模的汽车悬架系统，使用 Routh 判据判定其稳定性，执行以下程序。

参考程序：

```
num=input ('Please input the particular function (example：[1 2 3 4] )：');
% 获取特征方程的阶数（即 length-1）
length=max (size (num) );
% len 表示除去劳斯表前两行后，所余行数，用于确定嵌套 for 循环中 for 的次数
len=length - 2;
% cow 表示除去全零列后的列数（为了去掉全零列）
if mod (length, 2)    % 若 length 为奇数，则 cow 取第二行列数
    cow= ( (length - 1) /2) + 1;
else         % 若 length 为偶数，则 cow 取第一或第二行列数
    cow=length /2;
end
% 构造 length * length 的全零方阵，用于存放劳斯表数据
lsb=zeros (length);

%% 构造劳斯表的第一行，从第一个数开始，每隔一个取一个
k=0;% 用于记录劳斯表行数，0 表示第一行
j=1;% 用于记录 lsb 方阵的序号，从 1 开始，竖着数
for i=1: 2: length
    lsb (j) =num (i);    % 第一行数据
    j=j + length;      % 第一行数据所在的序号
end

%% 构造劳斯表的第二行，从第二个数开始，每隔一个取一个
k=k + 1;% 劳斯表第一行记录完毕，行数加一，开始记录第二行
j=k + 1;% j =2 表示劳斯表第二行第一个数
for i=2: 2: length
    lsb (j) =num (i);    % 第二行数据
```

```
      j = j + length;        % 第二行数据所在的序号
end
```

%% 构造劳斯表的第三行以及以后各行（通过劳斯判据的计算法则获取数据）
```
for m = 1: length-2    % 除去劳斯表的前两行, 共需计算 length-2 行
    k = k + 1;        % 劳斯表行数加一
    % 根据劳斯判据法则计算劳斯表第一列
    lsb (k+1) = ( (lsb (k) * lsb (k+length-1) ) - ...
      (lsb (k-1) * lsb (k+length) ) ) /lsb (k);
    % 根据劳斯表判据法则计算劳斯表除第一列以外各列
    for t = 1: len    % len 用于记录除第一列外, 还需计算几列
        lsb (t * length+k+1) = ( (lsb (k) * lsb (k+ (t+1) * length-1) ) - ...
          (lsb (k-1) * lsb (k+ (t+1) * length) ) ) /lsb (k);
    end
    len = len - 1;    % 行数加一, 所需计算的列数减一
end
```

%% 构造 length * cow 的矩阵去除全零列
```
lsb1 = zeros (length, cow);
% 将 lsb 中的数据复制到 lsb1 中
for i = 1: length * cow
    lsb1 (i) = lsb (i);
end
disp (lsb1);    % 显示去除全零列以后的劳斯表
```

%% 根据劳斯表判断系统稳定性, 即若劳斯表第一列全大于零, 则系统稳定, 否则不稳定
```
for i = 1: length
    % 判断两种特殊情况为不稳定系统, 即第一列出现零或全零行
    if isinf (lsb1 (i) ) || isnan (lsb1 (1) )
        disp ('该系统不稳定! ');
        return;
    else
        if lsb1 (i) <= 0
            disp ('该系统不稳定! ');
            return;
        end
    end
end
disp ('该系统稳定! ');
```

分母多项式输入为：

    Please input the particular function (example：[1 2 3 4]): [1 516.1 56850
    1.307e06 1.733e07]

判断结果为：

```
sys =

          1.31e06 s + 1.742e07
   --------------------------------------------------
   s^4 + 516.1 s^3 + 56850 s^2 + 1.307e06 s + 1.733e07

Continuous-time transfer function.


>> routh
Please input the particular function（example：[1 2 3 4]）：[1516.1 56850
1.307e06 1.733e07]
   1.0e+07*


   0.0000    0.0057    1.7330
   0.0001    0.1307       0
   0.0054    1.7330       0
   0.1142       0         0
   1.7330       0         0
```

该系统稳定!

例 3-22 中该系统单位阶跃响应振荡收敛，趋于常数，与此结论一致。

【例 4-10】 厚板轧制液压系统稳定性分析。2.6.2 节中建立了液压系统数学模型，使用 Routh 判据其稳定性，执行以下程序。

参考程序：（同上，分母多项式如下）

Please input the particular function（example：[1 2 3 4]）：[2.923e-11 3.455e-
08 4.029e-05 0.02155 7.695 132.1]

判断结果为：

```
sys =

                         131.1
   --------------------------------------------------------
   2.923e-11 s^5 + 3.455e-08 s^4 + 4.029e-05 s^3 + 0.02155 s^2 + 7.695 s + 132.1
Continuous-time transfer function.
>> routh
Please input the particular function（example：[1 2 34]）：[2.923e-11 3.455e-
08 4.029e-05 0.02155 7.695 132.1]
     0.0000    0.0000    7.6950
     0.0000    0.0215  132.1000
     0.0000    7.5832       0
     0.0097  132.1000       0
     7.2820       0         0
   132.1000       0         0
```

该系统稳定!

例 3-23 中该系统单位阶跃响应单调收敛，与此结论一致。

本 章 小 结

本章重点介绍了线性控制系统的稳定性和稳态误差分析。首先，我们了解了线性系统稳定性的基本概念，包括稳定性、平衡状态。稳定性决定了系统的长期行为，而平衡状态是稳定性分析的重要基础。

其次，我们探讨了传递函数表示的系统稳定性判定，特别关注了 SISO 线性定常系统的稳定性问题。劳斯稳定判据是一个有效的工具，可以帮助我们判断系统的稳定性，并在高阶系统中推广应用。

最后，我们讨论了线性系统稳态误差的计算方法和改善系统稳态精度的途径。稳态误差是系统在稳定状态下输出与期望输出之间的差异，而系统的类型和静态误差系数与稳态误差之间有密切关系。通过增大开环放大系数、采用前馈控制、增加积分环节等方法，可以有效地改善系统的稳态精度。

本章的内容为我们理解和分析控制系统的稳定性和稳态性能提供了重要的理论基础。掌握这些概念和方法，将有助于我们在实际工程中设计稳定性良好且性能优越的控制系统。

4-1 已知系统特征方程为

$$3s^4 + 10s^3 + 5s^2 + s + 2 = 0$$

试用劳斯稳定判据确定系统的稳定性。

4-2 试求系统在 s 右半平面的根数及虚根值，已知系统特征方程如下：

(1) $s^5 + 3s^4 + 12s^3 + 24s^2 + 32s + 48 = 0$

(2) $s^5 + 3s^4 + 12s^3 + 20s^2 + 35s + 25 = 0$

(3) $s^6 + 4s^5 - 4s^4 + 4s^3 - 7s^2 - 8s + 10 = 0$

4-3 已知单位反馈系统的开环传递函数为 $G(s) = \dfrac{K(0.5s + 1)}{s(s + 1)(0.5s^2 + s + 1)}$，试确定系统稳定时的 K 值范围。

4-4 已知系统结构图如图 4-21 所示。试用劳斯稳定判据确定能使系统稳定的反馈系数 τ 的取值范围。

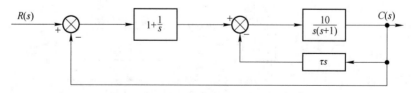

图 4-21　控制系统结构图

4-5 已知单位反馈系统的开环传递函数分别为

（1）$G(s) = \dfrac{100}{(0.1s + 1)(s + 5)}$

（2）$G(s) = \dfrac{50}{s(0.1s + 1)(s + 5)}$

（3）$G(s) = \dfrac{10(2s + 1)}{s^2(s^2 + 6s + 100)}$

试求输入分别为 $r(t) = 2t$ 和 $r(t) = 2 + 2t + t^2$ 时，系统的稳态误差。

4-6 已知单位反馈系统的开环传递函数分别为

（1）$G(s) = \dfrac{50}{(0.1s + 1)(2s + 1)}$

（2）$G(s) = \dfrac{K}{s^2(s^2 + 4s + 200)}$

（3）$G(s) = \dfrac{10(2s + 1)(4s + 1)}{s^2(s^2 + 2s + 10)}$

试求位置误差系数 K_p，速度误差系数 K_v，加速度误差系数 K_a。

4-7 设控制系统如图 4-22 所示。其中 $G(s) = K_p + \dfrac{K}{s}$，$F(s) = \dfrac{1}{Js}$，输入 $r(t)$ 以及扰动 $n_1(t)$ 和 $n_2(t)$ 均为单位阶跃函数。试求：

（1）在 $r(t)$ 作用下系统的稳态误差；

（2）在 $n_1(t)$ 作用下系统的稳态误差；

（3）在 $n_1(t)$ 和 $n_2(t)$ 同时作用下系统的稳态误差。

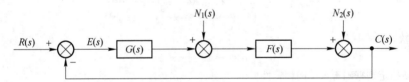

图 4-22 控制系统结构图

4-8 一种新型电动轮椅装有一种非常实用的速度控制系统，能使颈部以下有残障人士自行驾驶这种轮椅。该系统在头盔上以 90° 间隔安装了四个速度传感器，用来指示前、后、左、右四个方向。头盔传感系统的综合输出与头部运动的幅度成正比。图 4-23 给出了该控制系统的结构图，其中时间常数 $T_1 = 0.5 \text{ s}$，$T_3 = 1 \text{ s}$，$T_4 = 0.25 \text{ s}$。要求：

（1）确定使系统稳定的 K 的值（$K = K_1 K_2 K_3$）；

（2）确定增益 K 的取值，使系统单位阶跃响应的调节时间等于 4 s（$\Delta = 2\%$），并计算此时系统的特征根。

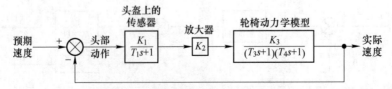

图 4-23 电动轮椅速度控制系统结构图

4-9 设垂直起飞飞机如图 4-24（a）所示，起飞时飞机的四个发动机将同时工作。垂直起飞飞机的高度控制系统结构图如图 4-24（b）所示。要求：

（1）当 $K_1 = 1$ 时，判断系统是否稳定；

（2）确定使系统稳定的 K_1 的取值范围。

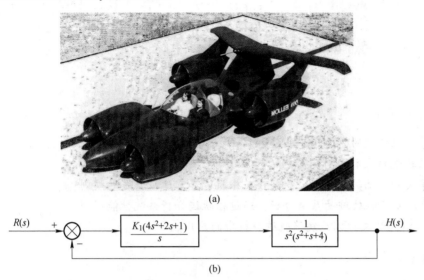

(a)

(b)

图 4-24　垂直起飞飞机高度控制系统

（a）垂直起飞飞机；（b）控制系统结构图

5 线性系统的根轨迹法

本章提要

- 重点掌握根轨迹的概念和根轨迹方程；
- 掌握根轨迹的基本绘制规则；
- 掌握等效传递函数的概念、绘制广义根轨迹和零度根轨迹的规则；
- 重点掌握基于根轨迹的系统分析，通过根轨迹分析系统性能；
- 掌握 MATLAB 在控制系统根轨迹分析中的应用。

思维导图

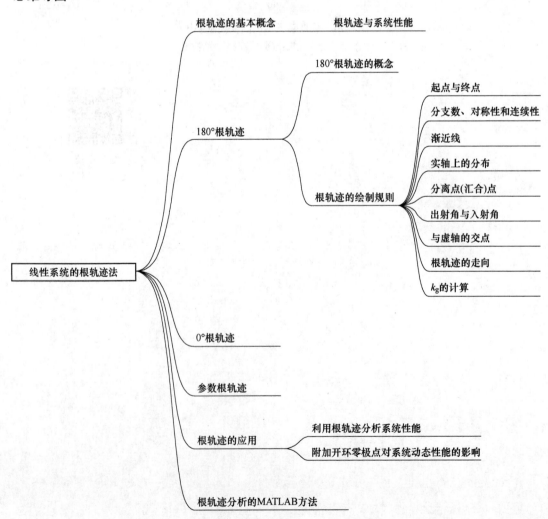

本章主要介绍一种求解闭环特征方程的图解法，主要描述了系统某一参数的变化如何改变特征方程的根，即闭环极点，从而改变系统的动态响应。这种方法是由伊文思（W. R. Evans）提出的，称之为根轨迹分析法。高阶系统的闭环特征根求解非常复杂，时域法在求解二阶以上高阶控制系统中受到极大的限制，而根轨迹能够应用于高阶系统中，能够根据系统零极点随着数值的变化从而准确描述系统，是分析高阶系统性能的重要方法之一。随着 MATLAB 和类似软件的发展，详细的绘图不再需要规则，但对于控制系统设计人员来说，了解所提出的动态控制器将如何影响根轨迹，作为设计过程中的指导是必不可少的。同时对计算机结果执行完整性检查，了解如何生成根轨迹的基础知识是很重要的。因此本章需要了解根轨迹的概念、幅值条件、相角条件，并掌握根轨迹的绘制规则，掌握根轨迹等效传递函数的概念，并在 MATLAB 中应用根轨迹。

5.1 根轨迹的基本概念

根轨迹是指闭环系统特征方程的根（闭环极点）随开环系统某一参数由 0 变化到 ∞ 时在 s 平面上留下的轨迹。

下面以一个单位负反馈系统为例介绍根轨迹的概念。

【例 5-1】某单位负反馈系统的开环传递函数为：$G_k(s) = \dfrac{k_g}{s(s + 2)}$。采用根轨迹分析该系统闭环特征方程的根随系统参数 k_g 的变化（设 k_g 的变化范围是 $[0, \infty)$）在 s 平面上的分布情况。

解： 可知系统的闭环传递函数为：$\varPhi(s) = \dfrac{k_g}{s^2 + 2s + k_g}$，系统的闭环特征方程为：$s^2 + 2s + k_g = 0$，得出特征方程的根为：$s_{1,2} = -1 \pm \sqrt{1 - k_g}$。

当 $k_g = 0$ 时，$s_1 = 0$，$s_1 = -2$；

当 $0 < k_g < 1$ 时，s_1 和 s_2 为两个不相等的负实根；

当 $k_g = 1$ 时，$s_1 = s_2 = -1$ 为两个相等实根；

当 $k_g > 1$ 时，$s_{1,2} = -1 \pm j\sqrt{1 - k_g}$ 为共轭复根。

该系统特征方程的根随开环系统参数 k_g 从 0 变到 ∞ 时在 s 平面上变化的轨迹如图 5-1 所示。

根据以上根轨迹图可以直观地对系统进行性能分析。

系统的稳定性：当系统参数 k_g 由 $0 \rightarrow \infty$，根轨迹不会越过虚轴进入 s 平面右半边，因此系统对所有的 k_g 值都是稳定的。若根轨迹穿越虚轴进入右半 s 平面，根轨迹与虚轴交点处的 K 值（$k_g/2$），就是系统临界稳定的开环增益。

系统的稳态性能：开环系统在坐标原点有一个极点，所以属于 I 型系统，因而根轨迹上的 k_g 值与静态速度误差系数成比例关系。如果给定系统的稳态误差要求，则可以由根轨迹图确定闭环极点位置的允许范围。在一般情况下，根轨

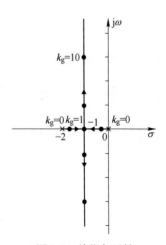

图 5-1 单位负反馈
系统的根轨迹

迹图上标注出来的参数不是开环增益，而是所谓的根轨迹增益。根轨迹增益和稳态误差系数之间，仅相差一个比例常数，很容易进行换算。对于其他参数变化的根轨迹，情况是类似的。

系统的动态性能：当 $0 < k_g < 1$ 时，所有闭环极点均位于实轴上，系统为过阻尼状态，其单位阶跃响应为单调上升的非振荡过程；当 $k_g = 1$ 时，特征方程有两个相等的负实根，系统为临界阻尼状态，单位阶跃响应为响应速度最快的非振荡过程；当 $k_g > 1$ 时，特征方程有一对共轭复根，系统为欠阻尼状态，单位阶跃响应为阻尼振荡过程，振荡幅度或超调量随 k_g 值的增加而加大，但调节时间不会有显著变化。

由以上分析可以看出，绘制出系统的根轨迹，可以分析系统的性能，得到相应的信息。然而对于高阶系统，其闭环极点难以计算，采用上述解析法得到系统的根轨迹图通常是很困难的，需要探索不求解高阶代数方程，也能确定系统的闭环特征根（闭环极点），进而分析系统闭环动态特性的有效方法。因此，如何根据系统的开环传递函数得到系统的根轨迹图需要进一步研究。根轨迹法（root locus method）是利用控制系统的开环极点求其闭环极点的一种作图法。根轨迹法是一种图解法、一种近似方法，它形象、直观，适合研究某一参数变化时系统的性能。

5.2　180°根轨迹

本节介绍如何根据系统的开环传递函数绘制根轨迹图，寻找开环零、极点与系统的闭环极点的关系，总结出绘制根轨迹的规则。

在根轨迹图中，"×"表示开环极点，"○"表示开环零点。粗实线表示根轨迹，箭头表示参数增加的方向。

5.2.1　根轨迹的概念

一个单位负反馈系统的结构图如图 5-2 所示，系统的开环传递函数用零、极点形式表示为：

$$G_k(s) = G(s)H(s) = \frac{k_g N(s)}{D(s)}$$

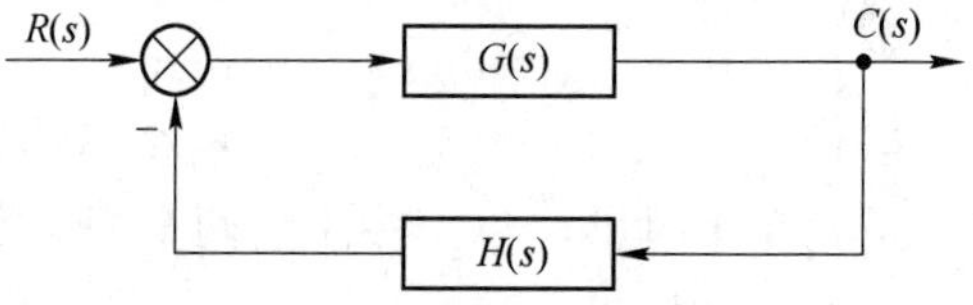

图 5-2　单位负反馈系统结构图

式中，k_g 为根轨迹增益（或根轨迹的放大系数）；

$N(s) = \prod_{j=1}^{m}(s - z_j)$，$D(s) = \prod_{i=1}^{n}(s - p_i)$。可得系统的闭环特征方程式为：$1 + G_k(s) = 0 \Rightarrow$

$1 + k_g \dfrac{N(s)}{D(s)} = 0$，得到：

$$-\frac{1}{k_g} = = \frac{\prod_{j=1}^{m}(s - z_j)}{\prod_{i=1}^{n}(s - p_i)} \tag{5-1}$$

根据上式可知，当 k_g 从 0 到 ∞ 变化时，满足上式的 s 均为闭环特征方程的根，因此式 (5-1) 称为根轨迹方程。该式为复数方程，因此可得根轨迹方程的幅值条件和相角条件：

$$幅值条件：\qquad \frac{1}{k_g} = \left| \frac{\prod\limits_{j=1}^{m}(s - z_j)}{\prod\limits_{i=1}^{n}(s - p_i)} \right| = \frac{\prod\limits_{j=1}^{m}|(s - z_j)|}{\prod\limits_{i=1}^{n}|(s - p_i)|} \qquad (5\text{-}2)$$

$$相角条件：\qquad \sum\limits_{j=1}^{m}\angle(s - z_j) - \sum\limits_{i=1}^{n}\angle(s - p_i) = (2k + 1)\pi \qquad (5\text{-}3)$$

凡是满足幅值条件和相角条件的 s 值称为特征方程的根，即闭环极点。因为 k_g 从 $0 \to \infty$ 变化，不论什么 s 值，总有一个 k_g 存在，使幅值条件得到满足。幅值条件与相角条件称为根轨迹的条件方程。也就是说，s 平面上的任意点 $s = s_g$ 如果满足根轨迹的幅值条件和相角条件，则该点在根轨迹上；复平面上的任意点 $s = s_g$ 如果不满足根轨迹的幅值条件和相角条件，则根轨迹不通过 $s = s_g$。应当指出，幅值条件和相角条件是根轨迹上的点应该同时满足的两个条件，而相角条件是确定 s 平面上根轨迹的充分必要条件，也就是说，绘制根轨迹时，只需使用相角条件即可，当需要确定根轨迹上各点的 k 值时才用幅值条件。值得注意的是，幅值条件不仅与开环零、极点有关，还与开环根轨迹增益有关；相角条件只与开环零、极点有关。综上所述可以得到，相角条件是决定系统闭环根轨迹的充分必要条件，而幅值条件只是必要条件。所以，实际上只要满足相角条件的 s 值就是闭环极点，而由此 s 值，再由幅值条件可确定此时系统对应的 k_g 值。

5.2.2　根轨迹的绘制规则

通常称以开环增益为可变参数绘制的根轨迹为普通根轨迹（或 180°根轨迹），简称根轨迹。根据根轨迹方程绘制普通根轨迹图的规则如下。

规则 1：根轨迹的分支数、连续性和对称性。根轨迹是描述闭环系统特征方程的根（即闭环极点）在 s 平面上的分布。n 阶实系数代数方程在复数域有 n 个根，因此 n 阶系统的根轨迹有 n 条分支，即根轨迹的分支数应等于系统特征方程的阶数。

由例 5-1 看出，系统开环根轨迹增益 $k_g = 0$（实变量）与复变量 s 有一一对应的关系。当 k_g 由 0 到 ∞ 连续变化时，描述系统特征方程的根在 s 平面上的变化也是连续的。因此，根轨迹是 n 条连续的曲线。

由于实际物理系统的参数都是实数，如果它的特征方程有复数根，一定是对称于实轴的共轭复根。因此，根轨迹总是对称于实轴的。

规则 2：根轨迹的起点与终点。由根轨迹的幅值条件 $\dfrac{\prod\limits_{j=1}^{m}|s - z_j|}{\prod\limits_{i=1}^{n}|s - p_i|} = \dfrac{1}{k_g}$ 可知，当 $k_g = 0$ 必有 $s = p_i(i = 1, 2, \cdots, n)$，此时系统的闭环极点与开环极点相同（重合），因此根轨迹的起点为开环极点；当 $k_g = \infty$ 必有 $s = z_j(j = 1, 2, \cdots, m)$，此时，系统的闭环极点与开环零点相同（重合），因此根轨迹的终点为开环零点。

由此得出结论，根轨迹起始于开环极点（$k_g = 0$），终止于开环零点（$k_g = \infty$）。

如果开环极点数 n 大于开环零点数 m，则有 $n-m$ 条根轨迹终止于 s 平面的无穷远处（无限零点）；如果开环零点数 m 大于开环极点数 n，则有 $m-n$ 条根轨迹起始于 s 平面的无穷远处（无限极点）。一般地，有限值零点加无穷远零点的个数等于极点数（＝根轨迹条数＝系统阶次 n）。

　　规则 3：实轴上的根轨迹。实轴的某一区间内存在根轨迹，则其右边开环传递函数的零点、极点数之和必为奇数。实轴上的根轨迹由相角条件可证。

　　根据相角条件 $\sum\limits_{j=1}^{m} \angle(s-z_j) - \sum\limits_{i=1}^{n} \angle(s-p_i)$ $= (2k+1)\pi$，图 5-3 中取 s_1 为测试点，共轭复极点 $\varphi_1 + \varphi_2 = 2\pi$，左极点 $\varphi_3 = 0$，右极点 $\varphi_4 = \pi$，左零点 $\theta_1 = 0$，右零点 $\theta_2 = \pi$。假设实轴上 $n_左$ 个左极点，$n_右$ 个右极点，$m_左$ 个左零点，$m_右$ 个右零点，则

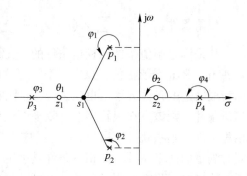

$$\sum_{i=1}^{m} \angle(s_1 - z_i) - \sum_{j=1}^{n} \angle(s_1 - p_i)$$
$$= m_右\pi + m_左 \times 0 - (n_右\pi + n_左 \times 0 + 2\pi)$$
$$= (m_右 + n_右)\pi$$

图 5-3　实轴上根轨迹分析

　　若 s_1 为根轨迹上的点，应满足 $(m_右 + n_右)\pi = (2k+1)\pi$，即右侧开环零极点数量之和为奇数时，该段为根轨迹的一部分。

　　规则 4：渐近线。当开环极点数 n 大于开环零点数 m 时，系统有 $n-m$ 条根轨迹终止于 s 平面的无穷远处，这 $n-m$ 条根轨迹变化趋向的直线叫作根轨迹的渐近线，因此渐近线也有 $n-m$ 条，且它们交于实轴上的一点。根轨迹与渐近线重合或者无限逼近渐近线。

　　渐近线与实轴的交点位置 σ 和与实轴正方向的交角 φ 分别为：

$$\sigma = \frac{\sum\limits_{i=1}^{n} p_i - \sum\limits_{j=1}^{m} z_j}{n-m} = \frac{开环极点和 - 开环零点和}{开环极点数 - 开环零点数}$$

$$\varphi = \frac{\pm(2k+1)\pi}{n-m} \quad (k=0,1,2,3,\cdots)$$

　　【例 5-2】 已知某系统的开环传递函数：$G_k(s) = \dfrac{k_g(s+2)}{s^2(s+1)(s+4)}$，试绘制该系统根轨迹的渐近线。

　　解：系统有开环极点 $n=4$，开环零点 $m=1$，$n-m=3$，可得系统有 3 条渐近线（3 条根轨迹终止于无限远），与实轴交点位置为：$\sigma = \dfrac{-1-4+2}{3} = -1$；计算渐近线与实轴正方向的交角分别是：$\dfrac{\pi}{3} = 60°$（$k=0$），$\dfrac{5\pi}{3} = -60°$（$k=2$），$\dfrac{3\pi}{3} = 180°$（$k=1$），得到根轨迹渐近线如图 5-4 所示。

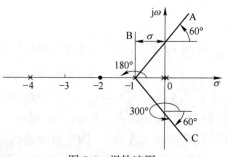

图 5-4　根轨迹图

　　规则 5：根轨迹的分离点、会（汇）合点。当根轨迹参数变化时，两条或两条以上根

轨迹分支在 s 平面上相遇又分离的点，称为根轨迹的分离点或会合点，如图 5-5 所示。根轨迹在 s 平面上相遇，表明系统有相同的根，即在分离点和会合点处必有闭环重根。

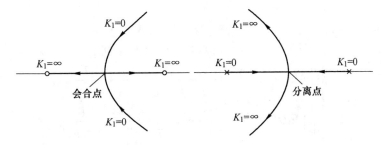

图 5-5 分离点、会合点示意图

求解分离点的坐标如下。

令闭环特征方程为：$F(s) = k_{\mathrm{g}} N(s) + D(s)$，分离点（会合点）是根轨迹增益的极值点，分离点满足方程 $\dfrac{\mathrm{d}F(s)}{\mathrm{d}s} = 0$，即

$$
\begin{aligned}
\frac{\mathrm{d}F(s)}{\mathrm{d}s} &= (s + \sigma_{\mathrm{d}})^{\gamma} \frac{\mathrm{d}}{\mathrm{d}s}\big[(s + \sigma_1)(s + \sigma_2)\cdots(s + \sigma_{n-\gamma})\big] + \\
&\quad \gamma(s + \sigma_{\mathrm{d}})^{\gamma-1}(s + \sigma_1)(s + \sigma_2)\cdots(s + \sigma_{n-\gamma}) \\
&= 0
\end{aligned}
$$

可求分离点的坐标。

在重根处有：

$$
\frac{\mathrm{d}F(s)}{\mathrm{d}s} = \frac{\mathrm{d}(k_{\mathrm{g}} N(s) + D(s))}{\mathrm{d}s} = k_{\mathrm{g}} N'(s) + D'(s) = 0
$$

由于 $k_{\mathrm{g}} = -\dfrac{D(s)}{N(s)}$，可得：

$$
-\frac{D(s)}{N(s)} N'(s) + D'(s) = 0
$$

即

$$
\frac{\mathrm{d}k_{\mathrm{g}}}{\mathrm{d}s} = \frac{D'(s)N(s) - N'(s)D(s)}{N^2(s)}
$$

因此分离点或会合点的坐标可由 $\dfrac{\mathrm{d}k_{\mathrm{g}}}{\mathrm{d}s} = 0$ 或 $\dfrac{\mathrm{d}F(s)}{\mathrm{d}s} = 0$ 计算得出。注意：由上式可求得的点是分离、会合点必要条件，因为以上分析没有考虑 $k_{\mathrm{g}} \geqslant 0$（且为实数）的约束条件，所以只有满足 $k_{\mathrm{g}} \geqslant 0$ 的解才是真正的分离点（或会合点）。

事实上，分离点还可由下式确定：$\displaystyle\sum_{j=1}^{m} \frac{1}{s - z_j} = \sum_{i=1}^{n} \frac{1}{s - p_i}$。注意：系统无开环零点时，上式左端为 0。

证明过程如下：

因为 $D'(s)N(s) - D(s)N'(s) = 0$，即 $\dfrac{N'(s)}{N(s)} = \dfrac{D'(s)}{D(s)}$ 可得

$$\frac{d}{ds}[\ln N(s)] = \frac{d}{ds}[\ln D(s)]$$

其中

$$\begin{cases} N(s) = (s - z_1)(s - z_2)\cdots(s - z_m) \\ D(s) = (s - p_1)(s - p_2)\cdots(s - p_n) \end{cases}$$

即

$$\begin{cases} \dfrac{d}{ds}[\ln N(s)] = \dfrac{1}{s - z_1} + \dfrac{1}{s - z_2} + \cdots + \dfrac{1}{s - z_m} \\ \dfrac{d}{ds}[\ln D(s)] = \dfrac{1}{s - p_1} + \dfrac{1}{s - p_2} + \cdots + \dfrac{1}{s - p_n} \end{cases}$$

所以

$$\sum_{j=1}^{m} \frac{1}{s - z_j} = \sum_{i=1}^{n} \frac{1}{s - p_i}$$

一般分离点（会合点）位于实轴上，或者以共轭形式出现在复平面中。如果根轨迹位于实轴上两相邻的开环极点（零点）之间，则出现分离点（会合点）。如果根轨迹位于实轴上一个开环极点与一个开环零点之间，则或者既不存在分离点，也不存在会合点；或者既存在分离点，又存在会合点。

【例 5-3】 系统的开环传递函数为 $G_k(s) = \dfrac{k_g}{s(s+1)(s+2)}$ ，试绘制该单位负反馈系统的根轨迹。

解：

（1）此系统无开环零点，有 3 个开环极点，分别为：$p_1 = 0$，$p_2 = -1$，$p_3 = -2$。

（2）渐近线。根据规则可知，系统根轨迹有三条分支，当 $k_g = 0$ 时根轨迹从开环极点 p_1, p_2, p_3 出发，当 $k_g = \infty$ 时趋向无穷远处，其渐近线夹角为：$\varphi = \dfrac{\pm(2k+1)\pi}{n-m} = \pm 60°$，

180°，渐近线与实轴的交点为：$\sigma = \dfrac{\sum\limits_{i=1}^{n} p_i - \sum\limits_{j=1}^{m} z_j}{n-m} = -1$。

（3）分离点。由 $k_g = -(s^3 + 3s^2 + 2s)$，可得：$\dfrac{dk_g}{ds} = -(3s^2 + 6s + 2)$，解得：$s_1 = -0.423$，$s_2 = -1.577$。分离点必位于 0 至 -1 之间的线段上，故 $s_1 = -0.423$ 为分离点 d 的坐标。

由此可得，系统的根轨迹如图 5-6 所示。

【例 5-4】 设单位负反馈系统开环传递函数如下，试概略绘出相应的闭环根轨迹图（要求确定分离点坐标 d）。

（1）$G(s) = \dfrac{K}{s(0.2s+1)(0.5s+1)}$；

（2）$G(s) = \dfrac{K(s+1)}{s(2s+1)}$；

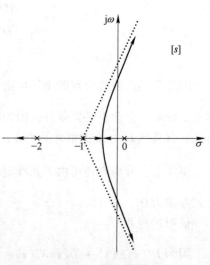

图 5-6　根轨迹图

(3) $G(s) = \dfrac{K(s+5)}{s(s+2)(s+3)}$。

解：

(1) 系统的开环传递函数可变换为

$$G(s) = \frac{K}{s(0.2s+1)(0.5s+1)} = \frac{10K}{s(s+5)(s+2)}$$

令 $k_g = 10K$，即 k_g 为根轨迹增益。

1) 根轨迹的分支和起点与终点：由于 $n=3$，$m=0$，$n-m=3$，故根轨迹有三条分支，其起点分别为 $p_1 = 0$，$p_2 = -2$，$p_3 = -5$，其终点都为无穷远处。

2) 实轴上的根轨迹：实轴上的根轨迹分布区为 $[-2, 0]$，$[-\infty, -5]$。

3) 根轨迹的渐近线：$\sigma = \dfrac{0-2-5}{3} = -\dfrac{7}{3}$，$\varphi = \pm 60°$，$180°$。

4) 根轨迹的分离点：根轨迹的分离点坐标满足 $\dfrac{1}{d} + \dfrac{1}{d+2} + \dfrac{1}{d+5} = 0$，解得 $d_1 = -0.88$，$d_2 = -3.79$（不在实轴根轨迹上，舍去），求得分离点的坐标为 $d = -0.88$。

根据以上几点，可以画出概略根轨迹图如图 5-7 所示。

(2) 系统的开环传递函数可变换为 $G(s) = \dfrac{K(s+1)}{s(2s+1)} = \dfrac{0.5K(s+1)}{s(s+0.5)}$，令 $k_g = 0.5K$，即 k_g 为根轨迹增益。

1) 根轨迹的分支和起点与终点：由于 $n=2$，$m=1$，$n-m=1$，故根轨迹有两条分支，其起点分别为 $p_1 = 0$，$p_2 = -0.5$，其终点分别为 $z = -1$ 和无穷远处。

2) 实轴上的根轨迹：实轴上的根轨迹分布区为 $[-0.5, 0]$，$[-\infty, -1]$。

3) 根轨迹的分离点：根轨迹的分离点坐标满足 $\dfrac{1}{d} + \dfrac{1}{d+0.5} = \dfrac{1}{d+1}$，解得 $d_1 = -0.293$，$d_2 = -1.707$，都在实轴根轨迹上，故分离点坐标是 $d_1 = -0.293$，会合点坐标是 $d_2 = -1.707$。

根据以上几点，可以画出概略根轨迹图如图 5-8 所示。

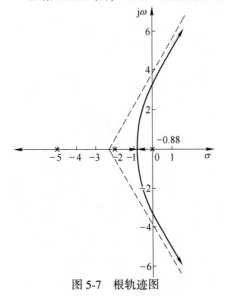

图 5-7 根轨迹图

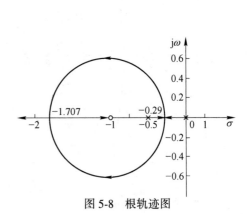

图 5-8 根轨迹图

可以证明，当系统有2个开环极点、1个或2个开环零点，并且在复平面上有根轨迹时，则复平面上的根轨迹一定是以开环零点为圆心的圆弧。

（3）系统的开环传递函数 $G(s) = \dfrac{K(s+5)}{s(s+2)(s+3)}$，$K$ 即为根轨迹增益。

1）根轨迹的分支和起点与终点：由于 $n=3$，$m=1$，$n-m=2$，故根轨迹有三条分支，起点分别为 $p_1 = 0$，$p_2 = -2$，$p_3 = -3$，其终点分别为 $z = -5$ 和无穷远处。

2）实轴上的根轨迹：实轴上的根轨迹分布区为 $[-2, 0]$，$[-5, -3]$。

3）根轨迹的渐近线：$\sigma = \dfrac{-2-3+5}{3} = 0$，$\varphi = \pm 90°$。

4）根轨迹的分离点：根轨迹的分离点坐标满足 $\dfrac{1}{d} + \dfrac{1}{d+2} + \dfrac{1}{d+3} = \dfrac{1}{d+5}$，通过试凑可得 $d \approx -0.89$。

根据以上几点，可以画出概略根轨迹图如图5-9所示。

规则6：根轨迹的出射角（起始角）和入射角（终止角）。当系统的开环极点和零点位于复平面上时，根轨迹离开共扼复数极点的角称为根轨迹的出射角；根轨迹趋于共扼复数零点的角称为根轨迹的入射角。根轨迹的出射角与入射角分别是根轨迹离开开环极点和进入开环零点处切线与正实轴的夹角。

根轨迹的出射角和入射角可用如下公式确定。

由相角条件 $\displaystyle\sum_{j=1}^{m} \alpha_j - \sum_{i=1}^{n} \beta_i = (2k+1)\pi$ 可得：

出射角　　　　　　　　　$\beta_k = \pi + \displaystyle\sum_{j=1}^{m} \alpha_j - \sum_{i=1,\ i \neq k}^{n} \beta_i$

入射角　　　　　　　　　$\alpha_k = \pi - \displaystyle\sum_{j=1,\ j \neq k}^{m} \alpha_j + \sum_{i=1}^{n} \beta_i$

如图5-10所示，实轴上的单个极点出射角为0°，实轴上的单个零点入射角为180°。

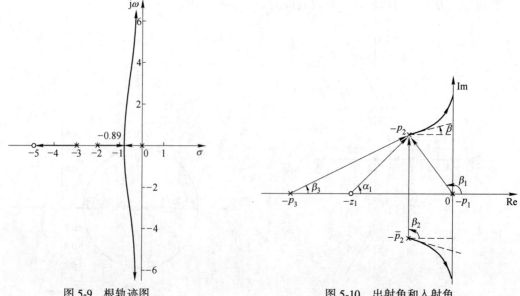

图5-9　根轨迹图　　　　　　　　　　图5-10　出射角和入射角

复平面上单极点出射角：

$\beta = 180° + \sum$ 各零点指向本极点的方向角 $- \sum$ 其他极点指向本极点的方向角

复平面上单零点入射角：

$\alpha = 180° - \sum$ 其他零点指向本零点的方向角 $+ \sum$ 各极点指向本零点的方向角

复平面上 n 重极点出射角：

$n\beta = 180° + \sum$ 各零点指向本极点的方向角 $- \sum$ 其他极点指向本极点的方向角

复平面上 n 重零点入射角：

$n\alpha = 180° - \sum$ 其他零点指向本零点的方向角 $+ \sum$ 各极点指向本零点的方向角

【例5-5】设系统开环传递函数为 $G(s) = \dfrac{k(s+1.5)(s+2+\mathrm{j})(s+2-\mathrm{j})}{s(s+2.5)(s+0.5+\mathrm{j}1.5)(s+0.5-\mathrm{j}1.5)}$，试概略绘出相应的闭环根轨迹图。

解：

（1）根轨迹的分支和起点与终点：由于 $n=4$，$m=3$，$n-m=1$，故根轨迹有四条分支，其起点分别为 $p_1 = 0$，$p_2 = -2.5$，$p_{3,4} = -0.5 \pm \mathrm{j}1.5$，其终点分别为 $z_1 = -1.5$，$z_{2,3} = -2 \pm \mathrm{j}$ 和无穷远处。

（2）实轴上的根轨迹：实轴上的根轨迹分布区为 $[-1.5, 0]$，$[-\infty, -2.5]$。

（3）复平面上的出射角和入射角：

$$\beta = 180° + (19° + 56.5° + 59°) - (108° + 37° + 90°) = 79.5°$$

$$\alpha = 180° - (117° + 90°) + (153° + 63.5° + 199° + 21°) = 509.5°$$

根据以上几点，可以画出概略根轨迹图如图5-11所示。

规则7： 根轨迹与虚轴的交点。根轨迹与虚轴相交时，闭环特征方程有一对纯虚根，系统处于临界稳定状态，这时的增益称为临界根轨迹增益，即根轨迹与虚轴的交点就是闭环系统特征方程的纯虚根（实部为零）。

求取根轨迹与虚轴的交点有两种方法：

（1）若根轨迹与虚轴相交，则意味着闭环特征方程出现纯虚根。故可在闭环特征方程中令 $s = \mathrm{j}\omega$，然后分别令方程的实部和虚部为零，从中求得交点的坐标值及其相应的 k_g 值。即令 $k_\mathrm{g}N(s) + D(s)\big|_{s=\mathrm{j}\omega} = 0$，虚部为

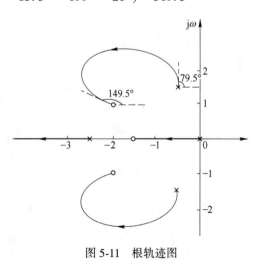

图5-11 根轨迹图

零，即可求得根轨迹与虚轴的交点处的频率为 ω；将 ω 代入实部方程，即可求出系统开环根轨迹增益临界值 k_g。

（2）根轨迹与虚轴相交表明系统在相应 k_g 值下处于临界稳定状态，故亦可用劳斯稳定判据求出交点的坐标值及其相应的 k_g 值。具体方法为根据劳斯表中 s^2 行系数构造的辅助方程求得。若根轨迹与虚轴的交点多于两个，则应取劳斯表中大于2的偶次方行的系数构造的辅助方程求得。

【例 5-6】设系统开环传递函数为 $G(s) = \dfrac{k}{s(s+1)(s+5)}$ ，试求根轨迹与虚轴的交点和对应的 k 值。

解：方法 1：

系统闭环特征方程为：$D(s) = s(s+1)(s+5) + k = s^3 + 6s^2 + 5s + k = 0$，将 $s = j\omega$ 代入

得 $D(j\omega) = -j\omega^3 - 6\omega^2 + 5j\omega + k = 0$，解得 $\begin{cases} \omega = 0, & \pm\sqrt{5} \\ k = 0, & 30 \end{cases}$。当 $k = 0$ 时，$\omega = 0$ 为根轨迹的

起点（开环极点）；当 $k = 30$ 时，$\omega = \pm\sqrt{5}$，即根轨迹与虚轴得交点为 $\pm j\sqrt{5}$。

方法 2：用劳斯稳定判据确定 ω 和 k 的值。

系统闭环特征方程为：$D(s) = s^3 + 6s^2 + 5s + k = 0$，列劳斯表：

s^3	1	5
s^2	6	k
s^1	$\dfrac{30-k}{6}$	
s^0	k	

劳斯表中某一行首列元素为 0，且其上下两行首列元素同号时，特征方程出现共轭纯虚根（根轨迹与虚轴有交点）。

令 $\begin{cases} \dfrac{30-k}{6} = 0 \\ k > 0 \end{cases}$，得临界增益为 $k = 30$，共轭虚根为辅助方程 $6s^2 + k = 0$ 的根，即 $6s^2 +$

$30 = 0$ 的根，解得 $s_{1,2} = \pm j\sqrt{5}$。

规则 8：根轨迹的走向。对于一个给定的系统，当满足 $n - m \geqslant 2$ 时，对于任意的 k_g，闭环极点之和等于开环极点之和，且随着 k_g 增加，一些根轨迹分支向左方移动，则另一些根轨迹分支将向右方移动。简单推导过程如下，

$$1 + G_k(s) = s^n - \sum_{i=1}^{n} p_i s^{n-1} - \cdots - \prod_{i=1}^{n} p_i + k_g s^m - k_g \sum_{j=1}^{m} z_j s^{m-1} - \cdots - k_g \prod_{j=1}^{m} z_j$$

由上式可知当满足 $n - m \geqslant 2$ 时，上式 s^{n-1} 项将没有同次项可以合并，$\sum p_i$ 不随 k_g 的

变化而变化，且为所有闭环极点的和（此时开环极点和等于闭环极点和）。通常把 $\sum\limits_{i=1}^{n} \dfrac{p_i}{n}$

称为极点的"重心"。当 k_g 变化时，极点的重心保持不变。所以，为了平衡"重心"的位置，当一部分根轨迹随着 k_g 的增加向左方移动时，另一部分根轨迹将向右方移动。根据这一规则，可以较快地绘制出根轨迹的大致形状和变化趋势。

规则 9：根轨迹上 k_g 值的计算。根轨迹上任一点 s_1 处的 k_g 可由幅值条件来确定。即

$$|k_g| = \frac{1}{|G_1(s_1)H_1(s_1)|} = \frac{\text{开环极点至向量 } s_1 \text{ 长度的乘积}}{\text{开环零点至向量 } s_1 \text{ 长度的乘积}}$$

按照以上的根轨迹绘制规则，可以根据所得的开环零极点得到系统根轨迹的大概形状和整体趋势。

【例5-7】系统开环传递函数为 $G(s)H(s) = \dfrac{k_g(s+1)}{s(s+2)(s+3)}$，试绘制该系统的根轨迹。

解:

(1) 开环极点：$p_1 = 0$，$p_2 = -2$，$p_3 = -3$；开环零点：$z_1 = -1$。

(2) 渐近线：应有 $n - m = 3 - 1 = 2$ 条渐近线，

渐近线的倾角：

$$\varphi = \frac{\pm 180°(2k+1)}{n-m} = \frac{\pm 180°(2k+1)}{2} = \pm 90°$$

渐近线与实轴的交点：

$$\sigma = \frac{(p_1 + p_2 + p_3) - z_1}{n-m} = \frac{0 - 2 - 3 - (-1)}{2} = -2$$

(3) 实轴上的根轨迹：$[-1, 0]$，$[-3, -2]$。

(4) 分离点方程为 $\dfrac{1}{d} + \dfrac{1}{d+2} + \dfrac{1}{d+3} = \dfrac{1}{d+1}$，得出 $d = -2.47$。

系统的根轨迹图如图 5-12 所示。

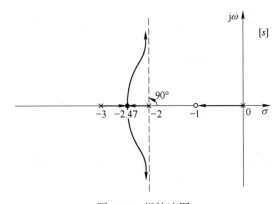

图 5-12　根轨迹图

【例5-8】系统开环传递函数为 $G(s)H(s) = \dfrac{k_g(s+2)}{s(s+3)(s^2+2s+2)}$，试绘制根轨迹图。

解:

(1) 开环极点：$p_1 = 0$、$p_2 = -3$、$p_3 = -1+j$、$p_4 = -1-j$；开环零点：$z_1 = -2$ 和 3 个无限零点。

(2) 渐近线：应有 $n - m = 4 - 1 = 3$ 条渐近线。

渐近线的倾角：

$$\varphi = \frac{\pm 180°(2k+1)}{n-m} = \frac{\pm 180°(2k+1)}{3} = \pm 60°，180°$$

渐近线与实轴的交点：

$$\sigma = \frac{(p_1 + p_2 + p_3 + p_4) - z_1}{n-m} = \frac{0 - 3 + (-1+j) + (-1-j) + 2}{3} = -1$$

(3) 实轴上的根轨迹：$[0, -2]$，$[-\infty, -3]$。

（4）出射角、入射角：

极点 p_3 的出射角 θ_3：不难求得极点 p_1、p_2、p_4 到 p_3 的幅角分别 $135°$、$26.6°$、$90°$，有限零点 z_1 到 p_3 的幅角为 $45°$，因此可得：

$$\beta_3 = \pm 180°(2k+1) - (135° + 26.6° + 90°) + 45° = -26.6°$$

利用根轨迹的对称性可知极点 p_4 处的出射角：$\beta_4 = 26.6°$。

（5）根轨迹与虚轴的交点：

方法 1：将 $s = j\omega$ 代入特征方程 $s^4 + 5s^3 + 8s^2 + 6s + k_g(s+2) = 0$，得到

$$(\omega^4 - 8\omega^2 + 2k_g) + j(-5\omega^3 + (6+k_g)\omega) = 0$$

实部方程：$\qquad\qquad\qquad \omega^4 - 8\omega^2 + 2k_g = 0$

虚部方程：$\qquad\qquad\qquad -5\omega^3 + (6+k_g)\omega = 0$

解得：$\omega_1 = 0$（舍去），$\omega_{2,3} = \pm 1.61$，$k_g = 7$。

方法 2：由劳斯稳定判据求取。

列出劳斯表：

s^4	1	8	$2k_g$
s^3	5	$6+k_g$	
s^2	$\dfrac{34-k_g}{5}$	$2k_g$	
s^1	$\dfrac{204 - 22k_g - k_g^2}{34 - k_g}$		
s^0	$2k_g$		

令 s^1 行为零，即 $204 - 22k_g - k_g^2 = 0$，得 $k_g = 7$；再根据行 s^2 得辅助方程：$\dfrac{34-k_g}{5}s^2 + 2k_g = 0$，解得 $\omega = \pm 1.61$。

得到根轨迹图如图 5-13 所示。

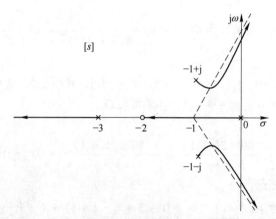

图 5-13　根轨迹图

总结绘制根轨迹的规则如表 5-1 所示。

表 5-1 绘制根轨迹的规则

序号	内 容	规 则
1	起点 终点	起始于开环极点（含无限极点），终止于开环零点（含无限零点）
2	分支数、对称性、连续性	分支数等于开环传递函数的极点数 n（$n>m$），或开环传递函数的零点数 m（$m>n$）。对称于实轴且具有连续性
3	渐近线	$n-m$ 条渐近线相交于实轴上的同一点： 坐标为：$\sigma = \dfrac{\sum_{i=1}^{n} p_i - \sum_{j=1}^{m} z_j}{n-m}$；倾角为：$\varphi = \dfrac{\pm 180°(2k+1)}{n-m}$，$k = 0, 1, 2, \cdots, n-m-1$
4	实轴上的分布	实轴的某一区间内存在根轨迹，则其右边开环传递函数的零点、极点数之和必为奇数
5	分离（会合）点	实轴上的分离（会合）点满足 $\dfrac{dk_g}{ds} = 0$ 或 $\dfrac{d[G(s)H(s)]}{ds} = 0$（必要条件）
6	出射角和入射角	复极点处的出射角 $\beta_k = 180°(2k+1) + \sum_{j=1}^{m} \alpha_i - \sum_{\substack{i=1 \\ i \neq k}}^{n} \beta_j$ 复零点处的入射角 $\alpha_k = 180°(2k+1) + \sum_{i=1}^{n} \beta_i - \sum_{\substack{j=1 \\ j \neq k}}^{m} \alpha_j$
7	虚轴交点	满足特征方程 $1 + G(j\omega)H(j\omega) = 0$ 的值 或由劳斯阵列求得（及 k_g 相应的值）
8	走向	当 $n-m \geq 2$，$k_g \rightarrow \infty$ 时，一些轨迹向右，则另一些将向左（重心不变）
9	k_g 计算	根轨迹上任一点处的 k_g： $\|k_g\| = \dfrac{1}{\|G_1(s_1)H_1(s_1)\|} = \dfrac{\text{开环极点至向量 } s_1 \text{ 长度的乘积}}{\text{开环零点至向量 } s_1 \text{ 长度的乘积}}$

5.3　广义根轨迹

前面介绍的根轨迹绘制法则，只适用于以放大系数 k_g 为参量的情况，而实际的系统中，往往需要分析非放大系数参数变量对系统性能的影响，这种根据非放大系数为可变参数绘制并分析系统的根轨迹为广义根轨迹，也称参数根轨迹。对于广义根轨迹，只需要预先将设定的参数变量变换到相当于放大系数变量 k_g 的位置，得到等效的开环传递函数。将具有相同闭环特征方程的开环传递函数称为相互等效的开环传递函数（简称为等效开环传递函数）。

【例 5-9】 设某系统的开环传递函数为：$G_k(s) = \dfrac{k_g(3s + 5)}{s(s + 3)(Ts + 1)}$，$k_g = 1$，绘制以 T 为参数的根轨迹。

解： 根据根轨迹的定义，根轨迹是闭环极点随某个参量变化在 s 平面上留下的轨迹，故根轨迹上的点满足闭环特征方程：$\dfrac{k_g(3s+5)}{s(s+3)(Ts+1)}+1=0$，$k_g=1$，得到 $1+\dfrac{Ts^2(s+3)}{s^2+6s+5}=$

0，得到等效开环传递函数：$G'_k=\dfrac{Ts^2(s+3)}{s^2+6s+5}$，按照前面所述的绘制根轨迹的规则，就可

以得到以 T 为参数的根轨迹。

5.4 零度根轨迹

    若控制系统为非最小相位系统，则有时不能采用前述的 $180°$ 根轨迹法则来绘制系统的根轨迹。因为其相角为 $2k\pi$ 的相角条件，而非 $(2k+1)\pi$ 的相角条件，故一般称为 $0°$ 根轨迹。所谓非最小相位系统，是指在右半平面具有开环零极点的控制系统。此外，在绘制正反馈系统的根轨迹时，也要满足 $0°$ 根轨迹的相角条件。通常，$0°$ 根轨迹来源于两个方面：一是非最小相位系统中包含 s 最高次幂的系数为负的因子；二是控制系统中包含正反馈内回路。前者是由于被控对象（如飞机、导弹等）的本身特性所致，或者在系统框图变换过程中所产生；后者是由于某种性能指标要求，使得在复杂的控制系统设计中，必须包含正反馈内回路所致。

    以正反馈回路为例，其中内回路采用正反馈。这种系统通常由外回路加以稳定。这种局部正反馈的结构可能是控制对象本身的特性，也可能是为了满足系统的某种性能要求在设计系统时加进的。因此。在利用根轨迹法对系统进行分析时有时需绘制正反馈系统的根轨迹。

    如果系统的开环传递函数的放大系数 k_g 为负，设开环传递函数为：

$$G_k(s)=\frac{k_g\displaystyle\prod_{j=1}^{m}(s-z_j)}{\displaystyle\prod_{i=1}^{n}(s-p_i)}$$

其闭环特征方程为：

$$1+\frac{k_g\displaystyle\prod_{j=1}^{m}(s-z_j)}{\displaystyle\prod_{i=1}^{n}(s-p_i)}=0$$

得到幅值条件：

$$\frac{1}{k_g}=\left|\frac{\displaystyle\prod_{j=1}^{m}(s-z_j)}{\displaystyle\prod_{i=1}^{n}(s-p_i)}\right|=\frac{\displaystyle\prod_{j=1}^{m}|(s-z_j)|}{\displaystyle\prod_{i=1}^{n}|(s-p_i)|}$$

相角条件为：

$$\sum_{j=1}^{m} \angle (s - z_j) - \sum_{i=1}^{n} \angle (s - p_i) = \pm 2k\pi$$

可知，与180°根轨迹相比，它们的幅值条件完全相同，相角条件由 $(2k+1)\pi$ 变为 $2k\pi$，将相角条件为 $2k\pi$ 的根轨迹称为零度根轨迹。

在绘制零度根轨迹时，只需在180°根轨迹的绘制规则中，与相角条件有关的规则作相应的修改，即：

（1）实轴上的根轨迹。实轴上，若某线段右侧的开环实数零、极点个数之和为偶数，则此线段为根轨迹的一部分。

（2）渐近线。渐近线与实轴的交点位置 σ 和与实轴正方向的交角 φ 分别为：

$$\sigma = \frac{\sum_{i=1}^{n} p_i - \sum_{j=1}^{m} z_j}{n-m}, \quad \varphi = \frac{\pm 2k\pi}{n-m}(k = 0, 1, 2, 3, \cdots)。$$

（3）根轨迹的出射角和入射角。由相角条件 $\sum_{j=1}^{m} \alpha_j - \sum_{i=1}^{n} \beta_i = 2k\pi$ 可得，

出射角：
$$\beta_k = \sum_{j=1}^{m} \alpha_j - \sum_{i=1, i \neq k}^{n} \beta_i$$

入射角：
$$\alpha_k = - \sum_{j=1, j \neq k}^{m} \alpha_j + \sum_{i=1}^{n} \beta_i$$

【例 5-10】已知正反馈系统的开环传递函数为 $G(s)H(s) = \dfrac{K_r}{s(s+1)(s+2)}$，试绘制该系统的根轨迹图。

解：

（1）由修改后的规则 3 知，实轴上的根轨迹是由 0 至+∞ 线段和由−1 至−2 线段。

（2）由修改后的规则 4 知，渐近线与实轴正方向的夹角分别是：0°、120°、−120°。

（3）渐近线与实轴的交点为−1。

（4）由规则 5 求出的极值方程的解有两个，即 $d_1 = -0.42$，$d_2 = -1.58$，由于是正反馈，实轴上的根轨迹改变了，因为 $d_1 = -0.42$ 不在实轴根轨迹上，舍去。可见，虽然规则 5 没改变，但在确定分离点时应考虑规则 3 变化。

绘制的根轨迹如图 5-14 所示。

可以看出，有一条从起点到终点全部位于 s 右半平面的根轨迹，这意味着无论 K_r 为何值，系统都存在 s 右半平面的闭环极点，表明系统总是不稳定的。在开环传递函数相同的情况下，负反馈系统的稳定性比正反馈系统好。

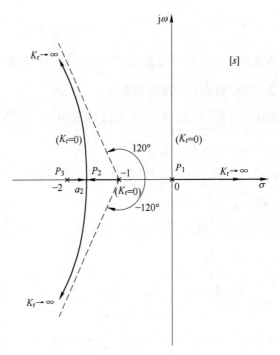

图 5-14　根轨迹图

5.5　系统性能分析

开环零、极点的分布决定着系统根轨迹的形状。控制系统的闭环极点、零点与系统的稳定性及动态性能有密切关系。单位反馈系统闭环零点与开环零点相同，闭环极点由根轨迹方程表示出来。

通过前面时域分析可知，闭环零、极点对系统的影响包括：

（1）稳定性：稳定性只与闭环极点位置有关，而与闭环零点位置无关，闭环极点应位于 s 左半平面。

（2）运动形式及超调量：如果闭环系统无零点，且闭环极点（附近没有闭环零点）均为实数极点，则系统响应一定是单调的；如果闭环极点均为复数极点，则系统响应一般是振荡的。超调量主要取决于闭环复数主导极点的衰减率（阻尼角）$\dfrac{\sigma_1}{\omega_d} = \dfrac{\xi}{\sqrt{1 - \xi^2}}$，并与其他闭环零、极点接近坐标原点的程度有关。希望系统响应振荡要小，接近最佳阻尼比。

（3）快速性：调节时间主要取决于最靠近虚轴的闭环复数极点的实部绝对值 $\xi\omega_n$；如果实数极点距虚轴最近，并且它附近没有实数零点，则调节时间主要取决于该实数极点的模值。极点尽可能远离虚轴（减小调节时间）。

（4）零点（微分环节）不影响系统动态响应分量的个数，也不影响系统的稳定性，但是会减小系统阻尼，从而显著改变了动态性能：对响应起加快作用，使峰值时间提前，系统动态在初始阶段冲劲大，但有可能引起超调量增大；极点会增大系统阻尼，使峰值时间滞后，超调量减小。它们的作用，随着其本身接近坐标原点的程度而加强。

（5）利用闭环主导极点进行高阶系统的近似处理，凡比主导极点的实部大 3~6 倍以上的其他闭环零、极点，其影响均可忽略。

（6）闭环零点可以削弱其附近闭环极点对系统的影响（对应的留数小）。如果零、极点之间的距离比它们本身的模值小一个数量级，则它们就构成了偶极子。远离原点的偶极子，其影响可略；接近原点的偶极子，其影响必须考虑。

如果系统的性能不能满足要求，可以通过调整控制器的结构和参数，改变相应的开环零、极点的分布，调整根轨迹的形状，改善系统的性能。

5.5.1 开环零点对根轨迹的影响

【例 5-11】三个单位负反馈系统的开环传递函数分别为 $G_1(s) = \dfrac{K^*}{s(s + 0.8)}$，$G_2(s) = \dfrac{K^*(s + 2 + \mathrm{j}4)(s + 2 - \mathrm{j}4)}{s(s + 0.8)}$，$G_3(s) = \dfrac{K^*(s + 4)}{s(s + 0.8)}$，试分别绘制三个系统的根轨迹。

解：可以看出系统 G_2 是在系统 G_1 上增加了一对稳定的开环共轭零点，系统 G_3 是在系统 G_1 上增加了一个稳定的开环实数零点。三个系统的根轨迹分别如图 5-15（a）~（c）所示。当根轨迹增益 $K^* = 4$ 时系统的单位阶跃响应曲线如图 5-15（d）所示。

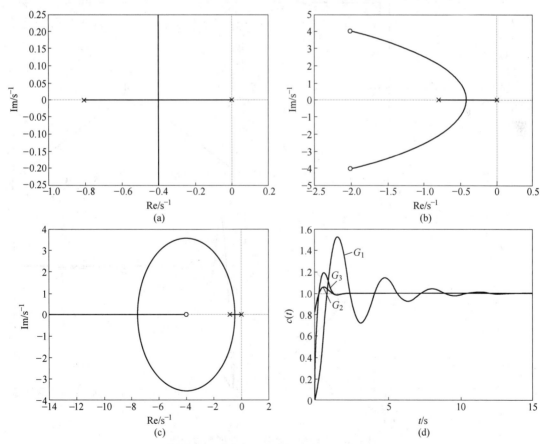

图 5-15　系统根轨迹及单位阶跃响应曲线

（a）G_1 根轨迹图；（b）G_2 根轨迹图；（c）G_3 根轨迹图；（d）单位阶跃响应曲线

从图 5-15 中可以看出，对原系统增加开环零点对系统的根轨迹的影响有：

（1）改变了实轴上根轨迹的分布（增加实数开环零点）；

（2）改变了根轨迹渐近线的条数、与实轴交点的坐标及夹角的大小；

（3）可以抵消对系统不利的闭环极点（偶极子）；

（4）增加合适的开环零点，可使系统的根轨迹向左偏移，提高系统的稳定裕度，有利于改善系统的动态特性。

5.5.2　开环极点对根轨迹的影响

【例 5-12】三个单位负反馈系统的开环传递函数分别为 $G_1(s) = \dfrac{K^*}{s(s + 0.8)}$，$G_2(s) = $

$\dfrac{K^*}{s(s + 0.8)(s + 2 + j4)(s + 2 - j4)}$，$G_3(s) = \dfrac{K^*}{s(s + 0.8)(s + 4)}$，试分别绘制三个系统的根轨迹。

解： 可以看出 G_2 和 G_3 在原系统 G_1 上分别增加一个稳定实数开环极点 -4 和一对稳定开环共轭极点 $-2 \pm j4$，三个系统的根轨迹分别如图 5-16（a）~（c）所示。当开环增益 $K^* = 2$ 时系统的单位阶跃响应曲线如图 5-16（d）所示。

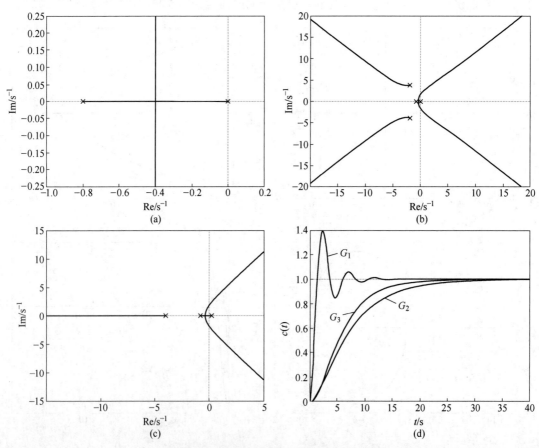

图 5-16　系统根轨迹及单位阶跃响应曲线

（a）G_1 根轨迹图；（b）G_2 根轨迹图；（c）G_3 根轨迹图；（d）单位阶跃响应曲线

从图 5-16 中可以看出，对原系统增加开环极点对根轨迹的影响有：

（1）改变了实轴上根轨迹的分布（实数极点）；

（2）改变了根轨迹渐近线的条数、与实轴交点的坐标及夹角的大小；

（3）使系统的根轨迹向右偏移，降低了系统的稳定裕度，有损于系统的动态特性，使系统响应的快速性变差。

5.5.3 开环偶极子对根轨迹的影响

【例 5-13】两个单位负反馈系统的开环传递函数分别为 $G_1(s) = \dfrac{K(s + 1.5)}{s(s + 1)}$，$G_2(s) = \dfrac{K(s + 1.5)(s + 10)}{s(s + 1)(s + 5)}$，试分别绘制系统的根轨迹。

解： 可以看出 G_2 在原系统 G_1 上增加一对偶极子，两个系统的根轨迹分别如图 5-17（a）和（b）所示。当开环增益 $K^* = 1$ 时系统的单位阶跃响应曲线和单位斜坡响应曲线分别如图 5-17（c）和（d）所示。

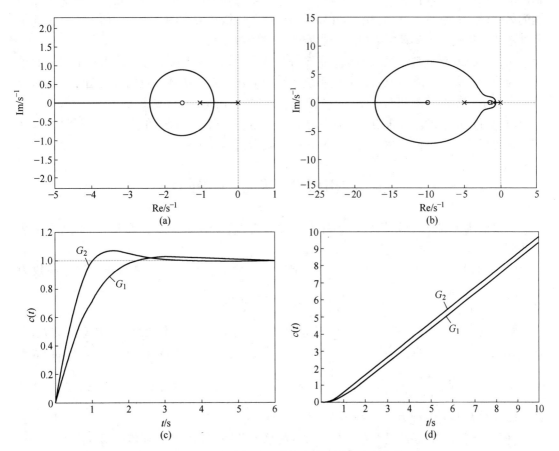

图 5-17 系统根轨迹及单位阶跃、斜坡响应曲线

（a）G_1 根轨迹图；（b）G_2 根轨迹图；（c）单位阶跃响应曲线；（d）单位斜坡响应曲线

从图 5-17 中可以看出，对原系统增加一对开环偶极子（零点 $z_1 = -10$ 和极点 $p_1 = -5$），系统开环增益提高 $\dfrac{z_1}{p_1}$ 倍，对根轨迹的影响有：

（1）改变了实轴上根轨迹的分布；

（2）改变了根轨迹的分支数；

（3）对远处根轨迹形状和根轨迹增益影响不大；

（4）增加合适的开环偶极子，可以提高系统的开环增益，减小稳态误差 e_{ss}，即改善系统稳态性能。

5.5.4 闭环极点的确定

自动控制系统的稳定性，由它的闭环极点唯一确定，其动态性能与系统的闭环极点和零点在 s 平面上的分布有关。因此确定控制系统闭环极点和零点在 s 平面上的分布，特别是从已知的开环零、极点的分布确定闭环零、极点的分布，是对控制系统进行分析必须首先要解决的问题。解决的方法之一，是前面章节介绍的解析法，即求出系统特征方程的根。解析法虽然比较精确，但对四阶以上的高阶系统是很困难的。根轨迹法是解决上述问题的另一途径，它是在已知系统的开环传递函数零、极点分布的基础上，研究某一个和某些参数的变化对系统闭环极点分布的影响的一种图解方法。

由于根轨迹图直观、完整地反映系统特征方程的根在 s 平面上分布的大致情况，通过一些简单的作图和计算，就可以看到系统参数的变化对系统闭环极点的影响趋势。这对分析研究控制系统的性能和提出改善系统性能的合理途径都具有重要意义。

对于特定值下的闭环极点，可用幅值条件确定。一般比较简单的方法是先用试探法确定实数闭环极点的数值，然后用综合除法得到其余的闭环极点。

5.6 利用根轨迹解决工程问题

利用根轨迹解决工程问题，实际上是根据系统性能指标的要求，求出主导极点在 s 平面的分布区域。下面举例说明。

【例 5-14】求控制参数（增益）的稳定边界。某单位负反馈系统的开环传递函数为 $G_k(s) = \dfrac{K}{s(s+1)(s+2)}$，试求系统稳定的 K 取值范围。

解：例 5-3 中已绘制该系统根轨迹如图 5-6 所示。求出其与虚轴的交点及对应的 K 值：系统闭环特征方程为 $D(s) = s^3 + 3s^2 + 2s + K = 0$，将 $s = j\omega$ 代入得 $D(j\omega) = -j\omega^3 - 3\omega^2 + 2j\omega + K = 0$，解得 $\begin{cases} \omega = 0, & \pm\sqrt{2} \\ K = 0, & 6 \end{cases}$。当 $K = 6$ 时，$\omega = \pm\sqrt{2}$，即根轨迹与虚轴得交点为 $\pm j\sqrt{2}$。所以系统稳定的 K 取值范围为 $0 < K < 6$。

【例 5-15】确定使系统具有单调过渡过程的增益范围。某系统开环传递函数为 $G_k(s) = \dfrac{K}{s(s+1)(s+2)}$，要求其暂态响应为单调过程，即超调量 $\sigma_p = 0$，求 K 的取值范围。

解：欲使系统响应为单调过渡过程，则闭环极点必位于实轴上，设分离点为 d，例 5-3

中已求出该系统分离点为 $d = -0.423$。利用模条件（规则 9）可得此时 $K = 0.385$。所以系统单调过渡过程的 K 取值范围为 $0 < K \leq 0.385$。

【例 5-16】 确定满足调节时间要求的控制参数（增益）。某单位负反馈系统的开环传递函数为 $G_k(s) = \dfrac{K}{s(s+1)(s+2)}$，要求其阶跃响应衰减振荡，且 $t_s \leq 12\,s(\Delta = 0.05)$，求 K 的取值范围。

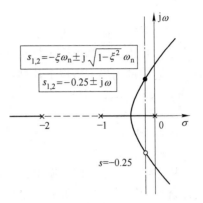

解： $t_s \approx \dfrac{3}{\xi\omega_n} \leq 12\,s \Rightarrow \xi\omega_n \geq 0.25$，图 5-18 中满足题目要求条件的闭环极点应为图中点划线左侧复平面根轨迹上。

图 5-18 系统根轨迹图

系统闭环特征方程为 $D(s) = s^3 + 3s^2 + 2s + K = 0$，将 $s = -0.25 - j\omega$ 代入特征方程得 $D(j\omega) = -j\omega^3 - 2.25\omega^2 - 0.6875j\omega - 0.328 + K = 0$，解得 $\begin{cases} \omega = \pm 0.8295 \\ K = 1.875 \end{cases}$。

结合例 5-15 中求得的分离点处 K 值，所以满足题目要求条件的 K 取值范围为 $0.385 < K \leq 1.875$。

【例 5-17】 确定满足超调量要求的系统增益。某单位负反馈系统的开环传递函数为 $G_k(s) = \dfrac{K}{s(s+1)(s+2)}$，要求其阶跃响应为欠阻尼过渡过程，且超调量 $\sigma_p \leq 20\%$，求 K 的取值范围。

解： 由于 $\sigma_p = e^{-\frac{\xi\pi}{\sqrt{1-\xi^2}}} \times 100\% \leq 20\% \Rightarrow \xi = \cos\beta \geq 0.456$，求满足要求的临界点增益 K，因 $\beta = 62.89°$，$\tan\beta = 1.95$，令 $s = -\sigma + j\sigma \times \tan\beta = -\sigma + j1.95\sigma$ 代入特征方程 $D(s) = s^3 + 3s^2 + 2s + K = 0$，解得 $\begin{cases} \sigma_p = -0.32 \\ K = 1.16 \end{cases}$。

结合例 5-15 中求得的分离点处 K 值，所以满足题目要求条件的 K 取值范围为 $0.385 < K \leq 1.16$。

此外，根轨迹法可以用于校正反馈系统，这里给出方法步骤：

（1）根据要求的暂态性能指标确定期望的闭环主导极点；

（2）绘制原系统的根轨迹，确定是否增加校正装置；

（3）校正后系统根轨迹通过期望闭环主导极点，检验开环放大系数是否满足静态指标（否则，增加开环偶极子以改善之）；

（4）检验暂态、稳态指标。

5.7 MATLAB 在控制系统根轨迹分析中的应用

通过根轨迹可以分析相关系统的性能，再根据闭环零极点和开环零极点之间的关系推出根轨迹方程。如果想要将根轨迹形象的表示出来，可以选择手工绘制的方法，但精准度较差，而使用 MATLAB 将根轨迹准确的绘制出来，可以非常方便、直观地得到系统的根轨迹，并且可以计算得到任意极点对应的参数值和动态性能，因此引入基于 MATLAB 的根轨迹仿真。

闭环根轨迹法是一种图解方法，可以清晰地展示系统参数变化时闭环特征方程根在 s 平面上的轨迹，控制系统工具箱中提供了 rlocus（ ）函数，可以用来绘制给定系统的根轨迹，它的调用格式有以下几种：

```
rlocus (num, den)
rlocus (num, den, K)
或者 rlocus (G)
rlocus (G, K)
```

以上给定命令可以绘制出根轨迹图，其中 G 为开环系统 $G_k(s)$ 的对象模型，K 为用户自己选择的增益向量。如果不给出 K 向量，则该命令函数会自动选择 K 向量。如果在函数调用中需要返回参数，则调用格式将引入左端变量。如：

```
[R, K] =rlocus (G)
```

此时屏幕上不显示图形，而生成变量 R 和 K。R 为根轨迹各分支线上的点构成的复数矩阵，K 向量的每一个元素对应于 R 矩阵中的一行。若需要画出根轨迹，则需要采用以下命令：

```
plot (R, '·')
```

plot（ ）函数里引号内的部分用于选择所绘制曲线的类型。

控制系统工具箱中还有一个 rlocfind（ ）函数，该函数允许用户求取根轨迹上指定点处的开环增益值，并将该增益下所有的闭环极点显示出来。其调用格式为：

```
[K, P] =rlocfind (G)
```

函数运行后，图形窗口中会出现要求用户使用鼠标定位的提示，可以用鼠标左键点击所关心的根轨迹上的点。这样将返回一个 K 变量，该变量为所选择点对应的开环增益，同时返回的 P 变量则为该增益下所有的闭环极点位置。此外，该函数还将自动地将该增益下所有的闭环极点直接在根轨迹曲线上显示出来。

【例 5-18】已知系统的开环传递函数模型：$G_k(s) = \dfrac{K}{s(s+1)(s+2)} = KG_0(s)$，绘制控制系统的根轨迹图，并分析根轨迹的一般规律。

利用下边的 MATLAB 命令可以验证出该系统的根轨迹如图 5-19 所示。

```
>>G=tf (1, [conv ( [1, 1], [1, 2] ), 0] );
rlocus (G);
grid
% Title ('Root_ Locus Plot of G (s) =K/ [s (s+1) (s+2) ] ')
Xlabel ('Re')    % 给图形中的横坐标命名
Ylabel ('Im')    % 给图形中的纵坐标命名
[K, P] =rlocfind (G)
```

【例 5-19】已知系统开环传递函数 $G(s) = \dfrac{1}{s^2(s+10)}$，试用根轨迹设计器对系统进行补偿设计，使系统单位阶跃输入响应一次超调后就衰减；并在根轨迹设计器中观察根轨迹

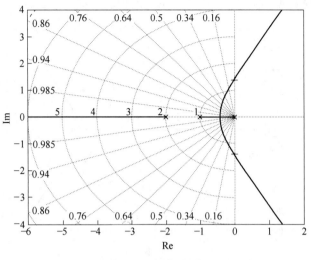

图 5-19 根轨迹图

以及系统阶跃输入响应曲线。

解：（1）编写 MATLAB 程序，调用 rltool（ ）；

```
>>n1 = 1; d1 = conv (conv ( [1 0], [1 0] ), [1 10] );
  sys = tf (n1, d1);
  rltool (sys)
```

（2）在根轨迹补偿校正器编辑器中，设计相应的增益和零极点；

（3）在新根轨迹图的主菜单中选择"analysis"下的各命令，观察相应的曲线。

得到的根轨迹图如图 5-20 所示。

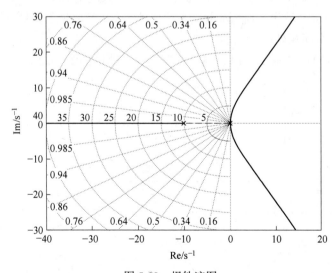

图 5-20 根轨迹图

【**例 5-20**】汽车悬架系统的根轨迹分析。绘制 2.6.1 节中悬架系统在比例控制器作用下的根轨迹图，并分析根轨迹的一般规律。

利用下边的 MATLAB 命令可以得到该系统的根轨迹如图 5-21 所示。

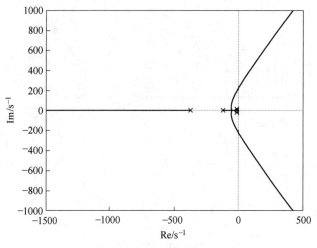

图 5-21   悬架系统根轨迹图

```
clear all;
clc;
num = [1.31e06   1.31e06 * 13.3];
den = [1 516.1   5.685e04   1.307e06   1.733e07];
sys = tf (num, den);
rlocus (sys)
```

进一步分析可以看出该系统是条件稳定的系统，可以求出根轨迹与虚轴的交点坐标和对应的 K 值，可以添加开环零点（比例-微分控制）使系统绝对稳定，请读者自行分析。

【例 5-21】厚板轧制液压系统根轨迹分析。绘制 2.6.2 节中液压系统在比例控制器作用下的根轨迹图，并分析根轨迹的一般规律。

利用下边的 MATLAB 命令可以绘制出该系统的根轨迹如图 5-22 所示。

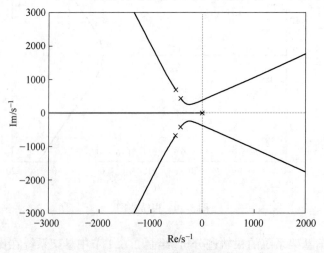

图 5-22   液压系统根轨迹图

```
clear all;
clc;
num_ open= [1.02 * 8.8658 * 14.5]; % 开环传递函数分子多项式系数
den_ open=conv (conv ( [1/(600 * 600) 1.4/600 1], [1/0.13 1] ), [1/(855 *
855) 0.4/855 1] ); % 开环传递函数分母多项式系数
sys=tf (num_ open, den_ open);
rlocus (sys)
```

进一步分析可以看出该系统是条件稳定的系统，可以求出根轨迹与虚轴的交点坐标和对应的 K 值，同样可以通过设计控制器改善系统的性能，请读者自行分析。

本 章 小 结

闭环系统的根轨迹对系统的动态性能具有决定性作用。根轨迹法是一种图解方法，可以清晰地展示系统参数变化时闭环特征方程根在 s 平面上的轨迹。通过绘制根轨迹图，可以确定闭环极点，分析系统的动态性能，并设计系统以改善性能。这种方法在工程应用中非常实用，可解决高阶系统性能分析和性能指标估算问题。

本章详细介绍了在已知系统开环零点和极点分布情况下绘制根轨迹的 9 个基本规则。准确掌握这些规则对于正确绘制根轨迹图至关重要。根轨迹法的基本思路是通过绘制根轨迹图，定性分析系统参数对控制系统性能的影响。同时，也可以根据指定的参数或性能要求，在根轨迹图中求得相应的闭环极点，并使用闭环主导极点的概念对控制系统性能进行定量评估。

最后，借助 MATLAB，能够精确绘制根轨迹图，并计算出所需的参数、闭环系统的极点以及相应的动态性能。这为我们提供了强大的工具，更好地用于系统分析和性能优化。

习　题

5-1　单位负反馈系统的开环传递函数为 $G(s) = \dfrac{K}{s(s^2 + 2s + 2)}$，试绘制系统的根轨迹图。

5-2　单位负反馈系统的开环传递函数为 $G(s) = \dfrac{K(0.25s + 1)}{s(0.5s + 1)}$，试应用根轨迹法确定系统瞬态响应无振荡分量时的开环增益 K。

5-3　负反馈系统的开环传递函数为 $G(s)H(s) = \dfrac{K(s + 1)}{s^2(0.1s + 1)}$，试绘制系统的根轨迹图。

5-4　非最小相位负反馈系统的开环传递函数为 $G(s)H(s) = \dfrac{K(s + 1)}{s(s - 3)}$，试绘制系统的根轨迹图。

5-5　负反馈系统的开环传递函数为 $G(s)H(s) = \dfrac{K(s + 2)}{s(s + 3)(s^2 + 2s + 2)}$，试绘制系统的根轨迹图。

5-6　单位负反馈系统的开环传递函数为 $G(s) = \dfrac{K}{s(s + 1)(0.1s + 1)}$，试绘制系统的根轨迹图，并求系统稳定的 K 值范围。

5-7　负反馈系统的开环传递函数为 $G(s)H(s) = \dfrac{K}{(s + 1)(s + 2)(s + 4)}$，试证明 $s_1 = -1 + \sqrt{3}\mathrm{j}$ 在该系

统的根轨迹上，并求出相应的 K 值。

5-8   单位负反馈系统的开环传递函数为 $G(s) = \dfrac{K}{s(s+3)(s+7)}$ ，试确定使系统具有欠阻尼阶跃响应特性的 K 的取值范围。

5-9   已知开环零、极点如图 5-23 所示，试绘制相应的根轨迹。

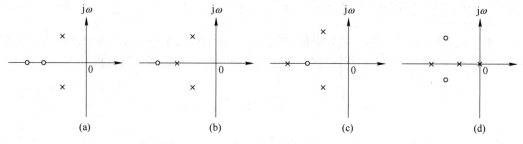

图 5-23   题 5-9 图

5-10   已知单位负反馈系统的开环传递函数为 $G(s) = \dfrac{K(s+z)}{s^2(s+10)(s+20)}$ ，试确定产生纯虚根为 $\pm j$ 的 z 值和 K 值。

5-11   概略绘出开环传递函数 $G(s)H(s) = \dfrac{K}{s(s+1)(s+3.5)(s+3+j2)(s+3-j2)}$ 的闭环根轨迹图（要求确定根轨迹的渐近线、分离点、与虚轴交点和出射角）。

5-12   设单位负反馈系统的开环传递函数为 $G(s) = \dfrac{K(1-s)}{s(s+2)}$ ，试绘制其根轨迹，并求出使系统产生重实根和纯虚根的 K 值。

5-13   负反馈系统的开环传递函数分别如下，试绘制系统的根轨迹图。

（1） $G(s)H(s) = \dfrac{K}{s(0.2s+1)(0.5s+1)}$

（2） $G(s)H(s) = \dfrac{K(s+1)}{s(2s+1)}$

（3） $G(s)H(s) = \dfrac{K(s+5)}{s(s+2)(s+3)}$

5-14   已知单位负反馈系统的开环传递函数，试概略绘出相应的根轨迹。

（1） $G(s) = \dfrac{K(s+2)}{(s+1+j2)(s+1-j2)}$

（2） $G(s) = \dfrac{K(s+20)}{s(s+10+j10)(s+10-j10)}$

5-15   已知负反馈控制系统的开环传递函数为 $G(s)H(s) = \dfrac{K(s+2)}{(s^2+4s+9)^2}$ ，试概略绘制系统根轨迹。

5-16   已知负反馈控制系统的开环传递函数为 $G(s)H(s) = \dfrac{K(2s+1)}{(s+1)^2\left(\dfrac{4}{7}s-1\right)}$ ，试绘制系统根轨迹，并确定使系统稳定的 K 值范围。

5-17   已知负反馈控制系统的开环传递函数为 $G(s)H(s) = \dfrac{K(s^2-2s+5)}{(s+2)(s-0.5)}$ ，试绘制系统根轨迹，并确定使系统稳定的 K 值范围。

5-18　试绘制下列闭环特征方程的根轨迹。

(1) $D(s) = s^3 + 2s^2 + 3s + Ks + 2K = 0$

(2) $D(s) = s^3 + 3s^2 + (K + 2)s + 10K = 0$

5-19　控制系统的结构如图 5-24 所示，试概略绘制其根轨迹。

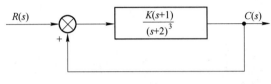

图 5-24　题 5-19 图

5-20　已知单位负反馈系统的开环传递函数，试绘制参数 b 从 0 变化到 ∞ 时的根轨迹，并写出 $b = 2$ 时系统的闭环传递函数。

(1) $G(s) = \dfrac{20}{(s + 4)(s + b)}$

(2) $G(s) = \dfrac{30(s + b)}{s(s + 10)}$

5-21　单位负反馈系统开环传递函数为 $G(s) = \dfrac{K}{(s + 3)(s^2 + 2s + 2)}$，要求闭环系统的超调量 $\sigma_p \leqslant$ 25%，调节时间 $t_s < 10\,\text{s}$，试选择 K 值。

5-22　单位负反馈系统的开环传递函数为 $G(s) = \dfrac{K}{(s + 1)^2 (s + 4)^2}$，

(1) 试绘制根轨迹；

(2) 能否通过选择 K 满足最大超调量 $\sigma_p \leqslant 4.32\%$ 的要求？

(3) 能否通过选择 K 满足调节时间 $t_s \leqslant 2\,\text{s}$ 的要求？

(4) 能否通过选择 K 满足误差系数 $K_p \geqslant 10$ 的要求？

延伸阅读

6 线性系统的频域分析

本章提要

· 掌握频率特性的基本概念；
· 掌握典型环节的幅相频率特性和对数频率特性及其绘制；
· 重点掌握奈奎斯特判据判定系统稳定性；
· 掌握最小相位系统和稳定裕量的概念；
· 掌握系统频率特性的 Bode 图形表示方法；
· 由系统的开环频率特性分析系统的稳定性、动态性能和稳态误差；
· 掌握 MATLAB 在控制系统频域分析中的应用。

思维导图

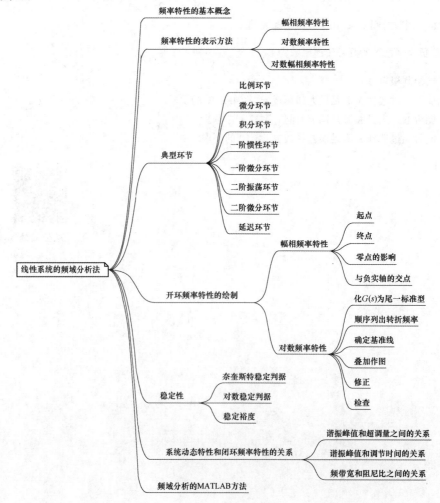

频域（频率响应）分析法属于经典控制理论最重要分析方法，采用典型化、对数化、图表化等处理方法，已发展成为一种研究控制系统的实用的工程方法，在工程实践中获得了广泛的应用。频域分析法根据开环系统的稳态频率特性图，采用图解分析的方法，根据开环传递函数与闭环传递函数的必然联系，由开环传递函数分析闭环系统的稳定性、稳定裕度及动态性能。通过频率分析，我们能够深入了解系统对不同频率输入的响应以及系统的稳定性、抗干扰能力和控制性能等重要特性。频率分析不仅是理论研究的基础，也在实际工程中具有广泛的应用，如控制系统设计、故障诊断、信号处理等领域。

1932 年，奈奎斯特（Nyquist）提出频域稳定判据；1940 年，伯德（Bode）提出了在对数坐标系下简化作图的方法。

频域分析法的突出优点是可以通过实验直接求得频率特性来分析系统的品质。应用频率特性分析系统可以得出定性和定量的结论，并具有明显的物理含义。频域法分析系统使用的工具可以是曲线、图表及经验公式。其特点是物理意义鲜明，有很大的实际意义；与时域分析相比，工程运算量小；与过渡过程的性能指标有对应关系，无需解出系统的特征根。

本章主要介绍频域分析法，从基本概念到具体分析方法，逐步探讨频率分析在自动控制中的重要性和应用。我们将深入研究频率响应、频率特性、波特图（伯德图，Bode 图）等概念，并介绍如何使用 Bode 图、奈奎斯特图（Nyquist 图）等工具来可视化系统的频率特性。通过学习本章内容，读者将能够更好地理解系统在不同频率下的行为，为系统设计和性能优化提供更有力的工具和方法。

6.1　频率特性的概念

6.1.1　频率特性的定义

为了理解频率特性的概念，首先要了解频率响应。以如图 6-1 所示的 RC 滤波电路为例。

对 RC 滤波电路进行建模，其电压电流关系式为

$$u_1 = Ri + u_2 = RC\dot{u}_2 + u_2$$

对上式两端进行拉氏变换，得到

$$U_1 = [RCs + 1]U_2$$

所以 RC 滤波电路的传递函数为

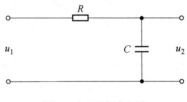

图 6-1　RC 滤波电路

$$G(s) = \frac{U_2(s)}{U_1(s)} = \frac{1}{RCs + 1} = \frac{1}{\tau s + 1}$$

其中 $\tau = CR$。设系统输入为一正弦信号 $u_1(t) = U_{1m}\sin\omega t$，可得到输出的拉氏变换：

$$U_2(s) = G(s) \cdot U_1(s) = \frac{1}{\tau s + 1} \cdot \frac{U_{1m}\omega}{s^2 + \omega^2}$$

求拉氏反变换得到输出的时域表达式：

$$u_2(t) = \frac{U_{1m}\omega\tau}{1 + \tau^2\omega^2}e^{-\frac{t}{\tau}} + \frac{U_{1m}}{\sqrt{1 + \tau^2\omega^2}}\sin(\omega t + \varphi)$$

式中，$\varphi = -\arctan\tau\omega$，第一项 $\dfrac{U_{1m}\omega\tau}{1 + \tau^2\omega^2}\mathrm{e}^{-\frac{t}{\tau}}$ 随着 t 增大会逐渐趋于 0，属于动态分量，第二

项 $\dfrac{U_{1m}}{\sqrt{1 + \tau^2\omega^2}}\sin(\omega t + \varphi)$ 为正弦信号，属于稳态分量。将稳态分量与输入信号进行对比，

发现两者为同频率的正弦信号，但是幅值和相角发生改变。

线性系统稳态正弦响应的幅值、相角随输入信号频率变化的规律性，就是频率响应。此时，RC 滤波电路的频率特性为

$$G(\mathrm{j}\omega) = A(\omega)\mathrm{e}^{\mathrm{j}\varphi(\omega)}$$

频率特性反映系统对正弦输入信号的稳态响应的性能。式中，$A(\omega)$ 为稳态正弦响应与输入信号的幅值比，为 RC 滤波电路的幅频特性，

$$A(\omega) = \frac{|u_{2s}(t)|}{|u_1(t)|} = \frac{1}{\sqrt{1 + \omega^2\tau^2}}$$

$\varphi(\omega)$ 为稳态正弦响应与输入信号的相角差，为 RC 滤波电路的相频特性，

$$\varphi(\omega) = \angle u_{2s}(t) - \angle u_1(t) = -\arctan\tau\omega$$

令 RC 滤波电路传递函数中的 $s = \mathrm{j}\omega$，那么

$$G(\mathrm{j}\omega) = G(s)\Big|_{s = \mathrm{j}\omega} = \frac{1}{\mathrm{j}\omega\tau + 1}$$

此时，$\left|\dfrac{1}{\mathrm{j}\omega\tau + 1}\right| = \dfrac{1}{\sqrt{1 + \omega^2\tau^2}} = A(\omega)$，$\angle\left(\dfrac{1}{\mathrm{j}\omega\tau + 1}\right) = -\arctan\omega\tau = \varphi(\omega)$，通过与 RC 滤波

电路的幅频特性和相频特性对比，可得到 $G(\mathrm{j}\omega)$ 的幅值 $|G(\mathrm{j}\omega)|$ 与 RC 滤波电路的幅频特性相等，相角 $\angle G(\mathrm{j}\omega)$ 与 RC 滤波电路的相频特性相等。这一结论反映了幅频特性和相频特性与系统数学模型的本质关系，具有普遍性。

不失一般性，设系统的传递函数为

$$G(s) = \frac{C(s)}{R(s)} = \frac{b_0 s^m + b_1 s^{m-1} + \cdots + b_{m-1}s + b_m}{s^n + a_1 s^{n-1}\cdots + a_{n-1}s + a_n} = \frac{M(s)}{\displaystyle\prod_{i=1}^{n}(s + p_i)} \quad (n \geqslant m)$$

式中，$-p_1$，$-p_2$，$\cdots$，$-p_n$ 为系统的极点，可以为实数，也可以为复数，假设所有极点均位于 s 左半平面，即系统是稳定的。若在系统输入端作用一正弦信号，即 $r(t) = R\sin\omega t$，系统输出 $C(s)$ 为

$$C(s) = \frac{M(s)}{\displaystyle\prod_{i=1}^{n}(s + p_i)} \cdot \frac{R\omega}{s^2 + \omega^2} = \frac{k_1}{s + \mathrm{j}\omega} + \frac{k_2}{s - \mathrm{j}\omega} + \sum_{i=1}^{n}\frac{c_i}{s + p_i}$$

式中，k_1，k_2，c_1，c_2，$\cdots$，c_n 为待定系数，由留数定理求得：

$$k_1 = \lim_{s \to -\mathrm{j}\omega}(s + \mathrm{j}\omega)G(s)\frac{R\omega}{s^2 + \omega^2} = -\frac{R}{2\mathrm{j}}G(-\mathrm{j}\omega) = -\frac{R}{2\mathrm{j}}|G(\mathrm{j}\omega)|\mathrm{e}^{-\mathrm{j}\angle G(\mathrm{j}\omega)}$$

$$k_2 = \lim_{s \to \mathrm{j}\omega}(s - \mathrm{j}\omega)G(s)\frac{R\omega}{s^2 + \omega^2} = \frac{R}{2\mathrm{j}}G(\mathrm{j}\omega) = \frac{R}{2\mathrm{j}}|G(\mathrm{j}\omega)|\mathrm{e}^{\mathrm{j}\angle G(\mathrm{j}\omega)}$$

$$c_i = \lim_{s \to -p_i}(s + p_i)G(s)\frac{R\omega}{s^2 + \omega^2}$$

由拉氏反变换求输出响应为

$$c(t) = k_1 e^{-j\omega t} + k_2 e^{j\omega t} + \sum_{i=1}^{n} c_i e^{-p_i t}$$

对于稳定的系统，当 $t \to \infty$ ，$e^{-p_i t}$（$i = 1, 2, \cdots, n$）均衰减到 0，系统响应的稳态值为：

$$c_{ss} = -\frac{R}{2j} |G(j\omega)| e^{-j\angle G(j\omega)} e^{-j\omega t} + \frac{R}{2j} |G(j\omega)| e^{j\angle G(j\omega)} e^{j\omega t}$$

$$= R |G(j\omega)| \frac{e^{j(\omega t + \angle G(j\omega))} - e^{-j(\omega t + \angle G(j\omega))}}{2j}$$

$$= R |G(j\omega)| \sin(\omega t + \angle G(j\omega)) = C\sin(\omega t + \varphi)$$

式中，$C = R|G(j\omega)|$，$\varphi = \angle G(j\omega)$。

可以看出，稳定的线性定常系统在正弦输入信号作用下，系统的稳态输出是与输入信号同频率的正弦信号，仅仅是幅值和相位不同，幅值和相位是 ω 的函数，且与系统数学模型相关。为此，定义正弦输入下，输出响应中稳态输出的幅值与输入的幅值之比 $A(\omega) = \frac{C}{R} = |G(j\omega)|$ 为幅频特性，相位之差 $\varphi(\omega)$ 为相频特性，并称其指数表达形式 $G(j\omega) = A(\omega) e^{j\varphi(\omega)}$ 为系统的频率特性。

幅频特性反映系统在不同频率正弦信号作用下，输出稳态幅值与输入幅值的比值，即对不同频率正弦信号的稳态衰减（或放大）特性。相频特性反映系统在不同频率正弦信号作用下，稳态输出信号相对输入信号的相移。频率特性虽然表达的是频率响应的稳态特性，但包含了系统的全部动态结构参数，反映了系统的内在性质；频率从 $0 \to \infty$ 的稳态特性反映了系统的全部动态性能，因此也是一种数学模型描述。

下面给出频率特性的定义。

对于稳定的线性定常系统，设它的传递函数为 $G(s)$，幅频特性定义为在正弦输入下，系统稳态输出正弦量的幅值和输入正弦量的幅值之比，记作 $A(\omega)$；相频特性定义为系统稳态输出正弦量的相角和输入正弦量的相角差，记作 $\varphi(\omega)$。根据前面的讨论，传递函数 $G(s)$ 的幅频特性和相频特性分别等于 $G(j\omega)$ 的幅值和相角，即

$$A(\omega) = |G(j\omega)|$$

$$\varphi(\omega) = \angle G(j\omega)$$

它们都是频率 ω 的函数。

幅频特性和相频特性放在一起称为幅相频率特性，记作

$$G(j\omega) = |G(j\omega)| e^{j\angle G(j\omega)} = A(\omega) e^{j\varphi(\omega)}$$

在某一特定频率下，系统输出输入的幅值比与相位差是确定的数值，不是频率特性。当输入信号的频率 ω 在 $0 \to \infty$ 的范围内连续变化时，则系统稳态输出与输入信号的幅值比与相位差随输入频率的变化规律将反映系统的性能，才是频率特性。

需要指出，当输入为非正弦的周期信号时，其输入可以利用傅里叶级数展开成正弦信号的叠加，其输出为相应的正弦信号的叠加。此时系统频率特性定义为系统输出量的傅氏变换与输入量的傅氏变换之比。

频率特性反映系统本身性能，取决于系统结构、参数，与外界因素无关。系统往往含有电容、电感、弹簧等储能元件，导致输出不能立即跟踪输入，所以频率特性会随输入频

率变化。频率特性是描述系统固有特性的数学模型，与微分方程、传递函数之间可以相互转换，如图 6-2 所示。

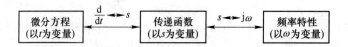

图 6-2　控制系统数学模型之间的转换关系

求取系统频率特性一般有以下三种方法：

（1）解析法。这是最为常用的一种方法，即把传递函数中的 s 用 $j\omega$ 替代，得到频率特性 $G(j\omega)$。频率特性 $G(j\omega)$ 是 $s = j\omega$ 特定情况下的传递函数。它和传递函数一样，反映了系统的内在联系。

（2）实验法。实验法是在系统的输入端输入一正弦信号 $u_i(t) = A\sin\omega t$，测出不同频率时系统稳态输出的振幅 u_0 和相移 φ，便可得到它的幅频特性 $A(\omega)$ 和相频特性 $\varphi(\omega)$，即得到频率特性。但是这种方法不能针对不稳定系统，因为它的输出会存在振荡和发散。

（3）定义法。定义法是对已知系统的微分方程，把正弦输入函数代入，求出其稳态解，取输出稳态分量与输入正弦量的复数比即可得到频率特性。

【例 6-1】 某控制系统闭环传递函数 $\phi(s) = \dfrac{1}{s(s+1)}$，输入为 $r(t) = A\sin 2t$，求稳态输出。

解：将 s 用 $j\omega$ 代替，得到

$$\phi(j\omega) = \frac{1}{j\omega(j\omega+1)} = \frac{1}{-\omega^2 + j\omega}$$

$$|\phi(j\omega)| = \frac{1}{\sqrt{\omega^4 + \omega^2}}, \quad \angle\phi(j\omega) = 0° - 90° - \arctan\frac{\omega}{1}$$

$$\omega = 2, \quad |\phi(j\omega)| = \frac{\sqrt{5}}{10}, \quad \angle\phi(j\omega) = -153.43°$$

则系统稳态输出为 $\dfrac{\sqrt{5}}{10}A\sin(2t - 153.43°)$。

6.1.2　频率特性的表示方法

频率特性一般分为解析表示和几何表示两种。在工程分析和设计中，通常使用几何表示，将频率特性画成曲线，再利用图解法进行分析。

解析表示分为四种，分别为：

（1）幅频-相频形式

$$G(j\omega) = |G(j\omega)|\angle G(j\omega)$$

（2）指数（极坐标）形式

$$G(j\omega) = A(\omega)e^{j\varphi(\omega)}$$

（3）三角函数形式

$$G(j\omega) = A(\omega)\cos\varphi(\omega) + jA(\omega)\sin\varphi(\omega)$$

（4）实频-虚频形式

$$G(j\omega) = X(\omega) + jY(\omega)$$

显然有 $X(\omega) = A(\omega)\cos\varphi(\omega)$，$Y(\omega) = A(\omega)\sin\varphi(\omega)$，$A(\omega) = \sqrt{X(\omega)^2 + Y(\omega)^2}$，$\varphi(\omega) = \arctan\dfrac{Y(\omega)}{X(\omega)}$。

相位角 $\varphi(\omega)$ 是多值函数，为了方便起见，在计算基本环节的相位角 $\varphi(\omega)$ 时，一般取 $-180° < \varphi(\omega) \leq 180°$。负的相位角称为相位滞后，正的相位角称为相位超前。具有负的相位角的网络称为滞后网络，具有正的相位角的网络就称为超前网络。实验表明，对于所有实际的物理系统或元件，当正弦输入信号的频率很高时，输出信号的幅值一定很小。这说明，对于实际的物理元件，当 ω 很大时，$|G(j\omega)|$ 一定很小。以这个事实为基础，我们解释实际物理元件传递函数分子阶次比分母阶次低的问题。假定分子的阶次比分母阶次高，例如设 $G(s) = (s^2 + s + 1)/(2s + 1)$，则

$$G(j\omega) = \frac{(j\omega)^2 + j\omega + 1}{2j\omega + 1} = \frac{j\omega + 1 + \dfrac{1}{j\omega}}{2 + \dfrac{1}{j\omega}}$$

故有

$$\lim_{\omega\to\infty} |G(j\omega)| = \left|\frac{j\infty + 1 + 0}{2 + 0}\right| = \infty$$

这说明 ω 很大时，$|G(j\omega)|$ 将很大，这与实际情况相矛盾。可见实际物理系统的传递函数，其分子阶次不能高于分母阶次，通常分子的阶次应小于分母的阶次。如果碰到一种元件或系统，其传递函数分子的阶次高于分母阶次，它指的一定是在某个指定的频率范围内的近似传递函数。

几何表示分为极坐标图、对数坐标图和复合坐标图三种。

极坐标图，又称为奈奎斯特图（Nyquist）或者幅相频率特性曲线。选择系统频率特性为幅频-相频形式，$G(j\omega) = |G(j\omega)| \angle G(j\omega)$。当 ω 在 $0 \sim \infty$ 变化时，向量 $G(j\omega)$ 的幅值和相角会随着 ω 而变化，此时对应的向量 $G(j\omega)$ 的端点在横轴为实轴，纵轴为虚轴的复平面上运动，其运动轨迹就称为幅相频率特性曲线或 Nyquist 曲线。画有 Nyquist 曲线的坐标图称为极坐标图或 Nyquist 图。

例如惯性环节的传递函数为

$$G(s) = \frac{1}{Ts + 1}$$

其幅频-相频形式的系统频率特性为

$$|G(j\omega)| = \frac{1}{\sqrt{1 + \omega^2 T^2}}$$

和

$$\angle G(j\omega) = -\arctan\omega T$$

当 ω 在 $0 \sim \infty$ 变化时，向量 $G(j\omega)$ 的运动轨迹在复平面上如图 6-3 所示。

大部分情况下不必逐点准确绘图，只要画出简图，找出 $\omega = 0$ 及 $\omega \to \infty$ 时 $G(j\omega)$ 的位

置，以及另外的 1~2 个点或关键点，再把它们连接起来并标上 ω 的变化情况，就成为极坐标简图。

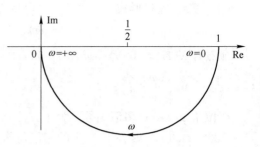

图 6-3　惯性环节的幅相频率特性曲线

对数坐标图，又称为伯德图（Bode 图），由对数幅频特性曲线和对数相频特性曲线组成，两个坐标轴的横轴都是对频率取以 10 为底的对数后按 $\lg\omega$ 进行分度，单位为弧度/秒（rad/s），对数幅频特性曲线的纵轴为对幅值取分贝数后按 $L(\omega) = 20\ \lg|G(j\omega)| = 20\lg A(\omega)$ 进行线性分度，单位为分贝（dB）。对数相频特性曲线的纵轴为对相角进行线性分度。由此构成的坐标系称为半对数坐标系。采用对数分度的一个优点是可以将很宽的频率范围清楚地画在一张图上，从而能同时清晰的表示出频率特性在低频段、中频段和高频段的情况，这对于分析和设计控制系统是非常重要的。将频率特性 $G(j\omega)$ 的幅值和相角分别绘制在半对数坐标系上，分别得到对数幅频特性曲线和相频特性曲线，合称为伯德图（Bode 图），例如图 6-4。

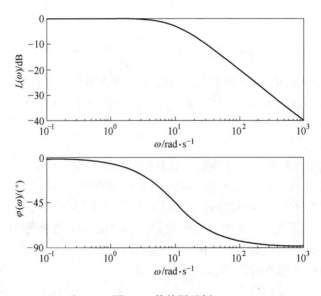

图 6-4　伯德图示例

对数运算可以将乘除运算变成加减运算，当绘制由多个环节串联而成的系统的对数幅频特性曲线时，只要将各个环节的对数幅频特性曲线的纵坐标相加、减即可，简化了画图过程。Bode 图容易绘制，从图形上容易看出某些参数变化和某些环节对系统性能的影响，所以它在频域分析法中成为应用得最广泛的图示法。

复合坐标图，又称为对数幅-相频率特性，也称为尼柯尔斯图（Nichols 图），是将对数幅频特性和对数相频特性绘制在一个平面上，以对数幅值作纵坐标（单位为 dB）、以相位移作横坐标（单位为°）、以频率为参变量，如图 6-5 所示。

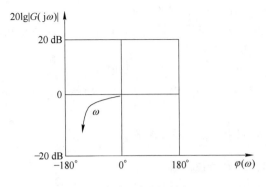

图 6-5 复合坐标图示例

6.2 幅相频率特性及其绘制

6.2.1 幅相频率特性曲线基本概念

绘制奈氏图（极坐标图）的坐标系是极坐标与直角坐标系的重合。取极点为直角坐标的原点，极坐标轴为直角坐标的实轴。由于选择系统频率特性为幅频 – 相频形式，$G(j\omega) = A(\omega)e^{j\varphi(\omega)}$，所以当 ω 在 $0 \sim \infty$ 变化时，对于某一特定频率 ω_i 下的 $G(j\omega_i)$ 总可以用复平面上的一个向量与之对应，该特定向量的长度为 $A(\omega_i)$，与正实轴的夹角为 $\varphi(\omega_i)$，如图 6-6 所示。

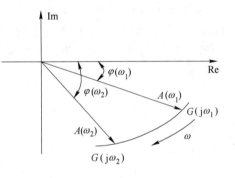

图 6-6 极坐标图的表示方式

由于 $A(\omega)$ 和 $\varphi(\omega)$ 是频率 ω 的函数，所以当 ω 在 $0 \sim \infty$ 的范围内连续变化时，向量的幅值与相角均随之连续变化，不同 ω 下的向量的端点在复平面上扫过的轨迹即为该系统的幅相频率特性曲线（奈氏曲线）。在绘制奈氏图时，常把 ω 作为参变量，标在曲线旁边，并用箭头表示频率增大时曲线的变化轨迹，以便更清楚地看出该系统频率特性的变化规律。

系统的幅频特性与实频特性是 ω 的偶函数，而相频特性与虚频特性是 ω 的奇函数，即 $G(j\omega)$ 与 $G(-j\omega)$ 互为共轭。因此，假定 ω 可为负数，当 ω 在 $-\infty \sim 0$ 的范围内连续变化时，相应的奈氏曲线 $G(j\omega)$ 必然与 $G(-j\omega)$ 对称于实轴。ω 取负数虽然没有实际的物理意义，但是具有鲜明的数学意义，主要用于控制系统的奈氏稳定判据中。

对系统进行性能分析（尤其是稳定性分析）时，不需要绘制精确的幅相频率特性曲线，只需绘制大致形状即可，一般使用描点法绘制轮廓线。

当系统或元件的传递函数已知时，可以采用解析的方法先求取系统的频率特性，再求出系统幅频特性、相频特性或者实频特性、虚频特性的表达式，再逐点计算描出奈氏曲线。具体步骤如下：

（1）用 $j\omega$ 代替 s，求出频率特性 $G(j\omega)$。

（2）求出幅频特性 $A(\omega)$ 与相频特性 $\varphi(\omega)$ 的表达式，也可求出实频特性与虚频特性，帮助判断 $G(j\omega)$ 所在的象限。

（3）在 $0\sim\infty$ 的范围内选取不同的 ω，根据 $A(\omega)$ 与 $\varphi(\omega)$ 表达式计算出对应值，在坐标图上描出对应的向量 $G(j\omega)$，将所有 $G(j\omega)$ 的端点连接描出光滑的曲线即可得到所求的奈氏曲线。

除了上述方法，也可用实验的方法求取。

6.2.2 典型环节的幅相频率特性曲线

由于开环传递函数的分子和分母多项式的系数均为实数，我们可以将多项式分解为因式，然后再将因式分类，即得典型环节。掌握典型环节的频率特性曲线有助于绘制系统的频率特性曲线。

由于各个典型环节的传递函数不同，随着 ω 在 $0\sim\infty$ 的范围内连续变化时，其对应的幅相频率特性曲线也不同。

6.2.2.1 比例环节

传递函数为 $G(s)=K$，其对应的频率特性为 $G(j\omega)=K$，幅频特性和相频特性分别为 $A(\omega)=K$ 和 $\varphi(\omega)=0°$。比例环节的幅频特性为常数 K，相频特性等于 $0°$，它们都与频率无关。理想的放大环节能够无失真和无滞后地复现输入信号，其幅相频率特性曲线如图 6-7 所示。

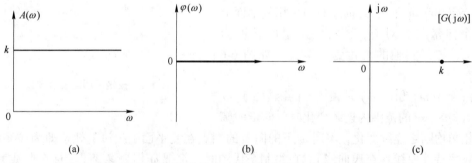

图6-7 比例环节幅频特性曲线、相频特性曲线、幅相频率特性曲线

（a）幅频特性曲线；（b）相频特性曲线；（c）幅相频率特性曲线

6.2.2.2 积分环节

传递函数为 $G(s)=\dfrac{1}{s}$，其频率特性为 $G(j\omega)=\dfrac{1}{j\omega}=-j\dfrac{1}{\omega}=\dfrac{1}{\omega}\angle-90°$，幅频特性和相频特性分别为 $A(\omega)=\dfrac{1}{\omega}$ 和 $\varphi(\omega)=-90°$，其幅相频率特性曲线如图 6-8 所示。积分环节的极坐标图是负虚轴。积分环节是低通滤波器：放大低频信号、抑制高频信号，输入频率越低，对信号的放大作用越强。并且积分环节有相位滞后作用，输出滞后输入的相位恒为 $90°$。

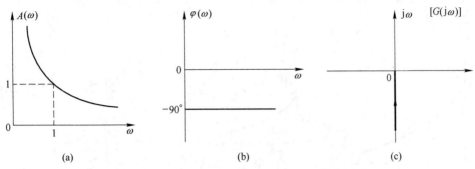

图 6-8 积分环节幅频特性曲线、相频特性曲线、幅相频率特性曲线

（a）幅频特性曲线；（b）相频特性曲线；（c）幅相频率特性曲线

6.2.2.3 微分环节

传递函数为 $G(s) = s$，频率特性为 $G(j\omega) = j\omega = \omega \angle 90°$，幅频特性和相频特性分别为 $A(\omega) = \omega$ 和 $\varphi(\omega) = 90°$，其幅相频率特性曲线如图 6-9 所示。微分环节的极坐标图是正虚轴。理想微分环节是高通滤波器，输入频率越高，对信号的放大作用越强。并且微分环节有相位超前作用，输出超前输入的相位恒为 90°，说明输出对输入有提前性、预见性作用。

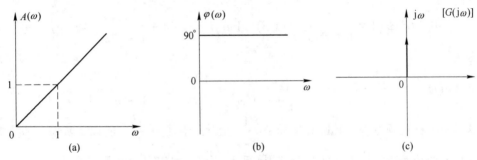

图 6-9 微分环节幅频特性曲线、相频特性曲线、幅相频率特性曲线

（a）幅频特性曲线；（b）相频特性曲线；（c）幅相频率特性曲线

6.2.2.4 一阶惯性环节

传递函数为

$$G(s) = \frac{1}{1 + sT}$$

频率特性为

$$G(j\omega) = \frac{1}{1 + j\omega T} = \frac{1}{1 + \omega^2 T^2} + j\frac{-\omega T}{1 + \omega^2 T^2} = \frac{1}{\sqrt{1 + (\omega T)^2}} \angle - \arctan \omega T$$

$\omega = 0$ 时频率特性 $G(j0) = 1 \angle 0°$；$\omega = \dfrac{1}{T}$ 时频率特性 $G\left(j\dfrac{1}{T}\right) = \dfrac{1}{\sqrt{2}} \angle - 45°$；$\omega = \infty$ 时频率特性 $G(j\infty) = 0 \angle - 90°$。根据实频特性与虚频特性表达式，可以判断出实频特性恒大于等于 0，而虚频特性恒小于等于 0，由此可见惯性环节的奈氏图必在坐标系的第四象限，

其幅相频率特性曲线如图 6-10 所示。惯性环节为低通滤波器，且输出滞后于输入，相位滞后范围为 $0° \rightarrow -90°$。

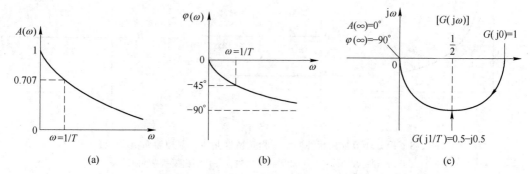

图 6-10　一阶惯性环节幅频特性曲线、相频特性曲线、幅相频率特性曲线

（a）幅频特性曲线；（b）相频特性曲线；（c）幅相频率特性曲线

ω 在 $0 \sim \infty$ 变化时，一阶惯性环节的幅相频率特性曲线是正实轴下方的半个圆周，证明如下：

$$G(j\omega) = \frac{1}{1 + j\omega T} = \frac{1}{1 + \omega^2 T^2} + j\frac{-\omega T}{1 + \omega^2 T^2}$$

令：

$$\mathrm{Re}[G(j\omega)] = \frac{1}{1 + T^2\omega^2} = u(\omega) , \ \mathrm{Im}[G(j\omega)] = -\frac{T\omega}{1 + T^2\omega^2} = v(\omega)$$

因为

$$\left[u(\omega) - \frac{1}{2}\right]^2 + [v(\omega)]^2 = \left(\frac{1}{1 + T^2\omega^2} - \frac{1}{2}\right)^2 + \left(-\frac{\omega T}{1 + \omega^2 T^2}\right)^2 = \left(\frac{1}{2}\right)^2$$

这是一个标准圆方程，其圆心坐标是 $\left(\frac{1}{2}, 0\right)$，半径为 $\frac{1}{2}$。所以一阶惯性环节的幅相频率特性曲线是正实轴下方的半个圆周。所以当惯性环节传递函数的分子是常数 K 时，即传递函数 $G(j\omega) = \frac{K}{jT\omega + 1}$，其频率特性是以 $\left(\frac{K}{2}, 0\right)$ 为圆心，半径为 $\frac{K}{2}$ 的实轴下方的半个圆周。

6.2.2.5　一阶微分环节

传递函数为 $G(s) = 1 + sT$，其频率特性为 $G(j\omega) = 1 + j\omega T = \sqrt{1 + (\omega T)^2} \angle \arctan\omega T$。一阶微分环节的实频特性恒为 1，而虚频特性与输入频率 ω 成正比。$\omega = 0$ 时频率特性 $G(j0) = 1\angle 0°$；$\omega = \frac{1}{T}$ 时频率特性

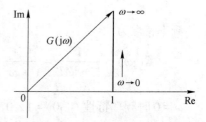

$G\left(j\frac{1}{T}\right) = \sqrt{2} \angle 45°$；$\omega = \infty$ 时频率特性 $G(j\infty) = \infty \angle 90°$，其幅相频率特性曲线如图 6-11 所示。一阶微分环节具有放大高频信号的作用，输入频率 ω 越

图 6-11　一阶微分环节
幅相频率特性曲线

大，放大倍数越大；且输出超前于输入，相位超前范围为 $0° \rightarrow 90°$，输出对输入有提前性、预见性作用。

6.2.2.6 二阶惯性环节

传递函数为

$$G(s) = \frac{\omega_n^2}{1 + 2\xi\omega_n s + s^2}$$

其频率特性为

$$G(j\omega) = \frac{1}{1 + 2\xi\left(j\frac{\omega}{\omega_n}\right) + \left(j\frac{\omega}{\omega_n}\right)^2}$$

$$= \frac{1 - T^2\omega^2}{(1 - T^2\omega^2)^2 + (2\xi T\omega)^2} - j\frac{2\xi T\omega}{(1 - T^2\omega^2)^2 + (2\xi T\omega)^2}$$

$\xi > 0$，$T = \dfrac{1}{\omega_n}$。

虚频特性恒小于等于 0，故曲线必位于第三与第四象限。$\omega = 0$ 时频率特性 $G(j0) = 1\angle 0°$；$\omega = \omega_n$ 时频率特性 $G(j\omega_n) = \dfrac{1}{2\xi}\angle -90°$；$\omega = \infty$ 时频率特性 $G(j\infty) = \infty\angle -180°$，其幅相频率特性曲线如图 6-12 所示。

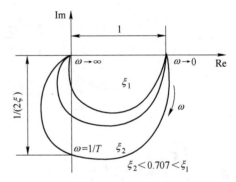

图 6-12　二阶惯性环节幅相频率特性曲线

从图 6-12 中可以看出，$\xi_1 > \xi_2$，振荡环节与负虚轴的交点频率为 $\omega = \dfrac{1}{T}$，幅值为 $\dfrac{1}{2\xi}$，而且高频部分与负实轴相切。极坐标图的精确形状与阻尼比 ξ 有关，但对于欠阻尼和过阻尼的情况，极坐标图的形状大致相同，如图 6-13 所示。

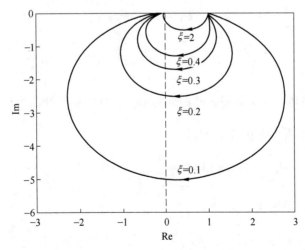

图 6-13　二阶惯性环节欠阻尼和过阻尼情况下幅相频率特性曲线

ξ 的取值对曲线形状的影响较大，可分为 $\xi > 0.707$ 和 $0 \leqslant \xi \leqslant 0.707$ 两种情况。当 $\xi > 0.707$ 时，幅频特性 $A(\omega)$ 随 ω 的增大而单调减小，此时环节有低通滤波作用。当 $\xi > 1$ 时，二阶惯性环节有两个相异负实数极点，若 ξ 足够大，一个极点靠近原点，另一个极点远离虚轴（对瞬态响应影响很小），奈氏曲线与负虚轴的交点的虚部为 $\frac{1}{2\xi} \approx 0$，奈氏图近似于半圆，即二阶惯性环节近似于一阶惯性环节，如图 6-14 所示。

当 $0 \leqslant \xi \leqslant 0.707$ 时，ω 增大，幅频特性 $A(\omega)$ 并不是单调减小，而是先增大，达到一个最大值后再减小直至衰减为 0，这种现象称为谐振。奈氏图上距离原点最远处所对应的频率为谐振频率 ω_r，所对应的向量长度为谐振峰值 $M_r = A(\omega_r) = \dfrac{A(\omega_r)}{A(0)}$。谐振表明系统对频率 ω_r 下的正弦信号的放大作用最强，如图 6-15 所示。

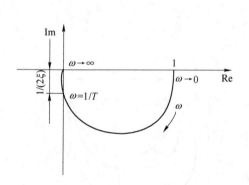

图 6-14 $\xi > 1$ 时二阶惯性环节
幅相频率特性曲线

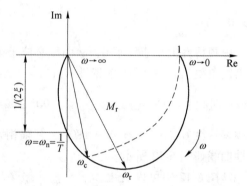

图 6-15 $0 \leqslant \xi \leqslant 0.707$ 时二阶惯性环节
幅相频率特性曲线

当阻尼比 ξ 较小时会产生谐振，谐振峰值 $M_r(M_r > 1)$ 和谐振频率 ω_r 可由幅频特性的极值方程解出：

$$\frac{\mathrm{d}}{\mathrm{d}\omega} | G(\mathrm{j}\omega) | = \frac{\mathrm{d}}{\mathrm{d}\omega} [(1 - T^2\omega^2)^2 + 4\xi^2 T^2\omega^2] = 0$$

$$\omega_r = \frac{1}{T}\sqrt{1 - 2\xi^2} = \omega_n\sqrt{1 - 2\xi^2} \quad \left(0 < \xi < \frac{1}{\sqrt{2}} \right)$$

式中，$\omega_n = \dfrac{1}{T}$ 为振荡环节的无阻尼自然振荡频率，它是频率特性曲线与虚轴的交点处的频率。将 ω_r 代入 $A(\omega)$ 得到谐振峰值 M_r 为：

$$M_r = | G(\mathrm{j}\omega_r) | = \frac{1}{2\xi\sqrt{1 - \xi^2}} \quad \left(0 < \xi < \frac{1}{\sqrt{2}} \right)$$

将 ω_r 代入 $\varphi(\omega)$ 得到谐振相移 φ_r 为：

$$\varphi_r = \angle G(\mathrm{j}\omega_r) = - \arctan\frac{\sqrt{1 - 2\xi^2}}{\xi} = - 90° + \arcsin\frac{\xi}{\sqrt{1 - \xi^2}}$$

在 $0 < \omega < \omega_r$ 的范围内，随着 ω 的增加，$A(\omega)$ 缓慢增大；当 $\omega = \omega_r$ 时，$A(\omega)$ 达到最大值 $M_r(M_r > 1)$。当 $\omega > \omega_r$ 时，$A(\omega)$ 迅速减小，$A(\omega) = 1$ 时的频率称为截止频率 ω_c；频率大于 ω_c 后，输出幅值衰减很快。

从谐振峰值和谐振频率的计算式可以看出，随 ξ 的减小，谐振峰值 M_r 增大，谐振频率 ω_r 也越接近振荡环节的无阻尼自然振荡频率 ω_n。谐振峰值 M_r 越大，表明系统的阻尼比 ξ 越小，系统的相对稳定性就越差，单位阶跃响应的最大超调量 σ_p 也越大。当 $\xi = 0$ 时，$\omega_r = \omega_n$，$M_r \to \infty$，即振荡环节处于等幅振荡状态。

6.2.2.7 二阶微分环节

传递函数为

$$G(s) = 1 + 2\xi Ts + T^2 s = 1 + \frac{2\xi}{\omega_n}s + \frac{s^2}{\omega_n^2}$$

频率特性为

$$\begin{aligned}
G(j\omega) &= 1 + 2\xi\left(j\frac{\omega}{\omega_n}\right) + \left(j\frac{\omega}{\omega_n}\right)^2 \\
&= \left(1 - \frac{\omega^2}{\omega_n^2}\right) + j\left(\frac{2\xi\omega}{\omega_n}\right) \\
&= \sqrt{(1 - T^2\omega^2)^2 + (2\xi T\omega)^2}\, e^{j\arctan\frac{2\xi T\omega}{1 - T^2\omega^2}}
\end{aligned}$$

虚频特性恒大于等于零，故曲线必位于第一和第二象限。$\omega = 0$ 时频率特性 $G(j0) = 1\angle 0°$；$\omega = \omega_n$ 时频率特性 $G(j\omega_n) = 2\xi \angle 90°$；$\omega = \infty$ 时频率特性 $G(j\infty) = \infty \angle 180°$，其幅相频率特性曲线如图 6-16 所示，是一个相位超前环节，最大超前相角为 $180°$。

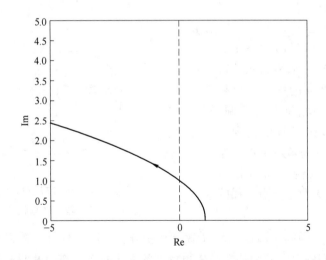

图 6-16　二阶微分环节幅相频率特性曲线

6.2.2.8 纯滞后环节

传递函数为 $G(s) = e^{-\tau s}$，其频率特性为 $G(j\omega) = e^{-j\tau\omega}$，幅频特性为 $A(\omega) = 1$，相频特

性为 $\phi(\omega) = -\tau\omega = -57.3\tau\omega$ (°)，频率特性在平面上是一个顺时针旋转的单位圆，如图 6-17 所示。

$\omega = \infty$ 时，$\varphi(\omega) = -\infty$ ，即输出相位滞后输入为 ∞ 。当 ω 从 0 连续变化至 ∞ 时，奈氏曲线沿原点作半径为 1 的 ∞ 次旋转，τ 越大，转动速度越快。延迟环节可以不失真地复现任何频率的输入信号，但输出滞后于输入，而且输入信号频率越高，延迟环节的输出滞后就越大。在低频区，频率特性表达式根据泰勒公式展开为

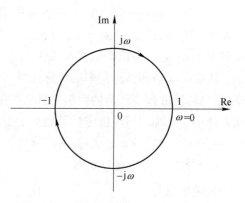

图 6-17　纯滞后环节幅相频率特性曲线

$$e^{-j\tau\omega} = \cfrac{1}{1 + j\tau\omega + \cfrac{1}{2!}(j\tau\omega)^2 + \cfrac{1}{3!}(j\tau\omega)^3 + \cdots + \cfrac{1}{n!}(j\tau\omega)^n + \cdots}$$

当 ω 很小时

$$e^{-j\tau\omega} \approx \frac{1}{1 + j\tau\omega}$$

即在低频区，延迟环节的频率特性近似于一阶惯性环节。

延迟环节与其他典型环节相结合不影响幅频特性，但会使相频特性的最大滞后为 ∞ 。例如某系统传递函数是惯性环节与延迟环节相结合，传递函数为 $G(s) = \dfrac{e^{-\tau s}}{Ts + 1}$ ，其频率特性为 $G(j\omega) = \dfrac{e^{-j\tau\omega}}{jT\omega + 1}$ ，幅频特性为

$A(\omega) = |G(j\omega)| = \dfrac{1}{\sqrt{(T\omega)^2 + 1}}$ ，相频特性为 $\varphi(\omega) = -57.3\tau\omega - \arctan T\omega$ ，单位为 (°)。可见随 ω 的增大，幅频特性 $A(\omega)$ 单调减小，而相位滞后单调增加，相频特性 $\varphi(\omega)$ 从 0° 一直变化到 $-\infty$ 。故该系统的奈氏图是螺旋状曲线，绕原点顺时针旋转 ∞ 次，最后终止于原点，与实轴、虚轴分别有无数个交点，如图 6-18 所示。

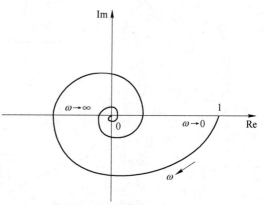

图 6-18　惯性环节与延迟环节相结合幅相频率特性曲线

可以看出，互为倒数的传递函数（微分和积分、一阶惯性和一阶微分、二阶惯性和二阶微分等），它们的对数幅频特性和相频特性的大小相等、符号相反，即它们的对数幅频特性曲线和对数相频特性曲线关于横轴是对称的。

6.2.3　开环奈氏图的绘制

系统的频率特性有两种，由反馈点是否断开分为闭环频率特性 $G_B(j\omega)$ 与开环频率特

性 $G_K(j\omega)$，分别对应于系统的闭环传递函数 $G_B(s)$ 与开环传递函数 $G_K(s)$。由于系统的开环传递函数较易获取，并与系统的元件一一对应，在控制系统的频域分析法中，分析与设计系统一般是基于系统的开环频率特性。

根据系统开环频率特性的表达式，可以通过取点、计算和作图等方法绘制系统开环幅相频率特性曲线。这里着重介绍结合工程需要，绘制概略开环幅相频率特性曲线的方法。

控制系统是由典型环节组成的，其开环奈氏图的绘制与根轨迹的绘制类似，具有一定的规律。系统频率特性的绘制与典型环节的频率特性的绘制方法基本相同。可以先根据开环传递函数的某些特征绘制出近似曲线，再根据复变函数的性质求出系统开环频率特性的幅频特性 $A(\omega)$ 与相频特性 $\varphi(\omega)$ 的表达式描点，在曲线的重要部分修正；或由分母有理化求出实频特性与虚频特性，再由奈氏图的基本绘制方法得到系统的开环奈氏图。

设系统的开环频率特性为

$$G_K(j\omega) = \frac{K}{(j\omega)^v} \times \frac{\prod_{i=1}^{m_1}(j\omega\tau_i + 1)\prod_{k=1}^{m_2}(-\tau_k^2\omega^2 + 2j\omega\xi_k\tau_k + 1)}{\prod_{j=1}^{n_1}(j\omega T_j + 1)\prod_{l=1}^{n_2}(-T_l^2\omega^2 + 2j\omega\xi_l T_l + 1)} \tag{6-1}$$

开环幅相频率特性曲线的绘制可以根据幅值相乘、相角相加的法则，由各典型环节的幅值和相角得到开环传递函数在各频率点的幅值和相角。对于上述由多个典型环节组成的不含延迟环节的系统，其频率特性应该满足下面的规律：$G(j\omega) = \prod_{i=1}^{n} G_i(j\omega)$，即幅频特性 $A(\omega) = \prod_{i=1}^{n} A_i(\omega)$，相频特性 $\varphi(\omega) = \sum_{i=1}^{n} \varphi_i(\omega)$。

开环奈氏图的绘制需要反映开环频率特性的三个重要因素：

（1）开环奈氏图的起点（$\omega = 0_+$）和终点（$\omega = \infty$）；

（2）开环奈氏图与实轴和虚轴的交点；

（3）开环奈氏图的变化范围（象限、单调性）。

首先确定开环奈氏图的起点（$\omega = 0_+$）。由式（6-1）可知，系统低频段的频率特性表达为 $G_K(j\omega) = \frac{K}{(j\omega)^v}$。根据向量相乘是幅值相乘、相位相加的原则，求出低频段幅频特性与相频特性表达式分别为 $A(\omega) = |G_K(\omega)| = \frac{K}{\omega^v}$ 和 $\varphi(\omega) = -v90°$。可见低频段的形状（幅值与相位）均与系统的型别 v 与开环增益 K 有关，即对于 0 型系统，$v = 0$，此时 $A(0) = K$，$\varphi(0) = 0°$，低频特性为实轴上的一点 $(K, 0)$；I 型系统，$v = 1$，此时 $A(0) = \infty$，$\varphi(0) = -90°$，低频特性为虚轴负半轴无穷远处；II 型系统，$v = 2$，此时 $A(0) = \infty$，$\varphi(0) = -180°$，低频特性为实轴负半轴无穷远处。

接着确定开环奈氏图的终点（$\omega = \infty$）。不失一般性，为推导简便假定系统开环传递函数全为不相等的负实数极点与零点，那么在 $\omega \to \infty$ 时频率特性为：

$$G_K(j\omega) = \lim_{\omega \to \infty} \frac{K \prod_{j=1}^{m} (j\tau_j\omega + 1)}{(j\omega)^v \prod_{i=1}^{n-v} (jT_i\omega + 1)}$$

$$\approx \lim_{\omega \to \infty} \frac{K \prod_{j=1}^{m} (j\tau_j\omega)}{(j\omega)^v \prod_{i=1}^{n-v} (jT_i\omega)}$$

$$\approx \lim_{\omega \to \infty} \frac{K \prod_{j=1}^{m} (\tau_j)}{(j\omega)^{n-m} \prod_{i=1}^{n-v} (T_i)}$$

式中，m 为分子多项式的阶数，n 为分母多项式的阶数，且一般 $m < n$。那么

$$G_K(j\omega) = \lim_{\omega \to \infty} \frac{K'}{(j\omega)^{n-m}} \approx \lim_{\omega \to \infty} \frac{0}{(j)^{n-m}} = 0 \angle - (n - m) \, 90°$$

式中，$K' = \dfrac{K \prod_{j=1}^{m} (\tau_j)}{\prod_{i=1}^{n-v} (T_i)}$，所以 $A(\infty) = 0$，高频段终止于坐标原点，最终相位为 $\varphi(\infty) =$

$- (n - m) \times 90°$，即由 $(n - m)$ 确定开环奈氏图以什么角度进入坐标原点。如果 $(n - m) = 1$，则 $\varphi(\infty) = - 90°$，开环奈氏图沿负虚轴进入坐标原点；如果 $(n - m) = 2$，则 $\varphi(\infty) = - 180°$，开环奈氏图沿负实轴进入坐标原点；如果 $(n - m) = 3$，则 $\varphi(\infty) = - 270°$，开环奈氏图沿正虚轴进入坐标原点。开环奈氏图高频段曲线如图 6-19 所示。

系统的数学模型一般是指在系统运行频率范围内的数学模型。当频率非常高时，数学模型一定会改变的。对于实际物理系统，当 $\omega \to \infty$ 时，幅频特性 $|G(j\omega)| \to 0$，这时系统的真实频率特性已经对系统的工作性能没有影响了，所以不必准确地分析和绘制当 $\omega \to \infty$ 时的相频特性。

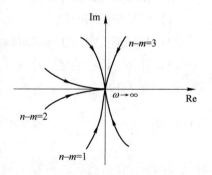

图 6-19　开环奈氏图高频段曲线

然后确定开环奈氏图与实轴和虚轴的交点。将频率特性表达式按照分母有理化的方法分解为实部与虚部。如果开环奈氏图与实轴有交点，那么此时的频率特性的虚部为 0，即 $\text{Im}[G(j\omega)] = I(\omega) = 0$，求出此时的频率 ω，再代回频率特性表达式求出交点的坐标。如果开环奈氏图与虚轴有交点，那么此时的频率特性的实部为 0，即 $\text{Re}[G(j\omega)] = R(\omega) = 0$，求出此时的频率 ω，再代回频率特性表达式求出交点的坐标。

最后确定开环奈氏图的变化范围。如果系统的开环传递函数没有开环零点，则在 ω 由 $0 \to \infty$ 过程中，特性的相位角单调连续减小（滞后连续增加），特性曲线平滑地变化。奈氏曲线应该是从低频段开始幅值逐渐减小，沿顺时针方向连续变化最后终于原点。如果

系统的开环传递函数有开环零点，则在 ω 由 $0 \rightarrow \infty$ 过程中，特性的相位角不再是连续减小。视开环零点的时间常数的数值大小不同，特性曲线的相位角可能在某一频段范围内呈增加趋势，此时，特性曲线出现凹部。因为增加了开环零点，奈氏曲线从低频段到高频段连续变化时，相位先滞后增加，达到一个滞后最大值后，相位滞后又开始减小（即相位增加），整条曲线出现了凹凸。图 6-20 为常见系统的开环传递函数与开环概略奈氏图。

总结绘制开环奈氏图的步骤为：

（1）首先确定开环奈氏图的起点和终点。开环奈氏图的起点，取决于比例环节 K 和系统积分或微分环节的个数 v（系统型别）。$v < 0$（有纯积分），起点为原点；$v = 0$（有纯积分），起点为实轴上的点 K 处（K 为系统开环增益，注意 K 有正负之分）；$v > 0$（有纯积分），起点为无穷远处，相角 $\varphi = -90° \times v$。

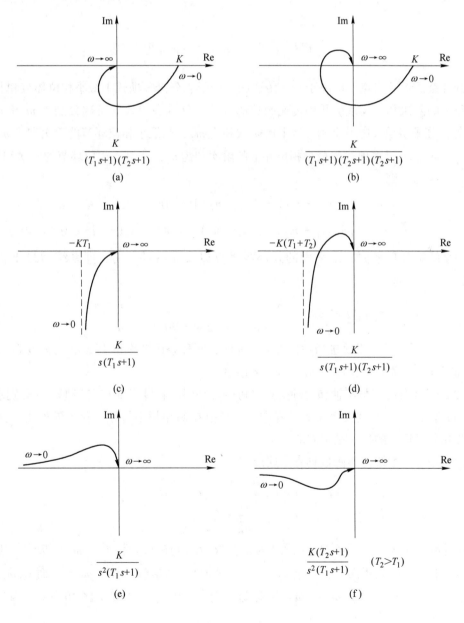

$$\frac{K}{(T_1 s+1)(T_2 s+1)}$$

(a)

$$\frac{K}{(T_1 s+1)(T_2 s+1)(T_2 s+1)}$$

(b)

$$\frac{K}{s(T_1 s+1)}$$

(c)

$$\frac{K}{s(T_1 s+1)(T_2 s+1)}$$

(d)

$$\frac{K}{s^2(T_1 s+1)}$$

(e)

$$\frac{K(T_2 s+1)}{s^2(T_1 s+1)} \quad (T_2 > T_1)$$

(f)

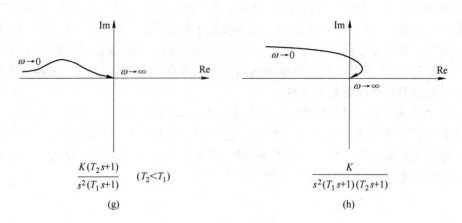

$$\frac{K(T_2 s+1)}{s^2(T_1 s+1)} \quad (T_2 < T_1)$$

(g)

$$\frac{K}{s^2(T_1 s+1)(T_2 s+1)}$$

(h)

图 6-20　常见系统的开环奈氏图

开环奈氏图的终点，取决于开环传递函数分子、分母多项式中最小相位环节和非最小相位环节的阶次和。设系统开环传递函数的分子、分母多项式的阶次分别为 m 和 n，记除 K 外，分子多项式中最小相位环节的阶次和为 m_1，非最小相位环节的阶次和为 m_2，有 $m = m_1 + m_2$；分母多项式中最小相位环节的阶次和为 n_1，非最小相位环节的阶次和为 n_2，有 $n = n_1 + n_2$，则

$$\varphi(\infty) = \begin{cases} [(m_1 - m_2) - (n_1 - n_2)] \times 90° & K > 0 \\ [(m_1 - m_2) - (n_1 - n_2)] \times 90° - 180° & K < 0 \end{cases}$$

当系统不含复平面右半平面的开环零极点以及滞后环节时，即系统为最小相位系统时，

$$G(j\infty)H(j\infty) = \begin{cases} K^* & n = m \\ 0\angle(n - m) \times (-90°) & n > m \end{cases}$$

式中，K^* 为系统开环根轨迹增益，即 $n = m$ 时，开环奈氏图终止于点 K^*；$n > m$ 时，开环奈氏图终止于原点，角度为 $(n - m) \times (-90°)$。

（2）开环奈氏图与实轴和虚轴交点，可令开环频率特性虚部和实部等于 0 分别求出。

（3）注意 ω 从小到大变化的过程中，各环节在幅相频率特性变化中的作用。注意分子环节和分母环节的作用是不同的。

特别是开环系统传递函数具有下述形式：

$$G(s)H(s) = \frac{1}{\left(\dfrac{s^2}{\omega_n^2} + 1\right)^l} G_1(s)H_1(s)$$

即存在等幅振荡环节，开环重极点数 l 为正整数，$G_1(s)H_1(s)$ 不含 $\pm j\omega_n$ 的极点，则当 ω 趋于 ω_n 时，$A(\omega)$ 趋于无穷，而 $\varphi(\omega_{n-}) \approx \varphi_1(\omega_n) = \angle G_1(j\omega_n)H_1(j\omega_n)$，而 $\varphi(\omega_{n+}) \approx \varphi_1(\omega_n) - l \times 180°$，即 $\varphi(\omega)$ 在 $\omega = \omega_n$ 附近，会有一个 $-l \times 180°$ 的相角突变。因为可以

将 $\dfrac{s^2}{\omega_n^2} + 1$ 分解为 $\left(\dfrac{s}{\omega_n} + j \right)\left(\dfrac{s}{\omega_n} - j \right)$，频率特性为 $\left(\dfrac{j\omega}{\omega_n} + j \right)\left(\dfrac{j\omega}{\omega_n} - j \right)$，在 $\omega < \omega_n$ 和 $\omega > \omega_n$ 时相角不同，所以会突变。

【例 6-2】已知系统的开环传递函数为 $G(s) = \dfrac{K}{(T_1 s + 1)(T_2 s + 1)}$，$T_1 > T_2 > 0$，试绘制其奈氏图。

解： 开环系统由一个放大环节和两个惯性环节串联而成，其对应的频率特性是

$$G(j\omega) = \dfrac{K}{(jT_1\omega + 1)(jT_2\omega + 1)}$$

幅频特性和相频特性分别为

$$A(\omega) = \dfrac{K}{\sqrt{T_1^2\omega^2 + 1}\sqrt{T_2^2\omega^2 + 1}}$$

和

$$\varphi(\omega) = -\arctan T_1\omega - \arctan T_2\omega = -\arctan \dfrac{(T_1 + T_2)\omega}{1 - T_1 T_2 \omega^2}$$

当 $\omega = 0$ 时，$A(0) = K$，$\varphi(0) = 0°$；

当 $\omega = \dfrac{1}{\sqrt{T_1 T_2}}$ 时，$A\left(\dfrac{1}{\sqrt{T_1 T_2}} \right) = \dfrac{K\sqrt{T_1 T_2}}{T_1 + T_2}$，$\varphi\left(\dfrac{1}{\sqrt{T_1 T_2}} \right) = -90°$；

当 $\omega \to \infty$ 时，$A(\infty) = 0$，$\varphi(\infty) = -180°$；

当 ω 由 0 增至 ∞ 时，幅值由 K 衰减至 0，相角由 $0°$ 变至 $-180°$。频率特性与负虚轴的交点频率为 $\dfrac{1}{\sqrt{T_1 T_2}}$，交点坐标是 $\left(0,\ -j\dfrac{K\sqrt{T_1 T_2}}{T_1 + T_2} \right)$，奈氏曲线如图 6-21 所示。

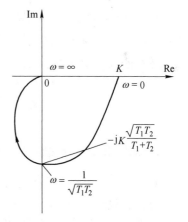

图 6-21 系统奈氏图

【例 6-3】设系统的开环传递函数为 $G(s) = \dfrac{k(\tau s + 1)}{Ts + 1}$，$k, T, \tau > 0$，试绘制其幅相频率特性曲线。

解： 系统开环增益为 k，根轨迹增益为 $k\dfrac{\tau}{T}$，分 $T < \tau$（相位先超前再滞后，曲线位于第一象限）和 $T > \tau$（相位先滞后再超前，曲线位于第四象限）两种情况，系统的幅相频率特性曲线如图 6-22 所示，起始于实轴上的 $(k,\ j0)$ 点，终止于实轴上同侧的 $\left(k\dfrac{\tau}{T},\ j0 \right)$ 点，是直径为 $\left| k - k\dfrac{\tau}{T} \right|$ 的半圆。

【例 6-4】设系统的开环传递函数为 $G(s) = \dfrac{10(3s + 1)}{s(s - 1)}$，试绘制其幅相频率特性曲线。

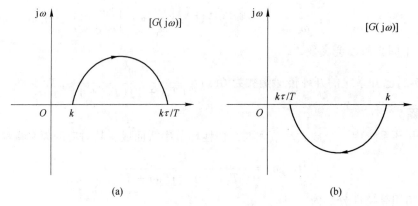

图 6-22   幅相频率特性曲线

（a）$T < \tau$；（b）$T > \tau$

解：非最小相位系统的幅相频率特性为：

$$G(j\omega) = \frac{10(3j\omega + 1)}{j\omega(j\omega - 1)} = \frac{30(j\omega + 0.33)}{j\omega(j\omega - 1)}$$

$$= \frac{-30[1.33\omega - j(0.33 - \omega^2)]}{\omega(\omega^2 + 1)},$$

可知 $A(0^+) = \infty$，$\varphi(0^+) = 0° + 0° - 90° - 180° = -270°$，以及 $A(\infty) = 0$，$\varphi(\infty) = 0° + 90° - 90° - 90° = -90°$。由 $0.33 - \omega^2 = 0$ 得幅相频率特性曲线和实轴交点的频率值为 $\omega = 0.574$，交点为（-30，j0）。幅相频率特性曲线如图 6-23 所示。

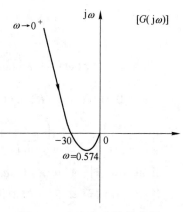

图 6-23   幅相频率特性曲线

6.3   对数频率特性及其绘制

6.3.1   对数频率特性曲线基本概念

对数频率特性图（伯德图）将幅频和相频特性分别画出，并按对数分度运算，使系统的分析和设计变得十分简便。伯德图是将幅频特性和相频特性分别绘制在两个不同的坐标平面上，前者叫对数幅频特性，后者叫对数相频特性，统称为对数频率特性。两个坐标平面横轴（ω 轴）用对数分度，即按以 10 为底的对数后进行线性分度，可以标注角频率的真值（单位为 rad/s），以方便读数；也可以直接标出 lgω 值。如图 6-24 所示。

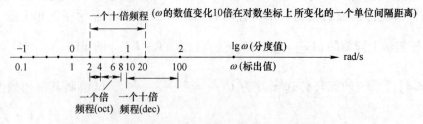

图 6-24   对数频率特性图横轴示意图

ω 每变化十倍，横坐标 $\lg\omega$ 就增加一个单位长度，记为 decade 或简写 dec，称之为"十倍频"或"十倍频程"。横坐标对于 ω 是不均匀的，但对 $\lg\omega$ 却是均匀的线性分度。由于 0 频无法表示，横坐标的最低频率是由所需的频率范围来确定的。若横轴上有两点 ω_1 与 ω_2，则该两点的距离不是 $\omega_2 - \omega_1$，而是 $\lg\omega_2 - \lg\omega_1$，如 2 与 20、10 与 100 之间的距离均为一个单位长度，即一个十倍频程（dec）。

对数幅频特性曲线的纵轴为对幅值取分贝数后按 $L(\omega) = 20\lg|G(j\omega)| = 20\lg A(\omega)$ 进行线性分度，单位为分贝（dB）；对数相频特性曲线的纵轴为对相角进行线性分度。由此构成的坐标系称为半对数坐标系，如图 6-25 所示。

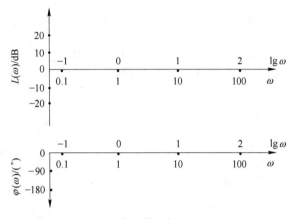

图 6-25 半对数坐标系

假设一个系统的频率特性为
$$G(j\omega) = G_1(j\omega)G_2(j\omega)\cdots G_n(j\omega) = A(\omega)e^{j\varphi(\omega)}$$
式中，$A(\omega) = A_1(\omega)A_2(\omega)\cdots A_n(\omega)$，$\varphi(\omega) = \varphi_1(\omega) + \varphi_2(\omega) + \cdots + \varphi_n(\omega)$。即幅值为各个环节的幅值之积，相角为各个环节的相角之和。

在计算对数幅频特性曲线的纵坐标时有
$$L(\omega) = 20\lg A(\omega) = 20\lg A_1(\omega) + 20\lg A_2(\omega) + \cdots + 20\lg A_n(\omega)$$
$$= L_1(\omega) + L_2(\omega) + \cdots + L_n(\omega)$$
取对数可将相乘转化成相加，从而使对数幅频特性曲线的纵坐标等于系统的各个环节按 $L_i(\omega) = 20\lg|G_i(j\omega)| = 20\lg A_i(\omega)$ 计算后相加。

对数频率特性曲线将幅频特性和相频特性分别作图，使系统或环节的幅值和相角与频率之间的关系更加清晰。同时幅值用分贝数表示，可将串联环节的幅值相乘变为相加运算，简化计算。对数频率特性曲线用渐近线表示幅频特性，使作图更为简单方便。横轴（ω 轴）用对数分度，低频部分展宽，而高频部分缩小，与对实际控制系统（一般为低频系统）的频率分辨率要求吻合，有利于系统的分析与综合。在控制系统的设计和调试中，开环放大系数 K 是最常变化的参数，而 K 的变化不影响对数幅频特性的形状，只会使幅频特性曲线作上下平移，有利于分析系统。

6.3.2 典型环节的 Bode 图绘制

6.3.2.1 放大环节（比例环节）

频率特性为 $G(j\omega) = K$（$K > 0$），幅频特性是 $A(\omega) = |G(j\omega)| = K$，对数幅频特性为

$L(\omega) = 20\lg K$，放大环节的相频特性是 $\varphi(\omega) = 0°$。所以当 $K>1$ 时，$20\lg K>0$，幅频特性曲线在横轴上方；$K=1$ 时，$20\lg K=0$，幅频特性曲线与横轴重合；$K<1$ 时，$20\lg K<0$，幅频特性曲线在横轴下方。相频特性曲线与横轴重合，其 Bode 图如图 6-26 所示。

说明比例环节可以完全、真实地复现任何频率的输入信号，幅值上有放大或衰减作用；$\varphi(\omega) = 0°$ 表示输出与输入同相位，既不超前也不滞后。

6.3.2.2　积分环节

频率特性是 $G(j\omega) = \dfrac{1}{j\omega}$，幅频特性为 $A(\omega) = \dfrac{1}{\omega}$，对数幅频特性是 $L(\omega) = 20\lg|G(j\omega)| = 20\lg\dfrac{1}{\omega} = -20\lg\omega$，相频特性是 $\varphi(\omega) = -90°$。当 $\omega = 0.1$ rad/s 时，$L(0.1) = -20\lg0.1 = 20(dB)$；当 $\omega = 1$ rad/s 时，$L(1) = -20\lg1 = 0(dB)$；当 $\omega = 10$ rad/s 时，$L(10) = -20\lg10 = -20(dB)$。积分环节的相频特性是 $\varphi(\omega) = -90°$，其 Bode 图如图 6-27 所示。

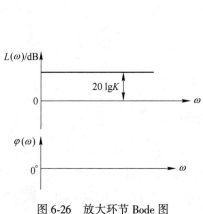

图 6-26　放大环节 Bode 图

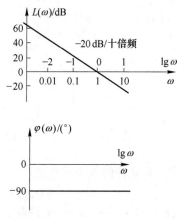

图 6-27　积分环节 Bode 图

积分环节的对数幅频特性是一条在 $\omega = 1$ rad/s 处穿过 0 dB 线（ω 轴），且以每增加十倍频降低 20 dB 的速度（-20 dB/十倍频）变化的直线。积分环节的相频特性是一条值为 -90° 且平行于 ω 轴的直线。幅频特性穿越 0 dB 线（ω 轴）时的频率，称为穿越频率或剪切频率（用 ω_c 表示）。

积分环节是低通滤波器，放大低频信号、抑制高频信号。输入频率越低，对信号的放大作用越强；并且有相位滞后作用，输出滞后输入的相位恒为 90°。

6.3.2.3　微分环节

频率特性是 $G(j\omega) = j\omega$，幅频特性为 $A(\omega) = \omega$，对数幅频特性是 $L(\omega) = 20\lg|G(j\omega)| = 20\lg\omega$，相频特性是 $\varphi(\omega) = 90°$，其 Bode 图如图 6-28 所示。

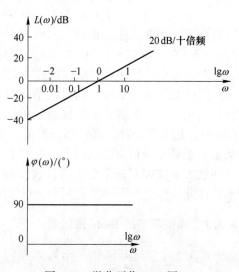

图 6-28　微分环节 Bode 图

可见，理想微分环节是高通滤波器，输入频率越高，对信号的放大作用越强；并且有相位超前作用，输出超前输入的相位恒为 90°，说明输出对输入有提前性、预见性作用。

积分环节和微分环节的对数幅频特性和相频特性都是相差一个负号，所以类推到开环传递函数为 $\dfrac{1}{s^n}$ 和 s^n 的幅频特性曲线将通过点 $(0\ \text{dB},\ \omega = 1\ \text{rad/s})$。

6.3.2.4 一阶惯性环节

频率特性是

$$G(\text{j}\omega) = \frac{1}{\text{j}T\omega + 1}$$

对数幅频特性是

$$L(\omega) = 20\lg \frac{1}{\sqrt{1 + T^2\omega^2}} = -20\lg\sqrt{1 + T^2\omega^2}$$

为简化对数频率特性曲线的绘制，常常使用渐近对数幅频特性曲线（特别是在初步设计阶段）。

当 $\omega \ll \dfrac{1}{T}$ 时，$L(\omega) = -20\lg\sqrt{1 + T^2\omega^2} \approx 0(\text{dB})$，故在频率很低时，对数幅频特性可以近似用 0 分贝线表示，这称为低频渐近线。

当 $\omega \gg \dfrac{1}{T}$ 时，$L(\omega) = -20\lg\sqrt{1 + T^2\omega^2} \approx -20\lg T\omega = -20\lg T - 20\lg\omega$ （dB）。式中，$L(\omega)$ 为因变量，$\lg\omega$ 为自变量，因此对数频率特性曲线是一条斜线，斜率为 $-20\ \text{dB}$/十倍频，称为高频渐近线，与低频渐近线的交点频率为 $\omega_T = \dfrac{1}{T}$，ω_T 称为转折频率。

当 $\omega = \dfrac{1}{T}$ 时，$L(\omega) = -20\lg\sqrt{2} \approx -3(\text{dB})$。

如果需要由渐近对数幅频特性曲线获取精确曲线，只需分别在低于或高于转折频率的一个十倍频程范围内对渐近对数幅频特性曲线进行修正就足够了。

一阶惯性环节的相频特性为

$$\varphi(\omega) = -\arctan\omega T$$

当 $\omega \ll \dfrac{1}{T}$ 时，$\varphi(\omega) = -\arctan\omega T = -0°$；

当 $\omega \gg \dfrac{1}{T}$ 时，$\varphi(\omega) = -\arctan\omega T = -90°$；

当 $\omega = \dfrac{1}{T}$ 时，$\varphi(\omega) = -\arctan\omega T = -45°$。

对数相频特性曲线将对应于 $\omega = \dfrac{1}{T}$ 及 $\varphi(\omega) = -45°$ 这一点斜对称。

其 Bode 图如图 6-29 所示。可以看出在整个频率范围内，$\varphi(\omega)$ 呈滞后持续增加的趋势，极限为 $-90°$。在 $\omega = \dfrac{1}{T}$ 时近似幅频特性曲线的斜率发生了变化，两条近似直线交接

于 $\omega = \dfrac{1}{T}$，所以 $\omega = \dfrac{1}{T}$ 称为交接频率（或转

折频率），是绘制惯性环节的对数频率特性时的一个重要参数。

当惯性环节的时间常数改变时，其转折频率 $\omega_T = \dfrac{1}{T}$ 将在 Bode 图的横轴上向左或向右移动。与此同时，对数幅频特性及对数相频特性曲线也将随之向左或向右移动，但它们的形状保持不变。

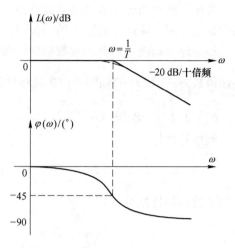

图 6-29　一阶惯性环节 Bode 图

6.3.2.5　一阶微分环节

频率特性是 $G(\mathrm{j}\omega) = \mathrm{j}T\omega + 1$，对数幅频特性是 $L(\omega) = 20\lg\sqrt{1 + T^2\omega^2}$ 。

当 $\omega \ll \dfrac{1}{T}$ 时，$L(\omega) = 20\lg\sqrt{1 + T^2\omega^2} \approx$

$0(\mathrm{dB})$，对数幅频特性可以近似用 0 分贝线表示，为低频渐近线。

当 $\omega \gg \dfrac{1}{T}$ 时，$L(\omega) = 20\lg\sqrt{1 + T^2\omega^2} \approx 20\lg T\omega(\mathrm{dB})$，对数幅频特性曲线是一条斜线，斜率为+20 dB/十倍频，为高频渐近线，当频率变化十倍频时，$L(\omega)$ 增加 20 dB，转折频率为 $\omega_T = \dfrac{1}{T}$ 。

当 $\omega = \dfrac{1}{T}$ 时，$L(\omega) = 20\lg\sqrt{2} \approx 3(\mathrm{dB})$ 。

一阶微分环节的相频特性为

$$\varphi(\omega) = \arctan\omega T$$

当 $\omega \ll \dfrac{1}{T}$ 时，$\varphi(\omega) = \arctan\omega T = 0°$；

当 $\omega \gg \dfrac{1}{T}$ 时，$\varphi(\omega) = \arctan\omega T = 90°$；

当 $\omega = \dfrac{1}{T}$ 时，$\varphi(\omega) = \arctan\omega T = 45°$ 。

其 Bode 图如图 6-30 所示。

一阶微分环节具有放大高频信号的作用，输入频率 ω 越大，放大倍数越大；且输出超前于输入，相位超前范围为 0°→90°，输出对输入有提前性、预见性作用。

一阶微分环节的典型实例是控制工程中常用的比例微分控制器（PD 控制器），PD 控制器常用于改善二阶系统的动态性能，但存在放大高频干扰信号的问题。

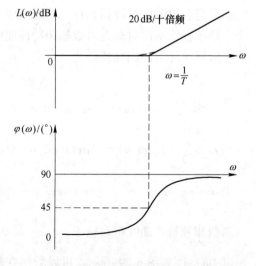

图 6-30　一阶微分环节 Bode 图

分析一阶惯性环节和一阶微分环节 $(1 + \mathrm{j}\omega T)^{\pm 1}$，对数幅频特性是

$$L(\omega) = 20\lg (1 + \mathrm{j}\omega T)^{\pm 1} = \pm 20\lg\sqrt{\left[1 + (\omega T)^2\right]} \quad (\mathrm{dB})$$

相频特性为 $\varphi(\omega) = \pm\arctan(\omega T)$。低频时的对数幅频特性曲线是一条 0 dB 的直线，高频时的对数幅频特性曲线是一条斜率为±20 dB/十倍频程的直线。图 6-31 和图 6-32 表示了一阶因子的精确对数幅频特性曲线及渐近线，以及精确（Exact curve）的相角曲线。

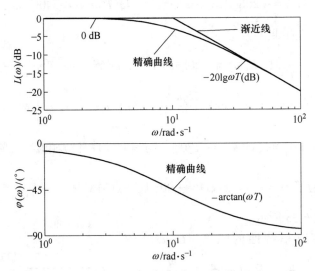

图 6-31　一阶惯性环节对数频率特性渐近线和精确曲线

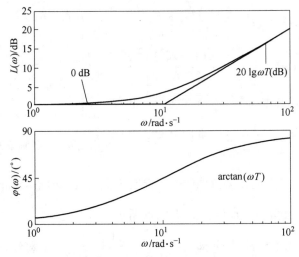

图 6-32　一阶微分环节对数频率特性渐近线和精确曲线

6.3.2.6　二阶振荡环节（$0 < \xi < 1$）

频率特性是

$$G(\mathrm{j}\omega) = \frac{1}{(1 - T^2\omega^2) + \mathrm{j}2\xi T\omega}$$

对数幅频特性为

$$L(\omega) = -20\lg\sqrt{(1 - T^2\omega^2)^2 + 4\xi^2 T^2\omega^2}$$

当 $\omega \ll \dfrac{1}{T}$ 时, $L(\omega) = -20\lg\sqrt{(1 - T^2\omega^2)^2 + 4\xi^2 T^2\omega^2} \approx 0(\mathrm{dB})$, 低频渐近线与 0 分贝线重合。

当 $\omega \gg \dfrac{1}{T}$ 时, $L(\omega) = -20\lg\sqrt{(1 - T^2\omega^2)^2 + 4\xi^2 T^2\omega^2} \approx -40\lg T\omega$, 高频渐近线是斜率为 -40 dB/十倍频的直线。

当转折频率 $\omega_{\mathrm{T}} = \dfrac{1}{T}$ 时, $L(\omega) = -20\lg\sqrt{(1 - T^2\omega^2)^2 + 4\xi^2 T^2\omega^2} = -20\lg 2\xi$ 。

对数相频特性为 $\varphi(\omega) = -\arctan\dfrac{2\xi\omega T}{1 - (\omega T)^2}$, 当 $\omega \ll \dfrac{1}{T}$ 时, $\varphi(\omega) = 0°$; 当 $\omega = \dfrac{1}{T}$ 时,

$\varphi(\omega) = -90°$; 当 $\omega \gg \dfrac{1}{T}$ 时, $\varphi(\omega) = -180°$ 。与一阶惯性环节相似, 二阶振荡环节的对数相频特性曲线将对应于 $\omega = \dfrac{1}{T}$ 及 $\varphi(\omega) = -90°$ 这一点斜对称。

其 Bode 图如图 6-33 所示。

二阶振荡环节频率特性的幅值 $|G(\mathrm{j}\omega)| =$

$\dfrac{1}{\sqrt{\left(1 - \dfrac{\omega^2}{\omega_\mathrm{n}^2}\right)^2 + \left(2\xi\dfrac{\omega}{\omega_\mathrm{n}}\right)^2}}$, 设 $g(\omega) = \left(1 - \dfrac{\omega^2}{\omega_\mathrm{n}^2}\right)^2 +$

$\left(2\xi\dfrac{\omega}{\omega_\mathrm{n}}\right)^2$, 令 $\dfrac{\mathrm{d}}{\mathrm{d}\omega}g(\omega) = 2\left(1 - \dfrac{\omega^2}{\omega_\mathrm{n}^2}\right)\left(-2\dfrac{\omega}{\omega_\mathrm{n}^2}\right) +$

$2\left(2\xi\dfrac{\omega}{\omega_\mathrm{n}}\right)2\xi\dfrac{1}{\omega_\mathrm{n}} = 0$, $g(\omega) = \left[\dfrac{\omega^2 - \omega_\mathrm{n}^2(1 - 2\xi^2)}{\omega_\mathrm{n}^2}\right]^2 +$

$4\xi^2(1 - \xi^2)$, 求出谐振频率 $\omega_\mathrm{r} = \omega_\mathrm{n}\sqrt{1 - 2\xi^2}$, 谐振峰值 $M_\mathrm{r} = \dfrac{1}{\sqrt{g(\omega_\mathrm{r})}} = \dfrac{1}{2\xi\sqrt{1 - \xi^2}}$, 此时 $0 \leqslant \xi \leqslant$

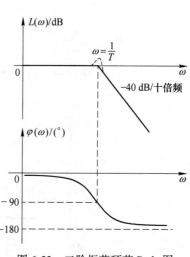

图 6-33　二阶振荡环节 Bode 图

$\dfrac{\sqrt{2}}{2} \approx 0.707$ 。当 $\xi > 0.707$ 时, 幅值曲线不可能有峰值出现, 即不会有谐振, 如图 6-34 所示。 ξ 的取值也会影响相频特性曲线, 如图 6-35 所示。

二阶振荡环节的频率特性是 $G(\mathrm{j}\omega) = \dfrac{1}{(1 - T^2\omega^2) + \mathrm{j}2\xi T\omega}$, 对数幅频特性为 $L(\omega) =$

$-20\lg\sqrt{(1 - T^2\omega^2)^2 + 4\xi^2 T^2\omega^2}$ 。当 $\omega = \dfrac{1}{T}$ 时, 二阶振荡环节的准确的对数幅频特性为

$L_1(\omega) = -20\lg\sqrt{(1 - T^2\omega^2)^2 + 4\xi^2 T^2\omega^2} = -20\lg 2\xi$, 此时近似折线的对数幅频特性为 $L_2(\omega) = 0$, 由此得幅值误差与 ξ 关系为 $\Delta L(\omega) = L_1(\omega) - L_2(\omega) = -20\lg 2\xi$, 如图 6-36 所示。

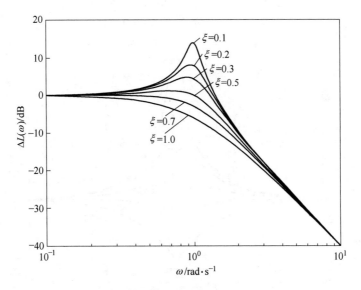

图 6-34　二阶振荡环节幅频特性与 ξ 的关系

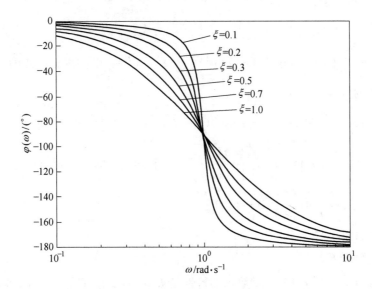

图 6-35　二阶振荡环节相频特性与 ξ 的关系

6.3.2.7　二阶微分环节

频率特性是

$$G(j\omega) = (1 - T^2\omega^2) + j2\xi T\omega$$

对数幅频特性为

$$L(\omega) = 20\lg\sqrt{(1 - T^2\omega^2)^2 + 4\xi^2 T^2\omega^2}$$

当 $\omega \ll \dfrac{1}{T}$ 时，$L(\omega) = 20\lg\sqrt{(1 - T^2\omega^2)^2 + 4\xi^2 T^2\omega^2} \approx 0$ dB，低频渐近线与 0 dB 线

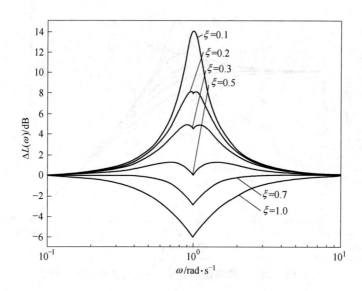

图 6-36　二阶振荡环节的误差曲线

重合。

当 $\omega \gg \dfrac{1}{T}$ 时，$L(\omega) = 20\lg\sqrt{(1 - T^2\omega^2)^2 + 4\xi^2 T^2\omega^2} \approx 40\lg T\omega$ ，高频渐近线是斜率为 +40 dB/十倍频的直线。

当转折频率 $\omega = \dfrac{1}{T}$ 时，$L(\omega) = 20\lg\sqrt{(1 - T^2\omega^2)^2 + 4\xi^2 T^2\omega^2} = 20\lg 2\xi$ 。

对数相频特性为 $\varphi(\omega) = \arctan\dfrac{2\xi\omega T}{1 - (\omega T)^2}$ ，当 $\omega \ll \dfrac{1}{T}$ 时，$\varphi(\omega) = 0°$ ；当 $\omega = \dfrac{1}{T}$ 时，$\varphi(\omega) = 90°$ ；当 $\omega \gg \dfrac{1}{T}$ 时，$\varphi(\omega) = 180°$ 。

其 Bode 图如图 6-37 所示。

6.3.2.8　纯滞后环节

频率特性是 $G(j\omega) = e^{-j\tau\omega}$ ，对数幅频特性是 $L(\omega) = 20\lg|G(j\omega)| = 0$ ，对数相频特性为 $\varphi(\omega) = -57.3°\tau\omega$ ，是呈指数规律下降的曲线，随 ω 增加而滞后无限增加。其 Bode 图如图 6-38 所示。

6.3.3　开环 Bode 图绘制

绘制系统开环对数频率特性（伯德图）的步骤是：

（1）将开环传递函数写成典型环节乘积形式。

（2）选定 Bode 图坐标系所需频率范围，一般最低频率为系统最低转折频率的 1/10 左右，而最高频率为最高转折频率的 10 倍左右。

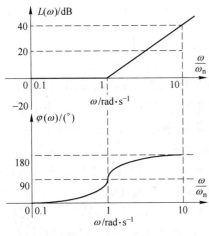

图 6-37 二阶微分环节 Bode 图

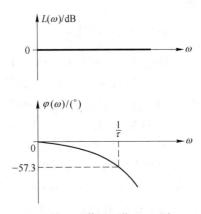

图 6-38 纯滞后环节 Bode 图

（3）确定各个典型环节的转折频率，如果存在转折频率，在 ω 轴上标出转折频率的坐标位置。一阶环节，包括惯性环节、一阶微分环节以及对应的非最小相位环节，转折频率为 $\frac{1}{T}$。二阶环节，包括振荡环节、二阶微分环节以及对应的非最小相位环节，转折频率为 ω_n。记 ω_{min} 为最小转折频率，称 $\omega < \omega_{min}$ 的频率为低频段。

（4）各串联环节的对数幅频特性叠加后得到系统开环对数幅频特性的渐近线。由于一阶环节或二阶环节的对数幅频渐近特性曲线在转折频率前斜率为 0 dB/十倍频，在转折频率处斜率发生变化，故在 $\omega < \omega_{min}$ 频段内，开环系统幅频渐近特性的斜率取决于 $\frac{K}{\omega^v}$，为 $-20v$ dB/十倍频。同时，低频段或低频段延长线过点 $（1, 20\lg K）$。

（5）修正误差，画出比较精确的对数幅频特性曲线。如有必要，可对分段直线进行修正，通常只需修正各转折频率处以及转折频率的二倍频和 1/2 倍频处的幅值就可以了。

（6）画出各串联典型环节相频特性曲线，将它们相加后得到系统开环相频特性曲线。

（7）若系统串联有延迟环节，不影响系统的开环对数幅频特性，只影响系统的对数相频特性，则可以求出相频特性的表达式，直接描点绘制对数相频特性曲线。

传递函数折线图的简易画法为：

（1）分解成典型环节，确定各环节的转折频率和穿越频率。

（2）过上述频率点做垂直于横坐标的虚线。

（3）无纯积分和纯微分环节，从最低频率（低于所有的转折频率和穿越频率）开始，从左至右画 $20\lg K$ 的横线，每碰见一个频率，根据该频率的类型改变斜率，直到大于所有上述转折频率和穿越频率。

（4）有纯积分和纯微分环节，则从虚线 $\omega = 1$ 上找到 $20\lg K$ 的点，过该点画该环节的斜线，沿该斜线最左端（低于最左边的频率点）由左至右每碰见一个虚线改变一次斜率，直到结束。

【例 6-5】已知系统开环传递函数为 $G(s) = \dfrac{2000(s + 0.5)}{s(s + 10)(s + 50)}$，试绘制系统开环伯

德图。

解：

（1）系统的频率特性为 $G(j\omega) = \dfrac{2[(j\omega/0.5) + 1]}{j\omega[(j\omega/10) + 1][(j\omega/50) + 1]}$。

（2）注意到系统有一个纯积分环节，所以起始段直线斜率是-20 dB/十倍频。这条渐近线在 $\omega < 0.5$ rad/s 时有效，因为最小的转折频率是 $\omega = 0.5$ rad/s。这条渐近线的斜率为-20 dB/十倍频，通过点 $(1，20\lg2)$ 可画出这条渐近线。实际上，对数幅频特性曲线是不经过这个点的，因为在 $\omega = 0.5$ rad/s 处有转折频率。

（3）第一个转折频率是 $\omega = 0.5$ rad/s，是一阶项且出现在分子中，因此渐近线斜率需加上 20 dB/十倍频。在 $\omega = 0.5$ rad/s 处画一条斜率为 0 的直线与原来斜率-20 dB/十倍频的直线相交，然后在 $\omega = 10$ rad/s 处画一条斜率为-20 dB/十倍频的直线与之前的直线相交，最后在 $\omega = 50$ rad/s 处画一条斜率为-40 dB/十倍频的直线与之前的直线相交。

（4）在图上画准确曲线：在远离转折频率的频段，准确曲线逐渐与渐近线相切；在转折频率 $\omega = 0.5$ rad/s 处，准确曲线的值比渐近线大 3 dB，在转折频率 $\omega = 10$ rad/s 和 $\omega = 50$ rad/s 处，准确曲线比渐近线小 3 dB。

（5）因为 $\dfrac{2}{j\omega}$ 的相位是-90°，所以相位曲线在低频段以-90°为起点。

（6）用引出线表示各环节相位曲线，都准确表示了各环节的相位变化。

（7）将各引出线的部分相加就得到了实线的合成曲线，如图 6-39 所示。

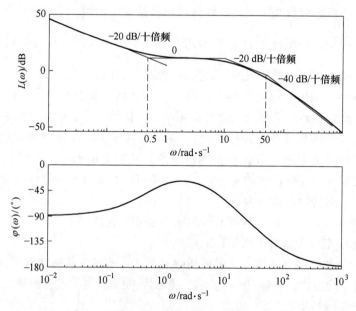

图 6-39　例 6-5 的 Bode 图

【例 6-6】系统的开环频率特性分别为 $G_1(j\omega) = \dfrac{1 + j\omega T}{1 + j\omega T_1}$ 和 $G_2(j\omega) = \dfrac{1 - j\omega T}{1 + j\omega T_1}$，$0 < T < T_1$，试分别绘制其零极点分布图和 Bode 图。

解：零极点如图 6-40 所示。

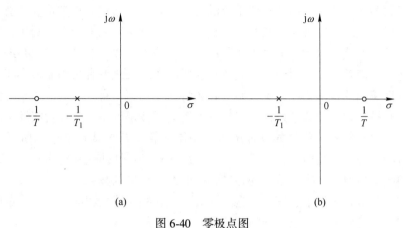

图 6-40　零极点图

（a）最小相位系统 G_1；（b）非最小相位系统 G_2

Bode 图如图 6-41 所示。

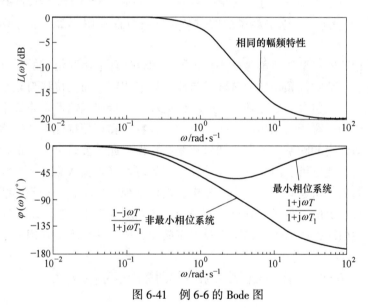

图 6-41　例 6-6 的 Bode 图

6.3.4 最小相位系统与非最小相位系统

在 s 右半平面上，若没有系统开环传递函数的极点和零点，则称此系统为最小相位系统。相反，若在 s 右半平面有开环传递函数的零极点，或有纯滞后环节，则称之为非最小相位系统。对于闭环系统，如果它的开环传递函数的极点和零点的实部小于或等于 0，则称它是最小相位系统。若把 $e^{-\tau s}$ 用零点和极点的形式近似表达时，会发现它也具有正实部零点。

在稳定系统中，若幅频特性相同，对于任意给定频率，最小相位系统的相位滞后最小，即如果两个系统有相同的幅频特性，那么对大于 0 的任何频率，最小相位系统的相角总小于非最小相位系统的相角。任何非最小相位传递函数的相角范围，都大于相应的最小相位传递函数的相角范围。最小相位系统的对数幅频特性与对数相频特性具有一一对应的关系，即如果系统的幅频特性曲线在从 0 到 ∞ 的全部频率范围上给定，则相频特性曲线被唯一确定，反之亦然。以上结论对于非最小相位系统不成立。非最小相位系统高频时相角滞后大，起动性能差，响应缓慢。因此对响应要求快的系统不宜采用非最小相位元件。

幅频特性相同的最小相位系统它们的相频特性也相同，有一一对应关系，因而传递函数也相同。对最小相位系统来说，只需根据系统的对数幅频特性曲线就能够决定其相频特性曲线，或写出其传递函数（如果传递函数中不包含二阶振荡环节或二阶微分环节，则只根据对数渐近幅频特性曲线，就可以决定系统的相频特性曲线和传递函数，否则还需根据精确的幅频特性曲线来决定系统的相频特性曲线和传递函数）。

最小相位的概念来源于通信学，它的含义是，在幅频特性相同的所有稳定的传递函数中，最小相位系统对输入正弦信号的相位移最小。

对于最小相位系统，当 $\omega \to \infty$ 时，其相位为 $-(n-m)90°$，当 $\omega \to 0$ 时，其相位为 $-v90°$。其中 m、n 分别为传递函数分子和分母多项式的最高阶次，v 为积分环节数。对于非最小相位系统，或者当 $\omega \to \infty$ 时，其相位不等于 $-(n-m)90°$；或者当 $\omega \to 0$ 时，其相位不等于 $-v90°$。当 $\omega \to \infty$ 时，这两类系统的对数幅频特性曲线斜率都等于 $-20(n-m)$ dB/十倍频。

正的增益、稳定的典型环节都是最小相位的，由这些环节串联组成的系统也是最小相位系统。时间延迟环节的幅频特性为常数，与比例环节相同，而相位移与频率成正比，故属于非最小相位环节。包含不稳定环节、时间延迟环节的传递函数都是非最小相位的。

数学上可以证明，对于最小相位系统，对数幅频特性和相频特性不是互相独立的，两者之间存在着严格确定的联系。如果已知对数幅频特性，通过公式也可以把相频特性计算出来。同样，通过公式也可以由相频特性计算出幅频特性（增益 K 除外），所以两者包含的信息内容是相同的。从建立数学模型和分析、设计系统的角度看，只要详细地绘制出两者中的一个就足够了。由于对数幅频特性容易画，所以对于最小相位系统，通常只绘制详细的对数幅频特性曲线，而对于相频特性只绘制简图，或者甚至不绘制相频特性图。

6.4 用频域法分析控制系统的稳定性

6.4.1 开环频率特性与闭环特征方程的关系

奈奎斯特（Nyquist）稳定判据是由 H. Nyquist 于 1932 年提出的。Nyquist 稳定判据的理论基础是复变函数理论中的辐角定理，也称映射定理。

对于物理上可实现的系统，闭环传递函数分母多项式的阶数必须大于或等于分子多项式的阶数，这表明，当 $s \to \infty$ 时，任何物理上可实现系统其传递函数的极限，或趋于 0，或趋于常数。

奈奎斯特稳定性判据（简称为奈氏判据）将开环传递函数的频率特性和闭环极点分布在右半复平面的个数联系起来，即根据系统开环传递函数的频率特性来判定闭环系统的稳定性。

奈氏判据的主要特点是：

（1）根据系统的开环频率特性，来研究闭环系统稳定性，而不必求闭环特征根。

（2）基于系统的开环奈氏图，是一种图解法。

（3）开环频率特性曲线可以由实验方法获得，因此，当系统的开环传递函数未知时，不能用劳斯判据或根轨迹法分析系统的稳定性。应用奈氏判据判稳定性很方便。

（4）在判断系统是否稳定的同时，还可以给出关于系统稳定程度的信息和改善系统稳定性的办法，便于研究系统参数和结构改变对系统稳定性的影响。

（5）可以研究包含延迟环节的系统稳定性。

先复习一下复变函数理论中的函数映射。

系统的开环传递函数为

$$G(s)H(s) = \frac{1}{s(s+1)}$$

引入辅助函数

$$F(s) = 1 + G(s)H(s) = \frac{s^2 + s + 1}{s(s+1)}$$

除奇点外，在 s 平面上任取一点，如 $s_1 = 1 + j2$，则

$$F(s_1) = \frac{(1+j2)^2 + (1+j2) + 1}{(1+j2)(1+j2+1)} = 0.95 - j0.15$$

由此可知，对于 s 平面由无数个点组成的任意一条不通过任何奇点（$F(s)$ 的零点或极点）的连续封闭曲线，$F(s)$ 平面上也存在无数个与之相对应的点组成一条封闭曲线。

复变函数映射定理（也称辐角定理）指设 s 平面闭合曲线 Γ 包围 $F(s)$ 的 Z 个零点和 P 个极点，则 s 沿 Γ 顺时针运动一周时，在 $F(s)$ 平面上，$F(s)$ 闭合曲线 Γ_F 包围原点的圈数为 $R = P - Z$。$R<0$ 和 $R>0$ 分别表示 Γ_F 顺时针包围和逆时针包围 $F(s)$ 平面的原点，$R=0$ 表示不包围 $F(s)$ 平面的原点。

例如用两个特殊传递函数检验辐角定理，$F_1(s) = \frac{1}{s}$ 和 $F_2(s) = s$。设 $s = Re^{j\theta}$，$\theta = 0° \rightarrow 360°$，在 s 平面曲线如图 6-42（a）所示，而 $F_1(s)$ 和 $F_2(s)$ 的曲线如图 6-42（b）和（c）所示。如图所示，$F_1(s) = \frac{1}{s}$ 的 $R = P - Z = 1 - 0 = 1$，所以有一个逆时针包围原点的圈，$F_2(s) = s$ 的 $R = P - Z = 0 - 1 = -1$，有一个顺时针包围原点的圈，其曲线符合辐角定理。

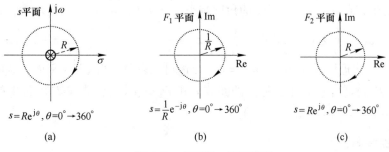

图 6-42 各函数 s 平面图形

（a）s 平面；（b）F_1 平面；（c）F_2 平面

设 s 为复数变量，$F(s)$ 为 s 的有理分式函数。对于 s 平面上任意一点 s，通过复变函数 $F(s)$ 的映射关系，在 $F(s)$ 平面上可以确定关于 s 的像。在 s 平面上任选一条闭合曲线 Γ，且不通过 $F(s)$ 的任一零点和极点，s 从闭合曲线 Γ 上任一点 A 起，顺时针沿 Γ 运动一周，再回到 A 点，则相应地，$F(s)$ 平面上也从点 $F(A)$ 起，到 $F(A)$ 点止也形成一条闭合曲线 Γ_F。为讨论方便，取 $F(s)$ 为下述简单形式：

$$F(s) = \frac{(s - z_1)(s - z_2)}{(s - p_1)(s - p_2)}$$

式中，z_1、z_2 为 $F(s)$ 的零点；p_1、p_2 为 $F(s)$ 的极点。不失一般性，取 s 平面上 $F(s)$ 的零点和极点以及闭合曲线的位置如图 6-43（a）所示，Γ 包围 $F(s)$ 的零点 z_1 和极点 p_1。

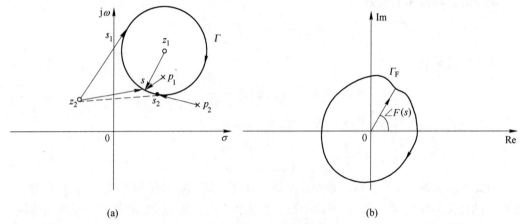

图 6-43　s 和 $F(s)$ 平面的映射关系
（a）s 平面；（b）$F(s)$ 平面

设复变量 s 沿闭合曲线 Γ 顺时针运动一周，研究 $F(s)$ 相角 $\delta\angle F(s) = \oint_{\Gamma} \angle F(s)\mathrm{d}s$ 的变化情况。

因为 $\angle F(s) = \angle(s - z_1) + \angle(s - z_2) - \angle(s - p_1) - \angle(s - p_2)$，所以有 $\delta\angle F(s) = \delta\angle(s - z_1) + \delta\angle(s - z_2) - \delta\angle(s - p_1) - \delta\angle(s - p_2)$。由于 z_1 和 p_1 被 Γ 所包围，故按复平面向量的相角定义，逆时针旋转为正，顺时针旋转为负，则有 $\delta\angle(s - z_1) = \delta\angle(s - p_1) = -2\pi$。而对于零点 z_2，由于未被 Γ 所包围，过 z_2 作两条直线与闭合曲线 Γ 相切，设 s_1，s_2 为切点，则在 Γ 的 $\overset{\frown}{s_1 s_2}$ 段，$s - z_2$ 的角度减小，在 Γ 的 $\overset{\frown}{s_2 s_1}$ 段，角度增大，且有

$$\delta\angle(s - z_2) = \oint_{\Gamma} \angle(s - z_2)\mathrm{d}s = \oint_{\Gamma_{s_1, s_2}} \angle(s - z_2)\mathrm{d}s + \oint_{\Gamma_{s_2, s_1}} \angle(s - z_2)\mathrm{d}s = 0$$

p_2 未被 Γ 包围，同理可得 $\delta\angle(s - p_2) = 0$。上述讨论表明，当 s 沿 s 平面任意闭合曲线 Γ 运动一周时，$F(s)$ 绕 $F(s)$ 平面原点的圈数只和 $F(s)$ 被闭合曲线 Γ 所包围的极点和零点的代数和有关。上例中 $\delta\angle F(s) = 0$。

6.4.2　奈奎斯特稳定判据

Nyquist 判据是利用系统开环幅相频率特性判断闭环系统稳定性的图解法。可用于判

断闭环系统的绝对稳定性，也能计算系统的相对稳定指标和改善系统性能的方法。

由第 4 章可知，如果一个线性系统的闭环传递函数为

$$\frac{C(s)}{R(s)} = \frac{G(s)}{1 + H(s)G(s)}$$

为了保证系统稳定，特征方程 $1 + H(s)G(s) = 0$ 的全部根都必须位于左半 s 平面。虽然开环传递函数 $H(s)G(s)$ 的极点和零点可能位于右半 s 平面，但如果闭环传递函数的所有极点均位于左半 s 平面，则系统是稳定的。也就是说，系统的开环稳定性和闭环稳定性相互独立，没有关系。

奈奎斯特稳定判据正是将开环频率响应 $H(j\omega)G(j\omega)$ 与 $1 + H(s)G(s)$ 在右半 s 平面内的零点数和极点数联系起来的判据。这种方法无须求闭环极点，得到广泛应用。由解析的方法和实验的方法得到的开环频率特性曲线，均可用来进行稳定性分析。

假设系统的特征方程为

$$F(s) = 1 + H(s)G(s) = \frac{N(s) + M(s)}{N(s)}$$

$F(s)$ 的分子是闭环特征多项式，其对应的是闭环极点，与系统的稳定性有关；分母是开环特征多项式。如果适当设计，就有可能利用辐角定理分析系统的稳定性。假设 $F(s)$ 在 s 平面的虚轴上没有零、极点，在 s 平面上作一条完整的封闭曲线 $\varGamma_S$，使它包围 s 右半平面且按顺时针环绕，如图 6-44（a）所示。显然这一封闭无穷大半圆包围的极点数 P 和零点数 Z，就是 $F(s)$ 位于 s 右半平面的极点数和零点数。注意，这时的极点数 P 就是系统开环传递函数中的不稳定极点数，而不稳定零点数 Z 就是闭环不稳定极点数。如图 6-44（b）和（c）所示，$1 + H(s)G(s)$ 曲线 $\varGamma_F$ 对原点的包围，恰等于 $H(j\omega)G(j\omega)$ 轨迹 $\varGamma_{GH}$ 对（-1, j0）点的包围。

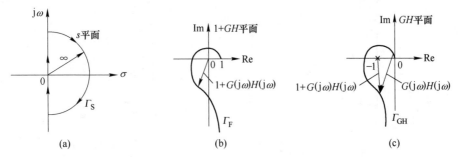

图 6-44　封闭曲线 $\varGamma_S$ 图形和特征方程的曲线 $\varGamma_F$ 图形
（a）s 平面；（b）$1 + GH$ 平面；（c）GH 平面

奈奎斯特稳定判据表示为：$Z = P - R$，式中 Z 为 $F(s) = 1 + H(s)G(s)$ 在右半 s 平面内的零点数，R 是 $H(s)G(s)$ 对（-1, j0）点逆时针包围的次数（注意：此时 ω 的变化范围是（$-\infty \to 0 \to \infty$）），P 是 $H(s)G(s)$ 在 s 右半平面的极点数。

如果 $Z = 0$，则系统稳定；$Z > 0$ 则系统不稳定，且 s 右半平面上有 Z 个不稳定极点。如果 $G(s)H(s)$ 在右半 s 平面内有极点，即 $P \neq 0$，对于稳定的控制系统，必须 $R = P$，这意味着 $G(s)H(s)$ 必须逆时针方向包围（-1, j0）点 P 次。如果 $G(s)H(s)$ 在右半 s 平面内无任何极点，即 $P = 0$，对于稳定的系统，这意味着 $G(s)H(s)$ 必须不包围（-1, j0）

点。若出现幅相频率特性曲线 $H(j\omega)G(j\omega)$ 穿过 $(-1, j0)$ 情况，则相应的频率 ω_1 值必满足方程 $1 + H(j\omega_1)G(j\omega_1) = 0$，即闭环传递函数有纯虚根 $\pm j\omega_1$，闭环系统至多只是临界稳定的。

Nyquist 稳定判据又可叙述如下：闭环系统稳定的充要条件是，当 ω 由 $-\infty \to \infty$ 变化时，开环频率特性 $H(j\omega)G(j\omega)$ 的极坐标图应当逆时针方向包围 $(-1, j0)$ 点 P 周，P 是开环传递函数正实部极点的个数。

6.4.3   虚轴上有开环特征根时的奈奎斯特判据

若系统开环传递函数有虚轴上的极点，则开环传递函数的幅相频率特性在这些点上没有定义。在这种情况下，必须对奈氏路径 Γ_S 做修改，以避开这些开环极点。当开环系统包含积分环节（或共轭纯虚根极点）时，即开环传递函数 $G(s) = \dfrac{K\prod\limits_1^m(\tau_i s \pm 1)}{s^v\prod\limits_1^n(T_j s \pm 1)}$，假设一种简单情况，即 $G(s)H(s) = \dfrac{K}{s(Ts+1)}$，显然在 $s=0$ 处有一个开环极点，这时闭合曲线 Γ_S' 取为图 6-45 所示形式，在该极点右侧取一半径为无穷小的半圆，于是闭合曲线没有经过奇点。

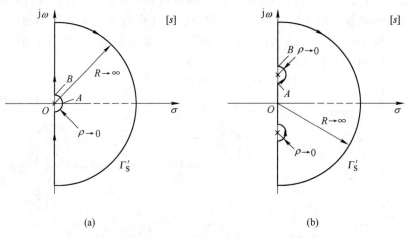

图 6-45   虚轴上有开环特征根时的 s 平面曲线
(a) 原点处开环极点；(b) 共轭纯虚根极点

这样，奈氏路径做上述修改后，s 复平面虚轴上开环极点周围半径为无限小的圆弧，映射到 $G(s)H(s)$ 平面上是半径无穷大的圆弧。

具体情况是：若开环传递函数含有 v 个积分环节，设 $G(s)H(s) = kG_0(s)/s^v$，$G_0(0) = 1$，即 $G_0(s)$ 不含积分环节。在图 6-45 (a) 中所示的 A、B 段 1/4 圆弧上，$s = \rho e^{j\theta}$，$\rho \to 0$，于是有 $G(s)H(s) = k/(\rho e^{j\theta})^v = ke^{-jv\theta}/\rho^v$。当 s 由 A 点到 B 点围绕原点沿 1/4 圆弧变化时，θ 从 0 变到 $\pi/2$，即从正实轴上开始逆时针方向转过 90°，与此对应，像函数 $G(s)H(s)$ 从实轴上与 k 相同的方向开始，沿半径无穷大圆弧围绕原点转过 $-v \times 90°$（顺时针方向转过

$v\times90°$）。

若开环传递函数有虚轴上的极点，处理方法相似。在图 6-45（b）所示的 A、B 段1/2圆弧上，当 s 由 A 点到 B 点围绕虚轴上的开环极点逆时针方向转过 180°时，像函数 $G(s)H(s)$ 沿半径无穷大圆弧围绕原点转过的角度，等于半径无穷小半圆所围绕的开环极点的重数乘上-180°。

可见，半径为无穷大的圆弧总是按顺时针方向旋转的。

如果开环系统含有积分环节，则幅相频率特性曲线不能构成闭合轨迹。这时无法确定幅相频率特性曲线包围（-1，j0）点的圈数 R，要应用奈氏判据首先把开环幅相频率特性曲线补为封闭曲线，即在原幅相频率特性曲线（ω 的变化范围 0→∞）的基础上补一段半径无穷大、圆心角为 $v\times90°$ 的圆弧（v 是积分环节的个数）后利用奈氏稳定判据。开环增益大于 0 时，从正实轴的无穷远处开始，顺时针补 $v\times90°$ 的圆弧；开环增益小于 0 时，从负实轴的无穷远处开始，顺时针补 $v\times90°$ 的圆弧。要求正好使幅相频率特性曲线成为封闭曲线。如果 ω 的变化范围-∞→0→∞，此时在原幅相频率特性曲线的基础上从 0^- 到 0^+ 顺时针方向，补一段半径无穷大、圆心角为 $v\times180°$ 的圆弧（v 是积分环节的个数）后利用奈氏稳定判据。

应用 Nyquist 稳定判据判别闭环系统的稳定性，就是看开环频率特性曲线对负实轴上（-1，-∞）区段的穿越情况。根据半闭合曲线 Γ_{GH} 可获得 Γ_F 包围原点的圈数 R。设 N 为 Γ_{GH} 穿越（-1，j0）点左侧负实轴的次数，N_+ 表示正穿越的次数和（从上向下穿越，穿越伴随着相角增加故称之为正穿越），N_- 表示负穿越的次数和（从下向上穿越，穿越伴随着相角减小，所以称为负穿越），此时 R 的计算公式为 $R = 2N = 2(N_+ - N_-)$。

注意：补做的大圆所产生的穿越皆为负穿越。

【例 6-7】设闭环系统的开环传递函数为 $G(s)H(s) = \dfrac{K}{(T_1 s + 1)(T_2 s + 1)}$，$T_1>0$，$T_2>0$，分析其稳定性。

解：首先画出其奈奎斯特图（ω 从-∞→+∞ 变化），如图 6-46 所示。

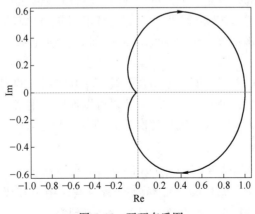

图 6-46 开环奈氏图

$G(s)H(s)$ 在右半 s 平面内没有任何极点，并且 $G(j\omega)H(j\omega)$ 的轨迹不包围（-1，j0）点，所以对于任何的 K 值，该系统都是稳定的。

【例 6-8】 设系统的开环传递函数为 $G(s)H(s) = \dfrac{10(3s+1)}{s(s-1)}$ ，试用奈氏判据判定系统的稳定性。

解： 例 6-4 已绘制该系统的奈氏曲线（图 6-47），可以求出奈氏曲线与负实轴的交点坐标为（-30，j0）。该系统有一个有右半 s 平面开环极点，即 $P=1$，还有一个原点处的开环极点（$v=1$），需要在奈氏图（ω 从 $0^+ \to +\infty$ 变化）上顺时针补半径为无穷大的 $v \times 90°$ 圆弧，系统开环增益 $K = -10 < 0$，从负实轴无限远处（A 点）顺时针方向补圆弧转过 $90°$ 到 B 点。根据半闭合曲线 Γ_{GH} 确定 Γ_F 包围原点的圈数 R，正穿越（从上向下穿越）的次数 $N_+ = 1$，负穿越（从下向上穿越）的次数 $N_- = 1/2$（从实轴上出发表示半次穿越），$R = 2N = 2(N_+ - N_-) = 1$，$Z = P - R = 0$，故闭环系统稳定。

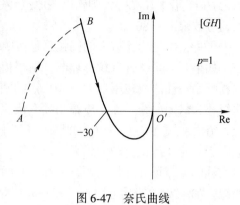

图 6-47　奈氏曲线

从系统的特征方程 $s^2 - s + 30s + 3 \times 0.33 = s^2 + 29s + 0.99 = 0$ 也可以看出系统是稳定的，与应用奈氏判据得到的结论相同。

6.4.4　对数频率特性判断系统稳定性

由于频率特性的极坐标图较难绘制，所以希望利用开环 Bode 图来判定闭环系统稳定性。对数频率稳定判据是奈氏判据在对数频率特性上的推广，由于绘制对数频率特性比较简单，因而对数稳定性判据得到了广泛应用。

系统开环传递函数 $G(s)H(s)$ 的分母和分子多项式都是实系数的，当 $G(s)H(s)$ 没有虚轴上或原点上的极点时，幅相频率特性的起始点 $G(j0)H(j0)$ 一定在正实轴或负实轴上；当 $G(s)H(s)$ 有原点上的极点时，$G(j0)H(j0)$ 在正实轴或负实轴上的无穷远处。当 s 在奈氏路径上或修改后的奈氏路径上连续变化时，将幅相频率特性曲线中半径为无穷大的圆弧部分也包括进来，则幅相频率特性曲线是连续不间断的。容易看出，幅相频率特性曲线对（-1，j0）点的包围情况，可以简单地根据其对实轴（$-\infty$，-1）区段的穿越情况来判定。

奈氏判据根据极坐标图复平面的半闭合曲线 Γ_{GH} 判定系统的闭环稳定性，由于半闭合曲线 Γ_{GH} 可以转换为半对数坐标下的曲线，所以可以推广运用奈氏判据，其关键问题是需要根据半对数坐标下的 Γ_{GH} 曲线确定穿越次数 N 或 N_+ 和 N_-。

6.4.4.1　穿越点确定

设 $\omega = \omega_c$ 时，满足 $A(\omega_c) = |G(j\omega_c)H(j\omega_c)| = 1$ 或 $L(\omega_c) = 20\lg A(\omega_c) = 0$，则称 ω_c 为截止频率（或称剪切频率、幅穿频率）。剪切频率是奈氏图中开环奈氏曲线与单位圆的交点频率，或开环对数幅频特性曲线与 0 分贝线的交点频率。

对于奈氏图复平面的负实轴和开环对数相频特性，设 $\omega = \omega_g$ 时，满足 $\varphi(\omega_g) = (2k+1)\pi$，$k = 0$，$\pm 1$，$\cdots$，则称 ω_g 为相穿频率。相穿频率是奈氏图中开环奈氏曲线与负实轴的交点频率，或开环对数相频特性与 $-180°$ 线的交点频率。

设 Γ_{GH} 在半对数坐标下的对数幅频特性曲线和对数相频特性曲线分别为 Γ_L 和 Γ_φ。Γ_L 即 $L(\omega)$ 曲线，则 Γ_{GH} 在 $A(\omega) > 1$ 时，穿越负实轴的点等于 Γ_{GH} 在半对数坐标下，对数幅频特性 $L(\omega) > 0$ 时对数相频特性曲线 Γ_φ 与 $(2k+1)\pi(k=0, \pm1, \cdots)$ 线的交点。

6.4.4.2 Γ_φ 确定

（1）开环系统无虚轴上极点时，Γ_φ 即 $\varphi(\omega)$ 曲线。

（2）开环系统存在积分环节 $\dfrac{1}{s^v}(v > 0)$ 时，复平面的 Γ_{GH} 曲线，需从 $\omega = 0^+$ 的开环幅相频率特性曲线的对应点 $G(j0^+)H(j0^+)$ 起，逆时针补作 $v \times 90°$ 半径为无穷大的虚圆弧。对应地，需从对数相频特性曲线 ω 较小且 $L(\omega) > 0$ 的点处向上补作 $v \times 90°$ 的虚直线，$\varphi(\omega)$ 曲线和补作的虚直线构成 Γ_φ。

（3）开环系统存在等幅振荡环节 $\dfrac{1}{(s^2 + \omega_n^2)^{v_1}}(v_1 > 0)$ 时，复平面的 Γ_{GH} 曲线，需从 $\omega = \omega_n^-$ 的开环幅相频率特性曲线的对应点 $G(j\omega_n^-)H(j\omega_n^-)$ 起，顺时针补作 $v_1 \times 180°$ 半径为无穷大的虚圆弧至 $\omega = \omega_n^+$ 的对应点 $G(j\omega_n^+)H(j\omega_n^+)$ 处。对应地，需从对数相频特性曲线 $\varphi(\omega_n^-)$ 点起向上补作 $v_1 \times 180°$ 的虚直线至点 $\varphi(\omega_n^+)$ 处，$\varphi(\omega)$ 曲线和补作的虚直线构成 Γ_φ。

6.4.4.3 穿越次数计算

正穿越一次：Γ_{GH} 由上向下穿越 $(-1, j0)$ 点左侧的负实轴一次，等价于在 $L(\omega) > 0$ 时，Γ_φ 由下向上穿越 $(2k+1)\pi$ 线一次。

负穿越一次：Γ_{GH} 由下向上穿越 $(-1, j0)$ 点左侧的负实轴一次，等价于在 $L(\omega) > 0$ 时，Γ_φ 由上向下穿越 $(2k+1)\pi$ 线一次。

正穿越半次：Γ_{GH} 由上向下止于或由上向下起于 $(-1, j0)$ 点左侧的负实轴，等价于在 $L(\omega) > 0$ 时，Γ_φ 由下向上止于或由下向上起于 $(2k+1)\pi$ 线。

负穿越半次：Γ_{GH} 由下向上止于或由下向上起于 $(-1, j0)$ 点左侧的负实轴，等价于在 $L(\omega) > 0$ 时，Γ_φ 由上向下止于或由上向下起于 $(2k+1)\pi$ 线。

注意：补作的虚直线所产生的穿越皆为负穿越。

对数频率稳定判据为：设 P 为开环系统正实部的极点数，闭环系统稳定的充分必要条件是 $\varphi(\omega_c) \neq (2k+1)\pi(k=0, 1, 2, \cdots)$ 和 $L(\omega) > 0$ 时，Γ_φ 曲线穿越 $(2k+1)\pi$ 线的次数 $N = N_+ - N_-$ 满足 $Z = P - 2N = 0$。

对数频率稳定判据和奈氏判据本质相同，其区别仅在于前者在 $L(\omega) > 0$ 的频率范围内根据 Γ_φ 曲线确定穿越次数 N。

根据 Bode 图分析闭环系统稳定性的 Nyquist 稳定判据也可叙述如下：闭环系统稳定的充要条件是，在开环对数幅频特性大于 0 dB 的所有频段内，相频特性曲线对 $-180°$ 线的正、负穿越次数之差等于 $\dfrac{P}{2}$，其中 P 为开环正实部极点个数。需注意的是，当开环系统含有积分环节时，相频特性应增补 ω 由 $0 \to 0^-$ 的部分。

【例 6-9】设系统开环传递函数为 $G(s)H(s) = \dfrac{10}{(2s+1)(s+1)(0.1s+1)}$，试用对数

稳定性判据判断闭环系统的稳定性。若系统开环增益增大 10 倍又如何？

解： 系统对数频率特性如图 6-48（a）所示。在 $L(\omega) > 0$ 范围内，相频特性曲线对 $-180°$ 线没有穿越，即 $N = N_+ - N_- = 0 - 0 = 0 = \dfrac{P}{2}$，故闭环系统稳定。

若系统开环增益增大 10 倍，幅频特性上移 20 dB，相频特性不变，对数频率特性如图 6-48（b）所示，此时 $N = N_+ - N_- = 0 - 1 = -1 \neq \dfrac{P}{2} = 0$，故闭环系统不稳定。

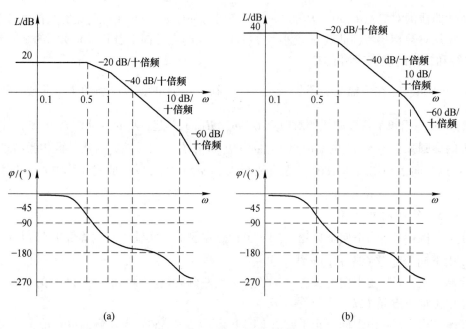

图 6-48　对数频率特性曲线图

（a）原系统 Bode 图；（b）开环增益增大 10 倍系统 Bode 图

6.4.5　控制系统的相对稳定性

实际中，控制系统元器件的参数总存在某种程度的不确定性，会随时间和运行环境发生变化。在这种情况下，要使控制系统的稳定性得以维持，设计中就必须满足一定的稳定裕度要求，即开环幅频率特性曲线应在以（-1，j0）点为圆心的某个圆域之外。另一方面，满足一定的稳定裕度，也是控制系统动态响应具有适当的阻尼、超调和振荡次数，瞬态过程有好的收敛特性的必然要求。因此，稳定性不仅是定性指标，同时也是定量指标。稳定性裕度用来衡量控制系统稳定程度的好坏。系统的稳定裕度就称为相对稳定性。

对于开环和闭环都稳定的系统，极坐标平面上的开环 Nyquist 图离点（-1，j0）越远，稳定裕度越大。一般采用相位裕度和幅值裕度来定量地表示相对稳定性。它们实际上就是表示开环 Nyquist 图离点（-1，j0）的远近程度，它们也是系统的动态性能指标。

根据根轨迹，我们知道：对于条件稳定系统，一般大的增益 K 值，系统是不稳定的；当 K 减小到一定值时，系统可能稳定。要保证实际系统能够正常地工作，分析时不仅要求系统稳定，而且还应具有一定的稳定裕度。Nyquist 稳定判据不但能够判别系统是否稳定，而且还能反映系统的稳定程度。稳定裕度是表征系统稳定程度的量。它是描述系统特性的重要的量，与系统的动态响应指标有密切的关系。

$G(j\omega)H(j\omega)$ 的轨迹越接近于包围 $(-1, j0)$ 点，系统的稳定程度越差。因此，系统开环频率特性靠近 $(-1, j0)$ 点的程度可以用来衡量系统的稳定程度。图 6-49（a）和（b）所示的两个最小相位系统的开环频率特性曲线（实线）没有包围 $(-1, j0)$ 点，由奈氏判据知它们都是稳定的系统，但图 6-49（a）所示系统的频率特性曲线与负实轴的交点 A 距离 $(-1, j0)$ 点较远，图 6-49（b）所示系统的频率特性曲线与负实轴的交点 B 距离 $(-1, j0)$ 点较近。

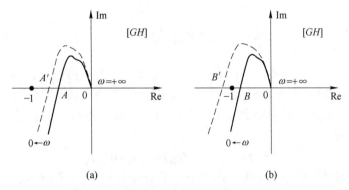

图 6-49　不同相对稳定性系统奈奎斯特图

假定系统的开环放大系数由于系统参数的改变比原来增加了 50%，则图 6-49（a）中的 A 点移动到 A' 点，仍在 $(-1, j0)$ 点右侧，系统还是稳定的；而图 6-49（b）中的 B 点则移到 $(-1, j0)$ 的左侧 B' 点，系统便不稳定了。可见前者能适应系统参数的变化，即它的相对稳定性比后者好。

通常用稳定裕度来衡量系统的相对稳定性或系统的稳定程度，其中包括系统的相角裕度和幅值裕度。

把 GH 平面上的单位圆与系统开环频率特性曲线的交点频率 ω_c 称为幅值穿越频率或剪切频率，满足

$$A(\omega_c) = |G(j\omega_c)H(j\omega_c)| = 1 \quad (0 \leqslant \omega_c \leqslant \infty)$$

所谓相角裕度 γ 是指剪切频率所对应的相移 $\varphi(\omega_c)$ 与 $-180°$ 角的差值，即

$$\gamma = \varphi(\omega_c) + 180°$$

对于最小相位系统，如果相角裕度 $\gamma > 0°$，则系统是稳定的，如图 6-50（a）所示，且 γ 值越大，系统的相对稳定性越好。如果相角裕度 $\gamma < 0°$，则系统不稳定，如图 6-50（b）所示。当 $\gamma = 0°$ 时，系统的开环频率特性曲线穿过 $(-1, j0)$ 点，系统处于临界稳定状态。

把系统的开环频率特性曲线与 GH 平面负实轴的交点频率称为相位穿越频率 ω_g，应满足

$$\angle G(j\omega_g)H(j\omega_g) = -180° \quad (0 \leqslant \omega_g \leqslant +\infty)$$

所谓幅值裕度 K_g 是指相位穿越频率 ω_g 所对应的开环幅频特性的倒数值，即

$$K_g = \frac{1}{|G(j\omega_g)H(j\omega_g)|}$$

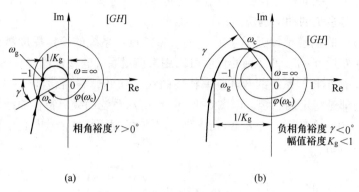

图 6-50　不同相角裕度反映的稳定性示意图

对于最小相位系统，当幅值裕度 $K_g > 1$，系统稳定，且 K_g 值越大，系统的相对稳定性越好；如果 $K_g < 1$，则系统不稳定。K_g 是使系统到达临界稳定状态时的开环频率特性的幅值 $G(j\omega_g)H(j\omega_g)$ 增大（对应稳定系统）或缩小（不稳定系统）的倍数。幅值裕度也可以用分贝数来表示：

$$GM = 20\lg K_g = -20\lg \left| G(j\omega_g)H(j\omega_g) \right|$$

因此，可根据系统的幅值裕度 GM 大于、等于或小于 0 dB 来判断最小相位系统是稳定、临界稳定或不稳定。

幅值裕度和相角裕度二者共同描述了幅相频率特性曲线距离 (−1, j0) 点的远近程度，是系统相对稳定性的度量。根据奈氏判据，若系统的开环传递函数是稳定的，相角裕度的含义是，系统开环传递函数在幅值穿越频率 ω_c 处，若相位再多滞后 γ 角度，闭环系统就会不稳定；幅值裕度 K_g 的含义是，系统开环传递函数的增益再增 K_g 倍，闭环系统就会不稳定。

一阶或二阶系统的幅值裕度为无穷大，因为这类系统的极坐标图与负实轴不相交。因此，理论上，一阶或二阶系统不可能是不稳定的（当然，一阶或二阶系统在一定意义上说只能是近似的，因为在推导系统方程时，忽略了一些小的时间滞后，因此它们不是真正的一阶或二阶系统。如果考虑这些小的滞后，则所谓的一阶或二阶系统也可能是不稳定的）。

只用幅值裕度或者只用相角裕度，都不足以说明系统的相对稳定性。为了确定系统的相对稳定性，必须同时给出这两个量，即系统相对稳定性的好坏必须同时考虑相角裕度和幅值裕度。通常要求相角裕度 $\gamma = 30° \sim 60°$，过高的相角裕度不易实现；幅值裕度 $K_g = 2 \sim 3.16$（即 6~10 dB，6 dB = $20\lg 2$，10 dB = $20\lg 3.16$）。系统稳定的充分必要条件为 $K_g > 1$，$\gamma > 0$；而对于最小相位系统的充分必要条件为 $K_g > 1$ 或 $\gamma > 0$。确定非最小相位系统稳定性的最好方法，是采用奈氏判据法，而不是伯德图法。

【例 6-10】已知某系统的开环传递函数为 $G(s) = \dfrac{10}{(2s+1)((0.2s)^2 + 0.2s + 1)}$，

（1）绘制折线 Bode 图；

（2）求 ω_c、γ、GM、ω_g；

（3）判定稳定性。

解：

（1）Bode 图如图 6-51 所示。

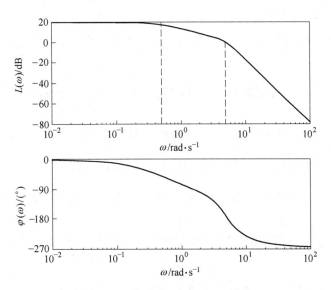

图 6-51   例 6-10 系统 Bode 图

（2）由 $\left| G(j\omega_c) \right| = \left| \dfrac{10}{(2j\omega_c + 1)((0.2j\omega_c)^2 + 0.2j\omega_c + 1)} \right| = 1$ 得 $\omega_c \approx 4.99$ rad/s，

解得 $\gamma = \angle G(j\omega_c) + 180° \approx 6.03°$。

由 $\angle G(j\omega_g) = -180°$ 得 $\omega_g \approx 5.24$ rad/s，由 $GM = -20\lg\left| G(j\omega_g) \right|$ 得 $GM \approx 0.91$。

（3）因为系统是最小相位的，并且 $\gamma \approx 6.03° > 0°$ 或 $GM \approx 0.91 > 0$，所以系统稳定。

6.5   频率特性与系统性能的关系

6.5.1   稳态误差分析

通过分析系统的稳态误差可以求取系统类型和系统的开环放大倍数。

单位反馈控制系统的静态位置、速度和加速度误差系数分别描述了 0 型、Ⅰ型和Ⅱ型系统的低频特性。当 ω 趋近于 0 时，回路增益越高，静态误差值就越小。系统的类型确定了低频时对数幅频特性曲线的斜率，即对数幅频特性曲线的低频区的斜率等于 −20 dB/十倍频。因此，对于给定的输入信号，控制系统是否存在稳态误差，以及稳态误差的大小，都可以从观察对数幅频特性曲线的低频区特性予以确定。

假设系统的开环传递函数为

$$G(s) = \frac{K(T_1 s + 1)\cdots(T_m s + 1)}{s^v(\tau_1 s + 1)\cdots(\tau_{n-v} s + 1)}$$

频率特性为

$$G(j\omega) = \frac{K(T_1 j\omega + 1)\cdots(T_m j\omega + 1)}{(j\omega)^v (\tau_1 j\omega + 1)\cdots(\tau_{n-v} j\omega + 1)}$$

（1）静态位置误差系数的确定。由 $\lim_{\omega\to 0} G(j\omega) = K_p$ 可知，当 $v = 0$ 时，$K_p = K$。由于此时最低频段的幅频特性斜率为 0，其与纵轴的交点是 $20\lg K$，可以利用此值确定 K，即可求出 K_p。

（2）静态速度误差系数的确定。Ⅰ型系统在 $\omega \ll 1$ 时的频率特性近似为 $G(j\omega) = \dfrac{K_v}{j\omega}$，当 $\omega = 1$ 时的幅频特性为 $20\lg\left|\dfrac{K_v}{j\omega}\right|_{\omega=1} = 20\lg K_v$，即斜率为 -20 dB/ 十倍频的起始线段或其延长线与直线 $\omega = 1$ 的交点具有的幅值为 $20\lg K_v$，如图 6-52 所示。

Ⅰ型系统低频段（或其延长线）在与 Bode 图的横轴交点处有 $20\lg\left|\dfrac{K_v}{j\omega}\right|_{\omega=\omega_v} = 0$，即 $\left|\dfrac{K_v}{j\omega_v}\right| = 1$。所以斜率为 -20 dB/ 十倍频的起始线段或其延长线与 ω 轴（0 dB 线）的交点为 K_v。

（3）静态加速度误差系数的确定。Ⅱ型系统在 $\omega \ll 1$ 时的频率特性近似为 $G(j\omega) = \dfrac{K_a}{(j\omega)^2}$，当 $\omega = 1$ 时的幅频特性为 $20\lg\left|\dfrac{K_a}{(j\omega)^2}\right|_{\omega=1} = 20\lg K_a$，即斜率为 -40 dB/ 十倍频的起始线段或其延长线与直线 $\omega = 1$ 的交点具有的幅值为 $20\lg K_a$。

Ⅱ型系统低频段（或其延长线）在与 Bode 图的横轴（0 dB 线）交点处有 $20\lg\left|\dfrac{K_a}{(j\omega)^2}\right|_{\omega=\omega_a} = 0$，即 $\omega_a = \sqrt{K_a}$，斜率为 -40 dB/ 十倍频的起始线段或其延长线与 ω 轴（0 dB 线）的交点为 $\sqrt{K_a}$，如图 6-53 所示。

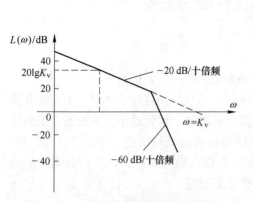

图 6-52　求取静态速度误差系数示意图

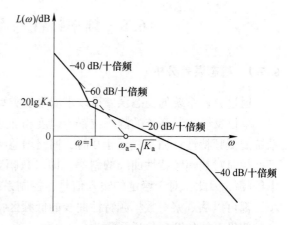

图 6-53　求取静态加速度误差系数示意图

6.5.2　由 Bode 图求开环传递函数

对于最小相位系统从 Bode 图求开环传递函数 $G_K(s)$，首先需要根据最低频段的斜率

确定系统的类型 v。然后根据最低频段的参数求系统的开环放大系数 K。对于 0 型系统，最低频段的幅频特性与纵轴的交点是 $20\lg K$。对于 Ⅰ 型系统，通过最低频段或其延长线的幅频特性过点（$\omega = 1$，$20\lg K_v$），或最低频段或其延长线的幅频特性在 $\omega = K_v$ 通过横轴（0 dB 线）求取系数 K。对于 Ⅱ 型系统，通过最低频段的幅频特性过（$\omega = 1$，$20\lg K_a$），或最低频段的幅频特性在 $\omega = \sqrt{K_a}$ 通过横轴（0 dB 线）求取系数 K。接着根据转折频率及其前后斜率的变化量确定各典型环节。最后如果有二阶环节，那么根据修正情况确定 ξ，即 $\Delta L(\omega) = L_1(\omega) - L_2(\omega) = \pm 20\lg 2\xi$（" + "为二阶微分环节，" – "为二阶振荡环节）。

【例 6-11】图 6-54 是某最小相位系统的渐近对数幅频特性曲线图，试写出其传递函数。

解：

（1）确定系统的类型 $v = 0$。

（2）根据最低频段的参数求系统的开环放大系数 K。因为 $20\lg K = 20$，所以 $K = 10$。

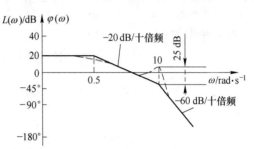

图 6-54　渐近对数幅频特性曲线

（3）根据转折频率和其前后斜率的变化量确定各典型环节：

$$G(s) = \frac{10}{(2s + 1)((0.1s)^2 + 2\xi \times 0.1s + 1)}$$

（4）确定 ξ：$\Delta L(\omega) = -20\lg 2\xi = 25$，所以 $\xi \approx 0.028$。

系统开环传递函数为：

$$G(s) = \frac{10}{(2s + 1)(0.01s^2 + 0.0056s + 1)}$$

6.5.3　瞬态计算

由于人们的直觉是建立在时间域中的，所以工程上提出的指标往往都是时域指标。

对于二阶系统来说，时域指标与频域指标之间有着严格的数学关系。对于高阶系统来说，这种关系比较复杂，工程上常常用近似公式来表达它们之间的关系。

6.5.3.1　二阶系统性能指标 σ_p、t_s 与开环频域指标 γ、ω_c 的关系

一个单位负反馈系统如图 6-55 所示，开环传递函数为 $G(s) = \dfrac{\omega_n^2}{s(s + 2\xi\omega_n)}$，幅频特性为 $|G(j\omega)| = \dfrac{\omega_n^2}{\sqrt{(-\omega^2)^2 + (2\xi\omega_n\omega)^2}}$。

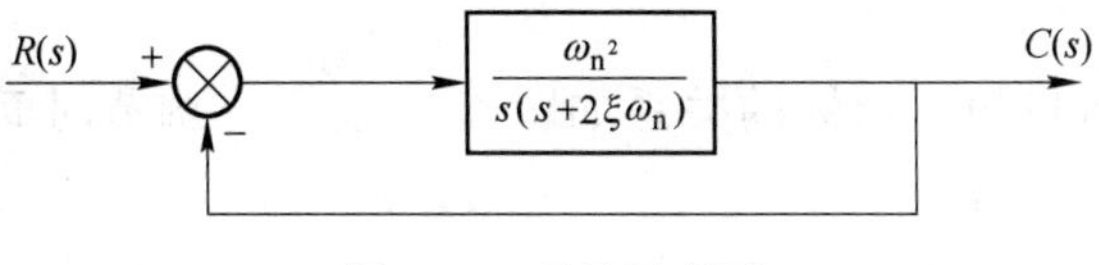

图 6-55　系统示意图

令 $|G(j\omega)| = 1$，化简求得剪切频率 ω_c 和系统无阻尼自然振荡频率 ω_n 之间的关系为 $\omega_c = \omega_n \sqrt{\sqrt{1 + 4\xi^4} - 2\xi^2}$，将其代入到二阶系统阶跃响应上升时间 $t_r = \dfrac{\pi - \arccos\xi}{\omega_n \sqrt{1 - \xi^2}}$、峰值时间 $t_p = \dfrac{\pi}{\omega_n \sqrt{1 - \xi^2}}$ 和调节时间 $t_s = \dfrac{3.5}{\xi\omega_n}$ 中，得到 $t_r = \dfrac{\pi - \arccos\xi}{\omega_c} \sqrt{\dfrac{\sqrt{1 + 4\xi^4} - 2\xi^2}{1 - \xi^2}}$，$t_p = \dfrac{\pi}{\omega_c} \sqrt{\dfrac{\sqrt{1 + 4\xi^4} - 2\xi^2}{1 - \xi^2}}$ 和 $t_s = \dfrac{3.5}{\xi\omega_c} \sqrt{\sqrt{1 + 4\xi^4} - 2\xi^2}$。

相角裕度为：

$$
\begin{aligned}
\gamma &= 180° + \angle G(j\omega_c) \\
&= 90° - \arctan\frac{\sqrt{\sqrt{1 + 4\xi^4} - 2\xi^2}}{2\xi} \\
&= \arctan\frac{2\xi}{\sqrt{\sqrt{1 + 4\xi^4} - 2\xi^2}}
\end{aligned}
$$

可以看出，系统的相角裕度 γ 和阻尼比 ξ 之间存在一一对应关系。当 $0° < \gamma < 70°$ 时，γ 和 ξ 为近似直线关系，如图 6-56 中虚线所示，此时 $\gamma \approx 100\xi$。

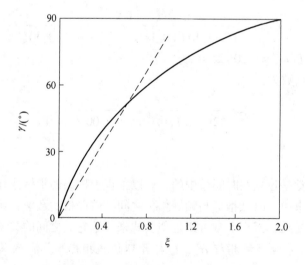

图 6-56　相角裕度和阻尼系数的关系图

超调量为 $\sigma_p = e^{-\frac{\xi\pi}{\sqrt{1-\xi^2}}} \times 100\%$，$\sigma_p$ 与 γ 的关系通过中间参数 ξ 相联系，对于二阶系统来说，γ 越小，σ_p 越大；反之亦然。为使二阶系统不至于振荡得太厉害以及调节时间太长，一般取 $30° \leqslant \gamma \leqslant 70°$。

二阶系统时域指标与频域指标的关系如图 6-57 所示，调节时间 $t_s \approx \dfrac{3}{\xi\omega_n}$，将 $\omega_n =$

$$\frac{\omega_c}{\sqrt{\sqrt{1 + 4\xi^4} - 2\xi^2}} \text{代入可得}$$

$$t_s\omega_c = \frac{3.5\sqrt{\sqrt{1 + 4\xi^4} - 2\xi^2}}{\xi} = \frac{6}{\tan\gamma}$$

可以看出 ξ 确定以后，剪切频率 ω_c 大的系统，调节过程时间 t_s 短，而且正好是反比关系，如图 6-57（b）所示。

由图 6-57（a）明显看出，γ 越小，σ_p 越大；γ 越大，σ_p 越小。为使二阶系统不致于振荡得太厉害以及调节时间太长，一般希望 $30° \leq \gamma \leq 70°$。

进一步可以推出谐振频率 ω_r 与峰值时间 t_p 的关系：$t_p\omega_r = \frac{\pi\sqrt{1 - 2\xi^2}}{\sqrt{1 - \xi^2}}$。由此可看出，当 ξ 为常数时，谐振频率 ω_r 与峰值时间 t_p 成反比；ω_r 值越大，t_p 越小，表示系统时间响应越快。

注意到二阶系统超调量只与 ξ 有关，谐振峰值 M_r 也只与 ξ 有关。由图 6-57（a）可以看出，ξ 越小，M_r 增加的越快，σ_p 也很大，超过 40%，一般这样的系统不符合动态响应指标的要求。当 $0.4< \xi <0.707$ 时，M_r 与 σ_p 的变化趋势基本一致，此时谐振峰值 $M_r = 1.2\sim1.5$，超调量 $\sigma_p = 20\%\sim30\%$，系统响应结果较满意。当 $\xi >0.707$ 时，无谐振峰值，M_r 与 σ_p 的对应关系不再存在。所以通常系统设计时，ξ 取在 $0.4\sim0.7$ 之间。

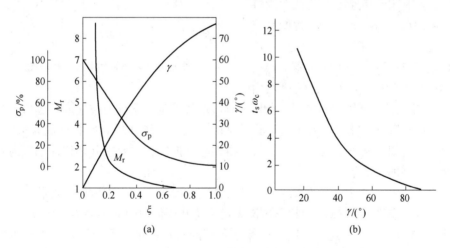

图 6-57 二阶系统时域指标与频域指标的关系

（a）σ_p、γ、M_r 与 ξ 的关系曲线；（b）$t_s\omega_c$ 与 γ 之间的关系

6.5.3.2 高阶系统经验公式

工程中还可以根据系统开环或闭环频率特性的特征参数，用经验公式来估算系统阶跃响应的性能指标。对于单位反馈系统，用开环频率特性参数估算系统阶跃响应性能指标的经验公式为：

$$\sigma_p = 0.16 + 0.4(M_r - 1), \quad 1 \leq M_r \leq 1.8$$

$$t_s = \frac{\pi}{\omega_c}[2 + 1.5(M_r - 1) + 2.5(M_r - 1)^2], \quad 1 \leqslant M_r \leqslant 1.8$$

$$M_r = \frac{1}{\sin\gamma}$$

可以看出，超调量 σ_p 随相位裕度 γ 的减小而增大；过渡过程时间 t_s 也随 γ 的减小而增大，但随 ω_c 的增大而减小。

关于时域和频域指标关系的进一步讨论见 6.5.5 节。

由上面分析可知，系统开环频率特性中频段的两个重要参数 γ、ω_c 反映了闭环系统的时域响应特性。所以可以说闭环系统的动态性能主要取决于开环对数幅频特性的中频段。

应用以上公式估算高阶系统时域指标，一般偏保守，实际性能比估算结果要好，但在初步设计时应用这组公式，便于留有一定余地。

6.5.4　三频段理论

幅频特性曲线三个不同的频段划分如图 6-58 所示。

幅频特性曲线 $L(\omega)$ 低频段反映了系统稳态误差 e_{ss}，希望的形状是又陡又高，只要闭环系统稳定，系统低频段的开环增益足够大，就有闭环传递函数的低频段特性 $M(\omega) \approx M(0)$、$\alpha(\omega) \approx 0$，控制系统可以很好地跟踪这一频段变化的指令信号；中频段反映了系统动态性能（σ_p，t_s），希望的形状是又缓又宽，快速性由

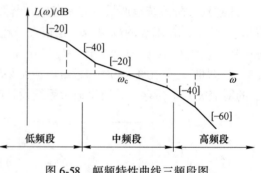

图 6-58　幅频特性曲线三频段图

剪切频率 ω_c 来决定，剪切频率越大，闭环带宽 ω_b 就越宽，系统响应速度就越快；高频段反映了系统抗高频噪声能力，希望的形状是又陡又低，系统开环频率特性高频段的设计，应使作用在系统闭环回路上的高频干扰信号得到充分抑制，这要求开环传递函数高频段的幅频特性有较高的衰减倍数。

特别说明，一个设计合理的系统，以动态性能的要求来确定中频段的形状。为保证系统具有较好的动态性能，$L(\omega)$ 中频段应该满足系统开环伯德图的中频段应该以 -20 dB/十倍频穿越 0 dB 线，并有一定的宽度，以保证足够的相角裕量，平稳性好；中频段的穿越频率 ω_c 的选择，取决于系统动态响应速度与抗干扰能力的要求，ω_c 较大可保证足够的快速性。

设计良好的闭环控制系统，闭环频率特性的低频段幅频特性曲线比较平直，相频特性的相角滞后很小，即 $M(\omega) \approx M(0)$、$\alpha(\omega) \approx 0$，表明控制系统可以很好地跟踪相应频段内变化的指令信号，幅值衰减和相位滞后都很小，控制误差小。一般情况下，低频段的开环幅频特性 $|G(j\omega)| \gg 1$，也即系统的开环增益 K 很大。

随着频率的升高，闭环相频特性的相位滞后开始逐渐加大，闭环幅频特性在 $\omega = \omega_r$ 时将出现一个峰值 $M(\omega_r) = M_r$，M_r 称为闭环频率特性的谐振峰值，ω_r 称为闭环频率特性的谐振频率。在开环频率特性的剪切频率 ω_c 附近，若开环幅相频率特性曲线进入到 $(-1,$

j0）点周围的一个较小范围以内，闭环幅频特性就会出现一个较高的峰值，表明系统的稳定性差；反之，表明系统的稳定性好。然而，闭环谐振峰值 M_r 太小或不出现峰值，对系统的快速性是不利的，设计良好的控制系统 $M_r/M(0)$ 一般在 1.2~1.6 之间。$\omega > \omega_r$，随着频率的进一步升高，闭环幅频特性开始下降，闭环相频特性的相位滞后进一步增大，$\omega = \omega_b$ 时闭环幅频特性衰减到静态增益 $M(0)$ 的 0.707 倍，ω_b 称为闭环系统的频带宽度（也称闭环截止频率），ω_b 越大表明系统响应快速变化的指令信号的能力越强，快速性越好。以典型二阶系统为例说明 ω_b 与调节时间 t_s 的关系：

$$t_s\omega_b = \frac{3 \sim 4}{\xi}\sqrt{1 - 2\xi^2 + \sqrt{2 - 4\xi^2 + 4\xi^4}}$$

由此可以看出，当 ξ 一定时，带宽频率 ω_b 与调节时间 t_s 成反比；ω_b 值越大，系统响应速度越快。然而，频宽 ω_b 的设计还需要兼顾系统的抗扰能力，带宽 ω_b 过大会使系统对高频干扰信号过于敏感，抗扰能力变差。

$\omega_r < \omega < \omega_b$ 及其附近的频段称为闭环频率特性的中频段，可以看出，闭环频率特性的中频段特性和开环频率特性剪切频率 ω_c 前后的特性密切相关。闭环频率特性的中频段决定了系统的动态特性（即快速性）和稳定性。

闭环频率特性 $\omega > \omega_b$ 的频段称为闭环频率特性的高频段。高频段设计要求系统对作用于被控对象和反馈测量通路的高频干扰信号有很好的衰减特性，即要求 $\omega > \omega_b$ 后，$|G(j\omega)| \ll 1$，这时系统的闭环频率特性 $\Phi(j\omega) = G(j\omega)/[1 + G(j\omega)] \approx G(j\omega)$，于是从系统抗干扰性能考虑，对系统开环幅频特性和闭环幅频特性的要求是相同的，应该有一个快的衰减。

三频段理论并没有提供设计系统的具体步骤，但它给出了调整系统结构、改善系统性能的原则和方向。各频段分界线没有明确的划分标准，并且与无线电学科中的"低""中""高"频概念不同。三频段理论不能用是否以 -20 dB/十倍频过 0 dB 线作为判定闭环系统是否稳定的标准，且只适用于单位反馈的最小相位系统。

6.5.5　系统动态特性和闭环频率特性的关系

在二阶系统中，谐振峰值 M_r 只与阻尼比 ξ 有关，而超调量

$$\sigma_p = e^{-\frac{\xi\pi}{\sqrt{1-\xi^2}}}$$

得到谐振峰值 M_r 和超调量 σ_p 之间的关系为

$$\sigma_p = e^{-\pi\sqrt{\frac{M_r - \sqrt{M_r^2-1}}{M_r + \sqrt{M_r^2-1}}}}$$

此时阻尼比 ξ 为 0~0.707 之间，大于 0.707 时无谐振峰值，此对应关系不再存在。

一般 M_r 出现在 ω_c 附近，可以用 ω_c 代替 ω_r 来计算 M_r，并且 γ 较小，可近似认为

$$M_r = \frac{|G(j\omega_c)|}{|1 + G(j\omega_c)|} \approx \frac{1}{\sin\gamma}$$

当 γ 较小时，上式的准确性较高。

调节时间 $t_s = \dfrac{4}{\xi\omega_n}$，可得调节时间 t_s 与谐振峰值 M_r 的关系为

$$M_r = \frac{t_s^2 \omega_n^2}{8\sqrt{t_s^2 \omega_n^2 - 16}}$$

式中，ω_n 为无阻尼自然振荡角频率，阻尼比 ξ 也在 $0 \sim 0.707$ 之间，大于 0.707 时无谐振峰值，此对应关系不再存在。

可以看出 ξ、σ_p、γ、M_r 间具有一一对应的关系；ω_r / ω_c 是 ξ 或（σ_p、γ、M_r）的函数，当 ξ 或（σ_p、γ、M_r）一定时，ω_r / ω_c 也是定值。如 $\xi = 0.4$ 时，有 $\omega_c t_s = \dfrac{6}{\tan\gamma}$。可见，在相位裕度相同时，$\omega_c$ 越大，t_s 越小，系统响应速度越快。按阻尼强弱和响应速度的快慢可以把性能指标分为两大类。表示系统阻尼大小的指标有 ξ、σ_p、γ、M_r；表示响应速度快慢的指标有 t_r、t_p、t_s、ω_c、ω_r。在阻尼比 ξ 或（σ_p、γ、M_r）一定时，ω_c、ω_r 越大，系统响应速度越快。规定系统性能指标时，每类指标规定一项就够了。

用闭环频率特性参数估算系统阶跃响应性能指标的经验公式为：

$$\sigma_p = 41\ln \frac{M_r M(0) - \dfrac{\omega_1}{4}}{M^2(0)} \cdot \frac{\omega_b}{\omega_{0.5}} + 0.17$$

$$t_s = 13.6 \frac{M_r}{M(0)} \frac{\omega_b}{\omega_{0.5}} - 2.52 \frac{1}{\omega_{0.5}}$$

式中，闭环幅频特性曲线各特征量的定义如图 6-59 所示。$M(0)$ 是零频（$\omega = 0$）时的幅值，表示单位阶跃响应的终值，即闭环系统的静态放大倍数，$M(0)$ 与 1 相差的大小反映了系统的稳态精度，$M(0)$ 越接近于 1，系统的稳态精度越高；ω_r 是闭环幅频特性的谐振频率，即幅频特性 $M(\omega)$ 出现最大值时对应的频率；M_r 是闭环频率特性的谐振峰值，即幅频特性 $M(\omega)$ 的最大值，谐振峰值越大，说明系统对该频率的正弦信号反应强烈，即系统的平稳性差，阶跃响应的超调量越大；ω_1 是经谐振峰值又衰减到 $M(0)$ 值时的角频率；ω_b 是经谐振峰值后，又衰减到 $0.707M(0)$ 时的角频率，即闭环系统的带宽，带宽越大，系统复现快速变化信号的能力强、失真小，即系统的快速性好，阶跃响应上升时间短，调节时间短；$\omega_{0.5}$ 是经谐振峰值后，又衰减到 $0.5M(0)$ 时的角频率值。

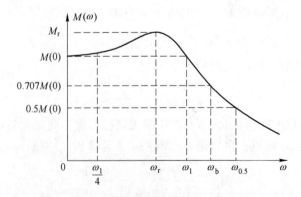

图 6-59　闭环幅频特性曲线各特征量的定义

一般对于闭环传递函数为最小相位的高阶系统，闭环幅频特性曲线只有一个极大值或没有极大值的情况，用上述经验公式得到的结果有相当的精度。

设 $\Phi(j\omega)$ 为系统闭环频率特性，当闭环幅频特性下降到频率为 0 时的分贝值以下 3 dB，即 $0.707|\Phi(j0)|$(dB) 时，对应的频率称为带宽频率，记为 ω_b。

对于二阶系统，闭环传递函数为

$$\Phi(s) = \frac{\omega_n^2}{s^2 + 2\xi\omega_n s + \omega_n^2}$$

系统幅频特性为

$$|\Phi(j\omega)| = \frac{1}{\sqrt{\left(1 - \dfrac{\omega^2}{\omega_n^2}\right)^2 + 4\xi^2 \dfrac{\omega^2}{\omega_n^2}}}$$

因为 $|\Phi(j0)| = 1$，由带宽定义得 $\sqrt{\left(1 - \dfrac{\omega_b^2}{\omega_n^2}\right)^2 + 4\xi^2 \dfrac{\omega_b^2}{\omega_n^2}} = \sqrt{2}$。于是

$$\omega_b = \omega_n \left[(1 - 2\xi^2) + \sqrt{(1 - 2\xi^2)^2 + 1}\right]^{\frac{1}{2}}$$

可以看出，二阶系统的带宽频率和自然频率 ω_n 成正比。

6.6 MATLAB 在控制系统频域分析中的应用

6.6.1 求系统频率特性

设线性系统传递函数为 $G(s) = \dfrac{b_0 s^m + b_1 s^{m-1} + \cdots + b_{m-1}s + b_m}{a_0 s^n + a_1 s^{n-1} + \cdots + a_{n-1}s + a_n}$，则频率特性函数为

$G(j\omega) = \dfrac{b_0 (j\omega)^m + b_1 (j\omega)^{m-1} + \cdots + b_{m-1}(j\omega) + b_m}{a_0 (j\omega)^n + a_1 (j\omega)^{n-1} + \cdots + a_{n-1}(j\omega) + a_n}$。

由下面的 MATLAB 语句可直接求出 $G(j\omega)$：

```
i=sqrt (-1)        % 求取-1 的平方根
GW=polyval (num, i*w) ./polyval (den, i*w)
```

其中（num, den）为系统的传递函数模型。而 w 为频率点构成的向量，点右除（./）运算符表示操作元素点对点的运算。从数值运算的角度来看，上述算法在系统的极点附近精度不会很理想，甚至出现无穷大值，运算结果是一系列复数返回到变量 GW 中。

6.6.2 用 MATLAB 绘制奈奎斯特图

控制系统工具箱中提供了一个 MATLAB 函数 nyquist（），该函数可以用来直接求解 Nyquist 阵列或绘制奈氏图。当命令中不包含左端返回变量时，nyquist（）函数仅在屏幕上产生奈氏图，命令调用格式为：

```
nyquist (num, den);       % 作 Nyquist 图
nyquist (num, den, w);    % 作开环系统的奈氏曲线
```

角频率向量 w 的范围可以人工给定。w 为对数等分，用对数等分函数 logspace（）完成，其调用格式为：logspace（d1, d2, n），表示将变量 w 作对数等分，命令中 d1, d2

为 $10^{d1} \sim 10^{d2}$ 之间的变量范围，n 为等分点数。或者

nyquist (G); % 画出开环系统传递函数 $G(s) = \dfrac{num(s)}{den(s)}$ 的奈氏曲线，角频率向量的范围自动设
　　　　　 % 定,默认 w 的范围为 $(-\infty, +\infty)$。

nyquist (G, w); % w 包含了要分析的以 rad/s 表示的诸频率点，在这些频率点上，将对系统
　　　　　　 % 的频率响应进行计算，若没有指定 w 向量，则该函数自动选择频率向量进
　　　　　　 % 行计算。

当命令中包含了左端的返回变量时，即：

[re, im, w] =nyquist (G)

或

[re, im, w] =nyquist (G, w)

函数运行后不在屏幕上产生图形，而是将计算结果返回到矩阵 re、im 和 w 中。矩阵 re
和 im 分别表示频率响应的实部和虚部，它们都是由向量 w 中指定的频率点计算得到的。

在运行结果中，w 数列的每一个值分别对应 re、im 数列的每一个值。

【例 6-12】考虑典型二阶环节：$G(s) = \dfrac{1}{s^2 + 0.8s + 1}$，试利用 MATLAB 画出奈氏图。

利用下面的命令，可以得出系统的奈氏图，如图 6-60 所示。

```
>> num= [0, 0, 1];
   den= [1, 0.8, 1];
   nyquist (num, den)
   % 设置坐标显示范围
   v= [-2, 2, -2, 2];
   axis (v)
   grid
   title ('Nyquist Plot of G (s) = 1/ (s^2+0.8s+1)')
```

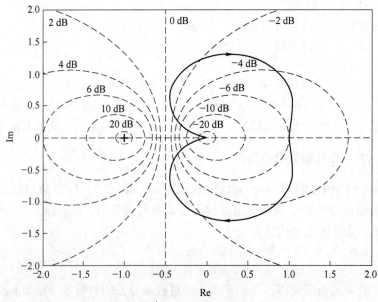

图 6-60   二阶环节奈氏图

6.6.3 用 MATLAB 绘制伯德图

控制系统工具箱里提供的 bode( ) 函数可以直接求取、绘制给定线性系统的伯德图。

当命令不包含左端返回变量时，函数运行后会在屏幕上直接画出伯德图。如果命令表达式的左端含有返回变量，bode( ) 函数计算出的幅值和相角将返回到相应的矩阵中，这时屏幕上不显示频率特性图。命令的调用格式为：

[mag, phase, w] =bode (num, den)

[mag, phase, w] =bode (num, den, w)

或

[mag, phase, w] =bode (G)

[mag, phase, w] =bode (G, w)

矩阵 mag、phase 包含系统频率响应的幅值和相角，这些幅值和相角是在用户指定的频率点上计算得到的。用户如果不指定频率 w，MATLAB 会自动产生 w 向量，并根据 w 向量上各点计算幅值和相角。这时的相角是以度来表示的，幅值为增益值，在画伯德图时要转换成分贝值，因为分贝是作幅频特性图时常用单位。可以由以下命令把幅值转变成分贝：

magdb = 20 * log10 (mag)

绘图时的横坐标是以对数分度的。为了指定频率的范围，可采用以下命令格式：

logspace (d1, d2)

或

logspace (d1, d2, n)

第一种格式是在指定频率范围内按对数距离分成 50 等分，即在两个十进制数 $\omega_1 = 10^{d_1}$ 和 $\omega_2 = 10^{d_2}$ 之间产生一个由 50 个点组成的分量，向量中的点数 50 是一个默认值。例如要在 $\omega_1 = 0.1$ rad/s 与 $\omega_2 = 100$ rad/s 之间的频率区画伯德图，则输入命令（ $d_1 = \lg\omega_1$，$d_2 = \lg\omega_2$）时，在此频区自动按对数距离等分成 50 个频率点，返回到工作空间中，即

w = logspace (-1, 2)

要对计算点数进行人工设定，则采用第二种格式。例如，要在 $\omega_1 = 1$ 与 $\omega_2 = 1000$ 之间产生 100 个对数等分点，可输入以下命令：

w = logspace (0, 3, 100)

在画伯德图时，利用以上命令产生的频率向量 w，可以很方便地画出希望频率的伯德图。

由于伯德图是半对数坐标图且幅频特性图和相频特性图要同时在一个绘图窗口中绘制，因此，要用到半对数坐标绘图函数和子图命令。

（1）对数坐标绘图函数。利用工作空间中的向量 x，y 绘图，要调用 plot 函数，若要绘制对数或半对数坐标图，只需要用相应函数名取代 plot 即可，其余参数应用与 plot 完全一致。命令公式有：

semilogx (x, y, s); % 只对 x 轴进行对数变换，y 轴仍为线性坐标。

semilogy (x, y, s); % 只对 y 轴取对数变换的半对数坐标图。

loglog (x, y, s); % 全对数坐标图，即 x 轴和 y 轴均取对数变换。

（2）子图命令。MATLAB 允许将一个图形窗口分成多个子窗口，分别显示多个图形，

这就要用到 subplot(   ) 函数，其调用格式为：

subplot (m, n, k)

该函数将把一个图形窗口分割成 m×n 个子绘图区域，m 为行数，n 为列数，用户可以通过参数 k 调用各子绘图区域进行操作，子图区域编号为按行从左至右编号。对一个子图进行的图形设置不会影响到其他子图，而且允许各子图具有不同的坐标系。例如，subplot (4, 3, 6) 则表示将窗口分割成 4×3 个部分，在第 6 部分绘制图形。MATLAB 最多允许 9×9 的分割。

【例 6-13】给定单位负反馈系统的开环传递函数为 $G(s) = \dfrac{10(s + 1)}{s(s + 7)}$，试绘制伯德图。

解：利用以下 MATLAB 程序，可以直接在屏幕上绘出伯德图如图 6-61 所示。

```
>> num=10 * [1, 1];
   den= [1, 7, 0];
   bode (num, den)
   grid
   title ('Bode Diagram of G (s) =10 * (s+1) /[s (s+7) ] ')
```

该程序绘图时的频率范围是自动确定的，从 0.01 rad/s 到 1000 rad/s，且幅值取分贝值，ω 轴取对数，图形分成 2 个子图，均是自动完成的。

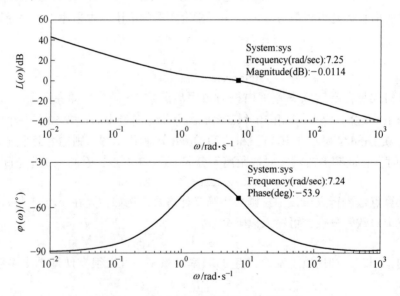

图 6-61　自动产生频率点画出的伯德图

如果希望显示的频率范围窄一点，则程序修改为：

```
>> num=10 * [1, 1];
   den= [1, 7, 0];
   w=logspace (-1, 2, 50);     % 从 0.1 至 100, 取 50 个点
   [mag, phase, w] =bode (num, den, w);
   magdB=20 * log10 (mag)     % 增益值转化为分贝值
   % 第一个图画伯德图幅频部分。
   subplot (2, 1, 1);
```

```
   semilogx (w, magdB, '-r')    % 用红线画
   grid
   title ('Bode Diagram of G (s) = 10 * (s+1) /[s (s+7) ]')
xlabel ('Frequency (rad/s)')
ylabel ('Gain (dB)')
% 第二个图画伯德图相频部分。
subplot (2, 1, 2);
semilogx (w, phase, -r');
grid
xlabel ('Frequency(rad/s)')
ylabel ('Phase(deg)')
```

修改程序后画出的伯德图如图 6-62 所示。

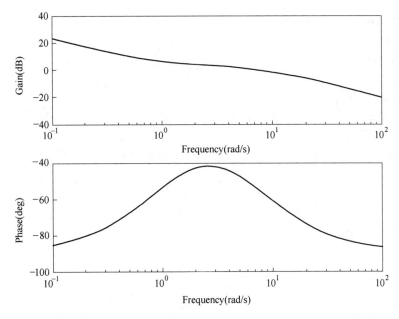

图 6-62　用户指定的频率点画出的伯德图

6.6.4　用 MATLAB 求取稳定裕量

同前面介绍的求时域响应性能指标类似，由 MATLAB 里 bode（　）函数绘制的伯德图也可以采用游动鼠标法求取系统的幅值裕量和相位裕量。

此外，控制系统工具箱中提供了 margin（　）函数来求取给定线性系统幅值裕量和相位裕量，该函数可以由下面格式来调用：

```
Margin (num, den)   % 给定开环系统的数学模型，作 Bode 图，并在图上方标注幅值裕度 GM
                    和对应频率 w_g，相位裕度 PM 和对应的频率 w_c
[Gm, Pm, Wcg, Wcp] =margin (G);
```

可以看出，幅值裕量与相位裕量可以由线性时不变（LTI）对象 G 求出，返回的变量对（Gm，Wcg）为幅值裕量的值与相应的相角穿越频率，而（Pm，Wcp）则为相位裕量

的值与相应的幅值穿越频率。若得出的裕量为无穷大，则其值为 Inf，这时相应的频率值为 NaN（表示非数值），Inf 和 NaN 均为 MATLAB 软件保留的常数。

如果已知系统的频率响应数据，我们还可以由下面的格式调用此函数：

$$[\texttt{Gm, Pm, Wcg, Wcp}] = \texttt{margin (mag, phase, w);}$$

其中（mag, phase, w）分别为频率响应的幅值、相位与频率向量。

【例 6-14】汽车悬架系统频域分析。绘制 2.6.1 节中汽车悬架系统在单位负反馈作用下的伯德图，并分析稳定裕度。

解：利用以下 MATLAB 程序，可以直接在屏幕上绘出伯德图如图 6-63 所示，并得到系统的幅值裕度 GM 和对应频率 ω_g，相位裕度 PM 和对应的频率 ω_c。

参考程序为：

```
clear all;
clc;
num= [1.31e06 1.31e06 * 13.3];
den= [1 516.1 5.685e04 1.307e06 1.733e07];
sys=tf (num, den);
bode (sys)
margin (num, den)
[Gm, Pm, Wcg, Wcp] =margin (sys);
grid on;
```

可以看出该系统 $GM > 0$，$\gamma > 0$，系统稳定，与前面分析结果一致。

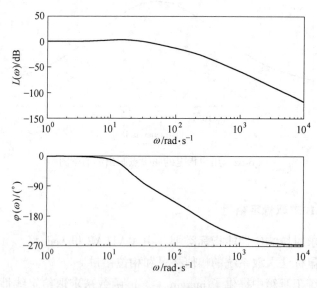

图 6-63   汽车悬架系统伯德图

【例 6-15】厚板轧制液压系统频域分析。绘制 2.6.2 节中液压控制系统的伯德图，并分析稳定裕度。

解：利用以下 MATLAB 程序，可以绘制出伯德图如图 6-64 所示，并得到系统的幅值裕度 GM 和对应频率 ω_g，相位裕度 PM 和对应的频率 ω_c。

参考程序为：

```
clear all;
clc;
num1 = [1.02 * 8.8658 * 14.5]; % 开环传递函数分子多项式系数
den1 = conv (conv ([1/(600*600) 1.4/600 1], [1/0.13 1] ), [1/(855*855) 1.2/855 1] ); %% 开环传递函数分母多项式系数
sys = tf (num1, den1);
bode (sys)
margin (num1, den1)
[Gm, Pm, Wcg, Wcp] = margin (sys);
grid on;
```

可以看出该系统 $GM>0$, $\gamma > 0$, 系统稳定, 与前面分析结果一致。

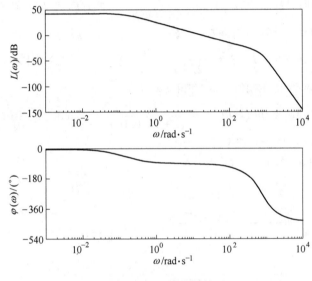

图 6-64　液压系统伯德图

本 章 小 结

频域分析通过以频率为视角, 我们得以深入洞察系统对不同频率信号的回应方式, 由此获得了解系统稳定性、动态性能以及稳态误差等关键特性的洞察力。

本章深入探讨了频率特性的精髓, 揭示了幅相频率特性的实质、定义和展现方式。通过学习如何绘制典型环节的幅相频率特性曲线和 Bode 图, 以及开环奈奎斯特图的绘制方法, 我们将频率特性的抽象概念变为手中可操作的有力工具。

频率特性不仅直观地呈现系统行为, 也为评估控制系统的稳定性和优化性能提供了必不可少的依据。我们深入研究了如何用频域法来分析控制系统的稳定性, 探索了开环频率特性与闭环特征方程之间的联结。

控制系统设计的过程中, 相对稳定性的了解、稳态误差的考察以及瞬态计算的掌握至

关重要。我们发现了开环频率特性与系统性能之间的紧密关系，也深入挖掘了三频段理论的实用价值。掌握用频域分析来解密线性系统频率特性的技巧，为控制系统的设计与优化奠定了坚实的基础。

习　题

6-1　若系统单位阶跃响应 $c(t) = 1 - 1.8e^{-4t} + 0.8e^{-9t}$，试确定系统的频率特性。

6-2　设某控制系统开环传递函数为 $G(s)H(s) = \dfrac{75(0.2s+1)}{s(s^2+16s+100)}$，试绘制该系统的 Bode 图并确定其剪切频率 ω_c。

6-3　设某控制系统开环传递函数为 $G(s) = \dfrac{5}{s(s+1)(2s+1)}$，试绘制该系统的奈氏曲线。

6-4　典型二阶系统的开环传递函数 $G(s) = \dfrac{\omega_n^2}{s(s+2\xi\omega_n)}$，当取 $r(t) = 2\sin t$ 时，系统的稳态输出为 $c_s(t) = 2\sin(t - 45°)$，确定系统参数 ω_n、ξ。

6-5　已知系统开环传递函数 $G(s)H(s) = \dfrac{10}{s(2s+1)(s^2+0.5s+1)}$，试分别计算 $\omega = 0.5$ rad/s 和 $\omega = 2$ rad/s 时，开环频率特性的幅值 $A(\omega)$ 和相位 $\varphi(\omega)$。

6-6　设某系统的开环传递函数为 $G(s)H(s) = \dfrac{Ke^{-0.1s}}{s(s+1)(0.1s+1)}$，试通过该系统的频率响应确定剪切频率 $\omega_c = 5$ rad/s 时的开环增益 K。

6-7　根据图 6-65 所示 Bode 图确定系统传递函数。

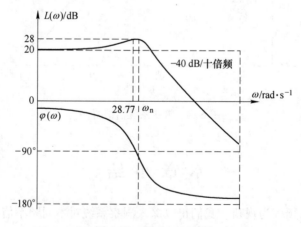

图 6-65　题 6-7 Bode 图

6-8　绘制下列传递函数的对数幅频特性图。

(1) $G(s) = \dfrac{1}{s(s+1)(2s+1)}$

(2) $G(s) = \dfrac{250}{s(s+5)(s+15)}$

(3) $G(s) = \dfrac{500(s+2)}{s(s+10)}$

（4）$G(s) = \dfrac{250(s + 1)}{s^2(s + 5)(s + 15)}$

6-9　图 6-66 表示几个开环传递函数 $G(s)$ 的 Nyquist 图的正频部分。$G(s)$ 不含有正实部极点，判断其闭环系统的稳定性。

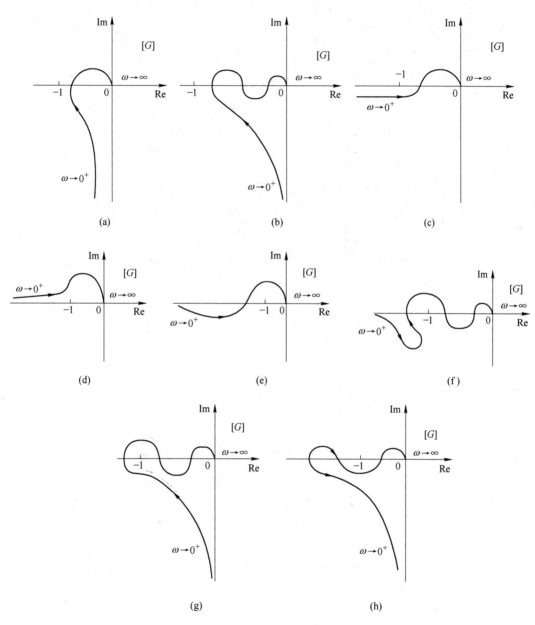

图 6-66　题 6-9 奈氏图

6-10　图 6-67 表示几个开环 Nyquist 图，图中 P 为开环正实部极点个数，判断闭环系统的稳定性。

6-11　最小相位系统的开环 Bode 图如图 6-68 所示，判断闭环系统的稳定性。

6-12　某系统的开环传递函数为 $G(s) = \dfrac{K(20s + 1)}{s(400s + 1)(s + 1)(0.1s + 1)}$，求下列情况下的相角裕度 γ。

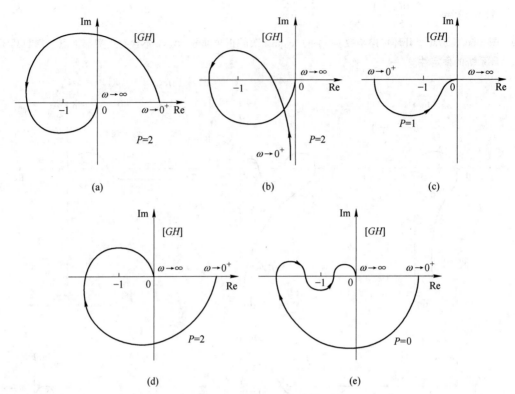

图 6-67   题 6-10 奈氏图

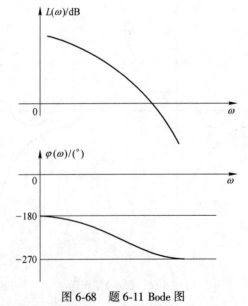

图 6-68   题 6-11 Bode 图

（1）剪切频率 $\omega_c = 0.5 \, \text{rad/s}$；

（2）剪切频率 $\omega_c = 5 \, \text{rad/s}$；

（3）剪切频率 $\omega_c = 15 \, \text{rad/s}$。

6-13　设某单位负反馈系统的开环传递函数为 $G(s) = \dfrac{16}{s(s+2)}$，试求：

（1）系统的剪切频率 ω_c 及相位裕量 γ；

（2）开环幅频特性的谐振峰值 M_r 及谐振频率 ω_r。

6-14　某最小相位系统的对数幅频渐近特性曲线如图 6-69 所示，试确定系统的开环传递函数 $G(s)$。

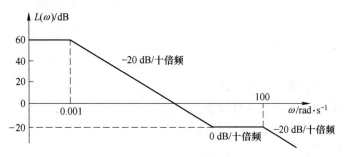

图 6-69　题 6-14 对数幅频渐近特性曲线

6-15　某单位反馈系统开环传递函数为 $G(s) = \dfrac{s-2}{s+3}$，试求输入信号 $r(t) = 2\cos(3t + 30°)$ 时，系统的稳态输出 $c_s(t)$。

6-16　已知最小相位开环系统对数幅频特性如图 6-70 所示，求开环传递函数。

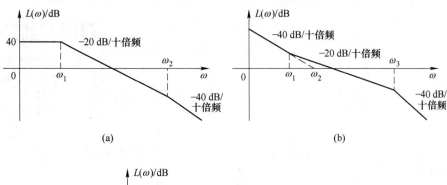

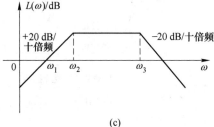

图 6-70　题 6-16 图

6-17　某系统开环传递函数为 $G(s)H(s) = -\dfrac{K(\tau s + 1)}{s(Ts - 1)}$，其中 K，T，$\tau > 0$，试绘制其开环 Nyquist 图，并用奈氏判据判断闭环系统的稳定性。

7 控制系统的综合校正

本章提要

- 掌握系统校正的几种常见古典方法；
- 掌握超前校正的概念和一般设计方法；
- 掌握滞后校正的概念和一般设计方法；
- 掌握 PID 模型形式；
- 能够进行 PID 控制规律分析；
- 掌握 PID 控制器参数的整定方法。

思维导图

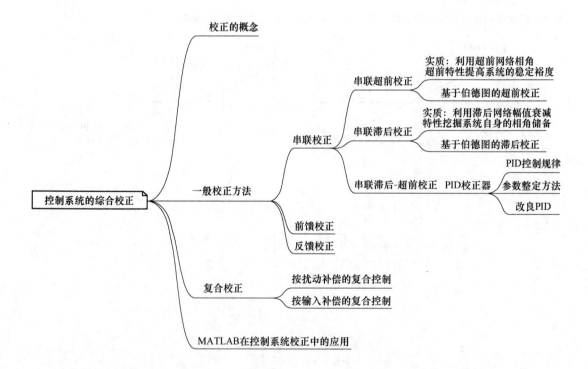

在学习了自动控制原理的一般概念及系统模型的基础上，可以使用时域法、复域法（根轨迹法）以及频域法三种经典方法对系统模型进行分析。

一个良好的控制系统应当具有以下特性：

（1）稳定性及动态性能。系统应当是稳定的，并且被控量应当能以适当的速度跟随输入的变化，同时没有过大的振荡或超调。

（2）稳态性能。系统应当以尽可能小的误差运行。

（3）抗干扰能力。系统应当有一定的扰动抑制能力，即减小扰动的影响。

在系统的结构、参数已知情况下，很少有反馈控制系统不需要进行任何调整就能获得优良的控制性能。有的时候，期望的最佳性能指标不可能一一兼顾，此时，通常需要在众多的性能指标之间达到某种均衡，以得到可以接受的性能，这样，就需要对系统的参数进行调整。

当原有模型无法满足给定技术指标的要求时，为了改善控制系统的动态性能和稳态性能，就需要在分析的基础上运用已有知识在系统中加入一些参数可调整的装置，以调整系统结构，达到改善系统性能的目的。

本章主要研究线性定常系统，通过这类系统来对校正进行说明。校正，就是采用合适的方式，在原系统中加入一些结构、参数可调整的装置来改善系统的性能，从而使系统满足给定的各项性能指标，其中所添加的装置称为校正装置。本章将首先介绍常见的古典校正方法，随后分析了超前校正、滞后校正以及工业上常用的 PID 模型，并介绍了几种改良 PID 控制，最后使用 MATLAB 对校正操作进行举例说明。

7.1 常见的校正方式

通常被控对象的模型以及参数不能随意改动，这时就需要引入校正装置来优化整个控制系统性能。校正装置的形式及它们和系统其他部分的连接方式，称为系统的校正方式。校正方式可以分为串联校正、反馈（并联）校正、前馈校正和干扰补偿等，如图 7-1 所示。串联校正和反馈校正是最常见的两种校正方式。

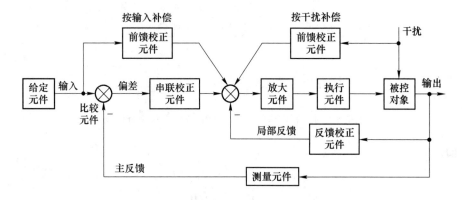

图 7-1 各种校正方式示意图

7.1.1 前馈校正

前馈校正又称为前置校正，是在系统反馈回路之外采用的一种校正方式，适合开环或闭环，属于复合控制。前馈校正按照补偿来源的不同可以分为按照输入补偿以及按照干扰补偿两类。

如果干扰可测，即选择干扰补偿，建立从干扰向输入方向引入的以消除或减少干扰对系统影响的补偿通道。干扰补偿装置 $G_c(s)$ 直接或间接测量干扰信号 $n(t)$，并经变换后接入系统，形成一条附加的、对干扰的影响进行补偿的通道，如图 7-2 所示。其特点是扰动产生后，变量未变化前，根据扰动大小来控制补偿影响。

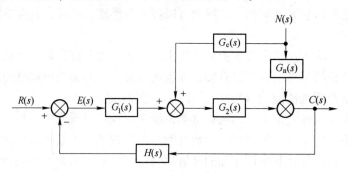

图 7-2　对干扰进行补偿的前馈校正系统方框图

选取合适的 $G_c(s)$ 就可以消除扰动 $n(t)$ 作用下的误差为 0，此时根据梅森增益公式：

$$\Phi_{en}(s) = \frac{E(s)}{N(s)} = \frac{-G_n(s)H(s) - G_c(s)G_2(s)H(s)}{1 + G_1(s)G_2(s)H(s)}$$

当 $G_c(s) = -\dfrac{G_n(s)}{G_2(s)}$ 时，得到 $E(s)$ 为 0，也就是消除了扰动作用下的误差。

此外还有对给定输入进行补偿的方式，方框图如图 7-3 所示。

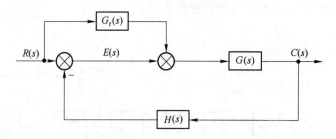

图 7-3　对给定输入进行补偿的前馈校正系统方框图

此时有

$$\frac{E(s)}{R(s)} = \frac{1 - G_r(s)G(s)H(s)}{1 + G(s)H(s)}$$

当 $G_r(s) = \dfrac{1}{G(s)H(s)}$ 时，$E(s) = 0$。

根据以上对前馈校正方式的描述，容易得到无论是按照干扰补偿还是按照输入补偿都不会改变原系统的极点。极点与前向通道无关，它只与特征多项式有关，也就是只与系统的回路有关，而回路中并不包含校正引入的前向通路，因此前馈校正并不能改变系统的极点。

7.1.2 顺馈校正

顺馈校正是以消除或者减小系统误差为目的，在输入方向引入的补偿通道，方框图如图 7-4 所示。

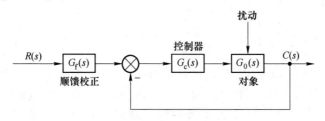

图 7-4 顺馈校正系统方框图

7.1.3 反馈校正

反馈校正又称为并联校正。校正装置 $G_c(s)$ 反并联在系统的反馈通道中，如图 7-5 所示。

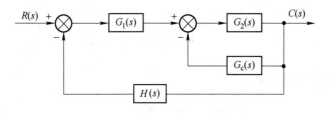

图 7-5 反馈校正系统方框图

由于反馈校正装置的输入端信号一般是原系统的输出端或前向通道中某个环节的输出端，信号功率一般都比较大，因此，在校正装置中无需再设置放大电路，这样有利于校正装置的简化。但是由于输入信号功率比较大，校正装置的容量和体积相应要大一些。

反馈校正的作用有：

（1）减小时间常数。例如原系统 $G(s) = \dfrac{K}{Ts+1}$，此时时间常数为 T，在添加反馈环节 K_h 后，如图 7-6 所示。

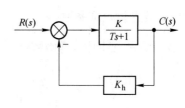

$$G'(s) = \frac{\dfrac{K}{Ts+1}}{1+\dfrac{KK_h}{Ts+1}} = \frac{K}{Ts+1+KK_h} = \frac{\dfrac{K}{1+KK_h}}{\dfrac{T}{1+KK_h}s+1}$$

图 7-6 反馈校正系统方框图

此时时间常数为 $T' = \dfrac{T}{1 + KK_h}$，选择 K_h 使 $T' < T$，则系统的响应加快，改善了系统的动态性能。

（2）反馈校正可以减少被包围环节的影响。例如原系统和引入反馈校正后系统示意图如图 7-7 所示。

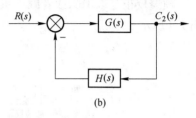

校正后系统传递函数为

$$\Phi(s) = \frac{G(s)}{1 + G(s)H(s)}$$

当 $|G(s)H(s)| \gg 1$ 时，有 $\Phi(s) \approx \dfrac{1}{H(s)}$

此时抑制了原系统 $G(s)$ 内部经常出现的扰动情况。

速度反馈校正是反馈校正的一种形式。下面分析采用速度反馈校正的二阶系统性能（图 7-8），并分析速度反馈校正对系统性能的影响。

图 7-7　反馈校正作用示意图
（a）原系统；（b）反馈控制系统

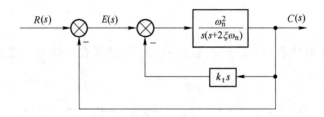

图 7-8　局部速度反馈校正结构图

校正后系统开环传递函数：

$$G'(s) = \frac{\dfrac{\omega_n^2}{s(s + 2\xi\omega_n)}}{1 + \dfrac{\omega_n^2 k_t s}{s(s + 2\xi\omega_n)}} = \frac{\omega_n^2}{s(s + 2\xi\omega_n + \omega_n^2 k_t)}$$

改写 $G'(s)$ 得到

$$G'(s) = \frac{k'}{s\left(\dfrac{s}{2\xi\omega_n + \omega_n^2 k_t} + 1\right)}$$

式中，k_t 为速度反馈系数，$k' = \dfrac{\omega_n}{2\xi + \omega_n k_t}$ 为系统的开环增益，原系统开环增益为 $k = \dfrac{\omega_n}{2\xi}$。

校正后系统闭环传递函数：

$$G'_B(s) = \frac{G'(s)}{1 + G'(s)} = \frac{\omega_n^2}{s^2 + 2\left(\xi + \dfrac{1}{2}\omega_n k_t\right)\omega_n s + \omega_n^2} = \frac{\omega_n^2}{s^2 + 2\xi'_t \omega_n s + \omega_n^2}$$

得到等效阻尼比：

$$\xi' = \xi + \frac{1}{2}k_t\omega_n$$

显然 $\xi' > \xi$，因此速度反馈可以增大系统的阻尼比，同时不改变系统的无阻尼振荡频率 ω_n，进而改善系统的动态性能。针对二阶系统而言，根据超调量公式 $\sigma_p = e^{\frac{-\xi\pi}{\sqrt{1-\xi^2}}} \times 100\%$，可得速度反馈会降低系统的超调量。

此外在使用速度反馈校正时，应适当增大原系统的开环增益以补偿因速度反馈引起的开环增益的减小，同时要选择适当的速度反馈系数 k_t，使得阻尼比 ξ' 变为合适的数值，进而提高系统的响应速度并满足各项性能指标的要求。

7.1.4 串联校正

如果校正元件 $G_c(s)$ 位于前向通道，与系统的不可变部分 $G_0(s)$ 串联起来，如图 7-9 所示，称这种形式的校正为串联校正。

串联校正装置的接入位置应视校正装置本身的物理特性和原系统的结构而定。一般情况下，对于体积小、重量轻、容量小的校正装置（电器装置居多），常

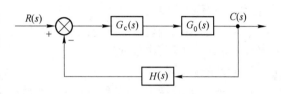

图 7-9 串联校正系统结构图

加在系统信号容量不大的地方，即比较靠近输入信号的前向通道中；对于体积、重量、容量较大的校正装置（如无源网络、机械、液压、气动装置等），常串接在容量较大的部位，即比较靠近输出信号的前向通道中。

串联校正可以分为超前校正、滞后校正以及滞后–超前校正，其中有关超前校正和滞后校正的详细解析将在后续章节介绍。

7.1.5 校正类型比较

控制系统校正的常见古典方法有前馈校正、顺馈校正、反馈校正以及常见的串联校正等，也可以按照以上方法进行组合构成复合校正。

前馈校正可以消除或者减少干扰对系统的影响；顺馈校正的目的是消除或减少系统误差；反馈校正中最常见的是比例反馈以及微分反馈（又称为速度反馈），反馈校正往往使用了较少的元件且抑制了反馈闭环内参数变化对整个系统的影响；串联校正相对而言分析简单、应用范围广、易于理解。

以上简要分析了控制系统校正的几种常见的古典方法并从时域方面进行了简要概述。事实上在设计、分析控制系统中最常用的方法是频域法，通过引入合适模块改变系统的频率特性，使得校正后的系统具有合适的低频、中频以及高频特性，同时具有较为充足的稳定裕量，进而满足系统所要求的各项性能指标。

7.2 控制系统校正的概念

如果系统没有达到所要求的性能指标，就需要对系统进行校正。

7.2.1　被控对象

在校正过程中被控对象就是要求完成控制过程的机器、设备或者生产的过程，是系统不可变部分。需要引入校正装置改善被控对象的性能指标，进而满足实际生产的要求。

7.2.2　性能指标

系统的性能指标按其类型可以分为：

（1）时域性能指标，包括稳态性能指标和动态性能指标；

（2）频域性能指标，包括开环频域指标和闭环频域指标。

常用的时域指标有：

（1）稳态指标，包括静态位置误差系数 K_p、静态速度误差系数 K_v、静态加速度误差系数 K_a 和稳态误差 e_{ss}。

（2）动态指标，包括上升时间 t_r、峰值时间 t_p、调节时间 t_s、超调量（或最大百分比超调量）σ_p、振荡次数 N。

频域性能指标有：

（1）开环频域指标，包括开环剪切频率 ω_c（rad/s）、相角裕量 γ（°）、幅值裕量 K_g。

（2）闭环频域指标，包括谐振频率 ω_r、谐振峰值 M_r、截止频率 ω_b 或闭环带宽 $0 \sim \omega_b$。

各类性能指标是从不同的角度表示系统的性能，它们之间存在必然的内在联系，可以进行相互转换。对于二阶系统，时域指标和频域指标之间能用准确的数学表达式表示出来。它们可统一采用阻尼比和无阻尼自然振荡频率 ω_n 来描述，具体参考 6.5.3 节和 6.5.5 节。

7.2.3　系统校正

若对象不可改变，只改变控制器的结构及参数，即所谓的局部综合，称为系统的校正。进行系统校正要选择合适的、合理的性能指标，切忌贪大求全、不切实际。要明确重点指标要求、照顾到各项指标要求。

根据校正装置的特性，校正装置可分为超前校正装置、滞后校正装置和滞后-超前校正装置。

校正装置输出信号在相位上超前于输入信号，即校正装置具有正的相角特性，这种校正装置称为超前校正装置，对系统的校正称为超前校正。

校正装置输出信号在相位上落后于输入信号，即校正装置具有负的相角特性，这种校正装置称为滞后校正装置，对系统的校正称为滞后校正。

若校正装置在某一频率范围内具有负的相角特性，而在另一频率范围内具有正的相角特性，这种校正装置称为滞后-超前校正装置，对系统的校正称为滞后-超前校正。

7.3　超前校正及其参数的确定

7.3.1　超前校正及其特性

串联超前校正装置可以采用图 7-10 所示的 RC 超前网络实现。

其中

$$G'_c(s) = \frac{U_c(s)}{U_r(s)} = \frac{R_2}{R_2 + \dfrac{1}{\dfrac{1}{R_1} + Cs}}$$

$$= \frac{\dfrac{R_2}{R_1 + R_2}(CR_1 s + 1)}{\dfrac{R_1 R_2 C}{R_1 + R_2}s + 1}$$

$$= \frac{R_2}{R_1 + R_2} \cdot \frac{CR_1 s + 1}{\dfrac{R_1 R_2 C}{R_1 + R_2}s + 1}$$

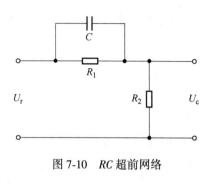

图 7-10　RC 超前网络

令 $a = \dfrac{R_1 + R_2}{R_2}$，$T = \dfrac{R_1 R_2 C}{R_1 + R_2}$，忽略系数并总结公式特征得到超前网络特性：$G_c(s) = \dfrac{aTs + 1}{Ts + 1}$，$a > 1$ 称为分度系数。

$G_c(s)$ 可看作一阶微分环节以及一阶惯性环节的组合，并且转折频率分别为 $\dfrac{1}{aT}$ 和 $\dfrac{1}{T}$，绘制对数频率特性如图 7-11 所示。

相频特性曲线具有正相角，即网络的稳态输出在相位上超前于输入，故称为超前校正网络。在系统设计中选用此网络可以弥补原系统的相位裕度，同时相位裕度与稳定程度相关，进而改善系统的性能指标，将最大超前相位角补在系统的剪切频率处就可以最大化补充系统的相位裕度。

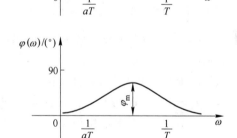

7.3.2　超前校正参数确定

超前网络 $G_c(s)$ 产生的超前相位角表达

图 7-11　超前网络频率特性

式为 $\varphi(\omega) = \arctan(aT\omega) - \arctan(T\omega) = \arctan \dfrac{T\omega(a - 1)}{1 + aT^2\omega^2}$。

需要求最大超前相位角 φ_m 及其频率 ω_m，改为求 $\tan\varphi(\omega)$ 的极值，$\dfrac{\mathrm{d}}{\mathrm{d}\omega}[\tan\varphi(\omega)] = 0$ 得到 $\dfrac{T(a - 1)[1 - aT^2\omega^2]}{(1 + aT^2\omega^2)^2} = 0$，解得 $\omega_m = \dfrac{1}{\sqrt{a}\,T}$，代入 $\varphi(\omega)$ 得到最大超前相位角 $\varphi_m = \varphi\left(\dfrac{1}{\sqrt{a}\,T}\right) = \arcsin \dfrac{a - 1}{a + 1}$。

注意到幅频特性 $\omega > \dfrac{1}{T}$ 的幅频值

$$H = 20\lg \frac{\dfrac{1}{T}}{\dfrac{1}{aT}} = 20\lg a$$

最大超前角频率 ω_{m} 是转折频率 $\dfrac{1}{T}$ 和 $\dfrac{1}{aT}$ 的几何中心，即

$$L(\omega_{\mathrm{m}}) = \frac{H}{2} = 10\lg a$$

此外反解 φ_{m} 得到 $a = \dfrac{1 + \sin\varphi_{\mathrm{m}}}{1 - \sin\varphi_{\mathrm{m}}}$。

相角超前不可能无穷大，理论上最大值为+90°。同时为了保证比较高的信噪比，一般 a 的数值不会太高，这时这种超前校正网络的最大超前相位角一般不会大于65°。如果需要更高的超前相位角，就需要使用两个超前网络串联组合成二阶超前网络来达到目的。

串联超前校正的实质就是利用超前网络相角超前的这一特性来提高系统的相位裕度。

【例 7-1】 设单位反馈系统的开环传递函数为 $G_0(s) = \dfrac{K}{s(s + 1)}$，要对系统进行串联校正使其满足相位裕度 $\gamma \geqslant 40°$，在单位斜坡输入信号作用时，位置输出稳态误差 $e_{\mathrm{ss}} \leqslant \dfrac{1}{12}$。

解： 原系统为 I 型系统，因为要求单位斜坡输入时系统稳态误差 $e_{\mathrm{ss}} \leqslant \dfrac{1}{12}$，应有 $K \geqslant$ 12。令 $K = 12$，做出未校正系统的伯德图如图 7-12 所示。

（1）求出 $20\lg K = 21.58$ dB，$\omega_{\mathrm{c}} = 3.4$ rad/s，$\gamma' = 180° + (-90° - \arctan 3.4) = 90° - 73.6° = 16.39°$，不满足相位裕度 $\gamma \geqslant 40°$，需要校正。

（2）根据指标要求计算，选择 $\Delta\gamma = 5° \sim 10°$，计算超前校正装置的最大超前角 $\varphi_{\mathrm{m}} = \gamma - \gamma' + \Delta\gamma = 40° - 16.39° + 6.4° = 30°$，由于

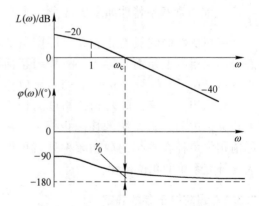

图 7-12　未校正系统的开环对数频率特性

使用超前校正会增大剪切频率，同时为了方便计算此处取 $\Delta\gamma = 6.4°$。

（3）计算分度系数 $a = \dfrac{1 + \sin 30°}{1 - \sin 30°} = 3$。

（4）确定校正后系统的剪切频率，使新的剪切频率发生在最大超前相位角所对应的频率 ω_{m} 处。计算校正装置在 ω_{m} 处的幅频特性 $10\lg a = 4.77$dB，需要在原系统幅频特性曲线上找到 $L(\omega) = -4.77$ dB 的点对应的频率 $\omega_{\mathrm{c}2}$ 就是新的剪切频率（或者计算 $L(\omega) = -4.77$ dB 对应的频率 $\omega_{\mathrm{c}2}$），即 $\omega_{\mathrm{m}} = \omega_{\mathrm{c}2} = 4.5$ rad/s。

（5）计算超前校正装置的转折频率 $\omega_1 = \dfrac{1}{aT} = \dfrac{\omega_m}{\sqrt{a}} = 2.6\ \text{rad/s}$，$\omega_2 = \dfrac{1}{T} = \omega_m\sqrt{a} = 7.8$ rad/s，$T = 0.128\ \text{s}$，$aT = 0.385\ \text{s}$。

得到校正装置的传递函数 $G_c(s) = \dfrac{1 + 0.385s}{1 + 0.128s}$，所以校正后系统的开环传递函数 $G(s) = G_c(s)G_0(s) = \dfrac{12(0.385s + 1)}{s(s + 1)(0.128s + 1)}$。

（6）绘制校正后系统的伯德图，如图 7-13 所示。校正后系统的相位裕度 $\gamma = 180° + \varphi(\omega_{c2}) = 180° - 137.4° = 42.6° > 40°$，满足要求。

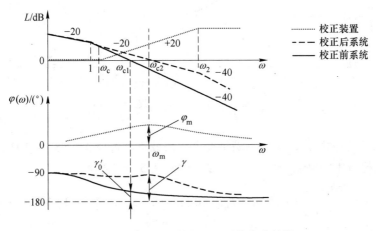

图 7-13　校正后系统的开环对数频率特性

【例 7-2】某系统结构图如图 7-14 所示，其中不可变部分的传递函数为 $G_0(s) = \dfrac{k_g}{s(0.1s + 1)(0.001s + 1)}$，对该系统的要求：

（1）系统的相位裕度 $\gamma \geqslant 45°$；

（2）在速度信号 $r(t) = R_1 t$ 作用下，系统的稳态误差不大于 $0.1\% R_1$。

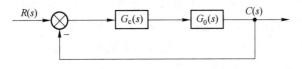

图 7-14　系统结构图

解：首先使用一阶超前网络 $G_c(s) = \dfrac{aTs + 1}{Ts + 1}$，由于 $G_0(s)$ 中有积分环节，根据静态误差系数法，针对斜坡函数输入信号的一阶系统而言，稳态误差为 $\dfrac{R_1}{k_g}$，计算 $\dfrac{R_1}{k_g} \leqslant \dfrac{R_1}{1000}$，得到 $k_g \geqslant 1000$，将 $k_g = 1000$ 代入 $G_0(s)$ 按照下述步骤计算确定 a 以及 T。

（1）绘制未校正系统的开环对数频率特性，如图 7-15 所示。

（2）求出（或从图中读出）剪切频率 $\omega_c \approx 100\ \text{rad/s}$，计算相角 $\angle G_0(j\omega_c) = -180°$。

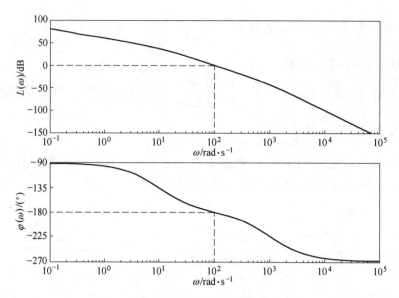

图 7-15   未校正系统的开环对数频率特性

（3）原系统相位裕度 $\gamma' = 0°$ 不满足要求，需校正。选择 $\Delta\gamma = 5° \sim 10°$，计算超前校正装置的最大超前相位角 $\varphi_m = \gamma - \gamma' + \Delta\gamma = 45° + 5° = 50°$。

（4）根据 $a = \dfrac{1 + \sin\varphi_m}{1 - \sin\varphi_m}$ 得到 $a = 7.5$，$10\lg a = 8.75$，从图 7-13 中找到 $-10\lg a$ 所对应的频率 $\omega_m = 164.4 \ \mathrm{rad/s}$，并令 $\omega_c = \omega_m$，根据 $\omega_m = \dfrac{1}{\sqrt{a}\,T}$，得到 $\dfrac{1}{T} = \sqrt{a}\,\omega_m = 450$，$\dfrac{1}{aT} = 60$。

确定 $G_c(s) = \dfrac{1 + 0.0167s}{1 + 0.00222s}$，得校正后系统开环传递函数

$$G(s) = G_c(s)G_0(s) = \frac{1000(1 + 0.0167s)}{s(0.1s + 1)(1 + 0.00222s)(1 + 0.001s)}$$

（5）再次绘制校正后系统的开环对数频率特性，如图 7-16 所示，并验证是否满足指标要求。可以看出校正后系统的相位裕度 $\gamma \geq 45°$，满足要求。

总结上述例子得出利用伯德图法设计超前校正装置的步骤：

（1）根据已给的系统稳态指标，如误差系数或稳态误差 e_{ss} 得到原系统的开环增益 K。

（2）绘制未校正系统 Bode 图，求出未校正系统相位裕度 γ'（和幅值裕度 K_g）。

（3）根据要达到的相角裕量 γ，计算需要增加的超前相位角 $\varphi_m = \gamma - \gamma' + \Delta\gamma$，$\Delta\gamma$ 是考虑到校正后剪切频率变化所留的裕量。

（4）由 φ_m 计算分度系数 $a = \dfrac{1 + \sin\varphi_m}{1 - \sin\varphi_m}$，需要注意如果 $\varphi_m > 60°$，一阶超前校正装置无法实现。

（5）计算新的剪切频率，将未校正系统的对数幅频特性数值为 $-10\lg a$ 处的频率作为新的剪切频率 ω_c，令 $\omega_m = \omega_c$。

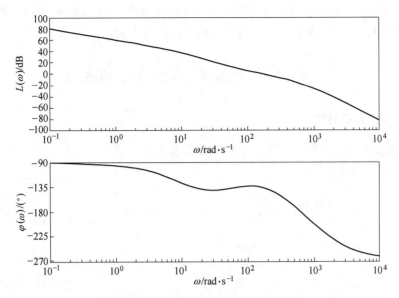

图 7-16 校正后系统的开环对数频率特性

（6）计算超前校正装置的转折频率 $\omega_1 = \dfrac{1}{aT} = \dfrac{\omega_m}{\sqrt{a}}$，$\omega_2 = \dfrac{1}{T} = \omega_m \sqrt{a}$，得到超前校正装置的传递函数 $G_c(s) = \dfrac{aTs + 1}{Ts + 1}$。

（7）绘制校正后系统的 Bode 图，校验相角裕量，如果不满足要求，则增大 $\Delta\gamma$，从第（3）步开始重新计算。

（8）校验是否满足其他性能指标，必要时重新进行校正。

需要说明的是，满足性能指标的校正方案并不唯一，同时校正装置的参数也不是固定的某个值，可能每个人所得到的结果并不一样，但都能达到目的。校正是一个反复尝试的过程，当所设置的数值不满足要求时，就需要改变 $\Delta\gamma$ 的数值并进行验证，最后得到合适的结果。

7.3.3 串联超前校正特点

可以看出，超前校正使系统的剪切频率增大、相位裕度增大，优点是系统调节时间减小，超调量减小；缺点是抗干扰能力下降。

串联超前校正的特点有：

（1）适用于 $\omega_c' \leqslant \omega_c$，$\gamma' \leqslant \gamma$，因为超前校正会增加系统的剪切频率。

（2）满足系统的稳态精度 e_{ss}，在低频段保持不变；改善了系统的动态性能，使得校正后中频段幅值的斜率为 -20 dB/ 十倍频，有足够的相位裕量；由于超前校正的特性会抬高高频段，降低了抗高频的干扰能力。

（3）超前校正会使系统动态响应的速度变快。由例 7-2 知，校正后系统的剪切频率由未校正前的 100 rad/s 增大到 164.4 rad/s。这表明校正后，系统的频带变宽，瞬态响应速度变快，但需要注意与干扰能力的协调。

（4）超前校正一般能够有效改善动态性能，但是未校正系统的相频特性在剪切频率附近急剧下降时，若用单级超前校正网络去校正，收效不大。

7.4　滞后校正及其参数的确定

7.4.1　滞后校正及其特性

串联滞后校正与超前校正在概念上有一些共通之处。

滞后网络电路图如图 7-17 所示。

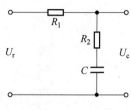

图 7-17　*RC* 滞后网络

$$G_c(s) = \frac{U_c(s)}{U_r(s)}$$

$$= \frac{R_2 + \dfrac{1}{Cs}}{R_1 + R_2 + \dfrac{1}{Cs}}$$

$$= \frac{R_2 Cs + 1}{(R_1 + R_2)Cs + 1}$$

$$= \frac{bTs + 1}{Ts + 1}$$

其中 $\begin{cases} b = \dfrac{R_2}{R_1 + R_2} < 1 \\ T = (R_1 + R_2)C \end{cases}$ ，也可写成 $G_c(s) = \dfrac{1 + \tau s}{1 + \tau a s}(a > 1)$ 。

绘制伯德图如图 7-18 所示。

根据幅频特性 $L_c(\omega)$ 可知高度下降 $20\lg b$，滞后网络的相频曲线具有负相角，这表明，网络在正弦信号作用下的稳态输出在相位上滞后于输入，故称为滞后网络。从对数频率特性看，滞后校正装置是一个低通滤波器，且 b 值越小，抑制高频噪声的能力越强。滞后网络不能补偿系统的相位裕度，相反会降低系统稳定性。

串联滞后校正有两种用法：

（1）利用其高频衰减特性来降低系统的剪切频率，提高系统的相角裕量，进而改善系统的动态性能。

（2）提高低频段的增益，减小系统的稳态误差。这时要保持系统的相角稳定裕量基本不变，此时校正装置的增益大于 1。对于高精度，而快速性要求不高的系统常采用滞后校正，如恒温控制等。

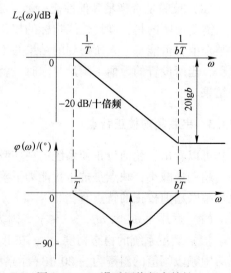

图 7-18　*RC* 滞后网络频率特性

需要注意的是要避免使最大滞后相位角 φ_m 发生在系统的剪切频率 ω_c 附近。

7.4.2 滞后校正参数确定

利用滞后网络的高频幅值衰减特性设计计算步骤：

（1）根据已给的系统稳态指标，如误差系数或稳态误差 e_{ss} 得到原系统的开环增益 K。

（2）绘制未校正系统的开环传递函数伯德图，求出未校正系统相位裕度 γ'，若发现未校正系统在剪切频率附近相角变化明显时，应尝试滞后校正。

（3）在相频特性曲线上寻找 $\angle G_0(j\omega_c) = -180° + \gamma + \Delta\gamma$ 所对应的频率 ω_c，即校正后系统的剪切频率，一般而言 $\omega_c < \omega_c'$，取 $\Delta\gamma = 5° \sim 15°$，因为滞后校正总会带来一部分附加相位滞后，需要进行补偿。

（4）在未校正的对数幅频特性上计算 $20\lg|G_0(j\omega_c)|$，再令 $20\lg a = 20\lg|G_0(j\omega_c)|$，计算 $a(a > 1)$。

（5）为减少串联滞后校正对系统相位裕度的影响，取 $\dfrac{1}{T} = \left(\dfrac{1}{5} \sim \dfrac{1}{20}\right)\omega_c$。

（6）根据 a 和 T 确定校正装置传递函数 $G_c(s) = \dfrac{1 + Ts}{1 + aTs}$。

（7）画出校正后的系统伯德图，检验其相角裕量。

（8）必要时检验其他性能指标，若不满足需要重新选择 T 或者 $\Delta\gamma$，再次设计。

【例 7-3】系统开环传函为 $G_0(s) = \dfrac{K}{s(0.1s + 1)(0.2s + 1)}$，要求 $K = 30$，$\gamma \geqslant 40°$，尝试设计滞后校正装置。

解：绘出 $K = 30$ 的对数频率特性图，如图 7-19 所示，未校正系统的剪切频率 $\omega_c' = 10$ rad/s，$\gamma' \approx -25°$，系统不稳定，同时在剪切频率处相角变化很大，应当使用滞后校正。

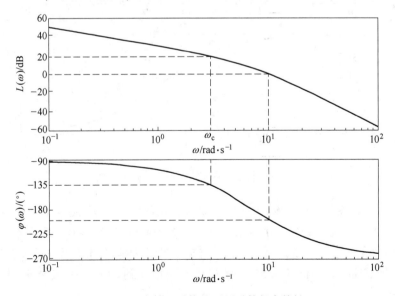

图 7-19 未校正系统的开环对数频率特性

计算 $\varphi = -180° + 40° + 5° = -135°$，在相频特性曲线上，找到与之对应的频率 $\omega_c \approx$

3 rad/s，在未校正幅频特性曲线上找到 $\omega_c = 3$ rad/s 时的幅频值为 20 dB，令 20lg$a$ = 20 dB，得 $a = 10$。

此时 $\dfrac{1}{T} = \dfrac{1}{10}\omega_c$，$T = 3.33$，$aT = 33.3$，得到校正装置的传递函数

$$G_c(s) = \frac{1 + 3.33s}{1 + 33.3s}$$

校正后系统的开环传递函数为

$$G(s) = G_0(s)G_c(s) = \frac{30(1 + 3.33s)}{s(0.1s + 1)(0.2s + 1)(1 + 33.3s)}$$

经校验，校正后系统性能满足要求。

通过对上述例子总结得知无论超前网络还是滞后网络都是由零极点环节相乘组成，其中参数决定了相位超前还是滞后，同时加上比例环节可以实现对控制系统的校正。

【例7-4】设单位反馈系统的开环传递函数为 $G_0(s) = \dfrac{K}{s(s + 1)(0.25s + 1)}$，要求 $\gamma = 41°$，$K \geqslant 5$ s^{-1}，$\omega_b = 1.02$ rad/s，设计串联滞后校正装置。

解： 令 $K = 5$，绘制未校正系统的伯德图，如图 7-20 所示。

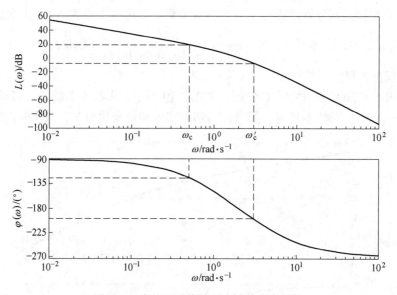

图 7-20　未校正系统的开环对数频率特性

读图或计算得原系统剪切频率 $\omega_c' = 2.1$ rad/s，相角裕量 $\gamma' = 180° + (-90° - \arctan 2.1 - \arctan 2.1 \times 0.25) = 180° + (-90° - 64.54° - 27.7°) = -2.24° < 0$，系统不稳定。

使用滞后校正，$\gamma_1 = \gamma + \Delta\gamma = 41° + 14° = 55°$，考虑补偿附加滞后量后，应满足在新的剪切频率 ω_c 处 $\varphi(\omega_c) = -180° + 55° = -125°$，可以找到 $\varphi(\omega) = -125°$ 时对应的角频率 $\omega_c = 0.52$ rad/s。

确定 a，在新的剪切频率的幅值 $L(\omega_c) = 20$ dB，在此处幅值应衰减到 0，同时衰减倍数为 $\dfrac{1}{a}$，即

$$20\lg\frac{1}{a} = -L(\omega_c) = -20 \text{ dB}, \quad a = 10$$

取滞后校正装置的转折频率为

$$\omega_2 = \frac{1}{T} = \frac{\omega_c}{4} = 0.13 \text{ rad/s}$$

确定另一转折频率 $\omega_1 = \frac{1}{aT} = 0.013 \text{ rad/s}$，滞后校正装置传递函数为

$$G_c(s) = \frac{1}{10}\left(\frac{s+0.13}{s+0.013}\right) = \frac{7.7s+1}{77s+1}$$

验证校正后系统是否满足相角裕量要求，因为 $\varphi_c(\omega) = \arctan 7.7\omega - \arctan 77\omega$，有 $\varphi_c(\omega_c) = 76° - 88° = -12°$，校正后系统 $\gamma = 180° - 12° - 125° = 43° > 41°$，满足要求。

校正后系统的开环传递函数

$$G(s) = \frac{5(7.7s+1)}{s(77s+1)(s+1)(0.25s+1)}$$

可以继续验证带宽等其他条件是否满足。

7.4.3 串联滞后校正特点

从前面例子可以看出，滞后校正可以提高相位裕度，使超调量减小；但是使剪切频率变小，从而使调节时间增大。

在滞后校正中利用滞后装置的积分特性，可以提高系统的开环增益。因此可以用来改善系统的稳态性能，并保持原来的动态指标（剪切频率不变）。

7.5 滞后-超前校正装置

如果原系统在稳态性能和动态性能两方面都有待改善时，可利用滞后-超前校正装置。利用校正装置的滞后部分改善系统的稳态精度，利用超前部分提高系统的相位裕度和带宽。

滞后-超前校正装置可以采用图 7-21（a）所示的 RC 网络实现，其传递函数为

$$G_c(s) = \frac{U_c(s)}{U_r(s)} = \frac{(R_1C_1s+1)(R_2C_2s+1)}{(R_1C_1s+1)(R_2C_2s+1) + R_1C_2s}$$

假设分母多项式可分解为两个一次式，令 $\tau_1 = R_1C_1$，$\tau_2 = R_2C_2$，$\frac{\tau_1}{b} + b\tau_2 = R_1C_1 + R_2C_2 + R_1C_2$，$b < 1$，$\frac{\tau_1}{b} = T_1$，$b\tau_2 = T_2$，则上式可写成

$$G_c(s) = \frac{(\tau_1s+1)(\tau_2s+1)}{(T_1s+1)(T_2s+1)} = \frac{(bT_1s+1)(T_2/b+1)}{(T_1s+1)(T_2s+1)}$$

则式中前一部分为滞后校正，后一部分为超前校正。

频率特性 $\qquad G_c(j\omega) = \frac{(j\tau_1\omega+1)(j\tau_2\omega+1)}{(jT_1\omega+1)(jT_2\omega+1)}$

网络的对数频率特性曲线如图 7-21（b）所示。

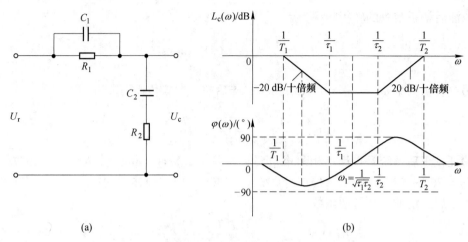

(a)   (b)

图 7-21 滞后-超前校正装置及其开环对数频率特性

（a）RC 滞后-超前网络；（b）滞后-超前网络频率特性

从图 7-21（b）可以看出，相频特性曲线低频段具有负相角，起滞后校正作用；高频段具有正相角，起超前校正作用，故称滞后-超前校正装置。

进行滞后-超前校正设计的一般步骤是：先设计超前部分以满足动态指标，再设计滞后部分以满足稳态指标，或者反之。

7.6　PID 模型及其控制规律分析

校正装置中最常用的是 PID 控制规律（比例-积分-微分控制的简称）。目前已经有许多新的控制方法，但 PID 控制由于它自身的优点仍然是应用最广泛的基本控制规律。从技术角度，PID 控制代表了一种"基础控制技术"，其基础控制地位至今难以撼动。

PID 控制具有以下优点：

（1）原理简单，使用方便。

（2）适应性强，按 PID 控制规律进行工作的控制器早已商品化，即使目前最新式的过程控制计算机，其基本控制功能也仍然是 PID 控制。

（3）鲁棒性强，即其控制品质对被控制对象特性的变化不大敏感。

在控制系统的设计与校正中，PID 控制规律的优越性是明显的，它的基本原理却比较简单。

7.6.1　PID 控制器模型

PID 控制系统结构图如图 7-22 所示。

基本 PID 控制规律可描述为：

数学表达式　　　　$u(t) = K_P e(t) + K_I \int_0^t e(\tau)\mathrm{d}\tau + K_D \dfrac{\mathrm{d}e(t)}{\mathrm{d}t}$

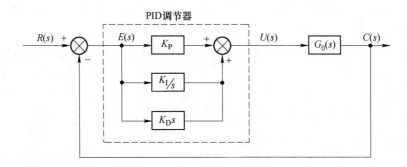

图 7-22 PID 控制系统结构图

传递函数
$$G_c(s) = \frac{U(s)}{E(s)} = K_P + \frac{K_I}{s} + K_D s$$

式中，比例系数 K_P、积分系数 K_I 和微分系数 K_D 为常数。

另一种写法是：

数学表达式
$$u(t) = K_P \left[e(t) + \frac{1}{T_I} \int_0^t e(\tau) d\tau + T_D \frac{de(t)}{dt} \right]$$

传递函数
$$G_c(s) = \frac{U(s)}{E(s)} = K_P (1 + \frac{1}{T_I s} + T_D s)$$

式中，比例系数 K_P、积分时间常数 T_I 和微分时间常数 T_D 为常数。

7.6.2 PID 控制规律分析

7.6.2.1 比例控制器（P 控制器）

如图 7-23 所示，具有比例控制规律：$u(t) = K_P e(t)$，其中 K_P 是比例系数或者为比例控制器的增益，视情况可设置为正或负。针对单位反馈系统，0 型系统对于阶跃信号 $R_0 \times 1(t)$ 的稳态误差与开环增益 K 近似成反比，即

$$\lim_{t \to \infty} e(t) = \frac{R_0}{1 + K}$$

比例控制及时、快速、控制作用强，可提高系统的控制精度（可降低系统的稳态误差）。但是比例控制致命的缺点是有稳态偏差且降低相对稳定性，甚至使系统不稳定。当扰动发生后，经过比例控制，系统虽然能达到新的稳定，但是永远回不到原来的给定值上。也就是说，新的平衡值相对于原来的平衡值有一差值。比例控制使得稳定裕度减小，甚至小于 0（不稳定）。

【例 7-5】试分析图 7-24 所示系统加入比例调节器前后性能变化。

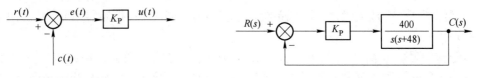

图 7-23 P 控制器方框图　　　　　图 7-24 控制系统结构图

解： 未加入比例调节器，即 $K_P = 1$ 时，$\xi = 1.2$，系统处于过阻尼状态，阶跃响应无振荡，调节时间 t_s 很长。

加入比例调节器，设 $K_P = 100$ 时，$\xi = 0.12$，系统处于欠阻尼状态，超调量 $\sigma_p = 68\%$。

若 $K_P = 2.88$ 时，$\xi = 0.707$，系统处于欠阻尼状态（最佳阻尼比），超调量 $\sigma_p = 4.3\%$，调节时间 $t_s = 0.17s$。

K_P 取不同值时系统阶跃响应曲线如图 7-25 所示。

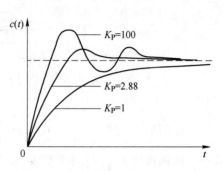

图 7-25　K_P 取不同值时系统阶跃响应曲线

7.6.2.2　比例微分控制器（PD 控制器）

微分作用的原理是根据偏差变化的速度大小来修正控制，即"超前"控制作用，以有效改善容积滞后比较大的被控对象的控制质量。微分作用总是阻止被控参数的任何变化。适当地加入微分控制，可以提高系统的动态性能。实际中的微分控制由比例作用和近似微分作用组成。

如图 7-26 所示，

$$u(t) = K_P e(t) + K_D \frac{\mathrm{d}e(t)}{\mathrm{d}t} = K_P \left[e(t) + T_D \frac{\mathrm{d}e(t)}{\mathrm{d}t} \right]$$

式中，K_P 为比例系数，$T_D = \dfrac{K_D}{K_P}$ 为微分时间常数，二者可调节。

PD 控制器的传递函数

$$G(s) = K_P + K_D s = K_P(1 + T_D s)$$

Bode 图如图 7-27 所示。

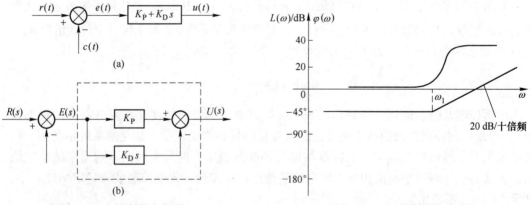

图 7-26　PD 控制器方框图　　　　　　图 7-27　PD 控制器 Bode 图

显然 PD 控制器具有相角超前的作用，能够改善系统的品质，但需要注意微分环节相当于高通滤波器，会放大噪声、降低系统抗干扰能力，同时 PD 控制器串联后相当于附加了回路环内的零点。

微分作用强弱由 K_D（或 T_D）决定，K_D（或 T_D）越大，微分作用越强，反之越弱。同时微分控制是一种预测型的控制，它能够反映误差的变化率，大致预测未来误差走向并进行调整。如图 7-28 所示，微分控制是一种"预见"型的控制，它测出 $e(t)$ 的瞬时变化率，作为一个有效早期修正信号，在超调量出现之前会产生一种校正作用，即 $u(t)$ 比 $e(t)$ 有超前作用。

如果系统的偏差信号变化缓慢或是常数，偏差的导数很小或者为 0，这时微分控制也就失去了意义。微分控制对无变化或缓慢变化的对象不起作用，因此微分控制在任何情况下不能单独与被控对象串联使用，而只能构成 PD 或 PID 控制。另外，模拟 PD 调节器的微分环节是一个高通滤波器，会使系统的噪声放大，抗干扰能力下降，在实际使用中须加以注意解决。

【例 7-6】设具有 PD 控制器的控制系统方框图如图 7-29 所示。试分析比例微分控制规律对该系统性能的影响。

解：（1）无 PD 控制器时，系统的闭环传递函数为：

$$\frac{C(s)}{R(s)} = \frac{1}{Js^2 + 1}$$

则系统的特征方程为：$Js^2 + 1 = 0$，阻尼比等于 0，所以其阶跃响应输出信号是等幅振荡。

（2）加入 PD 控制器时，系统的闭环传递函数为：

$$\frac{C(s)}{R(s)} = \frac{K_D s + K_P}{Js^2 + K_D s + K_P}$$

系统的特征方程为：$Js^2 + K_D s + K_P = 0$，阻尼比 $\xi = \dfrac{K_D}{2\sqrt{JK_P}} > 0$。因此系统是闭环稳定的。

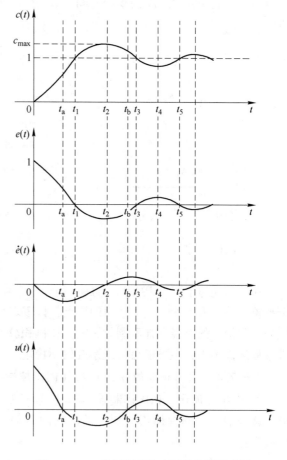

图 7-28　PD 控制器的输出预见作用示意图

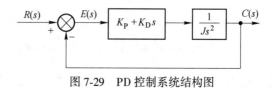

图 7-29　PD 控制系统结构图

7.6.2.3　比例积分控制器（PI 控制器）

积分控制环节加在前向通道上，能够提高控制系统的型别，从而改善系统的稳态精度。但是积分作用在控制中会造成过调现象，甚至引起被控参数的振荡。因为其输出 $u(t)$ 的大小及方向只决定于偏差 $e(t)$ 的大小及方向，而不考虑其变化速度的大小及方向。积分作用滞后 90°，对稳定性不利；且调节缓慢，不及时。

如图 7-30 所示，比例积分控制是比例作用和积分作用的综合：

$$u(t) = K_P e(t) + \frac{K_P}{T_I} \int_0^t e(\tau)\mathrm{d}\tau \quad \text{或} \quad G(s) = \frac{K_P s + K_I}{s}$$

式中, K_P 为比例系数; T_I 为积分时间常数, T_I 越小, 积分作用越强, 二者均可调节。Bode 图如图 7-31 所示。

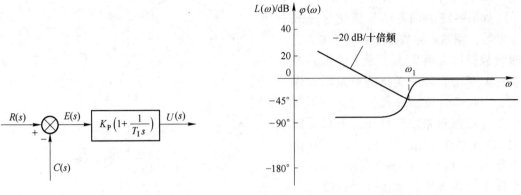

图 7-30　PI 控制器方框图　　　　　　　　　图 7-31　PI 控制器 Bode 图

在前向通道上引入 PI 调节器后, 相当于系统增加了一个位于原点的极点 (即增加 1 个系统类型) 和一个 s 左半平面的零点, 该零点可以抵消极点所产生的相位滞后, 以缓和积分环节带来的对稳定性不利的影响。比例积分作用主要用来改善系统的稳态性能, 但如果参数选择不当, 很可能会造成系统的不稳定。

7.6.2.4　比例积分微分控制器 (PID 控制器)

如图 7-32 所示, PID 控制器是由比例、积分、微分基本控制规律组合而成的, 它的运动方程为:

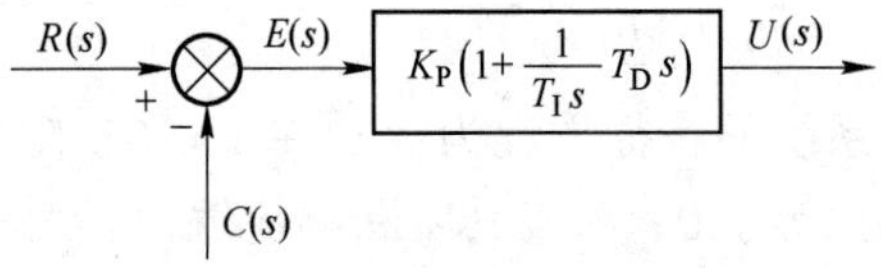

图 7-32　PID 控制器方框图

$$u(t) = K_P e(t) + \frac{K_P}{T_I} \int_0^t e(\tau) \mathrm{d}\tau + K_P T_D \frac{\mathrm{d}e(t)}{\mathrm{d}t}$$

或

$$G(s) = \frac{U(s)}{E(s)} = K_P \left(1 + \frac{1}{T_I s} + T_D s \right) = \frac{K_P}{T_I} \frac{(T_I T_D s^2 + T_I s + 1)}{s}$$

式中, K_P 为比例系数; T_I 为积分时间常数; T_D 为微分时间常数, 均为可调参数。Bode 图如图 7-33 所示。

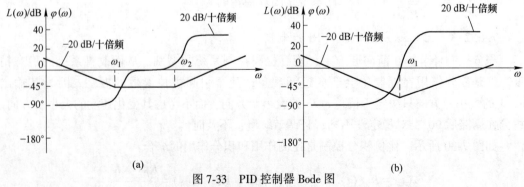

(a)　　　　　　　　　　　　　　　　　　(b)

图 7-33　PID 控制器 Bode 图

(a) 两个实零点情况; (b) 两个共轭零点情况

当 $4T_D < T_I$ 时，

$$G(s) = \frac{K_P}{T_I} \frac{(\tau_1 s + 1)(\tau_2 s + 1)}{s}$$

式中，$\tau_1 = -\frac{1}{2T_D}\left(1 + \sqrt{1 - \frac{4T_D}{T_I}}\right)$，$\tau_2 = -\frac{1}{2T_D}\left(1 - \sqrt{1 - \frac{4T_D}{T_I}}\right)$，两个零点能够有效提高系统的动态特性。

PID 有一个积分环节，能够增加系统类型，同时分别有相位滞后和超前部分，可根据实际情况进行利用。

7.6.3　PID 控制器的特点

在工业生产中 PID 控制器十分常见，它的特点有：

（1）对系统模型要求低，甚至在模型未知的条件下仍然能够进行调节。

（2）调节便捷，调节的作用相互独立，最后进行求和，在使用过程中十分灵活。

（3）调节器的参数物理意义明确。

（4）适应能力强，即使模型在一定的变化区间内变化，仍可使用。

PID 参数的获取并不需要进行频率法计算，它需要根据被控对象的特性，使用经验法确定 PID 的初始参数，在此基础上根据 P、I、D 三个参数的变化影响进行微调来达到控制的要求。

7.7　PID 控制器参数的整定方法

PID 控制器参数的整定方法主要有临界比例度法、衰减曲线法和反应曲线法等。每种方法各有其特点，共同点都是通过实验然后按照工程经验公式对控制器参数进行整定。

7.7.1　临界比例度法

临界比例度法是一种常用的工程整定方法，通过试验和经验公式来调整 PID 控制器的比例系数（K_P）、积分时间（T_I）和微分时间（T_D）。临界比例度法适用于已知对象传递函数的场合。在闭环控制系统中，将调节器置于纯比例作用下，从大到小逐渐改变调节器的比例度（比例系数的倒数），得到等幅振荡的过渡过程，此时的比例度称为临界比例度，相邻两个波峰间的间隔称为临界振荡周期。临界比例度法适用于 3 阶及 3 阶以上的系统。

临界比例度法参数整定步骤：

（1）选择一个足够短的采样周期，例如被控过程有纯滞后时，采样周期取滞后时间的 1/10 以下，使 PID 处于纯比例作用（$T_I \to \infty$，$T_D = 0$），让系统处于闭环状态，输入信号为阶跃输入。

（2）由小到大调节 K_P，直到系统输出 $c(t)$ 出现临界振荡，如图 7-34 所示。

（3）记录此时临界振荡周期 T_M 以及比例系数 K_M。

（4）按照表 7-1 计算比例系数 K_P、积分时间常数 T_I 以及微分时间常数 T_D。

（5）将计算所得的调节器参数输入调节器后再次运行控制系统，观察过程变化情况。多数情况下系统均能稳定运行，如果还未达到理想控制状态，需要对参数微调即可。

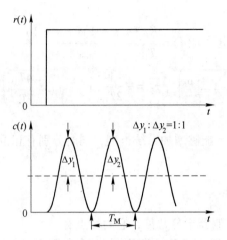

图 7-34   临界比例度法临界振荡示意图

表 7-1   临界比例度法 PID 参数计算

控制规律	K_P	T_I	T_D
P	$0.50 K_M$		
PI	$0.45 K_M$	$0.85 T_M$	
PID	$0.60 K_M$	$0.50 T_M$	$0.125 T_M$

通过以上步骤和方法，可以有效地使用临界比例度法整定 PID 控制器的参数，从而实现对工业过程的精确控制。

临界比例度法的优点是不需要被控对象的模型，只需通过试验和经验公式进行调整；可在闭环系统中整定，适用于多种工业控制系统。缺点是整定过程含有等幅振荡，执行设备容易处于非正常工作状态。

7.7.2   衰减曲线法

衰减曲线法是一种常用的 PID 控制器参数整定方法，适用于各种控制系统。衰减曲线法通常按照 4∶1 和 10∶1 两种衰减方式进行，两种方法的操作步骤相同，但适用于不同的工况。

4∶1 衰减方式参数整定步骤为：

（1）使 PID 调节器处于纯比例作用，系统闭环状态。

（2）给定阶跃信号 $r(t)$，使 K_P 从小到大变化，根据工艺操作的许可程度加 2%～3% 的干扰，观察调节过程变化情况，直到调节过程变化达到规定的 4∶1 衰减比为止，如图 7-35 所示。

（3）记录此时比例系数 K_s 以及相邻两波

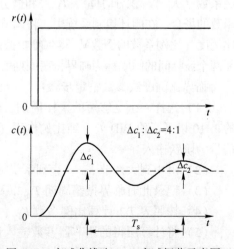

图 7-35   衰减曲线法 4∶1 衰减振荡示意图

峰之间的时间常数 T_s。

（4）按照经验（表7-2）获得 K_P、T_I 以及 T_D。

（5）将比例系数放在比计算值略小的数值上，逐步引入积分和微分作用。

（6）将比例系数增加至计算值上，观察运行，适当调整。

表7-2 4:1衰减曲线法 PID 参数计算

控制规律	K_P	T_I	T_D
P	K_s		
PI	$0.83K_s$	$0.50T_s$	
PID	$1.25K_s$	$0.30T_s$	$0.100T_s$

在部分调节系统中，由于采用4:1衰减比仍嫌振荡比较厉害，则可采用10:1的衰减过程。这种情况下由于衰减太快，要测量操作周期 T_s 比较困难，但可测取从施加干扰开始至第一个波峰飞升时间 T_r。10:1衰减曲线法整定调节器参数步骤和4:1衰减曲线法完全一致，仅采用的整定参数和经验公式不同（表7-3）。

表7-3 10:1衰减曲线法 PID 参数计算

控制规律	K_P	T_I	T_D
P	K_s		
PI	$0.83K_s$	$2T_r$	
PID	$1.25K_s$	$1.2T_r$	$0.4T_r$

通过以上步骤和注意事项，可以有效地使用衰减曲线法进行 PID 控制器参数的整定，从而优化控制系统的性能。

衰减曲线法适用于各种工业控制系统，包括反应时间很短的流量控制系统和反应时间很长的温度控制系统。它能够显著提高系统的动态性能，减少超调量和调节时间。但是需要精确地观察和调整衰减比例度和衰减周期，操作较为复杂。当系统频繁地受到外界干扰后，很难通过调节得到稳定的4:1衰减曲线，因此该方法整定偏差较大，难以应用。

7.7.3 反应曲线法

当操纵变量 $r(t)$ 做阶跃变化时，输出 $c(t)$ 随时间变化的曲线称为反应曲线。反应曲线法是 PID 控制器参数整定的一种工程整定方法，适用于一阶纯滞后系统（有自衡的非振荡对象）的整定，特别适用于那些难以建立精确数学模型的控制系统。通过实验和经验公式相结合的方式，可以在没有精确模型的情况下快速整定 PID 参数。

大多工业生产有着自衡的非振荡过程，可大致描述为

$$G_0(s) = \frac{ke^{-\tau s}}{Ts + 1}$$

反应曲线法基于被控对象的阶跃响应曲线获取 PID 参数，具体步骤如下：

（1）获取阶跃响应曲线。对被控对象施加阶跃信号（开环状态），观察其响应曲线，如图7-36所示。

（2）提取特征参数。从阶跃响应曲线中提取增益 k、时间常数 T 和纯滞后时间 τ。

（3）整定 PID 参数。根据提取的特征参数，利用经验公式计算 PID 参数 K_P、T_I、T_D，如表 7-4 所示。

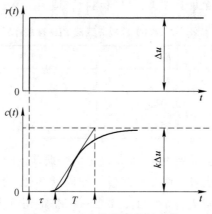

图 7-36　反应曲线及特征参数

表 7-4　反应曲线法 PID 参数计算

控制规律	K_P	T_I	T_D
P	$k\dfrac{\tau}{T}$		
PI	$0.9k\dfrac{\tau}{T}$	3.3τ	
PID	$1.2k\dfrac{\tau}{T}$	2τ	0.5τ

反应曲线法方法简单、易于掌握，不需要被控对象的精确数学模型，适用于工程实际。但是整定后的参数可能需要进一步的调整和优化，以达到最佳控制效果。此外，由于是基于实验和经验公式，且整定效果与 k、T、τ 的确定适当与否直接有关，其稳定性和准确性可能不如理论计算方法。

7.7.4　基于误差性能的 PID 参数整定法

基于误差性能的 PID 参数整定法的误差性能准则为：

$$J = \int_0^{\infty} t^n e^2(\theta,\ t)\,\mathrm{d}t$$

式中，θ 为 PID 的参数；t 为时间；e 为误差。当 $n = 0, 1, 2$ 时对应法称为平方误差积分指标（ISE）、时间乘平方误差积分指标（ISTE），这些方法是反应曲线法的发展，只适用于有自衡的非振荡过程。

平方误差积分指标对大偏差更为敏感，使用 ISE 指标来调整控制器参数，可以确保控制系统的过渡过程中不会出现大的偏差，但可能会导致其他性能指标下降。

时间乘平方误差积分指标将偏差平方用时间进行加权，对初始偏差不敏感，但对后期偏差非常敏感。使用 ISTE 指标来调整控制器参数，可以得到比较理想的结果。

当用图解法得到 k, T, τ 以后，可按如下方法确定 PID 参数。

（1）当 PID 的主要任务是使输出跟踪给定时

$$K_{\mathrm{P}} = \frac{a_1 \left(\dfrac{\tau}{T}\right)^{b_1}}{k}, \quad T_{\mathrm{I}} = \frac{T}{a_2 + b_2\left(\dfrac{\tau}{T}\right)}, \quad T_{\mathrm{D}} = a_3 T \left(\frac{\tau}{T}\right)^{b_3}$$

参数 a_i, b_i （$i = 1$, 2, 3）可根据表 7-5 和表 7-6 确定。

表 7-5　输出跟踪给定基于误差性能的 PI 参数计算

$\dfrac{\tau}{T}$ 的范围	0.1~1.0		1.1~2.0	
准则	ISE	ISTE	ISE	ISTE
a_1	0.98	0.71	1.03	0.79
b_1	−0.89	−0.92	−0.56	−0.56
a_2	0.69	0.97	0.65	0.88
b_2	−0.16	−0.25	−0.12	−0.16

表 7-6　输出跟踪给定基于误差性能的 PID 参数计算

$\dfrac{\tau}{T}$ 的范围	0.1~1.0		1.1~2.0	
准则	ISE	ISTE	ISE	ISTE
a_1	1.05	1.04	1.15	1.14
b_1	−0.90	−0.90	−0.57	−0.58
a_2	1.20	0.99	1.05	0.92
b_2	−0.37	−0.24	−0.22	−0.17
a_3	0.49	0.39	0.49	0.38
b_3	0.89	0.91	0.78	0.84

（2）当 PID 的主要任务是克服干扰时

$$K_{\mathrm{P}} = \frac{a_1 \left(\dfrac{\tau}{T}\right)^{b_1}}{k}, \quad T_{\mathrm{I}} = \frac{a_2 \left(\dfrac{\tau}{T}\right)^{b_2}}{T}, \quad T_{\mathrm{D}} = a_3 T \left(\frac{\tau}{T}\right)^{b_3}$$

参数 a_i, b_i （$i = 1$, 2, 3）可根据表 7-7 和表 7-8 确定。

表 7-7　克服干扰基于误差性能的 PI 参数计算

$\dfrac{\tau}{T}$ 的范围	0.1~1.0		1.1~2.0	
准则	ISE	ISTE	ISE	ISTE
a_1	1.28	1.02	1.35	1.07

续表 7-7

$\dfrac{\tau}{T}$ 的范围	0.1~1.0		1.1~2.0	
准则	ISE	ISTE	ISE	ISTE
b_1	−0.95	−0.96	−0.68	−0.67
a_2	0.54	0.67	0.55	0.69
b_2	−0.59	−0.55	−0.44	−0.43

表 7-8　克服干扰基于误差性能的 PID 参数计算

$\dfrac{\tau}{T}$ 的范围	0.1~1.0		1.1~2.0	
准则	ISE	ISTE	ISE	ISTE
a_1	1.47	1.47	1.52	1.52
b_1	−0.97	−0.97	−0.74	−0.73
a_2	1.12	0.94	1.13	0.96
b_2	−0.75	−0.73	−0.64	−0.60
a_3	0.55	0.44	0.55	0.44
b_3	0.95	0.94	0.85	0.85

以上方法虽然看起来操作复杂，但对于计算机而言则相当简单，同时效果很好，因为它将优化引入了 PID 整定当中。

7.7.5　PID 整定的口诀

除了前述的几种方法之外，经验试凑法也是一种常用的方法，它根据 PID 控制器中的参数 K_P、T_I、T_D 变化时对系统输出影响的规律总结而来。还有一类自寻优 PID 整定方法，但往往计算复杂，十分依赖被控对象的模型。此外，还有人在研究 PID 参数的自校正问题，以使 PID 能够适应控制系统参数和干扰变化的情况。PID 参数整定的口诀如下：

参数整定找最佳，从小到大顺序查。首先，从较大的参数值开始调整，逐步减小参数值，直到找到最佳的控制效果。

先是比例后积分，最后再把微分加。首先调整比例参数（P），然后调整积分参数（I），最后调整微分参数（D）。

曲线振荡很频繁，比例度盘要放大。如果系统响应曲线振荡频繁，说明比例参数过大，需要增大比例度盘，减小比例系数。

曲线漂浮绕大弯，比例度盘往小扳。如果系统响应曲线漂浮不定，说明比例参数过小，需要减小比例度盘，增大比例系数。

曲线偏离回复慢，积分时间往下降。如果系统响应曲线偏离目标值后回复较慢，说明积分时间过长，需要减小积分时间。

曲线波动周期长，积分时间再加长。如果系统响应曲线波动周期较长，说明积分时间过短，需要增加积分时间。

曲线振荡频率快，先把微分降下来。如果系统响应曲线振荡频率过快，说明微分时间过长，需要减小微分时间。

动差大来波动慢，微分时间应加长。如果系统响应曲线波动较慢，说明微分时间过短，需要增加微分时间。

理想曲线两个波，前高后低四比一。理想的系统响应曲线应该是两个波峰，前一个波峰较高，后一个波峰较低，波峰与波谷的比例约为 4∶1。

一看二调多分析，调节质量不会低。在调整过程中要多观察、多分析，不断调整参数以达到理想的控制效果。

这些口诀帮助工程师通过直观的方式理解和调整 PID 参数，以达到最佳的控制效果。

7.8 几种改良的 PID 控制器

7.8.1 积分分离 PID 控制算法

在 PID 中，引入积分环节目的是消除静差，提高控制精度。但在过程启动、结束或大幅度增减设定值时，很短时间内系统输出有很大的偏差，会导致 PID 中积分运算过度积累，使得控制量超过可能允许的最大范围，引起系统较大超调甚至振荡，这在生产中是绝对不允许的。

积分分离控制基本思路是：当被控量与设定值偏差较大时，取消积分作用，以免由于积分作用使系统稳定性降低，超调量增大；当被控量接近给定量时，引入积分控制，以便消除静差，提高控制精度。

积分分离控制的步骤如下：

(1) 根据实际情况人为设定阈值 $\varepsilon > 0$；

(2) 当 $|\mathrm{error}(k)| > \varepsilon$ 时，采用 P 或者 PD 控制；

(3) 当 $|\mathrm{error}(k)| \leqslant \varepsilon$ 时，使用 PI 或者 PID 控制来保证系统的控制精度。

由上述表述可以知道，积分分离算法的效果与 ε 值的选取有较大的关系，所以 ε 值的选取是实现的难点。ε 过大则达不到积分分离的效果，而 ε 过小则难以进入积分区。

以延时对象 $G(s) = \dfrac{\mathrm{e}^{-80s}}{60s + 1}$ 为例，采样时间为 20 s，延时时间为 4 个采样周期，图 7-37 分别展示 PID 及积分分离后的改进 PID 效果。

需要说明的是，为保证引入积分作用后系统的稳定性不变，在输入积分作用时，比例系数 K_P 可进行相应变化。积分分离式 PID 通过引入判断误差大小条件，决定是否使用积分项。采用积分分离 PID 控制算法的优点是判定误差比较大的时候，取消积分项，使用 PD 或者 P 控制，没有 I 的控制，这样，超调量和调节时间都会同时减少；当误差比较小的时候，引入积分项，消除稳态误差。但其缺点是需要经验来确定判断误差的大小，在什么时候使用积分分离比较合适，也就是误差多大的时候取消积分。

7.8.2 抗积分饱和 PID 控制算法

所谓积分饱和现象是指若系统存在一个方向的偏差，PID 控制器的输出 $u(k)$ 由于积

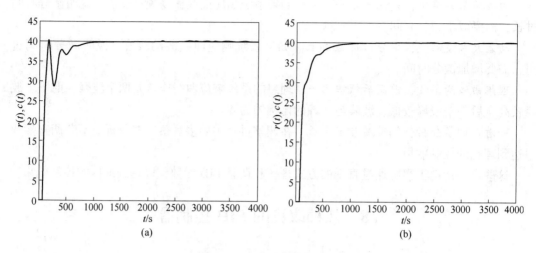

图 7-37　积分分离仿真结果
（a）普通 PID 控制；（b）积分分离式 PID 控制

分作用的不断累加而加大，从而导致执行机构达到极限位置 X_{max}（例如阀门开度达到最大）。此时即使 PID 控制器输出 $u(k)$ 再增加，实际上输出也不再增加（阀门开度不可能再增大），也就是达到了饱和，如图 7-38 所示。此时就称计算机输出控制量超出了正常运行范围而进入了饱和区。一旦系统出现反向偏差，$u(k)$ 逐渐从饱和区退出。进入饱和区越深则退出饱和区所需要的时间越长。在这段时间内，执行机构仍停留在极限位置而不能随偏差反向立即做出相应的改变，这时系统就像失去控制一样，造成控制性能恶化，这种现象称为积分饱和现象或积分失控现象。

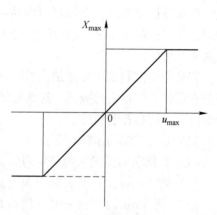

图 7-38　控制器积分饱和示意图

作为防止积分饱和的方法之一就是抗积分饱和方法。该方法的思路是在计算 $u(k)$ 时，首先判断 $u(k-1)$ 是否已超出限制。若超出，则会累加反向偏差；未超出则按照普通 PID 算法调节，以避免控制量长时间停留在饱和区。

抗积分饱和的思想很简单，在控制器输出的最大最小值附近限制积分的累积情况，以防止在恢复时没有响应。

假设被控对象 $G(s) = \dfrac{5235000}{s^3 + 87.35s^2 + 10470s}$，采样时间为 1 ms，输入信号为幅值为 30 的阶跃信号，抗积分饱和仿真效果对比如图 7-39 所示。

由仿真结果可以看出，采用抗积分饱和 PID 方法，可以避免控制量长时间停留在饱和区，防止系统产生超调。

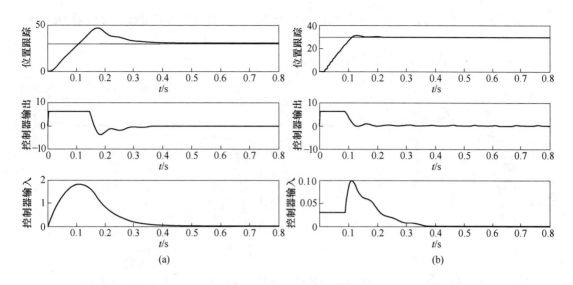

图 7-39 抗积分饱和仿真结果

（a）普通 PID 控制；（b）抗积分饱和 PID 控制

7.8.3 不完全微分 PID 控制算法

在 PID 控制中引入微分信号可改善系统动态特性，但也会引入高频干扰，当误差扰动突变时特别明显。若在控制算法中加入低通滤波器，则会改善系统性能。

不完全微分 PID 控制算法针对 PID 控制中的微分环节对高频噪声敏感的问题，通过对微分项进行优化和改造，减少其对噪声的放大作用，同时保留对系统动态变化的响应能力。

不完全微分的核心思想是对微分项进行滤波或限制，只响应误差的低频变化，而忽略高频噪声。实现方式包括对误差进行低通滤波、限制微分项对高频变化的敏感性、截断微分变化量等。不完全微分 PID 结构如图 7-40 所示。图 7-40（a）将低通滤波器直接加在微分环节上，图 7-40（b）是将低通滤波器加在整个 PID 控制器之后。

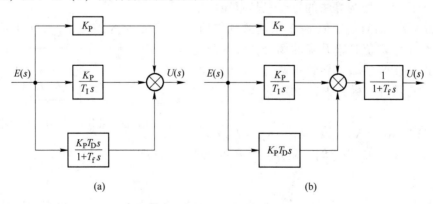

图 7-40 不完全微分 PID 结构图

假设被控对象 $G(s) = \dfrac{e^{-80s}}{60s+1}$，采样周期为 20 s，只对误差进行滤波，滤波器 $Q(s) = \dfrac{1}{0.05s+1}$，仿真结果对比图如图 7-41 所示。

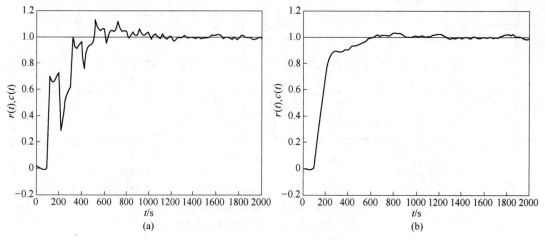

图 7-41　不完全微分仿真结果

(a) 普通 PID 控制；(b) 不完全微分 PID 控制

　　不完全微分 PID 控制方法的优点是降低了微分环节对高频噪声的敏感性；改善系统的鲁棒性，尤其在含噪场景下表现优异；其简单易实现，相较于复杂滤波器计算量较小。但是在滤波引入了一定延迟，可能降低系统的快速响应能力；而且滤波器参数需要针对具体系统进行调整，设计稍复杂。

7.8.4　微分先行 PID 控制算法

　　前面已经实现了各种 PID 算法，然而在某些给定值频繁且大幅变化的场合，微分项常常会引起系统的振荡。为了适应这种给定值频繁变化的场合，人们设计了微分先行算法。

　　微分先行 PID 控制算法的思想只是对输出量 $c(t)$ 进行微分，而对给定值 $r(t)$ 不起微分作用，因此它适合于给定值频繁升降的场合，可以避免给定值的改变带来的振荡导致超调过大，明显改善系统的动态特性。微分先行 PID 的基本结构如图 7-42 所示。

　　图 7-42 中 $K_P = K_{P_2} + K_{D_1}K_{I_2}$，$K_D = K_{D_1}K_{P_2}$，$K_I = K_{I_2}$，$K_P$、$K_D$、$K_I$ 为比例、积分、微分部分对应的系数。

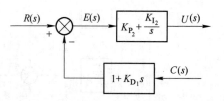

图 7-42　微分先行 PID 的结构图

　　假设被控对象 $G(s) = \dfrac{e^{-80s}}{60s+1}$，当给定值频繁变化时（矩形波），仿真结果对比图如图 7-43 所示。

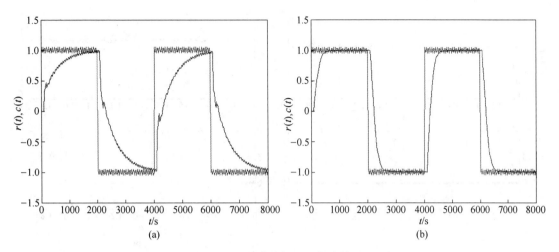

图 7-43 微分先行 PID 仿真结果
（a）普通 PID 控制；（b）微分先行 PID 控制

微分先行 PID 控制器通过对被控量进行微分，避免了给定值频繁变化对系统的影响，从而减少了控制输入的波动，提高了系统的稳定性和响应速度。该控制对于改善系统的动态特性是有好处的，但势必影响响应的速度，需全面考虑。

7.8.5　带死区的 PID 控制算法

带死区的 PID 控制是在普通 PID 控制算法的基础上加入"死区处理"机制的改进方法。死区用于设定一个小的误差范围，在此范围内，控制器不进行动作或保持某一固定输出值，从而避免在误差较小时频繁调整系统输出。这种方法可以减少控制器的振荡和能量消耗，特别适用于对微小误差不敏感的场景，如计算机控制系统中，为了避免控制作用过于频繁可采用带死区的 PID 控制算法。

控制算式采用的位置误差 $e(k) = r(k) - c(k)$ 为

$$e(k) = \begin{cases} 0 \text{ 或固定值} & |e(k)| \leqslant |e_0| \\ e(k) & |e(k)| > |e_0| \end{cases}$$

式中，e_0 为一个可调参数，具体数值根据实验确定，若太小会使控制动作过于频繁，达不到稳定的效果；若 e_0 过大会使系统产生较大的滞后。

设计步骤为：

（1）根据控制对象的特性，确定允许的误差范围 e_0。例如，对于温度控制，允许 $\pm 0.5\ ℃$ 的误差。

（2）调整 PID 参数。先不考虑死区，使用标准方法调整 K_P、T_I、T_D 参数，确保系统能够正常工作；引入死区后，根据实际运行情况微调参数。

（3）在控制算法中加入死区判断逻辑。

假设被控对象 $G(s) = \dfrac{523500}{s^3 + 87.35s^2 + 10470s}$，滤波器 $Q(s) = \dfrac{1}{0.04s + 1}$，死区参数 $e_0 = 0.10$，仿真结果对比图如图 7-44 所示。

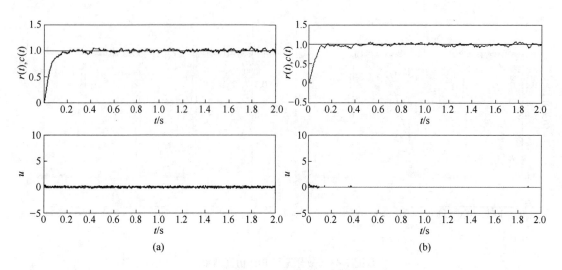

图 7-44　带死区的 PID 仿真结果

(a) 普通 PID 控制；(b) 带死区的 PID 控制

带死区的 PID 算法是一个非线性环节，其中的死区值的选择需要根据具体对象认真考虑，因为该值太小就起不到作用，该值选取过大则可能造成大滞后。此外，在零点附近时，若偏差很小，进入死区后，偏差置 0 会造成积分消失，如果系统存在静差将不能消除，所以需要人为处理这一点。

7.9　MATLAB 在控制系统校正中的应用

下面举例说明基于 MATLAB 实现控制系统频域法串联校正的设计，旨在掌握频域法设计串联校正的方法以及校正环节对系统稳定性及过渡过程的影响。

【例 7-7】给定系统如图 7-45 所示，设计一个串联校正装置，使系统满足幅值裕量大于 10 dB，相位裕量≥45°。

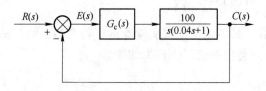

图 7-45　控制系统结构图

在 MATLAB 命令窗口输入：

```
G=tf (100,[0.04, 1, 0] );
[Gw, Pw, Wcg, Wcp] =margin (G)
```

可以看出该系统幅值裕量为 ∞ ，相位裕量 $\gamma = 28°$ ，剪切频率 $\omega_c = 47$ rad/s 。

引入串联超前校正装置
$$G_c(s) = \frac{0.025s + 1}{0.01s + 1}$$

通过 MATLAB 得到校正前后的 Bode 图以及系统阶跃响应。

```
G1 = tf (100, [0.04, 1, 0] );        % 校正前模型
G2 = tf (100 * [0.025, 1], conv ([0.04, 1, 0], [0.01, 1]))   % 校正后模型
% 画伯德图, 校正前用实线, 校正后用短划线。
bode (G1)
hold
bode (G2, '--')
% 画时域响应图, 校正前用实线, 校正后用短划线。
figure
G1_c = feedback (G1, 1)
G2_c = feedback (G2, 1)
step (G1_c)
hold
step (G2_c, '--')
```

结果如图 7-46 和图 7-47 所示。

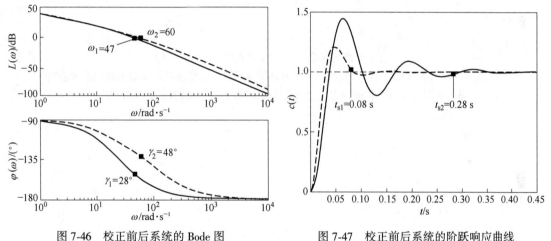

图 7-46 校正前后系统的 Bode 图   图 7-47 校正前后系统的阶跃响应曲线

校正后相位裕量从 28° 增加到 48°, 调节时间由 0.28 s 减少到 0.08 s, 明显改善了系统性能。

【例 7-8】已知单位负反馈系统开环传递函数 $G_0(s) = \dfrac{K}{s^2(0.2s + 1)}$, 试设计无源串联超前校正网络的传递函数, 使系统的静态加速度误差系数 $K_a = 10$, 相位裕度 $\gamma > 35°$。

解:

(1) $K = K_a = 10$;

(2) 绘制未校正系统的 Bode 图, 得 $\gamma = -30.5° < 0$, 系统不稳定;

(3) 设计串联超前校正装置, 确定校正装置提供的相位超前量 φ_m (84°, 需要使用二级超前校正);

(4) 确定校正网络的转折频率 ω_1 和 ω_2, 并确定传递函数。

MATLAB 代码如下:

```
>>num = 10;
den = [0.2, 1, 0, 0];
G0 = tf (num, den);
[Gm, Pm, Wcg, Wcp] = margin (G0);
w = 0.1 :1 :10000;
[mag, phase] = bode (G0, w);
magdb = 20 * log10 (mag);
phim1 = 35; % 校正后相角裕量
deta = 18; % 相角附加量
phim = (phim1-Pm+deta) /2;
alpha = (1+sin (phim * pi/180) ) /(1-sin (phim * pi/180));
n = find (magdb+10 * log10 (alpha) <= 0.0001);
wc = n (1) +0.1;
w1 = wc / sqrt (alpha);
w2 = sqrt (alpha) * wc;
numc = (1/alpha) * [1/w1, 1];
denc = [1/w2, 1];
Gc1 = tf (numc, denc);
Gc = Gc1 * Gc1; % Gc1 是 1 个校正网络，Gc 是 2 个串联
G = (alpha)^2 * Gc * G0 ;% G 是校正后的开环传递函数，是校正网络需要增加的放大倍数
disp ('显示单级校正网络传递函数，2 级串联校正网络传递函数及，T 值'), T=1/w2,
Gc1, Gc, [alpha, 1],
bode (G0, G);
hold on
margin (G)
figure (2);
sys0 = feedback (G0, 1);
step (sys0);
hold on
sys = feedback (G, 1);
step (sys)
```

结果如图 7-48 和图 7-49 所示。

【例 7-9】汽车悬架系统的校正。为 2.6.1 节讨论的悬架系统设计 PID 控制器，使系统的超调量小于 10%。

在 MATLAB 的 SIMULINK 中搭建系统模型，设计 PID 控制器 $G_c(s) = 8 + 231 \dfrac{1}{s} + 0.068s$，通过 MATLAB 得到校正前后的系统阶跃响应曲线如图 7-50 所示，满足性能要求。

【例 7-10】厚板轧制液压系统的校正。为 2.6.2 节讨论的液压系统设计 PID 控制器，使系统的调节时间小于 0.2 s。

在 MATLAB 的 SIMULINK 中搭建系统模型，设计 PID 控制器 $G_c(s) = 4 + 52.87 \dfrac{1}{s} +$

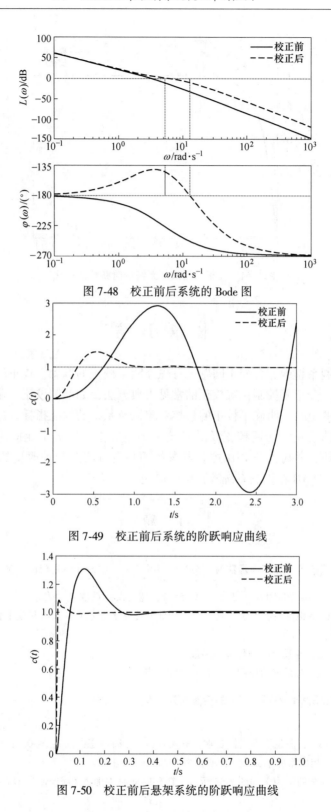

图 7-48 校正前后系统的 Bode 图

图 7-49 校正前后系统的阶跃响应曲线

图 7-50 校正前后悬架系统的阶跃响应曲线

$0.0035s$，通过 MATLAB 得到校正前后的系统阶跃响应如图 7-51 所示，满足性能要求。

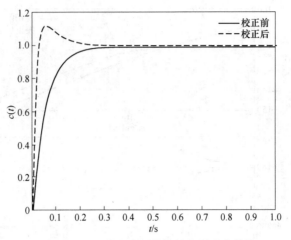

图 7-51 校正前后液压系统的阶跃响应曲线

本 章 小 结

本章聚焦控制系统的综合校正问题。首先介绍了校正的概念，校正的目的是改善控制系统的性能指标。介绍了控制系统校正的常见古典方法，如前馈校正、顺馈校正、反馈校正等都属于校正的范畴。明确了校正的被控对象以及系统的性能指标。进一步针对串联校正详细分析了超前校正、滞后校正及其参数的确定方法。针对工业应用，介绍了的 PID 模型及其控制规律，并讨论了 PID 控制器参数的整定方法及几种改良的 PID 控制器。最后举例说明了 MATLAB 在控制系统校正中的应用。

7-1 设单位负反馈系统的开环传递函数为 $G_0(s) = \dfrac{K}{s(s+1)}$，试设计串联校正装置，使校正后系统的阻尼比 $\xi = 0.707$，调节时间 $t_s = 1.4\ \text{s}\ (\Delta=5\%)$，速度误差系数 $K_v \geqslant 2$。

7-2 某单位负反馈最小相位控制系统，其固定不变部分传递函数 $G_0(s)$ 和串联校正装置 $G_c(s)$ 分别如图 7-52 所示，要求：

(1) 写出校正前后各系统的开环传递函数；

(2) 分析各 $G_c(s)$ 对系统的作用，并比较其优缺点。

7-3 某单位负反馈控制系统不可变部分的传递函数为 $G(s) = \dfrac{K}{s(0.5s+1)\left(\dfrac{1}{30}s+1\right)}$，要求设计串联超前校正装置 $G_c(s)$，满足下列指标要求：输入 $r(t) = t$ 时稳态误差 $e_{ss} \leqslant 0.1$；校正后系统剪切频率 $\omega_c \geqslant 5\ \text{rad/s}$，相位裕度 $\gamma \geqslant 50°$，增益裕度 $GM \leqslant 10\ \text{dB}$。

7-4 某单位负反馈系统的结构图如图 7-53 所示，在前向通路中加入 PD 控制器 $G_c(s)$ 改善系统的性能，回答下面的问题：

(1) 若 $K_P = 10$，$K_D = 2$，求此时系统相位裕度；

(2) 在 (1) 的条件下画出系统的 Bode 图；

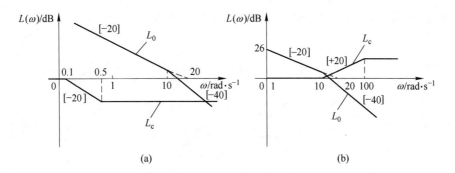

图 7-52 题 7-2 系统对数幅频特性渐近曲线

(a) 滞后校正；(b) 超前校正

(3) 若相位裕度为 30°，剪切频率 $\omega_c = \sqrt{3}$ rad/s，求此时的 K_P、K_D。

7-5 某单位负反馈控制系统的开环传递函数为 $G_0(s) = \dfrac{400}{s^2(0.01s + 1)}$，采用三种形式的串联校正网络对其进行校正使其稳定，对数幅频特性渐近曲线如图 7-54 所示，它们均由最小相位环节组成。试问：

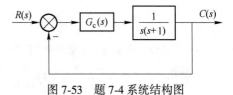

图 7-53 题 7-4 系统结构图

(1) 三种校正网络中，哪一种可使已校正系统的稳定程度最好？

(2) 为了将 12 Hz 的正弦噪声削弱 10 倍左右，应采用哪种校正网络特性？

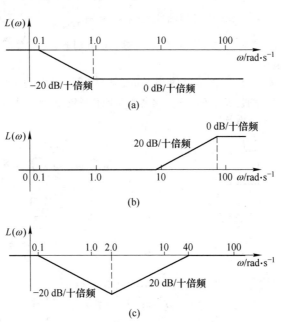

图 7-54 题 7-5 串联校正网络对数幅频特性渐近曲线

(a) 校正网络 1；(b) 校正网络 2；(c) 校正网络 3

7-6 某单位负反馈最小相位系统的开环对数幅频特性渐近曲线如图 7-55 所示，要用串联校正方式使得校正后系统满足条件 $\omega_{\mathrm{c}} \geqslant 4 \ \mathrm{rad/s}$，$\gamma \geqslant 50°$，应该采用何种校正方式。

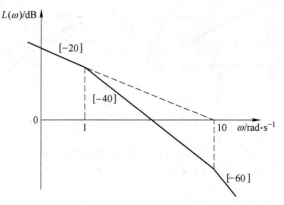

图 7-55　题 7-6 开环对数幅频特性渐近曲线

7-7 下列串联校正装置的传递函数中，能在 $\omega_{\mathrm{c}} = 1$ 处提供最大超前相位角的是哪一个？为什么？

（1）$\dfrac{10s + 1}{s + 1}$；（2）$\dfrac{10s + 1}{0.1s + 1}$；（3）$\dfrac{2s + 1}{0.5s + 1}$；（4）$\dfrac{0.1s + 1}{10s + 1}$

7-8 设某单位负反馈系统开环传递函数为 $G(s) = \dfrac{K}{s(s + 1)(0.5s + 1)}$，输入信号 $r(t) = t$，要求：

（1）确定使系统相位裕度 $\gamma = 40°$ 的 K 值，并计算系统稳态误差 e_{ss}；

（2）设计串联滞后校正网络 $G_{\mathrm{c}}(s)$ 并确定 K 值，使校正后系统的稳态误差 $e_{\mathrm{ss}} = 0.2$，$\gamma \geqslant 40°$。

7-9 设单位负反馈控制系统不可变部分传递函数为 $G_0(s) = \dfrac{K}{s(Ts + 1)}$，要求采用串联校正和复合校正两种方法，消除系统跟踪斜坡输入信号的稳态误差，试分别确定串联校正装置 $G_{\mathrm{c}}(s)$ 与复合校正前馈装置 $G_{\mathrm{r}}(s)$ 的传递函数。

7-10 图 7-56 所示控制系统有（a）和（b）两种不同的结构方案，其中 $T > 0$ 不可变。要求：

（1）这两种方案应如何调整 K_1、K_2、K_3，才能使系统获得较好的动态性能？

（2）比较说明两种结构方案的特点。

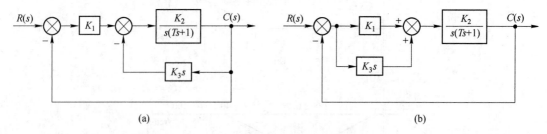

图 7-56　题 7-10 控制系统结构图

（a）方案 a；（b）方案 b

7-11 试编写 MATLAB 程序实现 7.8 节中各种改良 PID 算法示例的仿真。

延伸阅读

8 采样控制系统

本章提要

- 理解采样过程，掌握采样定理和采用信号的保持；
- 掌握 z 变换相关定义及性质、方法；
- 重点掌握脉冲传递函数的定义和求解方法；
- 掌握采样控制系统性能分析方法，重点掌握稳定性分析方法及稳态误差计算；
- 掌握 MATLAB 在采样控制系统中的应用。

思维导图

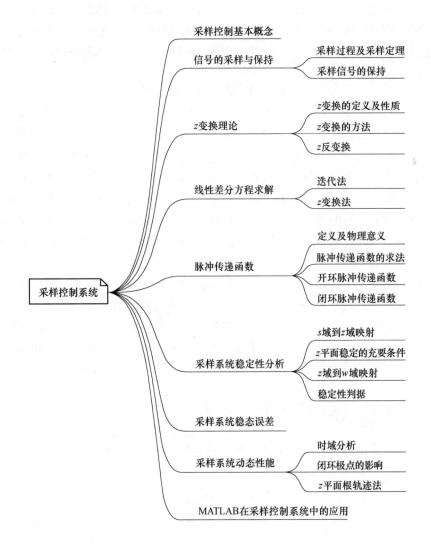

采样控制系统理论是自动控制原理的一个重要分支，它主要研究在采样方式下如何分析和设计控制系统。采样控制系统是一种特殊的离散控制系统，其特点是系统的状态变量和控制输入在采样时刻是离散变化的。采样控制系统通常由控制器、被控对象、传感器和执行器等组成，其中控制器负责对被控对象的输出进行采样，并根据采样结果进行控制决策。

采样控制系统的分析和设计方法与连续控制系统存在显著的差异。在连续控制系统中，通常使用微分方程、传递函数等工具进行分析和设计，而在采样控制系统中，则主要使用差分方程、z 变换等数学工具。此外，采样控制系统还具有自身的特点和难点，如采样频率的选择、量化误差、动态特性和稳定性等。因此，研究采样控制系统的分析和设计方法，需要深入理解采样控制系统的特性和问题，以及掌握相应的数学工具。

随着科技的快速发展，特别是计算机和数字信号处理技术的广泛应用，采样控制系统在许多领域中都得到了广泛的应用，如工业自动化领域，各种数字控制器、智能仪表等都是采样控制系统的应用实例。此外，在智能交通领域，如自动驾驶汽车的控制系统中也广泛应用了采样控制系统。因此，研究采样控制系统的基本理论、分析和设计方法，对于深入理解自动控制原理，以及在实际工程中应用采样控制系统具有重要的意义。

本章将介绍采样过程和采样定理，采样信号保持器，z 变换和脉冲传递函数，采样控制系统的稳定性、稳态误差和暂态响应，以及 MATLAB 在采样控制系统中的应用。

8.1 采 样 控 制

前面几章详细讨论了连续控制系统的基本问题。在连续系统中，各处的信号都是时间的连续函数。这种在时间上连续，在幅值上也连续的信号称为连续信号，又称模拟信号。

近数十年来，随着脉冲技术和计算机技术的迅速发展，离散控制系统得到了广泛的应用。与连续系统显著不同的特点是，在离散系统中的一处或几处的信号不是连续的模拟信号，而是在时间上离散的脉冲序列，称为离散信号。离散信号通常是按照一定的时间间隔对连续的模拟信号进行采样而得到的，故又称为采样信号，相应的离散系统亦称为采样系统。

在采样控制系统中不仅有模拟元件，还有脉冲元件。通常，测量元件、执行元件和被控对象是模拟元件，其输入和输出是连续信号，而控制器中的脉冲元件，其输入和输出为脉冲序列，即时间上离散而幅值上连续的信号，称为离散模拟信号。为了使两种信号在系统中能相互传递，在连续信号和脉冲序列之间要用采样器，而在脉冲序列和连续信号之间要用保持器，以实现两种信号的转换。采样器和保持器，是采样控制系统中的两个特殊环节。

一种典型的采样系统如图 8-1 所示。

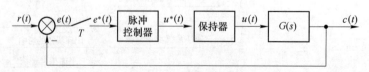

图 8-1 采样控制系统

　　图8-1中，e 是连续的误差信号，经采样开关后，变成一组脉冲序列 e^*，脉冲控制器对 e^* 进行某种运算，产生控制信号脉冲序列 u^*，保持器将采样信号 u^* 变成模拟信号 u，作用于被控对象 $G(s)$。

　　在上述系统中，采样误差信号是通过采样开关对连续误差信号采样后而得到的，如图8-2所示。

　　采样开关每经过一定时间 T 闭合一次，每次闭合时间为 τ，$\tau < T$。T 称为采样周期，而 $f_s = \dfrac{1}{T}$ 称为采样频率，$\omega_s =$ $2\pi f_s = \dfrac{2\pi}{T}$ 称为采样角频率。

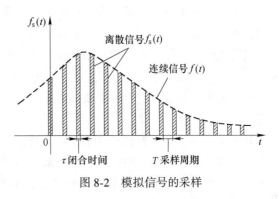

图 8-2　模拟信号的采样

　　由图8-2可见，在采样开关输出端的信号以脉冲序列的形式出现，每个脉冲之后有一段无信号的时间间隔，在无信号的时间间隔内，控制系统实际上工作在开环状态。显然，如果采样频率太低，包含在输入信号中的大量信息采样就会损失掉。采样周期 T 是采样系统的一个很重要的、特殊的参数，它将影响采样系统的稳定性、稳态误差和信号的恢复精度。

　　在采样系统中，当离散信号为数字量时，称为数字控制系统，最常见的是计算机控制系统。计算机作为系统的控制器，其输入和输出只能是二进制编码的数字信号，即在时间上和幅值上都离散的信号，而系统中被控对象和测量元件的输入和输出是连续信号，所以在计算机控制系统中，需要应用模拟/数字转换器（Analogue-Digital Converter，A/D 转换器）和数字/模拟转换器（Digita Analogue Converter，D/A 转换器），以实现两种信号的转换。图8-3为一典型计算机控制系统的框图。

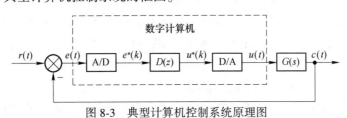

图 8-3　典型计算机控制系统原理图

　　在计算机控制系统中，通常是数字模拟混合结构，因此需要设置数字量和模拟量相转换的环节。在图8-3所示的系统中，给定信号 $r(t)$ 和偏差信号 $e(t)$ 为模拟量，模拟信号 $e(t)$ 经 A/D 转换器转换成离散信号 $e^*(k)$，并把其值由十进制数转换成二进制数（即编码），输入计算机进行运算处理。计算机输出二进制的控制脉冲序列 $u^*(k)$，由于被控对象通常需要（经放大后的）模拟信号去驱动，设置 D/A 转换器将离散控制信号 $u^*(k)$ 转换成模拟信号 $u(t)$ 去控制被控对象。

　　在计算机控制系统中，通常用计算机的内部时钟来设定采样周期，系统的信号传递过程包括 A/D 转换、计算机按某种控制规律运算得到控制器的输出、D/A 转换直到控制被控对象，要求在一个采样周期内完成。

采样控制具有精度高、可靠性好、能有效地抑制噪声干扰等特点，而且用计算机实现的数字控制器具有很好的通用性，只要编写不同的控制算法程序，就可以实现不同的控制要求，包括最优控制、自适应控制等一些现代控制的方法，还可以用一台计算机分时控制若干个对象。由于数字控制具有上述显著的优点，因此采样控制系统的应用日益广泛。

应该指出，采样控制系统和连续控制系统是有共同点的，首先它们都采用反馈控制的结构，都由被控对象、测量元件和控制器组成，控制系统的目的都是以尽可能高的精度复现给定输入信号，尽可能好地克服扰动输入对系统的影响；其次对采样控制系统的分析也包括三个方面：稳定性、稳态性能和暂态性能。这就是采样控制系统和连续控制系统共性的方面。采样控制系统的个性主要体现在信号的形式上，因为系统中使用了数字控制器，系统中有将连续信号转换成采样信号的采样器，和将采样信号转换成连续信号的保持器。采样器和保持器是采样控制系统中不同于连续控制系统的特殊部件，因此采样控制系统的特殊问题就是采样周期如何选取、采样周期对系统稳定性和其他性能的影响、保持器的特性和对稳定性的影响等。本章内容包括分析共性的问题，如稳定性、稳态性能和暂态性能，也包括个性的问题，如采样过程和保持器、脉冲传递函数等。了解采样控制系统和连续控制系统的共性问题，将有助于本章的学习。

8.2　采样过程和采样定理

8.2.1　采样过程及其数学表达式

实现采样控制首先要解决的问题是如何将连续信号变换为离散信号。连续信号变换为脉冲序列的装置称为采样器，也称为采样开关。采样器的采样过程可以用一个周期性闭合的采样开关 S 来表示，如图 8-4 所示。假设采样器每隔 T 秒闭合一次，闭合的持续时间为 τ；采样器的输入 $e(t)$ 为连续信号；输出 $e^*(t)$ 为宽度等于 τ 的条幅脉冲序列，在采样瞬时 $nT(n = 0, 1, 2, \cdots, \infty)$ 时出现。换句话说，在 $t = 0$ 时，采样器闭合 τ 秒，此时 $e^*(t) = e(t)$；$t = \tau$ 以后，采样器打开，输出 $e^*(t) = 0$；以后每隔 T 秒重复一次这种过程。显然，采样过程要丢失采样间隔之间的信息。

对于具有有限脉冲宽度的采样系统来说，要准确进行数学分析是非常复杂的，且无此必要。考虑到采样开关的闭合时间 τ 非常小，通常为毫秒到微秒级，一般远小于采样周期 T 和系统连续部分的最大时间常数。因此在分析时，可以认为 $\tau = 0$。这样，采样器就可以用一个理想的脉冲调制器来代替，如图 8-5 所示。

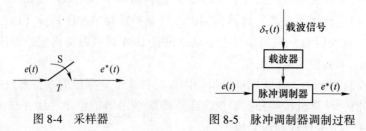

图 8-4　采样器　　　　　　　图 8-5　脉冲调制器调制过程

采样过程可以看成是一个幅值调制过程。理想采样器好像是一个载波为 $\delta_\tau(t)$ 的幅值调制器，如图 8-6 所示，其中 $\delta_\tau(t)$ 为理想单位脉冲序列。图中的理想采样器的输出信号 $e^*(t)$，可以认为是输入连续信号 $e(t)$ 调制在载波 $\delta_\tau(t)$ 上的结果，而各脉冲强度（即面积）用其高度来表示，它们等于相应采样瞬时 $t = nT$ 时 $e(t)$ 的幅值。

理想单位脉冲序列 $\delta_\tau(t)$ 可以表示为：

$$\delta_\tau(t) = \sum_{n=0}^{\infty} \delta(t - nT)$$

式中，T 为采样周期；n 为整数。

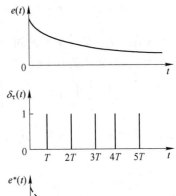

调制过程的输出信号 $e^*(t)$ 可以表示为

$$e^*(t) = e(t)\delta_\tau(t) = e(t)\sum_{n=0}^{\infty}\delta(t - nT)$$

当 $t < 0$ 时，$e(t) = 0$，所以上式又可以改写为

$$e^*(t) = e(t)\sum_{n=0}^{\infty}\delta(t - nT) = \sum_{n=0}^{\infty}e(nT)\delta(t - nT)$$

将上式进行拉普拉斯变换，可得到

$$E^*(s) = L[e^*(t)] = \sum_{n=0}^{\infty}e(nT)e^{-nTs}$$

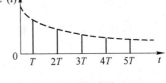

【例 8-1】 设 $e(t) = 1(t)$，试求 $e^*(t)$ 的拉氏变换

图 8-6　理想采样过程

解： 由 $E^*(s) = L[e^*(t)] = \sum_{n=0}^{\infty}e(nT)e^{-nTs}$ 可得

$$E^*(s) = \sum_{n=0}^{\infty}e(nT)e^{-nTs} = 1 + e^{-Ts} + e^{-2Ts} + \cdots$$

这是一个无穷等比级数，公比为 e^{-Ts}，求和后得闭合形式

$$E^*(s) = \frac{1}{1 - e^{-Ts}} = \frac{e^{Ts}}{e^{Ts} - 1}, \qquad |e^{-Ts}| < 1$$

显然，$E^*(s)$ 是 e^{Ts} 的有理函数。

8.2.2 采样定理

连续信号 $e(t)$ 经过采样后，只能给出采样点上的数值，不能知道各采样时刻之间的数值，因此，从时域上看，采样过程损失了 $e(t)$ 所含的信息。怎样才能使采样信号 $e^*(t)$ 大体上反映连续信号 $e(t)$ 的变化规律呢？或者说，我们能否根据离散信号 $e^*(t)$ 无失真地恢复原来连续信号 $e(t)$，如果能，离散化处理需要满足什么条件，下面通过采样过程中信号频谱的变化来加以说明。

设连续信号 $e(t)$ 的频谱 $E(j\omega)$ 如图 8-7 所示，一般来说，连续信号 $e(t)$ 的频谱 $E(j\omega)$ 是单一的带宽有限的连续频谱，其中 ω_{max} 为连续频谱 $E(j\omega)$ 中的最大角频率。信号 $e(t)$ 经过采样后变为 $e^*(t)$，从频域上看，$E^*(j\omega)$ 发生了什么变化呢？为此要研究采样信号 $e^*(t)$ 的频谱，目的是找出 $E^*(j\omega)$ 与 $E(j\omega)$ 之间的相互联系。

由于理想脉冲序列 $\delta_\tau(t)$ 本身是以 T 为周期的周期函数，因而可展开成傅里叶级数

$$\delta_\tau(t) = \sum_{n \to -\infty}^{\infty} \delta(t - nT) = \sum_{n \to -\infty}^{\infty} c_k \mathrm{e}^{jn\omega_s t}$$

式中，ω_s 为采样角频率，它与采样周期 T 的关系为 $\omega_s = 2\pi/T$；c_k 为傅里叶级数，且有

$$c_k = \frac{1}{T} \int_{-\frac{T}{2}}^{\frac{T}{2}} \delta_\tau(t) \mathrm{e}^{-jk\omega_s t} \mathrm{d}t$$

由于在 $-T/2$ 到 $+T/2$ 区间，$\delta_\tau(t)$ 仅在 $t = 0$ 处值等于 1，其余均为 0，故

$$c_k = \frac{1}{T} \int_{0-}^{0+} \delta(t) \mathrm{d}t = \frac{1}{T}$$

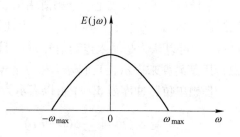

图 8-7 连续信号频谱

将上式代入 $e^*(t) = e(t)\delta_\tau(t) = e(t) \sum_{n=0}^{\infty} \delta(t - nT)$ 得

$$e^*(t) = \frac{1}{T} \sum_{n \to -\infty}^{\infty} e(t) \mathrm{e}^{jn\omega_s t}$$

对上式取拉氏变换，并运用拉氏变换的复位移定理，可得到

$$E^*(s) = \frac{1}{T} \sum_{n \to -\infty}^{\infty} E(s + jn\omega_s)$$

令 $s = j\omega$，可得采样信号的傅里叶变换为

$$E^*(j\omega) = \frac{1}{T} \sum_{n \to -\infty}^{\infty} E(j\omega + jn\omega_s)$$

可见，采样信号 $e^*(t)$ 的频谱 $E^*(j\omega)$ 具有以采样角频率 ω_s 为周期的无穷多个频谱分量，如图 8-8 所示。当 $n = 0$ 时，$E^*(j\omega) = (1/T)E(j\omega)$，称为 $E^*(j\omega)$ 的主分量；其余 $n \neq 0$ 时的频谱分量，称为 $E^*(j\omega)$ 的补分量，它们是在采样过程中产生的高频分量。

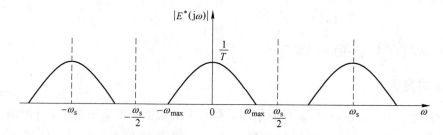

图 8-8 采样信号频谱（$\omega_s > 2\omega_{max}$）

由图 8-8 可以看出，如果 $\omega_s > 2\omega_{max}$，或是 $T < \pi/\omega_{max}$，则 $E^*(j\omega)$ 的各频谱分量彼此不发生重叠，连续信号的频谱 $E(j\omega)$ 仍能被保存，因此通过理想低通滤波器，滤掉高频分量后，就能复现原连续信号 $e(t)$。反之，如果 $\omega_s < 2\omega_{max}$，则 $E^*(j\omega)$ 的各频谱分量彼此重叠在一起，这时已不再保留连续信号的频谱 $E(j\omega)$，这样就不能复现原来的连续信号。因此要能从采样信号中大体复现原有连续信号，采样频率必须满足 $\omega_s \geq 2\omega_{max}$，这就是采样定理，也称香农（Shannon）采样定理，式中 ω_{max} 为连续信号所含最高频率分量的角频率，ω_s 为采样角频率。

综上所述，香农采样定理的叙述如下。

要保证采样后的离散信号不失真地恢复原连续信号，或者说要保证信号经采样后不会导致任何信息丢失，必须满足以下两个条件：

（1）信号必须是频谱宽度受限的，即其频谱所含频率成分的最高频率为 ω_{max}；

（2）采样频率 ω_s 必须至少是信号最高频率的两倍，即 $\omega_s \geqslant 2\omega_{max}$。

8.2.3 采样周期的选取

采样周期的选择应考虑许多因素。从系统控制质量的要求来看一般希望采样周期 T 取得小些，这样更接近于连续控制，系统控制效果较好。从执行机构的特性要求来看，如果采样周期过短，执行机构来不及响应，仍然达不到控制目的，所以采样周期也不宜过短。

在一般工业过程控制中，微型计算机所能提供的运算速度，对于采样周期的选择来说，回旋余地较大。工程实践表明，根据表8-1给出的参考数据选择采样周期 T，可以取得满意的控制效果。但是，对于快速随动系统，采样周期 T 的选择将是系统设计中必须予以认真考虑的问题。采样周期的选取，在很大程度上取决于系统的性能指标。

表 8-1　工业工程采样周期 T 的选取

控制过程	采样周期 T/s
流量	1
压力	5
液面	5
温度	20
成分	20

一般情况下，选择采样周期应考虑以下几个因素：

（1）采样周期的选择应使采样系统是稳定的。开环增益 K 一定时，采样周期 T 越长，丢失的信息越多，对采样系统稳定性及动态性能均不利，甚至使系统不稳定。

（2）采样周期的选择应满足香农采样定理。香农采样定理给出了采样周期的上限 T_{max}。

（3）采样周期的选择应考虑给定值的变化率。闭环系统对于给定信号的跟踪，一般要求采样周期要小一些。

（4）采样周期的选择应考虑对扰动的抑制。一般采样周期应远小于被控对象的扰动信号的周期，作用于系统的扰动信号频率越高，要求采样频率也要相应提高。

（5）采样周期的选择应考虑被控对象的时间常数。采样周期应比被控对象的时间常数小得多，否则无法反映瞬变过程。一般情况下，采样周期应小于系统最小时间常数的一半。

（6）采样周期的选择应考虑执行器的响应速度。如果执行器的响应速度比较慢，那么过短的采样周期将失去意义。

（7）采样周期的选择考虑被控对象所要求的调节品质。在计算机运算速度允许的情况下，采样周期短，调节品质好。

（8）考虑性能价格比。从控制性能来考虑，希望采样周期短。但计算机运算速度以及 A/D 和 D/A 的转换速度要相应地提高，导致计算机硬件的费用增加。

采样周期 T 的选择受到以上多方面因素的制约，有些还是相互矛盾的，需综合考虑。在实际应用中，一般根据经验通过实验确定最合适的采样周期。从系统的控制品质上看，T 取得短，品质会高些；如果以超调量作为系统的主要性能指标，T 可取得大些；如从系统抗扰动和快速响应的要求出发，则 T 应取小些。

8.3 采样信号保持

实现采样控制遇到的另一个重要问题，是如何把采样信号较准确地恢复为连续信号。根据采样定理，在 $\omega_s \geqslant 2\omega_{max}$ 的条件下，离散信号频谱中的各分量彼此互不重叠。采用理想滤波器滤去各高频分量，保留主频谱，能够无失真地恢复连续信号。但是，上述理想滤波器实际上是难以实现的。因此，必须寻找在特性上比较接近理想滤波器，而实际又可以实现的滤波器。

保持器是一种采用时域外推原理的装置。通常把采用恒值外推规律的保持器称为零阶保持器，把采用线性外推规律的保持器称为一阶保持器。结构最简单、应用最广泛的是零阶保持器。

8.3.1 零阶保持器

零阶保持器（Zero-order holder，ZOH）是采用恒值外推规律的保持器。它把前一采样时刻 nT 的采样值 $e(nT)$ 不增不减地保持到下一个采样时刻 $(n+1)T$，其作用形式如图 8-9 所示。

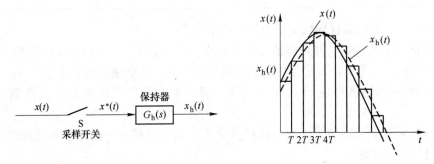

图 8-9 零阶保持器作用

由图 8-9 可见，零阶保持器的输出信号是阶梯形的，它包含着高次谐波，与要恢复的连续信号是有区别的。若将阶梯形输出信号的各中点连接起来，可以得到一条比连续信号滞后 $T/2$ 的曲线，这反映了零阶保持器的相位滞后特性。

零阶保持器的单位脉冲响应如图 8-10 所示，它可以表示为

$$g(t) = g_1(t) + g_2(t) = 1(t) - 1(t - T)$$

上式的拉普拉斯变换式为

$$G_h(s) = L[g(t)] = \frac{1}{s} - \frac{1}{s}e^{-Ts} = \frac{1 - e^{-Ts}}{s}$$

单位脉冲响应的拉普拉斯变换，就是零阶保持器的传递函数。

令上式中 $s = j\omega$，可以求得零阶保持器的频率特性

$$G_h(j\omega) = \frac{1 - e^{-j\omega T}}{j\omega} = \frac{T}{\frac{\omega T}{2}} e^{-j\frac{\omega T}{2}} \cdot \frac{e^{j\frac{\omega T}{2}} - e^{-j\frac{\omega T}{2}}}{2j} = T \frac{\sin \frac{\omega T}{2}}{\frac{\omega T}{2}} e^{-j\frac{\omega T}{2}}$$

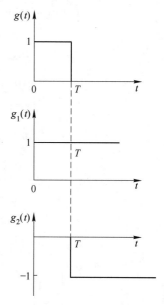

零阶保持器的频率特性如图 8-11 所示。由图可见，它的幅值随角频率 ω 的增大而衰减，具有明显的低通滤波特性。但除了主频谱外，还存在一些高频分量。因此，其对应的连续信号与原来的信号是有差别的。此外，采用零阶保持器还将产生相位滞后，这将降低控制系统的相对稳定性。

由于数字计算机的广泛应用，计算机控制系统的 D/A 转换器所实现的功能就是零阶保持器的功能。D/A 转换器输出阶梯信号，再对该信号进行简单的 RC 无源网络滤波作平滑处理，滤去高频成分，就可以得到与离散序列对应的连续时间信号。

图 8-10　零阶保持器的单位脉冲响应

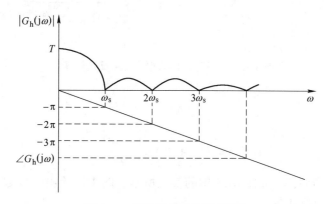

图 8-11　零阶保持器的频率特性

8.3.2　一阶保持器

一阶保持器是一种按照线性规律外推的保持器，其外推关系可表示为：

$$x(kT + \Delta t) = x(kT) + \frac{x(kT) - x[(k - 1)T]}{T} \Delta t$$

图 8-12 为一阶保持器的输出信号，由此可见输出信号与输入连续信号之间仍是有差别的。

一阶保持器的单位脉冲响应可以分解为若干个阶跃函数和斜坡函数之和，如图 8-13 所示。由图可见，其单位脉冲响应的拉普拉斯变换式可以表示为：

$$G_h(s) = \frac{1}{s} + \frac{1}{Ts^2} - \frac{2}{s}e^{-Ts} - \frac{2}{Ts^2}e^{-Ts} + \frac{1}{s}e^{-2Ts} + \frac{1}{Ts^2}e^{-2Ts}$$

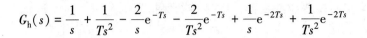

图 8-12   一阶保持器的输出信号

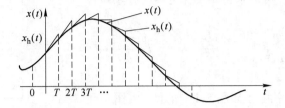

(a)   (b)

图 8-13   一阶保持器的脉冲响应及其分解

（a）脉冲响应；（b）响应分解

经整理后得：

$$G_h(s) = T(1 + Ts)\left(\frac{1 - e^{-Ts}}{Ts}\right)^2$$

一阶保持器的频率特性如图 8-14 中的实线所示。图中还给出了以虚线绘出的零阶保持器的频率特性，以供比较。

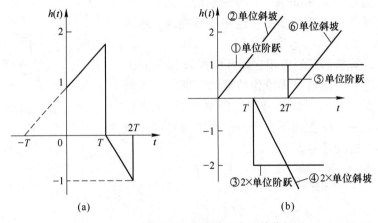

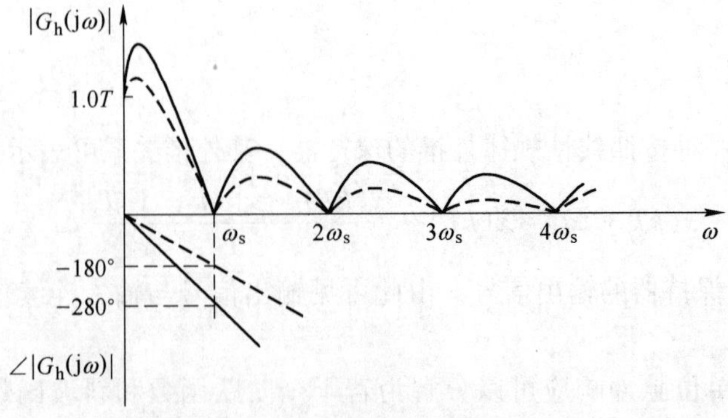

图 8-14   一阶保持器的频率特性

与零阶保持器相比，一阶保持器幅值较大，但与此同时高频分量也较大。此外，一阶保持器的相位滞后比零阶保持器更大，这对于系统的稳定性不利。由于上述原因，加之一阶保持器的结构功能复杂，所以在实际中很少用到。

8.4　z变换理论及线性差分方程求解

在连续系统分析中，应用拉氏变换作为数学工具，将系统的微分方程转化为代数方程，建立了以传递函数为基础的复频域分析法，使得问题处理大大简化。与此相似，线性离散系统的分析，可以通过采用z变换的方法来实现。

8.4.1　z变换的定义

已知连续信号 $e(t)$ ，它的理想采样信号为 $e^*(t)$ ，其表达式为

$$e^*(t) = \sum_{n=0}^{\infty} e(nT)\delta(t - nT)$$

对上式两边做拉氏变换，有

$$E^*(s) = \sum_{n=0}^{\infty} e(nT) e^{-nTs}$$

式中，指数函数因子 e^{Ts} 不是 s 的有理函数，而是一个超越函数，因此需要引入新的变量：

$$z = e^{Ts}$$

可以得出以 z 为变量的函数 $E(z)$ ，即

$$E(z) = \sum_{n=0}^{\infty} e(nT)z^{-n} \tag{8-1}$$

上式即为 z 变换的定义式。式中，$e(nT)$ 为第 n 个采样时刻的采样值，z 为变换算子，是一个复变量。我们称 $E(z)$ 为 $e^*(t)$ 的 z 变换，记作

$$Z[e^*(t)] = E(z)$$

需要指出的是，$E(z)$ 实际上是理想采样信号 $e^*(t)$ 的拉氏变换；从定义上，$E(z)$ 只是考虑了采样时刻的信号值 $e(nT)$ 。对于一个连续函数 $e(t)$ ，由于采样时刻的值就是 $e(nT)$ ，因此 $E(z)$ 既是采样信号 $e^*(t)$ 的 z 变换，也可以视作连续信号 $e(t)$ 的变换，即：

$$E(z) = Z[e^*(t)] = Z[e(t)] = \sum_{n=0}^{\infty} e(nT)z^{-n}$$

将上式展开得：

$$E(z) = e(0)z^0 + e(T)z^{-1} + e(2T)z^{-2} + \cdots + e(nT)z^{-n} + \cdots$$

可以看出，采样函数的 z 变换是关于 z 的幂级数。其一般项 $e(nT)z^{-n}$ 的物理意义为：$e(nT)$ 表征采样脉冲的幅值，z 次幂表征采样脉冲出现的时刻。因此，它既包含了量值信息 $e(nT)$ ，又包含了时间信息 z^{-n} ，具有清晰的采样节拍感。从另一意义看，z 变换实际上是拉氏变换的一种演化，目的是使 $E(z)$ 为 z 变量的有理函数，而原来的 $E(s)$ 则为 e^{Ts} 超越函数，这样便于对离散系统进行分析和设计。

z 是个复变量，它具有实部和虚部，所以 z 是一个以实部为横坐标，虚部为纵坐标的平面上的变量，这个平面亦称 z 平面。从理想采样信号的拉氏变换到采样序列的 z 变换，

就是复变量 s 平面到复变量 z 平面的映射变换。一般来说，脉冲序列的 z 变换 $\sum\limits_{n=0}^{\infty} e(nT)z^{-n}$ 并不一定对任何 z 值都收敛，z 平面上满足级数收敛的区域称为"收敛域"，根据级数知识可知，级数一致收敛的条件是绝对可积。因此，z 平面的收敛域应满足：

$$\sum_{n=0}^{\infty} |e(nT)z^{-n}| < \infty$$

8.4.2 z 变换的性质

与拉氏变换一样，z 变换也有一些重要性质，这些性质由 z 变换的一些基本定理所反映，运用这些基本定理可使 z 变换运算变得简单和方便。

8.4.2.1 线性定理

设连续函数 $e_1(t)$ 和 $e_2(t)$ 的 z 变换分别为 $E_1(z)$、$E_2(z)$，且 a_1、a_2 为常数，则有

$$Z[a_1 e_1(t) \pm a_2 e_2(t)] = a_1 E_1(z) \pm a_2 E_2(z)$$

证明：由 z 变换的定义

$$Z[a_1 e_1(t) \pm a_2 e_2(t)] = \sum_{n=0}^{\infty} [a_1 e_1(nT) \pm a_2 e_2(nT)]z^{-n}$$

$$= a_1 \sum_{n=0}^{\infty} e_1(nT)z^{-n} \pm a_2 \sum_{n=0}^{\infty} e_2(nT)z^{-n}$$

$$= a_1 E_1(z) \pm a_2 E_2(z)$$

z 变换的线性定理表明了连续时间函数代数和的 z 变换等于各函数单独 z 变换的代数和。

8.4.2.2 实位移定理

延迟定理：如果连续函数 $e(t)$ 的 z 变换为 $E(z)$，则 $e(t)$ 时序后移的 z 变换为

$$Z[e(t-kT)] = z^{-k}E(z)$$

超前定理：$e(t)$ 时序前移的 z 变换为

$$Z[e(t+kT)] = z^k E(z) - z^k \sum_{n=0}^{k-1} e(nT)z^{-n} , k \text{ 为正整数}$$

证明：根据 z 变换定义

$$Z[e(t-kT)] = \sum_{n=0}^{\infty} e(nT-kT)z^{-n}$$

$$= \sum_{n=0}^{\infty} e(nT-kT)z^{-n}z^k z^{-k}$$

$$= z^{-k} \sum_{n=0}^{\infty} e[(n-k)T]z^{-(n-k)}$$

令 $n-k=m$ 代入上式，得

$$Z[e(t-kT)] = z^{-k} \sum_{m=-k}^{\infty} e(mT)z^{-m}$$

由于 z 变换的单边性，当 $m < 0$ 时，有 $e(mT) = 0$，所以上式可以改写成

$$Z[e(t-kT)] = z^{-k} \sum_{m=0}^{\infty} e(mT)z^{-m} = z^{-k}E(z)$$

证毕。

为了证明超前定理，由于

$$Z[e(t+kT)] = \sum_{n=0}^{\infty} e(nT+kT)z^{-n}$$

先证明 $k=1$ 的情况，此时

$$Z[e(t+T)] = \sum_{n=0}^{\infty} e(nT+T)z^{-n} = z\sum_{n=0}^{\infty} e[(n+1)T]z^{-(n+1)}$$

令 $m=n+1$，上式可写成

$$Z[e(t+T)] = z\sum_{m=1}^{\infty} e(mT)z^{-m}$$

$$= z\left[\sum_{m=0}^{\infty} e(mT)z^{-m} - e(0)\right]$$

$$= z[E(z) - e(0)]$$

同理，当 $k=2$ 时，有

$$Z[e(t+2T)] = z^2\sum_{m=2}^{\infty} e(mT)z^{-m}$$

$$= z^2\left[\sum_{m=0}^{\infty} e(mT)z^{-m} - e(0) - z^{-1}e(T)\right]$$

$$= z^2\left[E(z) - \sum_{m=0}^{1} e(mT)z^{-m}\right]$$

以此类推，取 $k=k$ 时，则有

$$Z[e(t+kT)] = z^k E(z) - z^k\sum_{n=0}^{k-1} e(nT)z^{-n}$$

证毕。

在实位移定理中，算子 z 有明确的物理意义：z^{-k} 代表时域中的时滞环节，它将采样信号滞后 k 个采样周期；同理，z^k 代表超前环节，它把采样信号超前 k 个采样周期。但是，超前环节 z^k 仅用于运算，在实际物理系统中并不存在。

【例 8-2】试用延迟定理求延迟一个采样周期的单位斜坡函数的 z 变换，已知 $e(t) = t - T$。

解：根据延迟定理

$$Z[e(t)] = Z[t-T] = z^{-1}Z[t]$$

由单位斜坡函数的 z 变换，有

$$E(z) = z^{-1}\frac{Tz}{(z-1)^2} = \frac{T}{(z-1)^2}$$

8.4.2.3 复位移定理

设连续时间信号 $e(t)$ 的 z 变换为 $E(z)$，则

$$Z[e(t)e^{\mp at}] = E(ze^{\pm aT})$$

证明：根据 z 变换的定义，有

$$Z[e(t)e^{\mp at}] = \sum_{n=0}^{\infty} e(nT)e^{\mp anT}z^{-n} = \sum_{n=0}^{\infty} e(nT)(e^{\pm aT}z)^{-n}$$

令 $z_1 = e^{\pm aT}z$ 代入上式，则有

$$Z[e(t)e^{\mp at}] = \sum_{n=0}^{\infty} e(nT)z_1^{-n} = E(z_1) = E(ze^{\pm aT})$$

证毕。

8.4.2.4   初值定理

如果 $e(t)$ 的 z 变换为 $E(z)$，且极限 $\lim\limits_{z\to\infty} E(z)$ 存在，则有

$$e(0) = \lim_{t\to 0} e^*(t) = \lim_{z\to\infty} E(z)$$

即离散序列的初值可由 z 域求得。

证明：根据 z 变换定义，有

$$E(z) = e(0) + e(T)z^{-1} + e(2T)z^{-2} + \cdots$$

对上式两边取极限，并令 $z\to\infty$，可得：

$$\lim_{z\to\infty} E(z) = e(0)$$

证毕。

8.4.2.5   终值定理

如果 $e(t)$ 的 z 变换为 $E(z)$，且 $E(z)$ 在 z 平面的单位圆上没有二重以上极点，在单位圆外无极点，则

$$\lim_{t\to\infty} e(t) = \lim_{n\to\infty} e(nT) = \lim_{z\to 1}(z-1)E(z)$$

即离散序列的终值可由 z 域求得。

证明：由实位移定理得

$$Z[e(t+T)] = zE(z) - ze(0) = \sum_{n=0}^{\infty} e[(n+1)T]z^{-n}$$

因此有

$$zE(z) - ze(0) - E(z) = \sum_{n=0}^{\infty} e[(n+1)T]z^{-n} - \sum_{n=0}^{\infty} e(nT)z^{-n}$$

并可得到

$$(z-1)E(z) = ze(0) + \sum_{n=0}^{\infty} \{e[(n+1)T] - e(nT)\}z^{-n}$$

上式两边取 $z\to 1$ 时的极限，得：

$$\lim_{z\to 1}(z-1)E(z) = e(0) + \sum_{n=0}^{\infty} \{e[(n+1)T] - e(nT)\}$$

$$= e(0) + e(\infty) - e(0) = \lim_{t\to\infty} e(t)$$

z 变换的终值定理形式亦可表示为：

$$e(\infty) = \lim_{n\to\infty} e(nT) = \lim_{z\to 1}(1-z^{-1})E(z)$$

以上两个定理的应用，类似于拉氏变换中初值定理和终值定理。如果已知 $e(t)$ 的 z 变换，在不求反变换的情况下，可以方便地求出 $e(t)$ 的初值和终值。

【例 8-3】 设 z 变换函数如下式，试利用终值定理求 $e(nT)$ 的终值。

$$E(z) = \frac{z^2}{(z-1)(z^2-z+1)}$$

解： 利用终值定理，可得

$$e(\infty) = \lim_{z \to 1}(z-1)\frac{z^2}{(z-1)(z^2-z+1)} = \lim_{z \to 1}\frac{z^2}{z^2-z+1} = 1$$

8.4.2.6　卷积定理

设 $c(t)$、$g(t)$、$r(t)$ 的 z 变换分别为 $C(z)$、$G(z)$、$R(z)$，并且当 $t < 0$ 时，$c(t) = g(t) = r(t) = 0$。如果

$$c(nT) = \sum_{k=0}^{n} g(nT-kT)r(kT)$$

则有

$$C(z) = G(z)R(z)$$

上式也称为两个采样函数 $g(nT)$、$r(nT)$ 的离散卷积，记为

$$g(nT) * r(nT) = \sum_{k=0}^{\infty} g(nT-kT)r(kT) = \sum_{k=0}^{n} g(nT-kT)r(kT)$$

证明：由 z 变换定义

$$C(z) = \sum_{n=0}^{\infty} c(nT)z^{-n}$$

因为当 $k > n$ 时，$g(nT-kT) = 0$，所以 $c(nT)$ 可以写成

$$c(nT) = \sum_{k=0}^{n} g(nT-kT)r(kT) = \sum_{k=0}^{\infty} g(nT-kT)r(kT)$$

将上式代入 $C(z) = \sum\limits_{n=0}^{\infty} c(nT)z^{-n}$，并令 $n-k = m$，则

$$C(z) = \sum_{n=0}^{\infty}\sum_{k=0}^{\infty} g(nT-kT)r(kT)z^{-n} = \sum_{k=0}^{\infty} r(kT)\sum_{m=-k}^{\infty} g(mT)z^{-(m+k)}$$

$$= \sum_{k=0}^{\infty} r(kT)\sum_{m=0}^{\infty} g(mT)z^{-(m+k)} = \sum_{k=0}^{\infty} r(kT)z^{-k}\sum_{m=0}^{\infty} g(mT)z^{-m} = G(z)R(z)$$

卷积定理指出，两个采样函数卷积的 z 变换，就等于该两个采样函数相应的 z 变换的乘积。

8.4.3　z 变换的方法

求离散时间函数 z 变换的方法有很多，下面介绍几种常用方法。

8.4.3.1　级数求和法

级数求和法实际上是按 z 变换的定义将离散函数 z 变换展成无穷级数的形式，然后进行级数求和运算，也称直接法。

由 z 变换的定义展开式（8-21）可知，只要知道连续函数 $e(t)$ 在采样时刻 nT（$n = 1, 2, \cdots$）的采样值 $e(nT)$ 后，就可以得到 z 变换的级数和形式。为达到方便运算的

目的，必须将级数求和写成闭合形式。通常函数 z 变换的级数形式都是收敛的，下面举例说明已知函数的 z 变换的级数求和法。

【例 8-4】 求单位阶跃信号 $e(t) = 1(t)$ 的 z 变换。

解： 单位阶跃函数在任何采样时刻的值均为 1，即

$$e(nT) = 1(nT) = 1 \quad (n = 1, 2, \cdots)$$

由 z 变换定义式（8-1）求得

$$E(z) = Z[1(t)] = \sum_{n=0}^{\infty} 1(nT) \cdot z^{-n} = 1 + z^{-1} + z^{-2} + \cdots + z^{-n} + \cdots$$

这是公比为 z^{-1} 的等比级数，在满足收敛条件 $|z^{-1}| < 1$ 时，其收敛和为

$$E(z) = \frac{1}{1 - z^{-1}} = \frac{z}{z - 1}$$

【例 8-5】 求单位斜坡信号 $e(t) = t$ 的 z 变换。

解： 由于 $e(t) = t$，故 $e(nT) = nT$。由 z 变换定义

$$E(z) = Z[t] = \sum_{n=0}^{\infty} nT z^{-n}$$

在满足收敛条件 $|z^{-1}| < 1$ 时，由于

$$\sum_{n=0}^{\infty} z^{-n} = \frac{z}{z - 1}$$

将上式两边对 z 求导，得：

$$\sum_{n=0}^{\infty} (-n) z^{-n-1} = \frac{-1}{(z-1)^2}$$

在将上式两边同边同时乘以 $-Tz$，即得单位斜坡信号的 z 变换为：

$$E(z) = \sum_{n=0}^{\infty} (nT) z^{-n} = \frac{Tz}{(z-1)^2}$$

利用级数求和法求 z 变换时，需要把无穷级数写成闭合形式。只要函数的 z 变换的无穷项级数 $E(z)$ 在 z 平面的某一区域是收敛的，则在应用 z 变换法求解离散控制系统问题时，并不需要指出 $E(z)$ 在什么区域收敛。

8.4.3.2　部分分式法

连续时间函数 $e(t)$ 与其拉氏变换 $E(s)$ 之间是一一对应的。若通过部分分式法将时间函数的拉氏变换式展开成一些简单的部分分式，使每一项部分分式对应的时间函数为最基本、最典型的形式，这些典型函数的变换是已知的，即可方便地求出 $E(s)$ 对应的 z 变换 $E(z)$。

设连续函数 $e(t)$ 的拉氏变换 $E(s)$ 具有以下有理函数形式：

$$E(s) = \frac{M(s)}{N(s)}$$

式中，$M(s)$ 和 $N(s)$ 分别为复变量 s 的多项式。

一般可将 $E(s)$ 展成部分分式和的形式，即：

$$E(s) = \sum_{i=1}^{n} \frac{A_i}{s + s_i}$$

用拉氏反变换求出原时间函数：

$$e(t) = \sum_{i=1}^{n} A_i e^{-s_i t}$$

可见，相应的时间函数为各指数函数 $A_i e^{-s_i t}$ 之和。利用已知的指数函数的 z 变换公式，以及 z 变换的线性定理，函数 $e(t)$ 的 z 变换可从 $E(s)$ 的部分分式和求得，即：

$$E(z) = \sum_{i=1}^{n} A_i \frac{z}{z - e^{-s_i T}}$$

常用时间函数的 z 变换如表 8-2 所示。由表可知，这些函数的 z 变换都是 z 的有理分式，且分母多项式的次数大于或等于分子多项式的次数。值得指出，表中各函数 z 变换有理分式中，分母 z 多项式的最高次数与相应拉氏变换式分母 s 多项式的最高次数相等。

表 8-2 常用函数的 z 变换表

$e(t)$	$E(s)$	$E(z)$
$\delta(t)$	1	1
$\delta(t - nT)$	e^{-nTs}	z^{-n}
$1(t)$	$\dfrac{1}{s}$	$\dfrac{z}{z-1}$
t	$\dfrac{1}{s^2}$	$\dfrac{Tz}{(z-1)^2}$
$\dfrac{t^2}{2!}$	$\dfrac{1}{s^3}$	$\dfrac{T^2 z(z+1)}{2(z-1)^3}$
e^{-at}	$\dfrac{1}{s+a}$	$\dfrac{z}{z - e^{-aT}}$
te^{-at}	$\dfrac{1}{(s+a)^2}$	$\dfrac{Tze^{-aT}}{(z - e^{-aT})^2}$
$1 - e^{-at}$	$\dfrac{a}{s(s+a)}$	$\dfrac{(1 - e^{-aT})z}{(z-1)(z - e^{-aT})}$
$\sin\omega t$	$\dfrac{\omega}{s^2 + \omega^2}$	$\dfrac{z\sin\omega T}{z^2 - 2z\cos(\omega T) + 1}$
$\cos\omega t$	$\dfrac{s}{s^2 + \omega^2}$	$\dfrac{z(z - \cos\omega T)}{z^2 - 2z\cos(\omega T) + 1}$
$e^{-at}\sin\omega t$	$\dfrac{\omega}{(s+a)^2 + \omega^2}$	$\dfrac{ze^{-aT}\sin\omega T}{z^2 - 2ze^{-aT}\cos(\omega T) + e^{-2aT}}$
$e^{-at}\cos\omega t$	$\dfrac{s+a}{(s+a)^2 + \omega^2}$	$\dfrac{z^2 - ze^{-aT}\cos\omega T}{z^2 - 2ze^{-aT}\cos(\omega T) + e^{-2aT}}$

【例 8-6】 已知连续时间函数 $e(t)$ 的拉氏变换为 $E(s) = \dfrac{a}{s(s+a)}$，试求其 z 变换 $E(z)$ 。

解：将 $E(s)$ 展开成如下部分分式

$$E(s) = \frac{a}{s(s+a)} = \frac{1}{s} - \frac{1}{s+a}$$

对上式取拉氏反变换，可得

$$e(t) = 1(t) - e^{-at}$$

查表可得

$$Z[1(t)] = \frac{z}{z-1}, \quad Z[e^{-at}] = \frac{z}{z-e^{-aT}}$$

所以

$$E(z) = \frac{z}{z-1} - \frac{z}{z-e^{-aT}}$$

$$= \frac{z(1-e^{-aT})}{z^2 - (1+e^{-aT})z + e^{-aT}}$$

【例 8-7】 已知正弦信号的拉氏变换为 $E(s) = \dfrac{\omega}{s^2 + \omega^2}$ ，试求其 z 变换 $E(z)$ 。

解： 将上式展开成部分分式

$$E(s) = \frac{1}{2j}\left(\frac{1}{s-j\omega} - \frac{1}{s+j\omega}\right)$$

根据指数函数的 z 变换表达式，可以得到

$$E(s) = \frac{1}{2j}\left(\frac{z}{z-e^{j\omega T}} - \frac{z}{z-e^{-j\omega T}}\right) = \frac{1}{2j}\left[\frac{z(e^{j\omega T} - e^{-j\omega T})}{z^2 - z(e^{j\omega T} + e^{-j\omega T}) + 1}\right] = \frac{z\sin\omega T}{z^2 - 2z\cos\omega T + 1}$$

8.4.4 z 反变换的方法

与连续系统应用拉氏变换法一样，对于离散系统，通常在 z 域进行分析计算后，需用反变换确定时域解。所谓 z 反变换，是已知 z 变换表达式 $E(z)$ ，求得相应离散时间序列 $e(nT)$ 的过程。记作：

$$e(nT) = Z^{-1}[E(z)]$$

下面介绍两种常用的 z 反变换方法。

8.4.4.1 部分分式法

大部分连续时间信号都是由基本信号组合而成，而基本信号的变换大都可以用 z 变换表查得。因此，可以将 $E(z)$ 分解为对应于基本信号的部分分式，再查表求其 z 反变换。由于基本信号的 z 变换都带有因子 z ，所以应该首先将 $E(z)/z$ 分解为部分分式，然后对分解后的各项乘上因子 z 后再查 z 变换表。

【例 8-8】 已知 $E(z) = \dfrac{10z}{(z-1)(z-2)}$ ，用部分分式法求 z 反变换 $e(nT)$ 。

解： 由于

$$\frac{E(z)}{z} = \frac{10}{(z-1)(z-2)} = \frac{-10}{z-1} + \frac{10}{z-2}$$

将部分分式每项乘以因子 z

$$E(z) = \frac{-10z}{z-1} + \frac{10z}{z-2}$$

查 z 变换表，最后可得 z 反变换为

$$e(nT) = 10 \times (-1 + 2^n) \quad (n = 1, 2, 3, \cdots)$$

8.4.4.2 幂级数展开法

由于序列 $e^*(t)$ 的 z 变换 $E(z)$ 一般为有理分式形式，因此，我们通过某种方法（通常用长除法），可以求出按 z^{-n} 降幂次序排列的级数展开，根据系数即可得出时间序列 $e(nT)$，这种方法较为简单，但不容易得出 $e(nT)$ 的一般表达式。

设 $E(z)$ 的有理分式表达式为：

$$E(z) = \frac{b_m z^m + b_{m-1} z^{m-1} + \cdots + b_0}{a_n z^n + a_{n-1} z^{n-1} + \cdots + a_0}$$

通常 $m \leq n$，用分子除以分母，可得：

$$E(z) = c_0 + c_1 z^{-1} + c_2 z^{-2} + \cdots + c_n z^{-n} + \cdots = \sum_{n=0}^{\infty} c_n z^{-n}$$

上式的 z 变换式为：

$$e^*(t) = c_0 \delta(t) + c_1 \delta(t - T) + c_2 \delta(t - 2T) + \cdots + c_n \delta(t - nT) + \cdots$$

【例 8-9】 已知 $E(z) = \dfrac{z^2 + z}{z^3 - 3z^2 + 3z - 1}$，用幂级数法求 z 反变换 $e^*(t)$。

解：应用长除法，用分子多项式除以分母多项式求得

$$E(z) = 0z^0 + 1z^{-1} + 4z^{-2} + 9z^{-3} + \cdots$$

其 z 反变换为

$$e^*(t) = 0\delta(t) + 1\delta(t - T) + 4\delta(t - 2T) + 9\delta(t - 3T) + \cdots$$

应该指出，上述 z 变换的应用是有局限性的。首先，它只能表征连续函数在采样时刻的特性，而不能反映其在采样时刻之间的特性。其次，当采样系统中包含延迟环节，而延迟时间不是采样周期的整数倍时，直接应用上述方法也有困难。为此，人们在应用延迟定理的基础上，提出了一种广义 z 变换。例如，为了求取两个采样时刻之间的信息，可以设想在采样系统中加入某种假想的滞后，并利用延迟定理求解。

8.4.5 线性差分方程及其求解

分析研究离散控制系统，必须要建立系统的数学模型，类似于连续系统的数学描述，线性离散控制系统的数学模型描述有差分方程、脉冲传递函数和离散状态空间表达式三种。

连续系统的输入和输出信号都是连续时间的函数，描述它们内在运动规律的是微分方程。而离散系统的输入和输出信号都是离散时间函数，即以脉冲序列形式表示，如 $r(nT)$（$n = 0, 1, 2, \cdots$），这种系统行为就不能再用时间的微分方程来描述，它的运算规律取决于前后序列数，而且必须用差分方程来描述。描述离散系统的数学模型就称为差分方程，它反映离散系统输入、输出序列之间的运算关系。

对于一个单输入单输出的线性离散系统，设输入脉冲序列用 $r(kT)$ 表示，输出脉冲序列用 $c(kT)$ 表示，且为了简便，通常也可省略 T 而直接写成 $r(k)$ 或 $c(k)$ 等。显然，在某一采样时刻 $t = kT$ 的输出 $c(k)$，不仅与 k 时刻的输入 $r(k)$ 有关，而且与 k 时刻以前的输入 $r(k-1)$，$r(k-2)$，$\cdots$，以及 k 时刻以前的输出 $c(k-1)$，$c(k-2)$，$\cdots$ 有关。这种关

系一般可以用下列 n 阶后向差分方程来描述：

$$c(k) + a_1 c(k-1) + a_2 c(k-2) + \cdots + a_{n-1} c(k-n+1) + a_n c(k-n)$$
$$= b_0 r(k) + b_1 r(k-1) + b_2 r(k-2) + \cdots + b_{m-1} r(k-m+1) + b_m r(k-m)$$

上式亦可表示为如下递推形式：

$$c(k) = -\sum_{i=1}^{n} a_i c(k-i) + \sum_{j=0}^{m} b_j r(k-j) \quad (m \leq n)$$

式中，a_i 和 b_j 为常系数。上式是 n 阶线性常系数差分方程，它在数学上代表一个线性定常离散系统。

线性定常离散系统也可以用如下 n 阶前向差分方程来描述：

$$c(k+n) + a_1 c(k+n-1) + a_2 c(k+n-2) + \cdots + a_{n-1} c(k+1) + a_n c(k)$$
$$= b_0 r(k+m) + b_1 r(k+m-1) + b_2 r(k+m-2) + \cdots + b_{m-1} r(k+1) + b_m r(k)$$

或表示为：

$$c(k+n) = -\sum_{i=1}^{n} a_i c(k+n-i) + \sum_{j=0}^{m} b_j r(k+m-j) \quad (m \leq n)$$

值得注意的是，差分方程的阶次应是输出的最高差分与最低差分之差。在上式中，最高差分为 $c(k+n)$，最低差分为 $c(k)$，所以方程阶次为 $k+n-k=n$ 阶。

线性常系数差分方程的求解方法有经典法、迭代法和 z 变换法。与微分方程的经典解法类似，差分方程的经典解法也要求出相应齐次方程的通解和非齐次方程的一个特解，非常不便。下面说明迭代法和 z 变换法。

8.4.5.1　迭代法

若已知差分方程，并且给出输出序列的初值，则可以利用递推关系，在计算机上一步一步地算出输出序列。

【**例 8-10**】对于二阶差分方程 $c(k) - 5c(k-1) + 6c(k-2) = r(k)$，其中输入序列 $r(k) = 1(k) = 1$，初始条件为 $c(0) = 0$，$c(1) = 1$。试用迭代法求输出序列 $c(k)$。

解：根据 n 阶线性常系数差分方程，将系统差分方程写成递推形式

$$c(k) = r(k) + 5c(k-1) - 6c(k-2)$$

由初始条件及递推关系，得

$$c(0) = 0$$
$$c(1) = 1$$
$$c(2) = r(2) + 5c(1) - 6c(0) = 6$$
$$c(3) = r(3) + 5c(2) - 6c(1) = 25$$
$$\cdots$$

即为输出序列每一项的值。

8.4.5.2　z 变换法

设差分方程用 n 阶前向差分方程表示，则用 z 变换法解差分方程的实质是对差分方程两端取 z 变换，并利用 z 变换的实数位移定理，得到以 z 为变量的代数方程，然后对代数方程的解 $C(z)$ 取 z 反变换，求得输出序列 $c(k)$。

【**例 8-11**】用 z 变换求解差分方程 $c(k+2) + 3c(k+1) + 2c(k) = 0$，初始条件为 $c(0) =$

0，$c(1) = 1$。

解： 对差分方程的每一项进行 z 变换，并利用实位移定理，有

$$z^2 C(z) - z^2 c(0) - zc(1) + 3zC(z) - 3zc(0) + 2C(z) = 0$$

代入初始条件，并化简得

$$z^2 C(z) + 3zC(z) + 2C(z) = z$$

所以

$$C(z) = \frac{z}{z^2 + 3z + 2} = \frac{z}{z + 1} - \frac{z}{z + 2}$$

查 z 变换表（表8-2）得

$$Z[(-1)^n] = \frac{z}{z + 1}, \quad Z[(-2)^n] = \frac{z}{z + 2}$$

因此

$$c^*(t) = \sum_{n=0}^{\infty} [(-1)^n - (-2)^*] \delta(t - nT)$$

或者

$$c(k) = (-1)^k - (-2)^k \quad (k = 0, 1, 2, \cdots)$$

8.5　脉冲传递函数

如果把 z 变换的作用仅仅理解为求解线性常系数差分方程，显然是不够的。在连续系统中，由时域函数及其拉氏变换之间的关系所建立起的传递函数是经典控制理论中研究系统控制性能的基础。对于离散系统来说，通过 z 变换导出线性离散系统的脉冲传递函数，以此来分析和设计离散控制系统。

8.5.1　脉冲传递函数定义

设一开环离散控制系统如图 8-15 所示，连续系统的传递函数为 $G(s)$。如果系统的初始条件为零，输入信号 $r(t)$，经采样后 $r^*(t)$ 的 z 变换为 $R(z)$，连续部分输出为 $c(t)$，采样后 $c^*(t)$ 的 z 变换为 $C(z)$，则离散系统的脉冲传递函数定义为在零初始条件

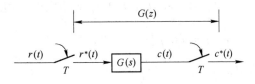

图 8-15　开环离散系统

下，系统输出采样信号的 z 变换与输入采样信号的 z 变换之比，记为 $G(z)$，即

$$G(z) = \frac{C(z)}{R(z)}$$

所谓零初始条件，是指在 $t < 0$ 时，输入脉冲序列各采样值 $r(-T)$，$r(-2T)$，$\cdots$，以及输出脉冲序列各采样值 $c(-T)$，$c(-2T)$，$\cdots$ 均为零。

如果已知系统的脉冲传递函数 $G(z)$ 及输入信号的 z 变换 $R(z)$，那么输出的采样信号就可以求得

$$c^*(t) = Z^{-1}[C(z)] = Z^{-1}[G(z)R(z)]$$

可见与连续系统类似，求解 $c^*(t)$ 的关键是求出系统的脉冲传递函数 $G(z)$ 。

实际上，大多数离散系统的输出往往是连续信号 $c(t)$ ，而不是采样信号 $c^*(t)$ ，此时，可以在输出端虚设一个采样开关，如图 8-16 中虚线所示，它与输入采样开关同步，并具有相同的采样周期。必须指出，虚设的采样开关是不存在的，它只是表明脉冲传递函数能够描述的，应该是输出连续函数

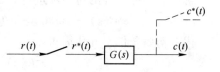

图 8-16   实际开环离散系统

$c(t)$ 在采样时刻的离散值 $c^*(t)$ 。如果系统的实际输出 $c^*(t)$ 比较平滑，且采样频率较高，则用 $c^*(t)$ 近似描述 $c(t)$ 。

8.5.2   脉冲传递函数的物理意义

设开环系统结构如图 8-16 所示，下面根据离散系统单位脉冲响应来推导脉冲传递函数，以便从概念上理解它的物理意义。由线性连续系统的理论可知，当输入为单位脉冲信号 $\delta(t)$ 时，连续系统 $G(s)$ 的输出称为单位脉冲响应，用 $g(t)$ 表示。设输入信号 $r(t)$ 被采样后为如下脉冲序列：

$$r^*(t) = \sum_{n=0}^{\infty} r(nT)\delta(t - nT) = r(0)\delta(t) + r(T)\delta(t - T) + \cdots + r(nT)\delta(t - nT) + \cdots$$

这一系列脉冲作用于 $G(s)$ 时，该系统的输出 $c(t)$ 为各脉冲响应之和。

在 $0 \le t < T$ 时间间隔内，作用于 $G(s)$ 的输入只有 $t = 0$ 时刻加入的那一个脉冲 $r(0)$ ，则系统在这段时间内的输出响应为

$$c(t) = r(0)g(t) \quad (0 \le t < T)$$

在 $T \le t < 2T$ 时间间隔内，系统有两个脉冲的作用：一个是 $t = 0$ 时的 $r(0)$ 脉冲作用，它产生的作用依然存在；另一个是 $t = T$ 时的 $r(T)$ 脉冲作用，所以在此区间内的输出响应为

$$c(t) = r(0)g(t) + r(T)g(t - T) \quad (T \le t < 2T)$$

在 $kT \le t < (k+1)T$ 时间间隔内，输出响应为

$$c(t) = r(0)g(t) + r(T)g(t - T) + \cdots + r(kT)g(t - kT) = \sum_{n=0}^{k} g(t - nT)r(nT)$$

式中：

$$g(t - nT) = \begin{cases} g(t), & t \ge nT \\ 0, & t < nT \end{cases}$$

所以，当系统输入为一系列脉冲时，输出为各脉冲响应之和。

现在讨论系统输出在采样时刻的值，如 $t = kT$ 时刻的输出脉冲值，它是 kT 时刻以及 kT 时刻以前的所有输入脉冲在该时刻的脉冲响应值的总和，所以

$$c(kT) = \sum_{n=0}^{k} g(kT - nT)r(nT)$$

式中，当 $n > k$ 时, $g[(k-n)T] = 0$。上式亦可写成

$$c(kT) = \sum_{n=0}^{\infty} g[(k-n)T]r(nT)$$

根据卷积定理，由上式可得

$$C(z) = G(z)R(z) = \sum_{m=0}^{\infty} g(mT)z^{-m} \sum_{k=0}^{\infty} r(kT)z^{-k}$$

即得

$$G(z) = \frac{C(z)}{R(z)}$$

这就是开环系统的脉冲传递函数，显然有

$$G(z) = \sum_{n=0}^{\infty} g(nT)z^{-n}$$

所以脉冲传递函数 $G(z)$，就是连续系统脉冲响应函数 $g(t)$ 经采样后 $g^*(t)$ 的 z 变换。

8.5.3 脉冲传递函数的求法

连续系统或元件的脉冲传递函数 $G(z)$，可以通过其传递函数 $G(s)$ 来求取。开环系统脉冲传递函数的一般计算步骤如下：

（1）已知系统的传递函数 $G(s)$，求取系统的脉冲响应函数 $g(t)$。

（2）对 $g(t)$ 作采样，得采样信号表达式 $g^*(t)$。

（3）由 z 变换定义式求脉冲传递函数 $G(z)$。

实际上，利用 z 变换可省去从 $G(s)$ 求 $g(t)$ 的步骤。如将 $G(s)$ 展开部分分式后，可直接求得 $G(z)$。

【例 8-12】设系统结构如图 8-16 所示，其中连续部分传递函数 $G(s) = \dfrac{a}{s(s+a)}$，试求该开环系统的脉冲传递函数 $G(z)$。

解：由于

$$g(t) = L^{-1}[G(s)] = L^{-1}\left[\frac{a}{s(s+a)}\right] = 1 - e^{-at}$$

所以

$$g^*(t) = g(nT) = \sum_{n=0}^{\infty} [1(nT) - e^{-anT}]\delta(t - nT)$$

其 z 变换为

$$G(z) = \sum_{n=0}^{\infty} [1(nT) - e^{-anT}]z^{-n} = \sum_{n=0}^{\infty} 1 \cdot z^{-n} - \sum_{n=0}^{\infty} e^{-anT}z^{-n}$$

$$= \frac{z}{z-1} - \frac{z}{z-e^{-aT}} = \frac{z(1-e^{-aT})}{(z-1)(z-e^{-aT})}$$

本例题也可由 $G(s) = \dfrac{1}{s} - \dfrac{1}{s+a}$ 直接查 z 变换表得

$$G(z) = \frac{z}{z-1} - \frac{z}{z-e^{-aT}} = \frac{z(1-e^{-aT})}{(z-1)(z-e^{-aT})}$$

8.5.4　开环系统脉冲传递函数

当开环离散系统由几个环节串联组成时，其脉冲传递函数的求法与连续系统情况不完全相同。即使两个开环离散系统的组成环节完全相同，但由于采样开关的数目和位置不同，求出的开环脉冲传递函数也会截然不同。要视环节之间有无采样开关而异，必须区分不同情况来讨论。

8.5.4.1　串联环节之间有采样开关

设开环离散系统如图 8-17 所示，在两个串联连续环节之间有理想采样开关隔开，由于每个环节的输入量与输出量的离散关系独立存在，因此，根据脉冲传递函数的定义，由图 8-17 可得

$$X(z) = G_1(z)R(z)，\quad C(z) = G_2(z)X(z)$$

式中，$G_1(z)$、$G_2(z)$ 分别为 $G_1(s)$、$G_2(s)$ 的脉冲传递函数，于是有

$$C(z) = G_2(z)G_1(z)R(z)$$

因此，开环脉冲传递函数

$$G(z) = \frac{C(z)}{R(z)} = G_1(z)G_2(z)$$

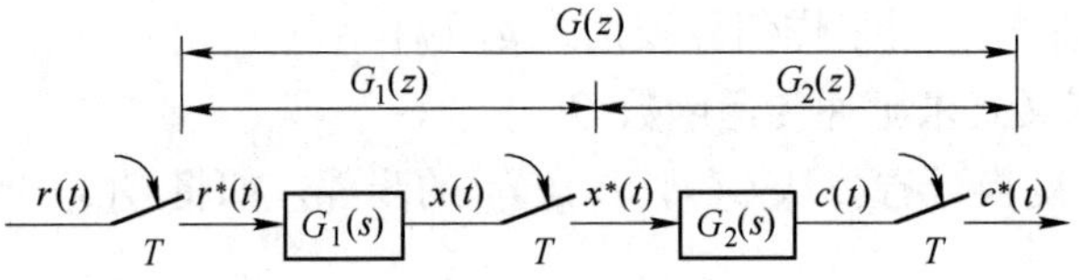

图 8-17　串联环节之间有采样开关

由此可知，两个串联连续环节之间有理想采样开关隔开时的脉冲传递函数，等于这两个环节各自的脉冲传递函数之积。同理，有 n 个环节串联且所有环节之间有采样开关隔开时，整个开环系统的脉冲传递函数等于每个环节的脉冲传递函数之积，即

$$G(z) = G_1(z)G_2(z)\cdots G_n(z)$$

8.5.4.2　串联环节之间无采样开关

设开环离散系统如图 8-18 所示，在两个串联连续环节 $G_1(s)$ 和 $G_2(s)$ 之间没有理想采样开关隔开。显然，串联连续环节的总传递函数

$$G(s) = G_1(s)G_2(s)$$

则脉冲传递函数 $G(z)$ 为 $G(s)$ 的 z 变换

$$G(z) = Z[G(s)] = Z[G_1(s)G_2(s)] = G_1G_2(z)$$

即为图 8-18 所示开环系统的脉冲传递函数。其中，$G_1G_2(z)$ 定义为 $G_1(s)$ 和 $G_2(s)$ 乘积的 z 变换。

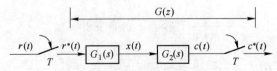

图 8-18　串联环节之间无采样开关

由此可知，两个串联连续环节之间无采样开关隔开时，系统的脉冲传递函数等于这两个环节传递函数乘积后相应的 z 变换。同理，此结论也适用于 n 个环节串联且所有环节之间无采样开关隔开的情况，即

$$G(z) = Z[\,G_1(s)G_2(s)\cdots G_n(s)\,] = G_1G_2\cdots G_n(z)$$

由上面分析，显然

$$G_1(z)G_2(z) \neq G_1G_2(z)$$

它表明各环节传递函数 $G_i(s)$ 的 z 变换的乘积不等于各环节传递函数乘积的 z 变换，从这个意义上说，z 变换无串联性。

【例 8-13】 设开环系统如图 8-17 和图 8-18 所示，其中 $G_1(s) = 1/s$，$G_2(s) = a/(s+a)$，输入信号 $r(t) = 1(t)$，试求图 8-17 和图 8-18 所示系统的脉冲传递函数 $G(z)$ 和输出的 z 变换 $C(z)$。

解：查 z 变换表，输入 $r(t) = 1(t)$ 的 z 变换为

$$R(z) = \frac{z}{z-1}$$

对于图 8-17 所示的系统，有

$$G_1(z) = Z\left[\frac{1}{s}\right] = \frac{z}{z-1}, \quad G_2(z) = Z\left[\frac{a}{s+a}\right] = \frac{az}{z-\mathrm{e}^{-aT}}$$

系统的脉冲传递函数为

$$G(z) = G_1(z)G_2(z) = \frac{az^2}{(z-1)(z-\mathrm{e}^{-aT})}$$

显然，系统输出为

$$C(z) = G(z)R(z) = \frac{az^3}{(z-1)^2(z-\mathrm{e}^{-aT})}$$

对于图 8-18 所示的系统，有

$$G_1(s)G_2(s) = \frac{a}{s(s+a)}$$

$$G(z) = G_1G_2(z) = Z\left[\frac{a}{s(s+a)}\right] = \frac{z(1-\mathrm{e}^{-aT})}{(z-1)(z-\mathrm{e}^{-aT})}$$

$$C(z) = G(z)R(z) = \frac{z^2(1-\mathrm{e}^{-aT})}{(z-1)^2(z-\mathrm{e}^{-aT})}$$

显然，在两个串联环节之间有无同步采样开关隔离时，其总的脉冲传递函数和输出 z 变换是不同的。但是，不同之处仅表现为零点不同，其极点仍然一样，这也是离散系统值得注意的现象。

8.5.4.3 有零阶保持器时的开环脉冲传递函数

设有零阶保持器的开环离散系统如图 8-19 所示。从图中可以看到输入采样后作零阶保持相当于串联环节之间没有采样开关隔离的情况。由于零阶保持器的传递函数是 s 的超越函数，不是 s 的有理分式，故不能用前面介绍的方法直接求开环脉冲传递函数。但考虑到零阶保持器的传递函数的特点，可以把它与系统环节的传递函数 $G_\mathrm{p}(s)$ 一起考虑。

由图 8-19 可知，开环系统的脉冲传递函数为

$$G(z) = Z\left[\frac{1 - \mathrm{e}^{-Ts}}{s}G_\mathrm{p}(s)\right]$$

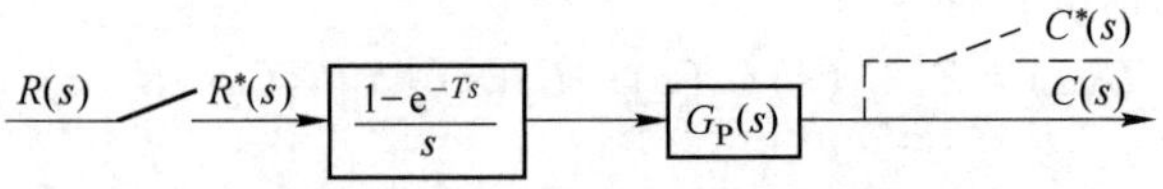

图 8-19　有零阶保持器的开环离散系统

由 z 变换的线性定理，有

$$G(z) = Z\left[\frac{1}{s}G_\mathrm{p}(s)\right] - Z\left[\frac{1}{s}G_\mathrm{p}(s)\,\mathrm{e}^{-Ts}\right]$$

由于 e^{-Ts} 为延迟一个采样周期的延迟因子，根据 z 变换的实位移定理，上式第二项可以写为

$$z\left[\frac{1}{s}G_\mathrm{p}(s)\,\mathrm{e}^{-Ts}\right] = z^{-1}Z\left[\frac{1}{s}G_\mathrm{p}(s)\right]$$

所以，采样后带有零阶保持器时的开环系统脉冲传递函数为

$$G(z) = z\left[\frac{1}{s}G_\mathrm{p}(s)\right] - z^{-1}z\left[\frac{1}{s}G_\mathrm{p}(s)\right] = (1 - z^{-1})Z\left[\frac{1}{s}G_\mathrm{p}(s)\right]$$

当 $G_\mathrm{p}(s)$ 为 s 的有理分式时，上式中的 z 变换 $Z[G_\mathrm{p}(s)/s]$ 也必然是 z 的有理分式函数。从上面的分析可以看到，零阶保持器 $G_\mathrm{h}(s) = (1 - \mathrm{e}^{-Ts})/s$ 与系统环节 $G_\mathrm{p}(s)$ 的串联可以等效为 $(1 - \mathrm{e}^{-Ts})$ 环节与 $G_\mathrm{p}(s)/s$ 的串联，通过利用延迟因子 e^{-Ts} 的性质，可求取开环系统脉冲传递函数。

【例 8-14】带采样保持器的离散控制系统如图 8-19 所示。已知 $G_\mathrm{p}(s) = \dfrac{a}{s(s + a)}$，试求系统的开环脉冲传递函数。

解：由于

$$\frac{G_\mathrm{p}(s)}{s} = \frac{a}{s^2(s + a)} = \frac{1}{s^2} - \frac{1}{a}\left(\frac{1}{s} - \frac{1}{s + a}\right)$$

查 z 变换表得

$$Z\left[\frac{G_\mathrm{p}(s)}{s}\right] = \frac{Tz}{(z - 1)^2} - \frac{1}{a}\left(\frac{z}{z - 1} - \frac{z}{z - \mathrm{e}^{-aT}}\right)$$

$$= \frac{\dfrac{1}{a}z\left[(\mathrm{e}^{-aT} + aT - 1)z + (1 - aT\mathrm{e}^{-aT} - \mathrm{e}^{-aT})\right]}{(z - 1)^2(z - \mathrm{e}^{-aT})}$$

得带零阶保持器的开环脉冲传递函数

$$G(z) = (1 - z^{-1})Z\left[\frac{1}{s}G_\mathrm{p}(s)\right] = \frac{\dfrac{1}{a}\left[(\mathrm{e}^{-aT} + aT - 1)z + (1 - aT\mathrm{e}^{-aT} - \mathrm{e}^{-aT})\right]}{(z - 1)(z - \mathrm{e}^{-aT})}$$

与例 8-13 相比较，可看出 $G(z)$ 的极点完全相同，仅零点不同，所以说，引入零阶保持器后，只改变 $G(z)$ 的分子，不影响离散系统脉冲传递函数的极点。

8.5.5 闭环系统脉冲传递函数

在连续系统中，闭环传递函数与相应的开环传递函数之间有着确定的关系，所以可用一种典型的结构图来描述一个闭环系统。而在离散系统中，由于采样开关在系统中所设置的位置不同，既有连续传递关系的结构，又有离散传递关系的结构，所以没有唯一的典型结构图，因此在讨论离散控制系统时与连续系统不同，需要增加符合离散传递关系的分析。下面推导几种典型闭环系统的脉冲传递函数。

8.5.5.1 典型误差采样的闭环离散系统

图 8-20 是一种比较常见的误差采样闭环离散系统结构图。图中所有理想采样开关都同步工作，采样周期为 T。闭环系统的输入 $r(t)$、输出 $c(t)$ 均为连续量，闭环系统脉冲传递函数应是输入、输出采样信号的 z 变换之比。

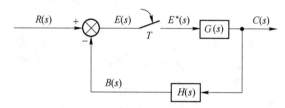

图 8-20　误差采样闭环离散系统

由图 8-20 可见，综合点处误差信号的拉氏变换为

$$E(s) = R(s) - B(s)$$

对上式采样离散化

$$E^*(s) = R^*(s) - B^*(s)$$

进行 z 变换

$$E(z) = R(z) - B(z) \tag{8-2}$$

在前向、反馈通道中，输出为连续量 $b(t)$，输入为采样信号 $e^*(t)$，所以有

$$B(s) = [G(s)H(s)]E^*(s)$$

对上式采样

$$B^*(s) = [G(s)H(s)]^* E^*(s)$$

进行 z 变换

$$B(z) = GH(z)E(z)$$

代入式（8-2）得

$$E(z) = R(z) - GH(z)E(z)$$

化简后

$$E(z) = \frac{1}{1 + GH(z)}R(z) \tag{8-3}$$

通常称 $E(z)$ 为误差信号的 z 变换。根据上式，定义

$$\Phi_e(z) = \frac{E(z)}{R(z)} = \frac{1}{1 + GH(z)}$$

为闭环离散系统对于输入量的误差脉冲传递函数。

　　在前向通道中，又因为系统的输出

$$C(s) = G(s)E^*(s)$$

采样后取 z 变换

$$C(z) = G(z)E(z)$$

　　将式（8-3）代入上式得系统输出 z 变换为

$$C(z) = \frac{G(z)}{1 + GH(z)}R(z)$$

根据上式，定义

$$\Phi(z) = \frac{C(z)}{R(z)} = \frac{G(z)}{1 + GH(z)}$$

上式为图 8-20 所示的闭环系统对于输入量的闭环脉冲传递函数。

8.5.5.2　具有数字校正装置的闭环离散系统

　　图 8-21 所示为典型的具有数字校正装置的闭环离散系统。在该系统的前向通道中，$G_1(s)$ 代表数字校正装置，其作用与连续系统的串联校正环节相同，其校正作用可由计算机软件来实现。

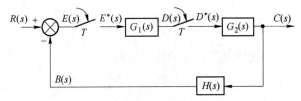

图 8-21　具有数字校正装置的闭环离散系统

　　与前述相同，在综合点处

$$E(s) = R(s) - B(s) \tag{8-4}$$

从前向、反向通道可得

$$B(s) = H(s)G_2(s)D^*(s), \; D(s) = G_1(s)E^*(s)$$

故有

$$B^*(s) = G_2H^*(s)D^*(s) = G_2H^*(s)G_1^*(s)E^*(s) \tag{8-5}$$

再将式（8-5）代入式（8-4），采样离散化可得

$$E^*(s) = R^*(s) - B^*(s) = R^*(s) - G_2H^*(s)G_1^*(s)E^*(s)$$

化简得

$$E^*(s) = \frac{1}{1 + G_1^*(s)G_2H^*(s)}R^*(s)$$

取 z 变换可得误差脉冲传递函数为

$$\Phi_e(z) = \frac{E(z)}{R(z)} = \frac{1}{1 + G_1(z)G_2H(z)}$$

　　在前向通道中，又因为系统的输出

$$C(s) = G_2(s)D^*(s) = G_2(s)G_1^*(s)E^*(s)$$

采样后取 z 变换

$$C(z) = G_1(z)G_2(z)E(z) = \frac{G_1(z)G_2(z)}{1 + G_1(z)G_2H(z)}R(z)$$

所以闭环脉冲传递函数为

$$\Phi(z) = \frac{C(z)}{R(z)} = \frac{G_1(z)G_2(z)}{1 + G_1(z)G_2H(z)}$$

8.5.5.3　扰动信号作用的闭环离散系统

离散系统除给定输入信号外，在系统的连续信号部分尚有扰动信号输入，如图 8-22 所示，扰动对输出量的影响是衡量系统性能的一个重要指标。与分析连续系统一样，为求出 $C^*(s)$ 与 $N(s)$ 之间关系，首先把图 8-22 变换成系统等效结构，如图 8-23 所示。在这个系统中，连续的输入信号直接进入连续环节 $G_2(s)$，在这种情况下，只能求输出信号的 z 变换表达式 $C(z)$，而求不出系统的脉冲传递函数 $C(z)/N(z)$，因为没有对扰动输入信号的采样。

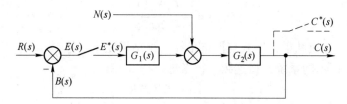

图 8-22　有扰动输入的闭环离散系统

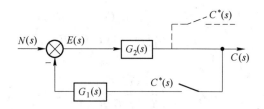

图 8-23　有扰动输入的闭环离散系统等效系统结构图

由图 8-23 得

$$C(s) = G_2(s)E(s)$$

$$E(s) = N(s) - G_1(s)C^*(s)$$

所以

$$C(s) = G_2(s)N(s) - G_2(s)G_1(s)C^*(s)$$

对上式采样离散化，有

$$C^*(s) = G_2N^*(s) - G_1G_2^*(s)C^*(s)$$

解得

$$C^*(s) = \frac{G_2N^*(s)}{1 + G_1G_2^*(s)}$$

对上式取 z 变换

$$C(z) = \frac{G_2 N(z)}{1 + G_1 G_2(z)}$$

由上式知，解不出 $C(z)/N(z)$，但有了 $C(z)$，仍可由 z 反变换求输出的采样信号 $c^*(t)$。

一般在求取离散系统的输出 z 变换时，不一定都要按照上述方法详细推导计算，利用简单的方块图运算即可。下面以图 8-23 所示的系统为例。首先将系统按连续系统考虑，可以得到闭环输出为

$$C(s) = \frac{G_2(s) N(s)}{1 + G_1(s) G_2(s)}$$

然后对上式进行采样离散化，在采样器隔开的地方加 "＊" 号，即

$$C^*(s) = \frac{[G_2(s) N(s)]^*}{1 + [G_1(s) G_2(s)]^*}$$

最后将上式表示为 z 变换式

$$C(z) = \frac{G_2 N(z)}{1 + G_1 G_2(z)}$$

可得输出信号的 z 变换结果，上式与严格推导所得结果完全一样。

又如图 8-21 所示的系统，按连续系统考虑可得

$$C(s) = \frac{G_1(s) G_2(s) R(s)}{1 + G_1(s) G_2(s) H(s)}$$

对上式进行采样，并注意采样器在 $G_1(s)$ 的前后，有

$$C^*(s) = \frac{[G_1(s)]^* [G_2(s)]^* [R(s)]^*}{1 + [G_1(s)]^* [G_2(s) H(s)]^*}$$

所以有输出 z 变换为

$$C(z) = \frac{G_1(z) G_2(z)}{1 + G_1(z) G_2 H(z)} R(z)$$

进而可得系统闭环脉冲传递函数

$$\Phi(z) = \frac{C(z)}{R(z)} = \frac{G_1(z) G_2(z)}{1 + G_1(z) G_2 H(z)}$$

从这两个示例说明，应用方块图的直接运算，可以比较容易地求出输出的表达式或闭环脉冲传递函数。

上面介绍了几种闭环离散系统的结构图及其脉冲传递函数。对于采样开关在系统具有各种配置的闭环结构图及其输出采样信号的 z 变换表达式 $C(z)$，可参照表 8-3。

表 8-3　典型闭环离散系统及输出信号

序号	系统结构图	$C(z)$ 计算式
1		$C(z) = \dfrac{G(z) R(z)}{1 + G(z) H(z)}$

序号	系统结构图	$C(z)$ 计算式
2		$C(z) = \dfrac{G(z)R(z)}{1 + GH(z)}$
3		$C(z) = \dfrac{G(z)R(z)}{1 + G(z)H(z)}$
4		$C(z) = \dfrac{RG(z)}{1 + GH(z)}$
5		$C(z) = \dfrac{G_1(z)G_2(z)R(z)}{1 + G_1(z)G_2H(z)}$
6		$C(z) = \dfrac{G_2(z)G_1R(z)}{1 + G_1G_2H(z)}$
7		$C(z) = \dfrac{G_2(z)G_1R(z)}{1 + G_2(z)G_1H(z)}$

采样周期不同，所得到的脉冲传递函数也不同。从表 8-3 中可见，若误差信号处有采样开关，则可以得到系统的闭环脉冲传递函数 $C(z)/R(z)$，否则只能得到输出的 z 变换表达式 $C(z)$。

8.6 采样系统的稳定性分析

我们知道，连续系统的稳定性分析是基于闭环系统特征根在 s 平面中的位置，若系统特征根全部在虚轴左边，则系统稳定。要在 z 平面上研究离散系统的稳定性，至关重要的是要弄清 s 平面与 z 平面的关系。

8.6.1 s 域到 z 域的映射

在前面定义 z 变换时，我们作过一种变换，即

$$z = \mathrm{e}^{Ts}$$

式中，T 为采样周期，它给出了 s 平面与 z 平面的映射关系，如果将复变量 $s = \sigma + \mathrm{j}\omega$ 代入上式，则有

$$z = \mathrm{e}^{Ts} = \mathrm{e}^{T(\sigma + \mathrm{j}\omega)} = \mathrm{e}^{\sigma T}\mathrm{e}^{\mathrm{j}\omega T}$$

z 变量的模与幅角分别为

$$|z| = e^{\sigma T}, \qquad \angle z = \omega T$$

令 $\sigma = 0$ 时，取 s 平面的虚轴，有

$$|z| = e^{0T} = 1$$

由此可见，s 平面中的虚轴，在 z 平面上映射成一个以原点为中心的单位圆；s 左半平面与 z 平面上的单位圆内部相对应；s 右半平面与 z 平面上的单位圆外部相对应。图 8-24 表示了上述关系。

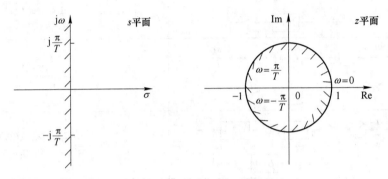

图 8-24　s 平面到 z 平面的映射

进一步分析了解离散函数 z 变换的周期性。因为 $\angle z = \omega T$，z 变量的幅角为 ω 的线性函数，所以 $\omega = -\infty \rightarrow \infty$ 时，z 的幅角 $\omega = -\infty \rightarrow \infty$。现在取 s 平面 $j\omega$ 轴上的一个点，当这个点在 $j\omega$ 轴上从 0 移动到 π/T，$\angle z$ 由 0 变化到 π，对应于 z 平面内单位圆的上半部；显然，当点从 $-\pi/T$ 移动到 0 时，$\angle z$ 由 $-\pi$ 变化到 0，对应于单位圆的下半部。若 s 平面内的点在 $j\omega$ 轴上从 π/T 变化到 $3\pi/T$ 时，z 平面上相应的点将逆时针方向沿着单位圆走一圈。随着点在 $j\omega$ 轴上不断变化，每走过一个频带（$2\pi/T$），对应 z 变量在 z 平面便重复地画一个圆。一般把 ω 从 $-\pi/T$ 到 π/T 的频带称为主频带，其他为次频带。这样，点在 $j\omega$ 轴上从 $-\infty$ 移动到 $+\infty$ 时，z 平面上相应的点将沿着单位圆走无穷多圈，主频带 $\omega = -\pi/T$ ~ π/T 与第一圈相对应，这种映射关系如图 8-24 所示。离散函数 z 变换的这种周期特性，也说明了函数离散化后的频谱会产生周期性的延拓。

8.6.2　线性采样系统 z 平面稳定的充要条件

分析了 s 平面和 z 平面的映射关系后，就容易得出离散控制系统稳定的充分必要条件。设典型离散控制系统如图 8-20 所示，其闭环脉冲函数为

$$\frac{C(z)}{R(z)} = \frac{G(z)}{1 + GH(z)}$$

相应的闭环特征方程式为

$$1 + GH(z) = 0$$

系统特征方程式的根即为闭环脉冲传递函数的极点，而系统的稳定性由特征方程的根的位置所决定。如果是 n 阶离散控制系统，则闭环特征方程有 n 个特征根 $z_i(i = 1, 2, 3, \cdots, n)$。由 s 平面到 z 平面的映射关系，可以得到离散控制系统稳定的充分必要条件如

下：如果离散控制系统闭环特征方程所有的特征根 z_i 全部位于 z 平面的单位圆内部，即

$$|z_i| < 1 \quad (i = 1, 2, 3, \cdots, n)$$

则系统是稳定的；否则，系统不稳定。

【例8-15】 二阶离散控制系统的方框图如图 8-25 所示，试判断系统的稳定性，设采样周期 $T = 1$ s。

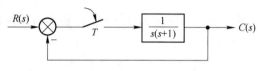

图 8-25　二阶离散控制系统

　解：先求出系统的闭环脉冲传递函数

$$\frac{C(z)}{R(z)} = \frac{G(z)}{1 + G(z)}$$

式中

$$G(z) = Z\left[\frac{1}{s(s+1)}\right] = \frac{z(1 - e^{-T})}{(z - 1)(z - e^{-T})}$$

闭环系统的特征方程为

$$1 + G(z) = (z - 1)(z - e^{-T}) + z(1 - e^{-T}) = 0$$

将 $T = 1$ 代入上式，得

$$z^2 - 0.736z + 0.368 = 0$$

解出特征方程的根

$$z_1 = 0.368 + j0.482, \quad z_2 = 0.368 - j0.482$$

特征方程的两个根都在单位圆内，所以系统稳定。

　与分析连续系统的稳定性一样，当离散系统阶数较高时，用直接求解特征方程的根来判断系统的稳定性往往比较困难。我们还是期望有间接简单的稳定性判据，这对于研究离散系统结构、参数、采样周期对于稳定性的影响，也是有必要的。

8.6.3 z 域到 w 域的映射

　判断连续系统是否稳定的代数判据，是根据系统特征根在 s 平面上的位置和特征方程系数的关系得到的，实质是判断系统特征方程的根是否都在左半 s 平面。但是，在离散系统中需要判断系统特征方程的根是否都在 z 平面上的单位圆内。因此，连续系统的劳斯-赫尔维茨稳定判据不能直接套用，必须进行变量变换，使新的变量 w 与变量 z 之间有这样关系：z 平面上的单位圆正好对应 w 平面上的虚轴；z 平面上的单位圆内的区域则对应 w 平面的左半部分；z 平面上的单位圆外的区域则对应 w 平面的右半部分。经过这样的变量变换，判断离散系统的稳定性就可利用连续系统的代数判据了。

　显然 $z = e^{Tw}$ 满足上述置换关系，然而将 $z = e^{Tw}$ 代入 z 特征方程后，所得到的是一个超越方程而非代数方程，这种变换没有实用价值。满足上述置换关系而又有实用价值的变换，可采用复变函数双线性变换。

将复变量 z 取双线性变换

$$z = \frac{w + 1}{w - 1}$$

则有

$$w = \frac{z + 1}{z - 1}$$

由于 z 与 w 均为复变量，令 $z = x + \mathrm{j}y$，$w = u + \mathrm{j}v$。将 $z = x + \mathrm{j}y$ 代入 w 的表达式，并将实部和虚部分解，则有

$$w = u + \mathrm{j}v = \frac{z + 1}{z - 1} = \frac{x + \mathrm{j}y + 1}{x + \mathrm{j}y - 1} = \frac{x^2 + y^2 - 1}{(x - 1)^2 + y^2} - \mathrm{j}\,\frac{2y}{(x - 1)^2 + y^2}$$

令上式实部 $u = 0$（w 平面的虚轴），则有 $x^2 + y^2 = 1$，即对应 z 平面的单位圆。

对于 z 平面的单位圆外有 $x^2 + y^2 > 1$，则显然 w 平面的实部 $\mathrm{Re}[w] = u > 0$，即 w 平面的右半平面对应 z 平面的单位圆外。

而对于 z 平面的单位圆内有 $x^2 + y^2 < 1$，则 w 平面的实部 $\mathrm{Re}[w] = u < 0$，即对应 w 平面的左半平面。

这样，双线性变换 $z = (w + 1)/(w - 1)$ 就将 z 平面的单位圆内，映射为 w 平面的左半平面；相应的将 z 平面的单位圆外，映射为 w 平面的右半平面。z 平面和 w 平面的这种对应关系如图 8-26 所示。

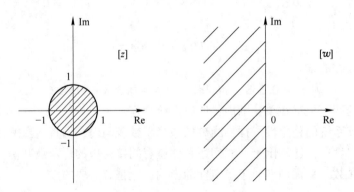

图 8-26 z 平面与 w 平面的对应关系

8.6.4   采样系统的稳定性判据

在 w 平面中，离散系统的稳定范围已经变为 w 平面的左半平面，因此可以应用劳斯判据判断稳定性，下面举例说明劳斯判据的应用。

【例 8-16】设采样系统的框图如图 8-27 所示。求能使系统稳定的 K 值范围。

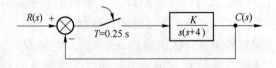

图 8-27   采样系统

解： 系统的开环脉冲传递函数为

$$G(z) = Z\left[\frac{K}{s(s+4)}\right] = Z\left[\frac{K}{4}\left(\frac{1}{s} - \frac{1}{s+4}\right)\right]$$

$$= \frac{K}{4}\left(\frac{z}{z-1} - \frac{z}{z-e^{-4T}}\right) = \frac{K}{4}\frac{(1-e^{-4T})z}{(z-1)(z-e^{-4T})}$$

根据图 8-27 可求系统的闭环传递函数

$$\frac{C(z)}{R(z)} = \frac{G(z)}{1+G(z)}$$

和特征方程

$$1 + G(z) = (z-1)(z-e^{-4T}) + \frac{K}{4}(1-e^{-4T})z = 0$$

令 $z = \dfrac{w+1}{w-1}$，$T = 0.25$ s 代入上式，整理得

$$0.158Kw^2 + 1.264w + (2.736 - 0.158K) = 0$$

根据上式列出劳斯表：

w^2	$0.158K$	$2.736 - 0.158K$
w^1	1.264	0
w^0	$2.736 - 0.158K$	0

为了能使此系统稳定工作，必须使劳斯表中的第一列各项均大于零。这就要求

$$2.736 - 0.158K > 0$$

即

$$K < 17.3$$

由此可见，为使系统稳定，增益 K 应在 0~17.3 之间取值。

从线性连续系统的理论可知，二阶线性连续系统总是稳定的。然而在二阶系统中加了采样器之后，当系统增益增大超过一定程度时，采样系统会变为不稳定的。一般，当采样频率增高时，系统的稳定性会得到改善。因为随着采样频率的增高，采样系统的工作更接近于连续系统。

应该指出，在许多情况下加入采样器对系统稳定性不利。但也不能绝对化，在一些特殊情况下，例如包含大滞后环节的系统，加入采样器往往还能改善系统的稳定性。

8.7 采样系统的稳态误差

在连续系统中，我们知道稳态误差的大小既与系统本身的结构、参数有关，又与系统输入信号类型有关。第 4 章中介绍了建立在终值定理基础上的误差计算方法及稳态误差与系统结构之间的内在规律。对于离散系统，同样可以采用类似于连续系统的分析计算方法求采样瞬时的稳态误差。

单位反馈的离散系统如图 8-28 所示，其误差信号的 z 变换为

$$E(z) = R(z) - C(z) = \frac{R(z)}{1+G(z)}$$

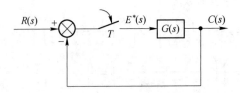

$$\text{图 8-28   单位反馈的离散系统}$$

离散系统的稳态误差可由 z 变换的终值定理导出，因此

$$e(\infty) = \lim_{t \to \infty} e^*(t) = \lim_{z \to 1}(z-1)\frac{R(z)}{1+G(z)} \qquad (8-6)$$

上式表示了采样时刻的误差，它与输入信号 $R(z)$ 及 $G(z)$ 有关。此外，从 z 变换表也不难发现，$G(s)$ 有多少个极点，则 $G(z)$ 便有多少个极点。若 $G(s)$ 有一个零值极点，则 $G(z)$ 便有一个 $z=1$ 的极点。由于 z 平面上极点 $z=1$ 是与 s 平面上极点 $s=0$ 相对应，因此，可以得到一个与连续系统类似的结论：离散系统可按开环脉冲传递函数 $G(z)$ 中有几个 $z=1$ 的极点来确定其类型，$G(z)$ 中含有 v 个 $z=1$ 的极点系统，称为 v 型系统。

8.7.1   采样系统稳态误差的类型

8.7.1.1   单位阶跃输入时的稳态误差

单位阶跃输入的 z 变换为

$$R(z) = \frac{z}{z-1}$$

将 $R(z)$ 代入式（8-6）得

$$e(\infty) = \lim_{z \to 1}(z-1)\frac{1}{1+G(z)}\frac{z}{z-1} = \lim_{z \to 1}\frac{1}{1+G(z)} = \frac{1}{\lim_{z \to 1}[1+G(z)]} = \frac{1}{K_p}$$

上式代表离散系统在采样瞬时的稳态位置误差，其中

$$K_p = \lim_{z \to 1}[1+G(z)]$$

称为系统的静态位置误差系数。若 $G(z)$ 没有 $z=1$ 的极点，则 $K_p \neq \infty$，从而 $e(\infty) \neq 0$，这样的系统称为 0 型系统。当 $G(z)$ 具有一个或一个以上 $z=1$ 的极点时，$K_p \to \infty$，$e(\infty) = 1/K_p = 0$，这样的系统相应的称为 Ⅰ 型或 Ⅰ 型以上的离散系统。换言之，单位反馈系统，在阶跃输入作用下无差的条件是 $G(z)$ 中至少有一个 $z=1$ 的极点。

因此，在单位阶跃输入作用下，0 型离散系统在采样瞬时存在位置误差；Ⅰ 型或 Ⅰ 型以上的离散系统，在采样瞬时没有位置误差，这与连续系统十分相似。

8.7.1.2   单位斜坡输入时的稳态误差

由于单位斜坡输入时 $r(t) = t$，所以

$$R(z) = \frac{Tz}{(z-1)^2}$$

离散系统的稳态误差为

$$e(\infty) = \lim_{z \to 1}(z-1)\frac{Tz}{(z-1)^2[1+G(z)]} = \lim_{z \to 1}\frac{T}{(z-1)[1+G(z)]} = \frac{T}{\lim_{z \to 1}(z-1)G(z)}$$

现定义静态速度误差系数

$$K_v = \lim_{z \to 1}(z - 1)G(z)$$

则有

$$e(\infty) = \frac{T}{K_v}$$

显然，当 $G(z)$ 具有两个 $z = 1$ 的极点时，$K_v \to \infty$，$e(\infty) = T/K_v = 0$，所以单位反馈系统在斜坡输入作用下无差的条件是 $G(z)$ 中至少有两个 $z = 1$ 的极点。

0 型离散系统斜坡输入作用时稳态误差为无穷大，Ⅰ型离散系统在斜坡输入下存在速度误差，Ⅱ型或Ⅱ型以上的离散系统在斜坡输入作用下不存在稳态误差。

8.7.1.3　单位加速度输入时的稳态误差

当系统输入为单位加速度函数 $r(t) = t^2/2$ 时，其 z 变换函数为

$$R(z) = \frac{T^2 z(z + 1)}{2(z - 1)^3}$$

因而稳态误差为

$$e(\infty) = \lim_{z \to 1}(z - 1)\frac{T^2 z(z + 1)}{2[1 + G(z)](z - 1)^3} = \lim_{z \to 1}\frac{T^2}{(z - 1)^2 G(z)} = \frac{T^2}{K_a}$$

令

$$K_a = \lim_{z \to 1}(z - 1)^2 G(z)$$

K_a 称为系统的静态加速度误差系数，当 $G(z)$ 具有三个 $z = 1$ 的极点时，$K_a \to \infty$，$e(\infty) = T^2/K_a = 0$。

所以单位反馈系统，在加速度输入作用时无差的条件是 $G(z)$ 中至少有三个 $z = 1$ 的极点。0 型及Ⅰ型系统在加速度输入作用时稳态误差为无穷大，Ⅱ型离散系统在加速度输入作用下存在稳态误差；只有Ⅲ型或Ⅲ型以上的离散系统在加速度输入作用下没有稳态位置误差。

从上面的分析可以看出，系统的稳态误差除了与输入作用的形式有关外，还直接取决于系统开环脉冲传递函数 $G(z)$ 中 $z = 1$ 的极点个数。不同型别单位反馈系统的稳态误差如表 8-4 所示。系统采样瞬时的稳态误差与采样周期 T 有关，缩短采样周期将会降低稳态误差。

表 8-4　典型输入作用下的稳态误差

系统型别	阶跃输入 $r(t) = R(t)$	斜坡输入 $r(t) = Rt$	加速度输入 $r(t) = Rt^2/2$
0 型	R/K_p	∞	∞
Ⅰ型	0	RT/K_v	∞
Ⅱ型	0	0	RT^2/K_a

上面仅就单位反馈系统在输入作用下的稳态误差进行计算，对于非单位反馈系统，则必须明确稳态误差是指输入采样开关后面的 $e^*(t)$，上述结论同样适用。

8.7.2 采样系统稳态误差求法

下面通过例题来说明采样系统稳态误差求法。

【例 8-17】已知离散控制系统结构如图 8-29 所示，零阶保持器的传递函数为 $G_\mathrm{h}(s) = \dfrac{1 - \mathrm{e}^{-Ts}}{s}$，被控对象的传递函数为 $G_0(s) = \dfrac{10(0.5s + 1)}{s^2}$，采样周期 $T = 0.2\ \mathrm{s}$，输入信号 $r(t) = 1 + t + t^2/2$，试用静态误差系数法，求该系统的稳态误差。

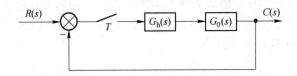

图 8-29　离散控制系统结构图

解：先求系统的开环脉冲传递函数 $G(z)$，因有零阶保持器，故

$$G(z) = G_\mathrm{h} G_o(z) = \frac{z - 1}{z}\left[\frac{5T^2 z(z + 1)}{(z - 1)^3} + \frac{5Tz}{(z - 1)^2}\right]$$

将采样周期 $T = 0.2\ \mathrm{s}$ 代入上式，并化简得

$$G(z) = \frac{1.2z - 0.8}{(z - 1)^2}$$

为了求系统的稳态误差，必须判断系统是否稳定，即系统的特征根是否在单位圆内。由系统的特征方程

$$D(z) = 1 + G(z) = 0$$

可得

$$(z - 1)^2 + 1.2z - 0.8 = 0,\ z^2 - 0.8z + 0.2 = 0$$

显然，系统的一对共轭复根是在单位圆内，所以满足系统稳定条件。现用静态误差系数法求 $e(\infty)$。因为静态位置误差系数

$$K_\mathrm{p} = \lim_{z \to 1}\left[1 + G(z)\right] = \lim_{z \to 1}\left[1 + \frac{1.2z - 0,8}{(z - 1)^2}\right] \to \infty$$

静态速度误差系数

$$K_\mathrm{v} = \lim_{z \to 1}(z - 1)G(z) = \lim_{z \to 1}\frac{1.2z - 0.8}{(z - 1)} \to \infty$$

静态加速度误差系数

$$K_\mathrm{a} = \lim_{z \to 1}(z - 1)^2 G(z) = \lim_{z \to 1}(1.2z - 0.8) = 0.4$$

根据表 8-4，求得在 $r(t) = 1 + t + t^2/2$ 作用下的稳态误差为

$$e(\infty) = \frac{1}{K_\mathrm{p}} + \frac{T}{K_\mathrm{v}} + \frac{T^2}{K_\mathrm{a}} = 0 + 0 + \frac{0.2^2}{0.4} = 0.1$$

实际上，此例可以不用逐步计算。由于单位负反馈系统的 $G(z)$ 中有两个 $z = 1$ 的极点，所以是 Ⅱ 型系统，则在阶跃及斜坡输入作用下的稳态误差为零，只要求出在加速度信号作用下的常值误差即可。

8.8 采样系统的动态性能分析

应用 z 变换法分析线性定常离散系统的动态性能，通常有时域法、根轨迹法和频域法，其中时域法最简便。本节主要介绍在时域中如何分析离散系统的动态响应，以及闭环极点对系统动态响应的影响，最后介绍 z 平面的根轨迹法。

8.8.1 时域的动态响应分析方法

在已知离散系统结构和参数情况下，应用 z 变换法分析离散控制系统动态性能时，通常假定外作用输入是单位阶跃函数 $r(t) = 1(t)$。在这种情况下，系统输出量的 z 变换为

$$C(z) = \Phi(z)R(z) = \Phi(z)\frac{z}{z - 1}$$

式中，$\Phi(z)$ 为闭环系统脉冲传递函数。

要确定一个已知系统的动态性能，只要按上式求出 $C(z)$，再利用长除法求 z 反变换，即可求出输出信号的脉冲序列 $c^*(t)$，它代表了线性离散系统在单位阶跃输入作用下的响应过程。由于离散系统时域指标的定义与连续系统的相同，故根据单位阶跃响应曲线 $c^*(t)$ 可以方便地分析离散系统的动态和稳态性能。

【例 8-18】 设有零阶保持器的离散控制系统如图 8-29 所示，零阶保持器的传递函数为 $G_h(s) = \dfrac{1 - e^{-Ts}}{s}$，被控对象的传递函数为 $G_0(s) = \dfrac{4}{s(0.5s + 1)}$，$r(t) = 1(t)$，$T = 0.5$ s，试分析该系统的动态性能。

解：系统的开环脉冲传递函数为

$$G(z) = G_h G_0(z) = Z\left[\frac{1 - e^{-Ts}}{s}\frac{4}{s(0.5s + 1)}\right] = \frac{2(0.368z + 0.264)}{(z - 1)(z - 0.368)}$$

其闭环系统的脉冲传递函数为

$$\Phi(z) = \frac{C(z)}{R(z)} = \frac{G(z)}{1 + G(z)}$$

将 $R(z) = z/(z - 1)$ 代入上式，求得单位阶跃响应输出量 $C(z)$ 为

$$C(z) = \frac{G_h G_0(z)}{1 + G_h G_0(z)}R(z)$$

$$= \frac{2(0.368z + 0.264)}{(z - 1)(z - 0.368) + 2(0.368z + 0.264)}\frac{z}{(z - 1)}$$

$$= 0.736z^{-1} + 1.729z^{-2} + 1.6971z^{-3} + 0.7873z^{-4} + 0.2409z^{-5} +$$

$$0.71075z^{-6} + 1.4972z^{-7} + 1.5732z^{-8} + 0.9178z^{-9} + 0.4355z^{-10} + \cdots$$

图 8-30 为系统单位阶跃响应输出图形，如果要获得采样时刻之间的响应信息可采用广义 z 变换法。由此图可以求得系统的近似性能指标：上升时间 $t_r = 1.5T$，峰值时间 $t_p =$

$2T$，调节时间 $t_s = 28T$，超调量 $\sigma_p = 72.9\%$。

上述例子中，试去掉保持器，重新计算性能指标；若再去掉采样器（连续系统），计算性能指标，会发现什么现象？

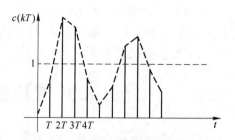

图 8-30　闭环系统输出脉冲序列

计算完成后，可以发现采样器和保持器对离散系统动态性能有以下影响：

（1）采样器和保持器的引入，虽然不改变开环脉冲传递函数的极点，但会影响其零点，势必引起闭环脉冲传递函数极点的改变，从而影响离散控制系统的动态性能。

（2）采样器可使系统的上升时间、峰值时间、调节时间略有减小，但超调量增大，故在一般情况下采样造成的信息损失会降低系统的稳定程度。然而，在某些具有大延迟的系统中，误差采样反而会提高系统的稳定程度。

（3）零阶保持器会使系统的峰值时间、调节时间都加长，超调量也增加。这是由于零阶保持器的相角滞后作用，降低了系统的稳定程度。

8.8.2　闭环极点对系统动态响应的影响

由线性连续系统理论可知，闭环极点及零点在 s 平面的分布对反馈系统的暂态响应有重大影响。与此相类似，闭环采样控制系统的暂态响应与闭环脉冲传递函数极点、零点在 z 平面上的分布也有密切的关系。

设闭环采样系统的脉冲传递函数为

$$\frac{C(z)}{R(z)} = \frac{N(z)}{M(z)} = \frac{b_0 z^m + b_1 z^{m-1} + \cdots + b_{m-1}z + b_m}{a_0 z^n + a_1 z^{n-1} + \cdots + a_{n-1}z + a_n}, \ m \leqslant n$$

式中，$N(z)$、$M(z)$ 为分子、分母多项式。

设闭环脉冲传递函数的极点为 $\lambda_i(i = 1, 2, \cdots, n)$。为了简化问题，假设没有相重的极点。

当输入信号 $r(t)$ 为单位阶跃信号时，$R(z) = \dfrac{z}{z-1}$，这时系统输出信号的 z 变换为

$$C(z) = \frac{z}{z-1} \frac{\dfrac{1}{a_0}(b_0 z^m + \cdots + b_{m-1}z + b_m)}{(z - \lambda_1)\cdots(z - \lambda_n)}$$

$$= A_0 \frac{z}{z-1} + \sum_{i=1}^{n} A_i \frac{z}{z - \lambda_i}$$

式中

$$A_0 = \left[\frac{N(z)}{M(z)}\right]_{z=1} = \frac{N_{(1)}}{M_{(1)}}$$

$$A_i = \frac{N(\lambda_i)}{(\lambda_i - 1)M(\lambda_i)}$$

对上式进行 z 反变换，可以求出某一采样时刻的输出值

$$c(k) = A_0 1(k) + \sum_{i=1}^{n} A_i \lambda_i^k$$

上式中第一项为系统输出采样信号的稳态分量，第二项为输出采样信号的暂态分量。由此可见，极点 λ_i 在 z 平面上的位置会影响暂态分量的性质。零点的位置会影响各分量系数 $A_i(i = 0, 1, \cdots, n)$ 的大小。下面分析几种情况。

（1）λ_i 为正实数。当 λ_i 为正实数时，对应的暂态分量

$$c_i(k) = A_i \lambda_i^k$$

为一指数函数。

当 $\lambda_i > 1$ 时，上述指数函数为发散型函数，λ_i^k 随着 k 的增加迅速增长。

当 $0 < \lambda_i < 1$ 时，上述指数函数为衰减型函数。极点 λ_i 距 z 平面坐标原点越近，λ_i^k 衰减速度越快（参见图 8-31）。

（2）λ_i 为负实数。当 λ_i 为负实数时，λ_i^k 可为正数，也可为负数，取决于 k 为偶数或是奇数。k 为偶数时，λ_i^k 为正；k 为奇数时，λ_i^k 为负。因此，随着 k 的增加，$c_i(k)$ 的符号是交替变化的，呈振荡规律。当 $|\lambda_i| < 1$ 时，为衰减振荡。λ_i 距 z 平面原点越近，则振荡的衰减速度越快。振荡的角频率为 π/T。

（3）存在一对共轭复数极点 λ_i 和 $\overline{\lambda_i}$

$$\lambda_i = |\lambda_i| e^{j\theta_i}, \quad \overline{\lambda_i} = |\lambda_i| e^{-j\theta_i}$$

这时

$$c_i(k) = 2|A_i| |\lambda_i|^k \cos(k\theta_i + \varphi_i)$$

当 $|\lambda_i| < 1$ 时，对应的暂态分量 $c_i(k)$ 为衰减的振荡函数。λ_i 距离 z 平面上的坐标原点越近，则衰减速度越快。振荡角频率 $\omega_i = \dfrac{\theta_i}{T}$。

闭环极点在 z 平面不同位置时对应的暂态响应分量如图 8-31 所示。

综上所述，闭环脉冲传递函数的极点在 z 平面上的位置决定响应暂态分量的性质与特点。当闭环极点位于单位圆内时，其对应的暂态分量是衰减的。极点距 z 平面坐标原点越近，则衰减速度越快。若极点位于单位圆内的正实轴上，则对应的暂态分量按指数函数衰减。单位圆内一对共轭复数极点所对应的暂态分量为衰减的振荡函数，其角频率为 θ_i/T。若闭环极点位于单位圆内的负实轴上，其对应的暂态分量也为衰减振荡函数，其振荡角频率为 π/T。为了使采样控制系统具有比较满意的暂态响应性能，闭环脉冲传递函数的极点最好分布在单位圆内的右半部，并尽量靠近 z 平面的坐标原点。

若闭环脉冲传递函数的极点位于单位圆外，则其对应的暂态分量是发散的。这意味着闭环采样系统是不稳定的。

8.8.3 z 平面的根轨迹法

前面讨论了采样控制系统的暂态响应与闭环脉冲传递函数极点、零点分布的关系。在开环脉冲传递函数零、极点已知的条件下，闭环脉冲传递函数的极点可以用根轨迹法求解。

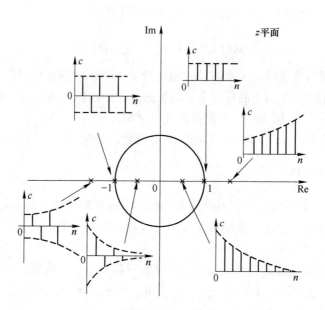

图 8-31 闭环极点对应的暂态分量

设图 8-32 反馈采样控制系统的开环脉冲传递函数为

$$G(z) = K \frac{(z - z_1)(z - z_2)\cdots(z - z_m)}{(z - p_1)(z - p_2)\cdots(z - p_n)}$$

式中，z_i 为开环脉冲传递函数的零点；p_i 为开环脉冲传递函数的极点。

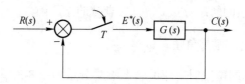

图 8-32 采样系统

采样系统的特征方程式为

$$1 + G(z) = 0$$

或

$$G(z) = -1$$

根据上式可得到幅值条件和相位条件，即

$$|G(z)| = 1$$

$$\angle G(z) = 180° \times (2k + 1) \quad (k = 0, 1, 2, \cdots)$$

上面两式为绘制采样系统根轨迹的两个基本条件。它们与连续系统绘制根轨迹的两个条件在形式上完全类似，因此前面对于连续系统得到的绘制根轨迹的基本规则均可推广用于采样控制系统。这里就不再重复。唯一的区别在于，此处的 $G(z)$ 是开环脉冲传递函数，是 z 平面上复变量 z 的函数。绘制的根轨迹也是 z 平面上的根轨迹。

8.9 MATLAB 在采样控制系统中的应用

MATLAB 控制系统工具箱中有离散系统的各种分析功能，函数名均以 d 开头，以示和连续系统有关函数的区别。但计算根轨迹仍用 rlocus 函数。

求函数 $f(t)$ 的 z 变换 $F(z)$ 可用 $F = ztrans(f)$；求 $F(z)$ 的 z 反变换 $f(t)$ 可用 $f = iztrans(F)$。下面通过几个例题来展示 MATLAB 在采样控制系统中的应用。

【例 8-19】已知带零阶保持器的采样系统框图如图 8-29 所示，其中 $G_h(s) = \dfrac{1 - e^{-sT}}{s}$，

$G_0(s) = \dfrac{1}{s(0.2s + 1)}$，采样周期 $T = 0.25$ s。求系统的开环脉冲传递函数 $G(z)$。

MATLAB 命令如下：

```
num= [1];
den= [0.2, 1, 0];
Gs=tf (num, den);
Gz=c2d (Gs, 0.25);
```

运行结果是：

```
Transter fundion
0.1073z+0.07107
......................
z^2-1.287z+0.2865
```

【例 8-20】已知某采样系统的闭环脉冲传递函数 $\Phi(z) = \dfrac{C(z)}{R(z)} = \dfrac{0.6z}{z^2 - 0.7z + 0.4}$，采样周期 $T = 0.5$ s，求单位阶跃响应。

选仿真终止时间为 15 s，MATLAB 命令如下：

```
num= [0.6, 0];
den= [1, -0.7, 0.4];
tt=15;
dstep (num, den, tt);
```

得到如图 8-33 所示的响应曲线。

【例 8-21】采样系统的开环脉冲传递函数为 $G(z) = \dfrac{Kz}{z^2 - 0.7z + 0.4}$，绘制系统根轨迹，并确定系统临界稳定的 K 值。

MATLAB 命令如下：

```
num= [1, 0];
den= [1, -0.7, 0.4];
rlocus (num, den);
axis equal;
sgrid (0.707, 1);
```

根轨迹如图 8-34 所示。用工具栏中的"data cursor"可找到负实轴上 -1 的闭环极点，这点对应的开环增益 3.4，即为系统临界稳定的增益 K。

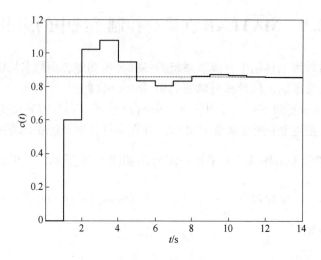

图 8-33　响应曲线

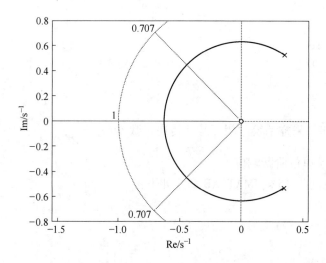

图 8-34　系统根轨迹

本 章 小 结

　　本章首先介绍了采样控制系统的概念。在当今的许多先进系统（例如，机器人、车辆控制系统等）中，数字控制器已经成为了主流。控制系统被设计为在一段时间间隔（即采样间隔）后进行系统状态的"采样"，然后基于这些采样进行决策。采样控制系统以实施数字技术为主，同时也诠释了与采样过程相关的一些关键概念，例如采样定理等。

　　接下来，讨论了零阶保持器的重要性和用途。零阶保持器是用来把离散的数字信号转换为连续的模拟信号的设备或算法。这在模拟系统与数字控制系统的转换中扮演了重要的角色。在采样控制系统设计过程中必须对这个概念有清晰的理解。

　　然后进一步深入讨论了数字控制系统分析和设计的主要方法，特别是 z 变换的应用。z 变换是一种将离散时间序列转换成复频率的数学工具，利用它可以把离散时间信号问题在复频域进行分析，从而为我们提供了一种有效的数字系统建模和分析手段。

　　本章也处理了如何设计实现稳定的闭环控制系统。这涉及到系统稳定性的详细讨论，系统稳定与否往往是系统设计者关注的重点，因为一个不稳定的系统将无法执行其预定的任务。这部分内容也对如何根据设定的性能指标来设计控制器提供了极其重要的指导。

　　本章还讨论了采样系统的稳态误差以及动态性能分析，在深入理解上述内容的前提下，最后还介绍了一些 MATLAB 在采样控制系统中的应用，更好地解决了实际中存在的各种复杂问题。

习　题

8-1　求下列函数的 z 变换。

(1) $E(s) = \dfrac{1}{(s+a)(s+b)}$;

(2) $E(s) = \dfrac{k}{s(s+a)}$;

(3) $E(s) = \dfrac{s+1}{s^2}$;

(4) $E(s) = \dfrac{1 - e^{-s}}{s^2(s+1)}$, $T = 1\text{ s}$;

(5) $e(t) = t^2 e^{-3t}$;

(6) $e(t) = \dfrac{1}{3!}t^3$

8-2　试用多种方法求下列函数的 z 反变换。

(1) $E(z) = \dfrac{10z}{(z-1)(z-2)}$;

(2) $E(z) = \dfrac{-3 + z^{-1}}{1 - 2z^{-1} + z^{-2}}$

8-3　求下列函数所对应脉冲序列的初值和终值。

(1) $E(z) = \dfrac{z}{z - e^{-T}}$;

(2) $E(z) = \dfrac{z^2}{(z - 0.8)(z - 0.1)}$;

(3) $E(z) = \dfrac{0.2385z^{-1} + 0.2089z^{-2}}{1 - 1.0259z^{-1} + 0.4733z^{-2}} \cdot \dfrac{1}{1 - z^{-1}}$;

(4) $E(z) = \dfrac{10z^{-1}}{(1 - z^{-1})^2}$。

8-4　已知 $E(z) = Z[e(t)]$，T 为采样周期，试证明下列关系式成立：

(1) $Z[a^n e(t)] = E\left[\dfrac{z}{a}\right]$;

(2) $Z[te(t)] = -Tz\dfrac{\mathrm{d}E(z)}{\mathrm{d}z}$

8-5　已知差分方程 $c(k) - 4c(k+1) + c(k+2) = 0$，初始条件：$c(0) = 0$，$c(1) = 1$。试用迭代法求输出序列 $c(k)$，$k = 0, 1, 2, 3, 4$。

8-6　试用 z 变换法求解下列差分方程：

(1) $c(k+3) + 6c(k+2) + 11c(k+1) + 6c(k) = 0$, $c(0) = c(1) = 1$, $c(2) = 0$

(2) $c(k+2) + 5c(k+1) + 6c(k) = \cos k\dfrac{\pi}{2}$, $c(0) = c(1) = 0$

8-7　试求如图 8-35 所示闭环离散控制系统的输出脉冲响应 $C(z)$。

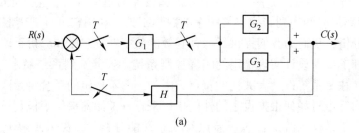

(a)

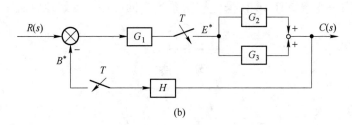

(b)

图 8-35　题 8-7 图

8-8　设有单位反馈误差采样的离散系统，连续部分传递函数为：

$$G(s) = \frac{1}{s^2(s + 5)}$$

输入 $r(t) = 1(t)$，采样周期 $T = 1$ s。试求：

（1）输出 z 变换 $C(z)$；

（2）采样瞬时的输出响应 $c^*(t)$；

（3）输出响应的终值 $c(\infty)$。

8-9　已知闭环离散系统的特征多项式如下，试判断系统的稳定性。

（1）$D(z) = z^2 - 0.63z + 0.89$；

（2）$D(z) = (z + 1)(z + 0.5)(z + 2)$；

（3）$D(z) = z^3 - 1.5z^2 - 0.25z + 0.4$；

（4）$D(z) = 45z^3 - 117z^2 + 119z - 39$；

8-10　设离散系统结构如图 8-36 所示，

（1）设 $T = 1$ s，$K = 1$，$a = 2$，求系统的单位阶跃响应；

（2）$T = 1$ s，$a = 1$，求使系统稳定的临界 K 值。

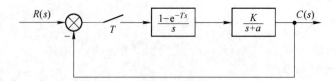

图 8-36　题 8-10 图

8-11　设离散系统如图 8-37 所示，采样周期 $T = 1$ s。

（1）当 $K = 8$ 时闭环系统是否稳定？

（2）求使系统稳定的 K 值范围。

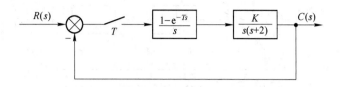

图 8-37　题 8-11 图

8-12　设离散系统结构如图 8-38 所示，采样周期 $T = 0.2\,\mathrm{s}$，输入信号 $r(t) = 1 + t + \dfrac{1}{2}t^2$。试求该系统在 $t \to \infty$ 时的终值稳态误差。

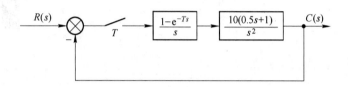

图 8-38　题 8-12 图

8-13　设离散系统结构如图 8-39 所示，采样周期 $T = 0.25\,\mathrm{s}$。当 $r(t) = 2 + t$ 时，欲使稳态误差小于 0.1，求 K 值。

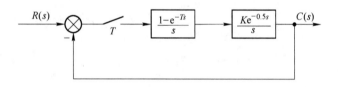

图 8-39　题 8-13 图

8-14　设离散系统结构如图 8-40 所示，采样周期 $T = 0.2\,\mathrm{s}$，$K = 10$，$r(t) = 1 + t + \dfrac{t^2}{2}$，试用终值定理法计算系统稳态误差。

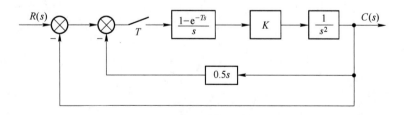

图 8-40　题 8-14 图

8-15　设离散系统结构如图 8-41 所示，采样周期 $T = 0.1\,\mathrm{s}$，$K = 1$，$r(t) = t$，试求静态误差系数 K_p、K_v、K_a，并求稳态误差。

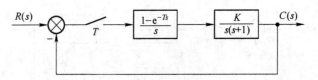

图 8-41 题 8-15 图

8-16 求出图 8-41 所示系统的单位阶跃响应 $c(nT)$ 。

延伸阅读

9 非线性系统分析

本章提要

· 掌握非线性系统的基本概念与分析方法；
· 掌握描述函数的概念及其求法；
· 重点掌握典型非线性特性的描述函数；
· 重点掌握用描述函数法分析非线性系统；
· 掌握相平面分析法的概念及相轨迹绘制；
· 重点掌握用相平面分析法分析非线性系统；
· 掌握 MATLAB 在非线性控制系统中的应用。

思维导图

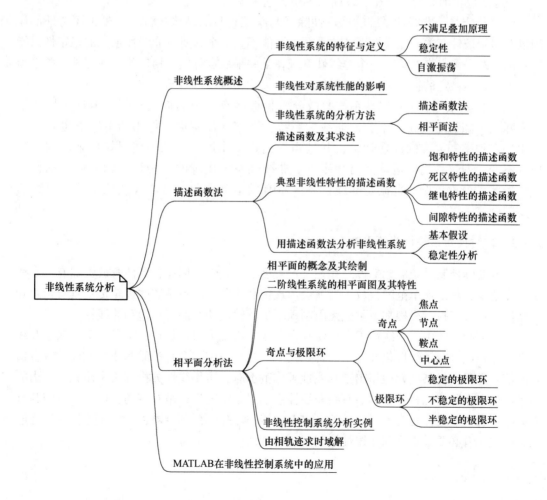

前面各章详细阐述了线性定常系统的分析与设计。然而，理想化的线性系统并不存在，任何物理器件都不同程度地带有非线性特性，如放大器的饱和特性、电动机的死区特性、传动机构的间隙特性等。对于非线性控制系统，目前尚未有统一的、通用的分析方法。本章涉及的非线性环节是指输入、输出间的静特性不满足线性关系的环节，主要讲述非线性控制系统的相关理论，包括非线性系统的概述、研究非线性系统的常用方法以及 MATLAB 在非线性控制系统中的应用等。

9.1   非线性系统概述

9.1.1   非线性系统的特征与定义

在构成控制系统的环节中，如果有一个或一个以上的环节具有非线性特性，则此系统就属于非线性控制系统。非线性系统具有许多特殊的运动形式，与线性系统有着本质的区别，主要表现在以下几个方面：

（1）不满足叠加原理。对于线性系统，如果系统对输入 x_1 的响应为 y_1，对输入 x_2 的响应为 y_2，则在信号 $x = a_1x_1 + a_2x_2$ 的作用下（a_1、a_2 为常量），系统的输出为 $y = a_1y_1 + a_2y_2$，这便是叠加原理。但在非线性系统中，这种关系不成立。

（2）稳定性。非线性系统的稳定性除了与系统自身的结构参数有关外，还与外部作用以及初始条件有关。非线性系统的平衡点可能不止一个，所以非线性系统的稳定性只能针对确定的平衡点来讨论。一个非线性系统在某些平衡点可能是稳定的，在另外一些平衡点却可能是不稳定的；在小扰动时可能稳定，大扰动时却可能不稳定。

（3）自激振荡。描述线性系统的微分方程可能有一个周期运动解，但这一周期运动实际上不能稳定地持续下去。非线性系统，即使在没有输入作用的情况下也有可能产生一定频率和振幅的周期运动，并且当受到扰动作用后运动仍能保持原来的频率和振幅不变，即这种周期运动具有稳定性。非线性系统出现的这种稳定的周期运动称为自激振荡，简称自振。自振是非线性系统特有的运动现象，是非线性控制理论研究的重要问题之一。

9.1.2   非线性对系统性能的影响

组成实际控制系统的元部件总存在一定程度的非线性。例如，晶体管放大器有一个线性工作范围，超出这个范围，放大器就会出现饱和现象；随动系统的齿轮传动具有齿隙和干摩擦等；许多执行机构都不可能无限制地增加其输出功率而存在饱和非线性。

实际控制系统中，非线性因素广泛存在，线性系统模型只是在一定条件下忽略了非线性因素影响或进行了线性化处理后的理想模型。当系统中包含有本质非线性元件，或者输入的信号过强，使某些元件超出了其线性工作范围时，再用线性分析方法来研究，得出的结果往往和实际情况相差很远。有些非线性系统对系统的运行是有害的，应设法克服其有害影响；有些非线性是有益的，应在设计时予以考虑。由于非线性系统的复杂性和普遍性，因此，有必要寻求研究非线性控制系统的方法。

9.1.3 非线性系统的分析方法

由于非线性系统的复杂性和特殊性，使得非线性问题的求解非常困难，到目前为止，还没有形成用于研究非线性系统的通用方法。虽然有一些针对特定非线性问题的系统分析方法，但适用范围有限。本章将介绍工程上常用的两种方法，即描述函数法以及相平面分析法。

描述函数法又称为谐波线性化法，是一种工程近似方法。描述函数法可以用于研究一类非线性控制系统的稳定性和自振问题，给出自振过程的基本特性（如振幅、频率）与系统参数（如放大系数、时间常数等）的关系，为系统的初步设计提供一个思考方向。

相平面分析法是一种用图解法求解二阶非线性常微分方程的方法。相平面上的轨迹曲线描述了系统状态的变化过程，因此可以在相平面图上分析平衡状态的稳定性和系统的时间响应特性。

9.2 描述函数法

9.2.1 描述函数及其求法

描述函数法是达尼尔（P. J. Daniel）在 1940 年首先提出的，主要用来分析在没有输入信号作用时一类非线性系统的稳定性和自振问题。这种方法不受系统阶次的限制，但有一定的近似性。另外，描述函数法只能用来研究系统的频率响应特性，不能给出时间响应的确切信息。

设非线性环节的输入-输出特性为 $y = f(x)$，在正弦信号 $x(t) = A\sin\omega t$ 作用下，其输出 $y(t)$ 一般都是非正弦周期信号，把 $y(t)$ 展开为傅里叶级数

$$y(t) = A_0 + \sum_{n=1}^{\infty}(A_n\cos n\omega t + B_n\sin n\omega t) = A_0 + \sum_{n=1}^{\infty}Y_n\sin(n\omega t + \varphi_n) \tag{9-1}$$

式中，$A_n = \dfrac{1}{\pi}\displaystyle\int_0^{2\pi}y(t)\cos n\omega t\, \mathrm{d}(\omega t)$，$B_n = \dfrac{1}{\pi}\displaystyle\int_0^{2\pi}y(t)\sin n\omega t\, \mathrm{d}(\omega t)$；$Y_n = \sqrt{A_n^2 + B_n^2}$，$\varphi_n = \arctan\dfrac{A_n}{B_n}$。

若非线性特性是中心对称的，则 $y(t)$ 具有奇对称性，此时 $A_0 = 0$，输出 $y(t)$ 中的基波分量为

$$y_1(t) = A_1\cos t + B_1\sin\omega t = Y_1\sin(\omega t + \varphi_1) \tag{9-2}$$

描述函数定义为非线性环节稳态正弦响应中的基波分量与输入正弦信号的复数比（幅值比、相角差），即

$$N(A) = \frac{Y_1}{A}e^{j\varphi_1} = \frac{\sqrt{A_1^2 + B_1^2}}{A}e^{j\arctan(A_1/B_1)} = \frac{B_1}{A} + j\frac{A_1}{A} \tag{9-3}$$

式中，Y_1 为非线性环节输出信号中基波分量的振幅；A 为输入正弦信号的振幅；φ_1 为非线性环节输出信号中基波分量与输入正弦信号的相角差。

很明显，非线性特性的描述函数是线性系统频率特性概念的推广。利用描述函数的概

念，在一定条件下可以借用线性系统频域分析方法来分析非线性系统的稳定性和自振运动。

描述函数的定义中，只考虑了非线性环节输出中的基波分量来描述其特性，而忽略了高次谐波的影响，这种方法称为谐波线性化。

应当注意，谐波线性化本质上不同于小扰动线性化，线性环节的频率特性与输入正弦信号的幅值无关，而描述函数则是输入正弦信号振幅的函数。因此，描述函数只是形式上借用了线性系统频率响应的概念，而本质上保留了非线性的基本特征。

9.2.2 典型非线性特性的描述函数

下面介绍几个常见非线性特性的描述函数的求取过程，以便了解求取描述函数的基本方法。

9.2.2.1 饱和特性的描述函数

图 9-1 表示饱和特性及其在正弦信号 $x(t) = A\sin\omega t$ 作用下的输入-输出波形，输出 $y(t)$ 的数学表达式为

$$y(t) = \begin{cases} KA\sin\omega t & 0 \leq \omega t \leq \psi_1 \\ Ka & \psi_1 \leq \omega t \leq \dfrac{\pi}{2} \end{cases}$$

式中，K 为线性部分的斜率；a 为线性区宽度；$\psi_1 = \arcsin \dfrac{a}{A}$。

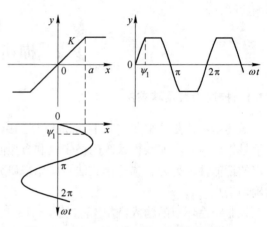

由于饱和特性是单值奇对称的，$y(t)$ 是奇函数，所以 $A_1 = 0$，$\psi_1 = 0$，因 $y(t)$ 具有半波和 1/4 波对称的性质，故 B_1 可按下式计算：

图 9-1 饱和特性及其输入-输出波形

$$B_1 = \frac{1}{\pi} \int_0^{2\pi} y(t)\sin\omega t \mathrm{d}(\omega t)$$

$$= \frac{4}{\pi} \int_0^{\psi_1} KA\sin^2\omega t \mathrm{d}(\omega t) + \frac{4}{\pi} \int_{\psi_1}^{\frac{\pi}{2}} Ka\sin\omega t \mathrm{d}(\omega t)$$

$$= \frac{2KA}{\pi}\left[\arcsin\frac{a}{A} + \frac{a}{A}\sqrt{1 - \left(\frac{a}{A}\right)^2}\right]$$

由描述函数的定义式可得饱和特性的描述函数为：

$$N(A) = \frac{B_1}{A} = \frac{2K}{\pi}\left[\arcsin\frac{a}{A} + \frac{a}{A}\sqrt{1 - \left(\frac{a}{A}\right)^2}\right] \quad (A \geq a)$$

由上式可见，饱和特性的描述函数是一个与输入信号幅值 A 有关的实函数。

9.2.2.2 死区特性的描述函数

图 9-2 表示死区特性及其在正弦信号 $x(t) = A\sin\omega t$ 作用下的输入-输出波形，输出

$y(t)$ 的数学表达式为

$$y(t) = \begin{cases} 0 & (0 \leqslant \omega t \leqslant \psi) \\ K(A\sin\omega t - \psi) & (\psi \leqslant \omega t \leqslant \pi - \psi) \\ 0 & (\pi - \psi \leqslant \omega t \leqslant \pi) \end{cases}$$

式中，$\psi = \arcsin \dfrac{\Delta}{A}$，$\Delta$ 为死区宽度；K 为线性部分的斜率。死区特性是单值奇对称的，$y(t)$ 是奇函数，故 $A_0 = A_1 = 0$。

由式（9-3）可得死区特性的描述函数为

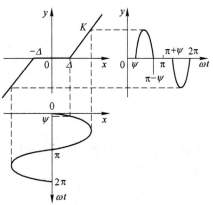

图 9-2　死区特性及输入-输出波形

$$N(A) = \frac{B_1}{A} = \frac{1}{\pi A} \int_0^{2\pi} y(t)\sin\omega t\, d(\omega t)$$

$$= \frac{4}{\pi A} \int_0^{\frac{\pi}{2}} y(t)\sin\omega t\, d(\omega t)$$

$$= \frac{4}{\pi A} \int_{\psi}^{\frac{\pi}{2}} K(A\sin\omega t - \psi)\sin\omega t\, d(\omega t)$$

$$= \frac{2KA}{\pi A}\left[\frac{\pi}{2} - \arcsin\left(\frac{\Delta}{A}\right) - \left(\frac{\Delta}{A}\right)\sqrt{1 - \left(\frac{\Delta}{A}\right)^2}\right]$$

$$= \frac{2K}{\pi}\left[\frac{\pi}{2} - \arcsin\left(\frac{\Delta}{A}\right) - \left(\frac{\Delta}{A}\right)\sqrt{1 - \left(\frac{\Delta}{A}\right)^2}\right]$$

可见，死区特性的描述函数也是输入信号幅值 A 的实函数。

9.2.2.3　死区与滞环继电特性的描述函数

图 9-3 表示具有滞环和死区的继电特性及其在正信号 $x(t) = A\sin\omega t$ 作用下的输入-输出波形，输出 $y(t)$ 的数学表达式为

$$y(t) = \begin{cases} 0 & (0 \leqslant \omega t \leqslant \psi_1) \\ M & (\psi_1 \leqslant \omega t \leqslant \psi_2) \\ 0 & (\psi_2 \leqslant \omega t \leqslant \pi) \end{cases}$$

式中，M 为继电元件的输出值；$\psi_1 = \arcsin\dfrac{h}{A}$；$\psi_2 = \pi - \arcsin\dfrac{mh}{A}$。

由于继电特性是非单值函数，在正弦信号作用下的输出波形既非奇函数也非偶函数，由式（9-1）可得

$$A_1 = \frac{1}{\pi}\int_0^{2\pi} y(t)\cos\omega t\, d(\omega t)$$

$$= \frac{2}{\pi}\int_{\psi_1}^{\psi_2} M\cos\omega t\, d(\omega t) = \frac{2Mh}{\pi A}(m - 1)$$

$$B_1 = \frac{1}{\pi} \int_0^{2\pi} y(t) \sin\omega t \, d(\omega t)$$

$$= \frac{2}{\pi} \int_{\psi_1}^{\psi_2} M \sin\omega t \, d(\omega t)$$

$$= \frac{2M}{\pi}\left[\sqrt{1 - \left(\frac{mh}{A}\right)^2} + \sqrt{1 - \left(\frac{h}{A}\right)^2}\right]$$

由式（9-3）可得死区与滞环继电特性的描述函数为

$$N(A) = \frac{B_1}{A} + j\frac{A_1}{A}$$

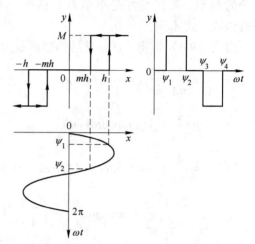

$$= \frac{2M}{\pi A}\left[\sqrt{1 - \left(\frac{mh}{A}\right)^2} + \sqrt{1 - \left(\frac{h}{A}\right)^2}\right] +$$

$$j\frac{2Mh}{\pi A^2}(m - 1) \quad (A \geqslant h) \quad (9-4)$$

在式（9-4）中，令 $h = 0$，就得到理想继电特性的描述函数

图 9-3　继电特性及其输入-输出波形

$$N(A) = \frac{4M}{\pi A}$$

在式（9-4）中，令 $m = 1$，得三位理想继电特性的描述函数

$$N(A) = \frac{4M}{\pi A}\sqrt{1 - \left(\frac{h}{A}\right)^2} \quad (A \geqslant h)$$

在式（9-4）中，令 $m = -1$ 得具有滞环的两位置继电特性的描述函数

$$N(A) = \frac{4M}{\pi A}\sqrt{1 - \left(\frac{h}{A}\right)^2} - j\frac{4Mh}{\pi A^2} \quad (A \geqslant h)$$

9.2.2.4　间隙特性的描述函数

间隙特性及其在正弦信号 $x(t) = A\sin\omega t$ 作用下的输入-输出波形如图9-4所示，输出 $y(t)$ 的数学表达式为

$$y(t) = \begin{cases} k(A\sin\omega t - a) & (0 \leqslant \omega t \leqslant \pi/2) \\ k(A - a) & (\pi/2 \leqslant \omega t \leqslant \pi - \alpha) \\ k(A\sin\omega t + a) & (\pi - \alpha \leqslant \omega t \leqslant \pi) \end{cases}$$

式中，$\alpha = \arcsin\left(1 - \frac{2a}{A}\right)$。

由于间隙特性为非单值奇对称特性，其输出既非奇函数，也非偶函数，故 A_1、B_1 均不为零，但其输出具有正、负半周对称性，直流分量为零，即 $A_0 = 0$。可求得

$$A_1 = \frac{1}{\pi} \int_0^{2\pi} y(t)\cos\omega t \, d(\omega t)$$

$$= \frac{2}{\pi} \left[\int_0^{\frac{\pi}{2}} k(A\cos\omega t - a)\cos\omega t \, d(\omega t) + \right.$$

$$\int_{\frac{\pi}{2}}^{\pi-a} k(A-a)\cos\omega t \, d(\omega t) +$$

$$\left. \int_{\pi-a}^{\pi} k(A\sin\omega t + a)\cos\omega t \, d(\omega t) \right]$$

$$= \frac{4ka}{\pi}\left(\frac{a}{A} - 1\right)$$

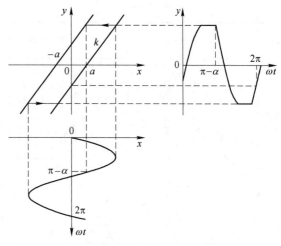

图 9-4 间隙特性及其输入-输出波形

$$B_1 = \frac{1}{\pi} \int_0^{2\pi} y(t)\sin\omega t \, d(\omega t)$$

$$= \frac{2}{\pi} \left[\int_0^{\frac{\pi}{2}} K(A\sin\omega t - a)\sin\omega t \, d(\omega t) + \right.$$

$$\left. \int_{\frac{\pi}{2}}^{\pi-a} K(A-a)\sin\omega t \, d(\omega t) + \int_{\pi-a}^{\pi} K(A\sin\omega t + a)\sin\omega t \, d(\omega t) \right]$$

$$= \frac{kA}{\pi}\left[\frac{\pi}{2} + \arcsin\left(1 - \frac{2a}{A}\right)\right] + 2\left(1 - \frac{2a}{A}\right)\sqrt{\frac{a}{A}\left(1 - \frac{a}{A}\right)} \qquad (A \geqslant a)$$

由式（9-3），求得间隙特性的描述函数为

$$N(A) = \frac{B_1}{A} + j\frac{A_1}{A}$$

$$= \frac{k}{\pi}\left[\frac{\pi}{2} + \arcsin\left(1 - \frac{2a}{A}\right) + 2\left(1 - \frac{2a}{A}\right)\sqrt{\frac{a}{A}\left(1 - \frac{a}{A}\right)}\right] + j\frac{4ka}{\pi A}\left(\frac{a}{A} - 1\right) \quad (A \geqslant a)$$

非线性特性的种类很多，只要掌握了求描述函数的方法，就可以将其一一求出。表 9-1 列出了一些常见非线性特性的描述函数及其负倒描述函数曲线。

表 9-1 常见非线性特性的描述函数及负倒描述函数曲线

类型	非线性特性	描述函数 $N(A)$	负倒描述函数曲线 $-\dfrac{1}{N(A)}$
饱和特性	（图）	$\dfrac{2k}{\pi}\left[\arcsin\dfrac{a}{A} + \dfrac{a}{A}\sqrt{1 - \left(\dfrac{a}{A}\right)^2}\right]$ $(A \geqslant a)$	（图）

类型	非线性特性	描述函数 $N(A)$	负倒描述函数曲线 $-\dfrac{1}{N(A)}$
变增益特性		$k_1 + \dfrac{2(k_2 - k_1)}{\pi}\left[\arcsin\dfrac{a}{A} + \dfrac{a}{A}\sqrt{1 - \left(\dfrac{a}{A}\right)^2}\right]$ $(A \geqslant a)$	
死区特性		$\dfrac{2k}{\pi}\left[\dfrac{\pi}{2} - \arcsin\dfrac{a}{A} - \dfrac{a}{A}\sqrt{1 - \left(\dfrac{a}{A}\right)^2}\right]$ $(A \geqslant a)$	
理想继电特性		$\dfrac{4M}{\pi A}$	
死区继电特性		$\dfrac{4M}{\pi A}\sqrt{1 - \left(\dfrac{a}{A}\right)^2}$ $(A \geqslant a)$	
滞环继电特性		$\dfrac{4M}{\pi A}\sqrt{1 - \left(\dfrac{a}{A}\right)^2} - \mathrm{j}\dfrac{4Ma}{\pi A^2}$ $(A \geqslant a)$	
死区滞环继电特性		$\dfrac{2M}{\pi A}\left[\sqrt{1 - \left(\dfrac{a}{A}\right)^2} + \sqrt{1 - \left(\dfrac{ma}{A}\right)^2}\right] + \mathrm{j}\dfrac{2Ma}{\pi A^2}(m - 1)$ $(A \geqslant a)$	

类型	非线性特性	描述函数 $N(A)$	负倒描述函数曲线 $-\dfrac{1}{N(A)}$
间隙 特性	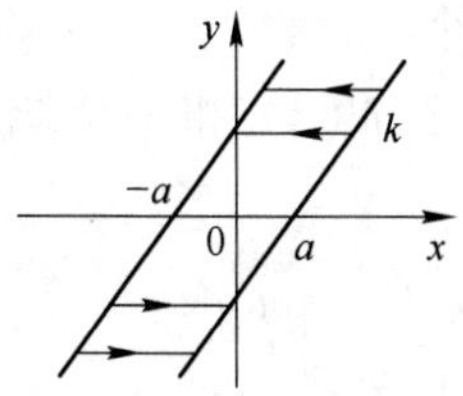 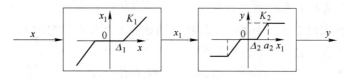	$\dfrac{k}{\pi}\left[\dfrac{\pi}{2}+\arcsin\left(1-\dfrac{2a}{A}\right)+\right.$ $\left.2\left(1-\dfrac{2a}{A}\right)\sqrt{\dfrac{a}{A}\left(1-\dfrac{a}{A}\right)}\right]+$ $\mathrm{j}\dfrac{4ka}{\pi A}\left(\dfrac{a}{A}-1\right)\quad(A\geqslant a)$	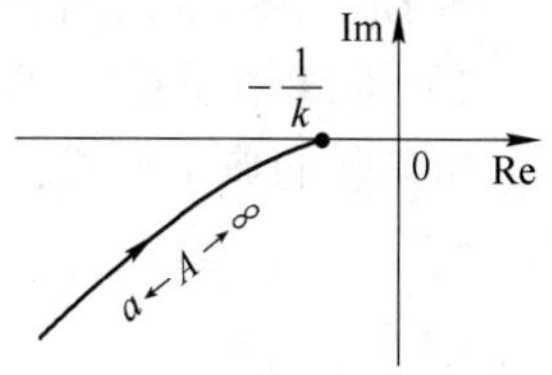

9.2.2.5　组合非线性特性的描述函数

当非线性系统中含有两个以上的非线性环节时，一般不能照搬线性环节的串并联方法来求取总的描述函数，而应按照下列方法进行计算。

（1）非线性并联：两个非线性环节并联后总的描述函数等于两个并联环节描述函数的和。叠加即并联连接，这一点也可以从波形图的叠加上看出来。利用这个特点，可以改善非线性系统的性能。

（2）非线性串联：若两个非线性环节串联，则要仿照求描述函数的过程，利用作图的方式求出等效的非线性特性。如图 9-5 所示，这两个非线性环节串联后的等效环节为带死区的饱和特性。

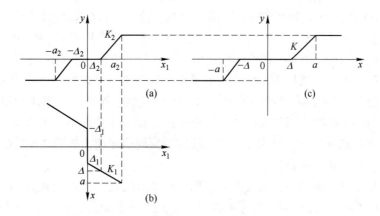

图 9-5　非线性环节串联

由作图法可知，两个串联环节的顺序相交换，会得到不同的等效特性。描述函数需要按照串联后的等效非线性特性来求取，不能直接计算。图 9-6 所示为非线性环节串联等效的图解法。

图 9-6　非线性环节串联等效的图解法

9.2.3 用描述函数法分析非线性系统

9.2.3.1 描述函数法的应用条件

应用描述函数法分析非线性系统时，要求系统满足以下条件：

（1）非线性系统的结构图可以简化成只有一个非线性环节 $N(A)$ 和一个线性部分 $G(s)$ 相串联的典型形式，如图 9-7 所示。

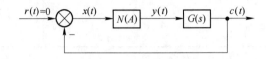

图 9-7 非线性系统典型结构图

（2）非线性环节的输入-输出特性是奇对称的，即 $y(-x)=-y(x)$，保证非线性特性在正弦信号作用下的输出不包含常值分量，而且 $y(t)$ 中基波分量幅值占优。

（3）线性部分具有较好的低通滤波性能。这样，当非线性环节输入正弦信号时，输出中的高次谐波分量将被大大削弱，因此闭环通道内近似只有基波信号流通。线性部分的阶次越高，低通滤波性能越好，用描述函数法所得结果的准确性也越高。

以上条件满足时，可以将非线性环节近似当作线性环节来处理，用其描述函数当作其"频率特性"，借用线性系统频域法中的奈氏判据分析非线性系统的稳定性。

9.2.3.2 非线性系统的稳定性分析

设非线性系统满足上述三个条件，其结构图如图 9-7 所示。图中 $G(s)$ 的极点均在左半 s 平面，则闭环系统的"频率特性"为

$$\Phi(j\omega) = \frac{C(j\omega)}{R(j\omega)} = \frac{N(A)G(j\omega)}{1 + N(A)G(j\omega)}$$

闭环系统的特征方程为

$$1 + N(A)G(j\omega) = 0$$

$$G(j\omega) = -\frac{1}{N(A)} \tag{9-5}$$

式中，$-1/N(A)$ 称为非线性特性的负倒描述函数。这里，可将其理解为广义 $(-1, j0)$ 点。由奈氏判据 $Z = P - 2N$ 可知，当 $G(s)$ 在右半 s 平面没有极点时，$P = 0$，要使系统稳定，要求 $Z = 0$，意味着 $G(j\omega)$ 曲线不能包围 $-1/N(A)$ 曲线，否则系统不稳定。

由此可以得出判定非线性系统稳定性的推广奈氏判据，其内容如下：当 $G(s)$ 在右半 s 平面没有极点时，若 $G(j\omega)$ 曲线不包围 $-1/N(A)$ 曲线，则非线性系统稳定；若 $G(j\omega)$ 曲线包围 $-1/N(A)$ 曲线，则非线性系统不稳定；若 $G(j\omega)$ 曲线与 $-1/N(A)$ 有交点，则在交点处必然满足式（9-5），对应非线性系统的等幅周期运动，如果这种等幅运动能够稳定地持续下去，便是系统的自振。

为了确定稳定的自振状态，需要判断在周期运动解附近，当 A 变化 ΔA 以后对应系统的稳定性。如图 9-8 所示，$G(j\omega)$ 与 $-1/N(A)$ 有 a，b 两个交点。在 a 点，振幅为 A_a、频率为 ω_a，若由于某扰动使振荡的振幅略有增大，这时工作点将沿 $-1/N(A)$ 曲线由 a 点

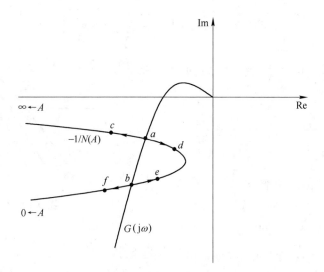

图 9-8 存在周期运动的非线性系统

移动到 c 点。由于 $G(j\omega)$ 曲线不包围 c 点，系统出现的振荡过程是收敛的，周期振荡的振幅要衰减，逐步恢复到 A_a，又返回到工作点 a。若由于某扰动使振荡的振幅略有减小，这时工作点将沿 $-1/N(A)$ 曲线由 a 点移动到 d 点。由于 $G(j\omega)$ 曲线包围 d 点，系统不稳定，输出将发散，其结果将使输出振幅变大，工作点又从 d 点返回到 a 点。由此可见，a点是稳定的工作点，可以形成自振。用同样的方法对 b 点的工作状态进行分析，可以得到 b 点不是稳定的工作点，不能形成自振。

由上述分析可知，该系统最终呈现两种可能的运动状态：一是当扰动较小，其幅值小于 A_b 时，系统趋于平衡状态，不产生自振；二是当扰动较大，其幅值大于 A_a 时，系统出现自振，其振幅为 A_a，频率为 ω_a。

综合上述分析过程，归结出判断稳定自振点的简便方法如下：在复平面上，将被 $G(j\omega)$ 曲线所包围的区域视为不稳定区域，而不被 $G(j\omega)$ 曲线所包围的区域视为稳定区域。当交点处的 $-1/N(A)$ 曲线沿着振幅 A 增大的方向由不稳定区进入稳定区时，则该交点为稳定的周期运动。反之，若 $-1/N(A)$ 曲线沿着振幅 A 增大的方向在交点处由稳定区进入不稳定区时，则该交点为不稳定的周期运动。若为稳定的自激振荡点，可确定其振幅和频率。

【例 9-1】某非线性系统结构图如图 9-9 所示，（1）判定 k 取何值时系统会有自振？（2）当 $k = 10$ 时，求自振的 A 和 ω。

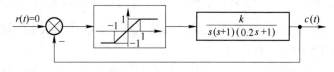

图 9-9 非线性系统结构图

解：（1）求非线性环节的描述函数：

$$N(A) = \frac{2}{\pi}\left(\sin^{-1}\frac{1}{A} + \frac{1}{A}\sqrt{1 - \frac{1}{A^2}}\right)$$

求 $-\dfrac{1}{N(A)}$ 并画出 $-\dfrac{1}{N(A)}$ 和 $G(j\omega)$ 的极坐标

图，如图 9-10 所示。

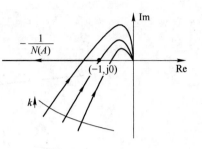

$$-\frac{1}{N(A)} = -\frac{\pi}{2}\left(\frac{1}{\sin^{-1}\dfrac{1}{A} + \dfrac{1}{A}\sqrt{1 - \dfrac{1}{A^2}}}\right) \quad (A \geqslant 1)$$

求自振的 k 值。由图可知，当 $G(j\omega)$ 过

$(-1, j0)$ 点时会产生自振，故

图 9-10　极坐标图

$$G(j\omega) = \mathrm{Re}(\omega) + \mathrm{Im}(\omega) = -1 + j0$$

可解得：$k = 6$，$\omega = \sqrt{5}\ \mathrm{rad/s}$。进而，由自振的条件

$$G(j\omega) = -\frac{1}{N(A)} \quad 可得：k \geqslant 6。$$

（2）当 $k = 10$ 时，由

$$G(j\omega) = \frac{10}{j\omega(j\omega + 1)(0.2j\omega + 1)} = -\frac{1}{N(A)}$$

可解得：$\omega = \sqrt{5}\ \mathrm{rad/s}$，$A = 2.3$。

9.3　相平面分析法

9.3.1　相平面的概念及其绘制

相平面法是法国数学家庞加莱（J. H. Poincaré）于 1885 年首先提出来的，是求解一阶、二阶线性或非线性系统的一种图解法，可以用来分析系统的稳定性、平衡位置、时间响应、稳态精度以及初始条件和参数对系统运动的影响。

设一个二阶系统可以用微分方程

$$\ddot{x} + f(x, \dot{x}) = 0 \tag{9-6}$$

来描述，其中 $f(x, \dot{x})$ 是 x 和 $\dot{x}$ 的线性或非线性函数。在非全零初始条件 $(x_0, \dot{x}_0)$ 或输入作用下，系统的运动可以用解析解 $x(t)$ 和 $\dot{x}(t)$ 描述。

取 x 和 $\dot{x}$ 构成坐标平面，称为相平面，则系统的每一个状态均对应于该平面上的一点。当 t 变化时，这一点在 $x - \dot{x}$ 平面上描绘出的轨迹，表征系统状态的演变过程，该轨迹就叫做相轨迹，如图 9-11 所示。

相平面和相轨迹曲线簇构成相平面图。相平面图清楚地表示了系统在各种初始条件或输入作用下的运动过程，可以用来对系统进行分析和研究。

相轨迹的性质有以下几点：

（1）相轨迹的斜率。相轨迹在相平面上任意一点 $(x, \dot{x})$ 处的斜率为

$$\frac{\mathrm{d}\dot{x}}{\mathrm{d}x} = \frac{\mathrm{d}\dot{x}/\mathrm{d}t}{\mathrm{d}x/\mathrm{d}t} = -\frac{f(x, \dot{x})}{\dot{x}} \tag{9-7}$$

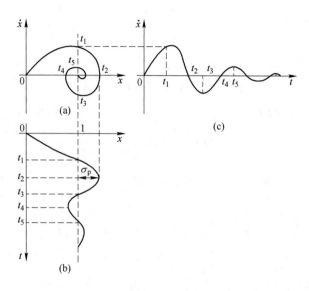

图 9-11 相轨迹

只要在点 $(x, \dot{x})$ 处不同时满足 $\dot{x} = 0$ 和 $f(x, \dot{x}) = 0$，则相轨迹的斜率就是一个确定的值。这样，通过该点的相轨迹不可能多于一条，相轨迹不会在该点相交。这些点是相平面上的普通点。

（2）相轨迹的奇点。在相平面上同时满足 $\dot{x} = 0$ 和 $f(x, \dot{x}) = 0$ 的点处相轨迹的斜率

$$\frac{\mathrm{d}\dot{x}}{\mathrm{d}x} = -\frac{f(x, \dot{x})}{\dot{x}} = \frac{0}{0} \tag{9-8}$$

即相轨迹的斜率不确定，通过该点的相轨迹有一条以上。这些点是相轨迹的交点，称为奇点。显然，奇点只分布在相平面的 x 轴上。由于在奇点处 $\ddot{x} = \dot{x} = 0$，故奇点也称为平衡点。

（3）相轨迹的运动方向。相平面的上半平面中，$\dot{x} > 0$，相轨迹点沿相轨迹向 x 轴正方向移动，所以上半部分相轨迹箭头向右；同理，下半相平面 $\dot{x} < 0$，相轨迹箭头向左。总之，相轨迹点在相轨迹上总是按顺时针方向运动。

（4）相轨迹通过 x 轴的方向。相轨迹总是以垂直方向穿过 x 轴。因为在 x 轴上的所有点均满足 $\dot{x} = 0$，因而除去其中 $f(x, \dot{x}) = 0$ 的奇点外，在其他点上的斜率 $\mathrm{d}\dot{x}/\mathrm{d}x \to \infty$，这表示相轨迹与相平面的 x 轴是正交的。

绘制相轨迹是用相平面法分析系统的基础。相轨迹的绘制方法有解析法和图解法两种。解析法通过求解系统微分方程找出 x 和 $\dot{x}$ 的解析关系，从而在相平面上绘制相轨迹。图解法则通过作图方法间接绘制出相轨迹。

（1）解析法。当描述系统的微分方程比较简单时，适合于用解析法绘制相轨迹。例如，研究以式（9-9）描述的二阶线性系统在一组非全零初始条件下的运动。

$$\ddot{x} + 2\xi\omega_n\dot{x} + \omega_n^2 x = 0 \tag{9-9}$$

当 $\xi = 0$ 时，式（9-9）变为

$$\ddot{x} + \omega_n^2 x = 0$$

考虑到

$$\ddot{x} = \frac{d\dot{x}}{dt} = \frac{d\dot{x}}{dx}\frac{dx}{dt} = \dot{x}\frac{d\dot{x}}{dx} = -\omega_n^2 x$$

用分离变量法进行积分有

$$\begin{cases} \dot{x}d\dot{x} = -\omega_n^2 x dx \\[2mm] \int_{\dot{x}_0}^{\dot{x}} \dot{x}d\dot{x} = -\omega_n^2 \int_{x_0}^{x} x dx \\[2mm] x^2 + \frac{\dot{x}^2}{\omega_n^2} = A^2 \end{cases} \tag{9-10}$$

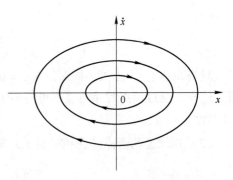

式中，$A = \sqrt{x_0^2 + \frac{\dot{x}_0^2}{\omega_n^2}}$ 是由初始条件 $(x_0, \dot{x}_0)$ 决定的常数。式（9-10）表示相平面上以原点为中心的椭圆。当初始条件不同时，相轨迹是以 $(x_0, \dot{x}_0)$ 为起始点的椭圆簇。系统的相平面图如图 9-12 所示，表明系统的响应是等幅周期运动。图中箭头表示时间 t 增大的方向。

（2）图解法。绘制相轨迹的图解法有多种，其中等倾线法简单实用，在实际中被广泛采用。等倾线法是一种通过图解方法求相轨迹的方法。由式

图 9-12　零阻尼二阶系统的相平面图

（9-7）可求得相平面上某点处的相轨迹斜率，若取斜率为常数 a，则式（9-7）可改写成

$$a = -\frac{f(x, \dot{x})}{\dot{x}} \tag{9-11}$$

式（9-11）称为等倾线方程。很明显，在相平面中，经过等倾线上各点的相轨迹斜率都等于 a。给定不同的 a 值，可在相平面上绘出相应的等倾线。在各等倾线上做出斜率为 a 的短线段，就可以得到相轨迹切线的方向场。沿方向场画连续曲线就可以绘制出相平面图。以下举例说明。

【例 9-2】设系统方程为：$\ddot{x} + 2\xi\omega\dot{x} + \omega^2 x = 0$，试绘制相轨迹。

解：上式改写为 $\dot{x}\frac{d\dot{x}}{dx} + 2\xi\omega\dot{x} + \omega^2 x = 0$。令 $\frac{d\dot{x}}{dx} = \alpha$，代入得：

$$\alpha\dot{x} + 2\xi\omega\dot{x} + \omega^2 x = 0$$

等倾线方程：

$$\dot{x} = -\frac{\omega^2}{2\xi\omega + \alpha}x$$

可见，等倾线为过原点、斜率为 $-\dfrac{\omega^2}{2\xi\omega + \alpha}$ 的直线。若给定参数：$\xi = 0.5$，$\omega = 1$，则等倾线方程为：

$$\dot{x} = -\frac{1}{1 + \alpha}x$$

取不同的 α 值得到表 9-2。

表 9-2　相轨迹切线斜率 α、等倾线斜率和轴夹角关系计算

α	-3.75	-2.19	-1.58	-1.18	-0.82	-0.42	0.19	1.75	∞
$-\dfrac{x_1}{1 + \alpha}$	0.36	0.84	1.73	5.67	-5.67	-1.73	-0.84	-0.36	0.00
β	20°	40°	60°	80°	100°	120°	140°	160°	180°

求得等倾线如图 9-13 所示。若给定初始条件 A，则可作出相轨迹为 $ABCDE\cdots\cdots$

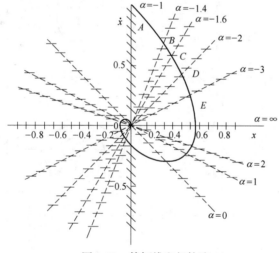

图 9-13　等倾线和相轨迹

9.3.2　二阶线性系统的相平面图及其特性

许多本质非线性系统常常可以进行分段线性化处理，而许多非本质非线性系统也可以在平衡点附近做增量线性化处理。因此，可以从二阶线性系统的相轨迹入手进行研究，为非线性系统的相平面分析提供手段。

由式（9-9）描述的二阶线性系统自由运动的微分方程

$$\ddot{x} + 2\xi\omega_n\dot{x} + \omega_n^2 x = 0$$

可得

$$\frac{\mathrm{d}\dot{x}}{\mathrm{d}x} = -\frac{\omega_n^2 x + 2\xi\omega_n\dot{x}}{\dot{x}} \tag{9-12}$$

利用等倾线法，或者解出系统的相轨迹方程，就可以绘制出相应的相平面图。将不同情形下的二阶线性系统相平面图归纳整理，列在表 9-3 中。

表 9-3　二阶线性系统的相轨迹

序号	系统方程		极点分布	相轨迹	奇点	相轨迹方程
	方程	参数				
1		$\xi \geqslant 1$			(0, 0) 稳定节点	抛物线（收敛）特殊相轨迹：$\begin{cases} \dot{x} = \lambda_1 x \\ \dot{x} = \lambda_2 x \end{cases}$
2		$0 < \xi < 1$			(0, 0) 稳定焦点	对数螺线（收敛）
3	$\ddot{x} + 2\xi\omega_n\dot{x} + \omega_n^2 x = 0$	$\xi = 0$			(0, 0) 中心点	椭圆
4		$-1 < \xi < 0$			(0, 0) 不稳定焦点	对数螺线（发散）
5		$\xi \leqslant -1$			(0, 0) 不稳定节点	抛物线（发散）特殊相轨迹：$\begin{cases} \dot{x} = \lambda_1 x \\ \dot{x} = \lambda_2 x \end{cases}$

续表 9-3

序号	系统方程 方程	系统方程 参数	极点分布	相轨迹	奇点	相轨迹方程
6		$\begin{cases} a\ 任意 \\ b>0 \end{cases}$			$(0,0)$ 鞍点	双曲线 特殊相轨迹: $\begin{cases} \dot{x}=\lambda_1 x \\ \dot{x}=\lambda_2 x \end{cases}$
7	$\ddot{x}+a\dot{x}$ $-bx=0$	$\begin{cases} a>0 \\ b=0 \end{cases}$			x 轴	$\begin{cases} \dot{x}=0 \\ \dot{x}=-ax+C \end{cases}$
8		$\begin{cases} a<0 \\ b=0 \end{cases}$			x 轴	$\begin{cases} \dot{x}=0 \\ \dot{x}=-ax+C \end{cases}$
9		$\begin{cases} a=0 \\ b<0 \end{cases}$			x 轴	$\dot{x}=C$

在式（9-9）中令 $\ddot{x}=\dot{x}=0$，可以得出唯一解 $x_e=0$，这表明线性二阶系统的奇点（或平衡点）就是相平面的原点。根据系统极点在复平面上的位置分布，以及相轨迹的形状，将奇点分为不同的类型。

（1）当 $\xi\geqslant 1$ 时，λ_1,λ_2 为两个负实根，系统处于过阻尼（或临界阻尼）状态，自由响应按指数衰减。对应的相轨迹是一簇趋向相平面原点的抛物线，相应奇点称为稳定的节点。

（2）当 $0<\xi<1$ 时，λ_1,λ_2 为一对具有负实部的共轭复根，系统处于欠阻尼状态。自由响应为衰减振荡过程。对应的相轨迹是一簇收敛的对数螺旋线，相应的奇点称为稳定的焦点。

（3）当 $\xi=0$ 时，λ_1,λ_2 为一对共轭纯虚根，系统的自由响应是简谐运动，相轨迹是一簇同心椭圆，称这种奇点为中心点。

（4）当 $-1<\xi<0$ 时，λ_1,λ_2 为一对具有正实部的共轭复根，系统的自由响应振荡

发散。对应的相轨迹是发散的对数螺旋线，相应奇点称为不稳定的焦点。

（5）当 $\xi \leqslant -1$ 时，λ_1，λ_2 为两个正实根，系统的自由响应为非周期发散状态。对应的相轨迹是发散的抛物线簇，相应的奇点称为不稳定的节点。

（6）若系统极点 λ_1，λ_2 为两个符号相反的实根，此时系统的自由响应呈现非周期发散状态。对应的相轨迹是一簇双曲线，相应奇点称为鞍点，是不稳定的平衡点。

当系统至少有一个为零的极点时，很容易解出相轨迹方程（见表9-3中序号7~9），由此绘制相平面图，可以分析系统的运动特性。

9.3.3 奇点与极限环

9.3.3.1 奇点

系统分析的目的是确定所具有的各种运动状态及其性质。对于非线性系统，平衡状态和平衡状态附近系统的运动形式以及极限环的存在制约着整个系统的运动特性，为此必须加以讨论和研究。

以微分方程 $\ddot{x} = f(x, \dot{x})$ 表示的二阶系统，其相轨迹上每一点切线的斜率为 $\dfrac{d\dot{x}}{dx} = \dfrac{f(x, \dot{x})}{\dot{x}}$，若在某点处 $f(x, \dot{x})$ 和 $\dot{x}$ 同时为零，即有 $\dfrac{d\dot{x}}{dx} = \dfrac{0}{0}$ 的不定形式，则称该点为相平面的奇点。

相轨迹在奇点处的切线斜率不定，表明系统在奇点处可以按任意方向趋近或离开奇点，因此在奇点处多条相轨迹相交；而在相轨迹的非奇点（称为普通点）处，不同时满足 $\dot{x} = 0$ 和 $f(x, \dot{x}) = 0$，相轨迹的切线斜率是一个确定的值，故经过普通点的相轨迹只有一条。

由奇点定义知，奇点一定位于相平面的横轴上。在奇点处，$\dot{x} = 0$，$\ddot{x} = f(x, \dot{x}) = 0$，系统运动的速度和加速度同时为零。对于二阶系统来说，系统不再发生运动，处于平衡状态，故相平面的奇点亦称为平衡点。

线性二阶系统为非线性二阶系统的特殊情况。总结表9-3，特征根在 s 平面上的分布，决定了系统自由运动的形式，因而可由此划分线性二阶系统奇点 $(0, 0)$ 的类型：

（1）焦点。当特征根为一对具有负实部的共轭复根时，奇点为稳定焦点；当特征根为一对具有正实部的共轭复根时，奇点为不稳定焦点。

（2）节点。当特征根为两个负实根时，奇点为稳定节点；当特征根为两个正实根时，奇点为不稳定节点。

（3）鞍点。当特征根一个为正实根，一个为负实根时，奇点为鞍点。

（4）中心点。当特征根为一对纯虚根时，奇点为中心点。

此外，若线性一阶系统的特征根为负实根（奇点为原点）或线性二阶系统的特征根一个为零根，另一个为负实根时（奇点为横轴），相轨迹线性收敛；若线性一阶系统的特征根为正实根时或线性二阶系统一个根为零根，另一个根为正实根时，则相轨迹线性发散。

对于非线性系统的各个平衡点，若描述非线性过程的非线性函数解析时，可以通过平衡点处的线性化方程，基于线性系统特征根的分布，确定奇点的类型，进而确定平衡点附近相轨迹的运动形式。对于常微分方程 $\ddot{x}=f(x,\dot{x})$，若 $f(x,\dot{x})$ 解析，设 $(x_0,\dot{x}_0)$ 为非线性系统的某个奇点，则可将 $f(x,\dot{x})$ 在奇点 $(x_0,\dot{x}_0)$ 处展开成泰勒级数，在奇点的小邻域内，略去 $\Delta x=x-x_0$ 和 $\Delta \dot{x}=\dot{x}-\dot{x}_0$ 的高次项，取一次近似，则得到奇点附近关于 x 增量 Δx 的线性二阶微分方程

$$\Delta \ddot{x}=\frac{\partial f(x,\dot{x})}{\partial x}\bigg|_{\substack{x=x_0 \\ \dot{x}=\dot{x}_0}}\Delta x+\frac{\partial f(x,\dot{x})}{\partial \dot{x}}\bigg|_{\substack{x=x_0 \\ \dot{x}=\dot{x}_0}}\Delta \dot{x} \tag{9-13}$$

若 $f(x,\dot{x})$ 不解析，例如非线性系统中含有用分段表示的常见线性因素，可以根据非线性特性，将相平面划分为若干个区域，在各个区域，非线性方程中 $f(x,\dot{x})$ 或满足解析条件或可只表示为线性微分方程。当非线性方程在某个区域可以表示为线性微分方程时，则奇点类型决定该区域系统运动的形式。若对应的奇点位于本区域内，则称为实奇点；若对应的奇点位于其他区域，则称为虚奇点。

9.3.3.2 奇线

奇线就是特殊的相轨迹，将相平面划分为具有不同运动特点的各个区域。最常见的奇线是极限环。由于非线性系统会出现自激振荡，相应的相平面上会出现一条孤立的封闭曲线，曲线附近的相轨迹都渐近地趋向这条封闭的曲线，或者从这条封闭的曲线离开，见图 9-14，这条特殊的相轨迹就是极限环。极限环把相平面划分为内部平面和外部平面两部分，相轨迹不能从环内穿越极限环进入环外，或者相反。这样就把相平面划分为具有不同运动特点的各个区域，因此极限环也是相平面上的分隔线，对于确定系统的全部运动状态是非常重要的。

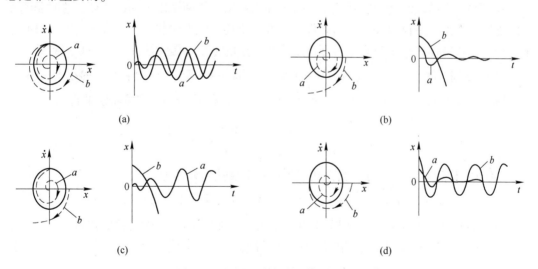

(a)　　　　　　　　　　　　　(b)

(c)　　　　　　　　　　　　　(d)

图 9-14　极限环的类型及其过渡过程

应当指出，不是相平面内所有的封闭曲线都是极限环。在无阻尼的线性二阶系统中，由于不存在由阻尼所造成的能量损耗，因而相平面图是一簇连续的封闭曲线，这类闭合曲线不是极限环，因为它们不是孤立的，在任何特定的封闭曲线邻近，仍存在着封闭曲线。而极限环是相互孤立的，在任何极限环的邻近都不可能有其他的极限环。极限环是非线性

系统中的特有现象，只发生在非守恒系统中，这种周期运动的原因不在于系统无阻尼，而是系统的非线性特性，导致系统的能量作交替变化，这样就有可能从某种非周期性的能源中获取能量，从而维持周期运动。

根据极限环邻近相轨迹的运动特点，可以将极限环分为以下三种类型：

（1）稳定的极限环。当 $t \to \infty$ 时，如果起始于极限内部或外部的相轨迹均卷向极限环，则称该极限环为稳定的极限环，如图 9-14（a）所示。极限环内部的相轨迹发散至极限环，说明极限环的内部是不稳定区域；极限环外部的相轨迹收敛至极限环，说明极限环的外部是稳定区域。因为任何微小扰动使系统的状态离开极限环后，最终仍会回到这个极限环，说明系统的运动表现为自振，而且这种自振只与系统的结构参数有关，与初始条件无关。

（2）不稳定的极限环。当 $t \to \infty$ 时，如果起始于极限环内部或外部的相轨迹均卷离极限环，则称该极限环为不稳定的极限环，如图 9-14（b）所示，极限环内部的相轨迹收敛至环内的奇点，说明极限环的内部是稳定区域；极限环外部的相轨迹发散至无穷远处，说明极限环的外部是不稳定区域，极限环所表示的周期运动是不稳定的，任何微小扰动，不是使系统的运动收敛于环内的奇点，就是使系统的运动发散至无穷。

（3）半稳定的极限环。当 $t \to \infty$ 时，如果起始于极限环内（外）部的相轨迹卷向极限环，而起始于极限环外（内）部的相轨迹卷离极限环，则称这种极限环为半稳定的极限环，如图 9-14（c）和（d）所示。图 9-14（c）所示的极限环，其内部和外部都是不稳定区域，极限环所表示的周期运动是不稳定的，系统的运动最终将发散至无穷远处。图 9-14（d）所示的极限环，其内部和外部都是稳定区域，极限环所表示的周期运动是稳定的，系统的运动最终将收敛至环内的奇点。

在一些复杂的非线性控制系统中，有可能出现两个或两个以上的极限环，这时非线性系统的工作状态，不仅取决于初始条件，也取决于扰动的方向和大小。应该指出，只有稳定的极限环才能在实验中观察到，不稳定或半稳定的极限环是无法在实验中观察到的。

【例 9-3】 非线性系统的方程如下：$\ddot{x} + 0.5\dot{x} + 2x + x^2 = 0$，试绘制系统的相平面图。

解：式中 $f(x, \dot{x}) = 0.5\dot{x} + 2x + x^2$。由 $\dot{x} = 0$，$f(x, \dot{x}) = 0$，求得系统的奇点为：

$$\begin{cases} （1）x = 0, \ \dot{x} = 0 \\ （2）x = -2, \ \dot{x} = 0 \end{cases}$$

系统在奇点（0，0）附近，根据式（9-13）得线性化方程为：

$$g(x, \dot{x}) = (2 + 2x)|_{x=0}(x - 0) + 0.5(\dot{x} - 0) = 2x + 0.5\dot{x}$$

即 $\ddot{x} + 0.5\dot{x} + 2x = 0$，其阻尼比，$0 < \xi < 1$，则奇点（0，0）为稳定焦点。

在奇点（-2，0）附近，根据式（9-13）得线性化方程为：

$$g(x, \dot{x}) = (2 + 2x)|_{x=-2}(x + 2) + 0.5\dot{x} = 0.5\dot{x} - 2x - 4$$

令 $y = x + 2$，在 $y = 0$，$\dot{y} = 0$ 这一点附近，方程变为：

$$\ddot{y} + 0.5\dot{y} - 2y = 0$$

可知，奇点（-2，0）为鞍点。

由以上两种奇点类型的相平面图结合起来，可以画出系统相平面图的大致形状，如图 9-15 所示。

9.3.4 非线性系统分析实例

非线性特性可以给系统的控制性能带来许多不利的影响，但是如果运用得当，有可能获得线性系统所无法实现的理想效果。

图 9-16 所示为非线性阻尼控制系统结构图。在线性控制中，常用速度反馈来增加系统的阻尼，改善动态响应的平稳性。但是这种校正在减小超调的同时，往往降低了响应的速度，影响系统的稳态精度。采用非线性校正，在速度反馈通道中串入

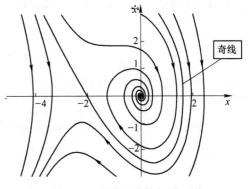

图 9-15　非线性系统相平面图

死区特性，则系统输出量较小，小于死区 ε_0 时，没有速度反馈，系统处于弱阻尼状态，响应较快。而当输出量增大，超过死区 ε_0 时，速度反馈被接入，系统阻尼增大，从而抑止了超调量，使输出快速、平稳地跟踪输入指令。图 9-17 中，曲线 1~3 所示为系统分别在无速度反馈、采用线性速度反馈和采用非线性速度反馈三种情况下的阶跃响应曲线。由图可见，非线性速度反馈时，系统的动态过程（曲线 3）既快又稳，系统具有良好的动态性能。

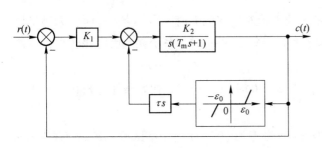

图 9-16　非线性阻尼控制

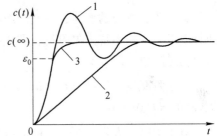

图 9-17　非线性阻尼下的阶跃响应

【例 9-4】变增益控制系统如图 9-18 所示，其中非线性元件 G_N 的输入输出特性如图 9-19 所示，系统开始处于零初始状态。若输入信号为 $r(t) = R \cdot 1(t)$，试绘制系统的相平面图，并分析采用变增益放大器对系统性能的影响。

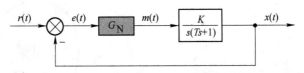

图 9-18　变增益控制系统框图

解： 由图 9-18 可得系统方程

$$\begin{cases} T\ddot{x} + \dot{x} = Km \\ e = r - x \end{cases}$$

写成误差方程：$T\ddot{e} + \dot{e} + Km = T\ddot{r} + \dot{r}$。由图9-19知，非线性特性方程为

$$m = \begin{cases} e & |e| > e_0 \\ ke & |e| < e_0 \end{cases}$$

根据非线性特性，分界线 $e(0) = r(0)$，$\dot{e}(0) = \dot{r}(0)$ 将相平面分成两个区域，如图 9-20 所示。

区域 I： $T\ddot{e} + \dot{e} + Kke = T\ddot{r} + \dot{r}$，$|e| < e_0$

区域 II： $T\ddot{e} + \dot{e} + Ke = T\ddot{r} + \dot{r}$，$|e| > e_0$

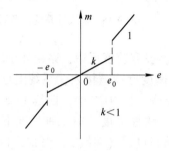

图 9-19 非线性增益图

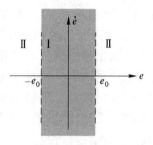

图 9-20 相平面的分区

为了改善系统的性能，一般选用较大的 K 值和适当的 k 值。当 $|e| > e_0$ 时，为满足快速性要求，应使系统为欠阻尼，即 $0 < \xi < 1$；当 $|e| < e_0$ 时，系统误差已经比较小，应使系统为过阻尼，即 $\xi > 1$。

对于阶跃输入信号 $r(t) = R \cdot 1(t)$，当 $t > 0$ 时，$\dot{r} = \ddot{r} = 0$。初始条件为 $e(0) = r(0) = R$，$\dot{e}(0) = \dot{r}(0) = 0$。

对于 I 区，方程为 $T\ddot{e} + \dot{e} + Kke = T\ddot{r} + \dot{r}$。奇点为 $(0, 0)$ 位于本区域，又如前述 K 和 k 的选择使得 $\xi \geq 1$，因而奇点为稳定节点，相轨迹如图 9-21 所示。

对于 II 区，方程为 $T\ddot{e} + \dot{e} + Ke = T\ddot{r} + \dot{r}$，奇点为 $(0, 0)$ 位于本区域外，又如前述 K 的选择使得 $0 < \xi < 1$，因而奇点为稳定焦点，相轨迹如图 9-22 所示。

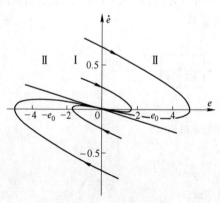

图 9-21 I 区的相轨迹

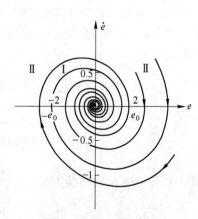

图 9-22 II 区的相轨迹

再将两个区的相轨迹连成连续曲线，当输入信号幅值 R 较大时，相轨迹曲线为 $C_0 C_1 C_2 C_3 C_4 C_5 O$ ，如图 9-23 所示。

当 R 减小时，相轨迹为 $B_0 B_1 O$ ，振荡超调皆减小；当 R 较小时，相轨迹为 $A_0 A_1 O$ ，单调衰减，响应较快。稳态时，系统皆不存在稳态误差。由上可知，响应特性与阶跃输入的幅值 R 有关。相轨迹及响应曲线如图 9-24 所示。

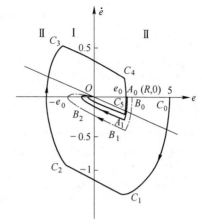

图 9-23 变增益系统在阶跃输入下的相轨迹

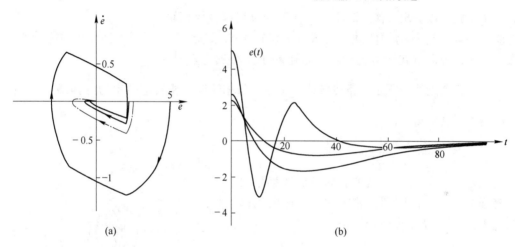

图 9-24 变增益系统在阶跃输入下的相轨迹及响应曲线

（a）相轨迹；（b）响应曲线

【例 9-5】理想继电型控制系统如图 9-25 所示，系统开始处于零初始状态。若输入信号为 $r(t) = R \cdot 1(t)$ ，试绘制系统的相平面图，并分析系统性能。

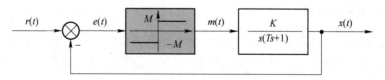

图 9-25 理想继电型控制系统框图

解：非线性特性方程为

$$m = \begin{cases} M & e > 0 \\ -M & e < 0 \end{cases}$$

由图 9-25 可得系统的微分方程

$$T\ddot{e} + \dot{e} + Km = T\ddot{r} + \dot{r}$$

对于阶跃输入信号 $r(t) = R \cdot 1(t)$ ，当 $t > 0$ 时，$\dot{r} = \ddot{r} = 0$ ，方程为 $T\ddot{e} + \dot{e} + Km = 0$ 。分界线 $e = 0$ 把相平面分为 Ⅰ 和 Ⅱ 两区域，如图 9-26 所示。

区域Ⅰ： $T\ddot{e} + \dot{e} + KM = 0$ ，$e > 0$ (9-14)

区域Ⅱ： $T\ddot{e} + \dot{e} - KM = 0$ ，$e < 0$ (9-15)

由于 $f(e, \dot{e}) = \dot{e} + Km = -f(-e, -\dot{e})$ ，可见相轨迹关于原点对称。因此，只画一个区的相轨迹即可，这里我们选择画Ⅰ区。由等倾线定义 $\dfrac{d\dot{e}}{de} = \alpha$ 以及式（9-14）可得等倾线方程

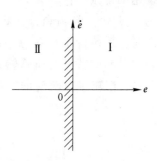

$$\dot{e} = -\frac{KM}{1 + \alpha T}$$

由上式可以看出等倾线为平行于 e 轴的直线簇，故相轨迹应为一组平行移动的曲线。由式（9-14）可知系统无奇点，也可认为奇点在无穷远。当相轨迹趋于无穷远奇点时，

图 9-26 相平面的分区

必存在一条渐近线，既是一条等倾线，也是一条相轨迹。相轨迹斜率为 $\dfrac{d\dot{e}}{de} = \alpha = 0$ ，代入等倾线方程，可得

$$\dot{e} = -\frac{KM}{1 + \alpha T} = -KM$$

因此，当 $t \to \infty$ 时，Ⅰ区的相轨迹曲线都趋向于直线 $\dot{e} = -KM$ 。同理，Ⅱ区的相轨迹曲线都趋近于直线 $\dot{e} = KM$ 。由初始条件：

$$e(0^+) = r(0^+) - x(0^+) = R - 0 = R$$
$$\dot{e}(0^+) = \dot{r}(0^+) - \dot{x}(0^+) = 0$$

可得如图 9-27 所示的相轨迹图。相轨迹最终收敛于坐标原点，不存在稳态误差，系统稳定。

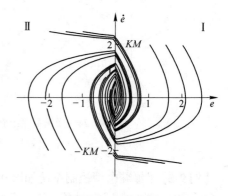

图 9-27 相轨迹图

9.3.5 由相轨迹求时域解

相轨迹能清楚地反映系统的运动特性。而由相轨迹确定系统的响应时间、周期运动的周期以及过渡过程时间时，会涉及由相轨迹求时间信息的问题。这里介绍增量法。

设系统相轨迹如图 9-28（a）所示。在 t_A 时刻系统状态位于 $A(x_A, \dot{x}_A)$ ，经过一段时间 Δt_{AB} 后，系统状态移动到新的位置 $B(x_B, \dot{x}_B)$ ，如果时间间隔比较小，两点间的位移量不大，则可用下式计算该时间段的平均速度 $\dot{x}_{AB}$

$$\dot{x}_{AB} = \frac{\Delta x}{\Delta t} = \frac{x_B - x_A}{\Delta t_{AB}}$$

又由

$$\dot{x}_{AB} = \frac{\dot{x}_A + \dot{x}_B}{2}$$

可求出 A 点到 B 点所需的时间

$$\Delta t_{AB} = \frac{2(x_B - x_A)}{\dot{x}_A + \dot{x}_B} \tag{9-16}$$

同理可求出 B、C 两点之间所需的时间。利用这些时间信息以及对应的 $x(t)$ 就可绘制出相应的 $x(t)$ 曲线，如图 9-28（b）所示。

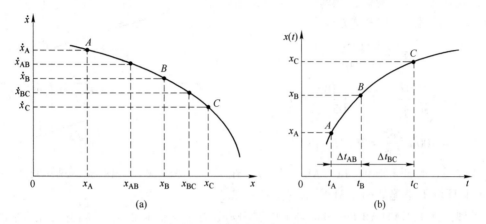

图 9-28　由相轨迹求时间解

注意在穿过 x 轴的相轨迹段进行计算时，最好将一点选在 x 轴上，以免出现 $\dot{x}_{AB} = 0$。

9.4　MATLAB 在非线性系统中的应用

用 Simulink 表示非线性系统非常方便。下面举例说明。

【例 9-6】恒温箱温度控制。设恒温箱系统结构图如图 9-29 所示。若要求温度保持 $200\ ℃$，恒温箱由常温 $20\ ℃$ 启动，试在 T_c-$\dot{T}_c$ 相平面上作出温度控制的相轨迹，并计算升温时间和保持温度的精度，最后进行 MATLAB 验证。

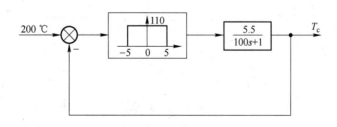

图 9-29　恒温箱结构图

解：按 9.3.4 节的方法进行分析，由图 9-29 系统微分方程为

$$100\dot{T}_c + T_c = \begin{cases} 605 & \begin{cases} T_c > 195 \\ T_c < 205, \ \dot{T}_c < 0 \end{cases} \\ 0 & \begin{cases} T_c > 205 \\ T_c < 195, \ \dot{T}_c < 0 \end{cases} \end{cases}$$

相应的相轨迹如图 9-30 所示。相轨迹在开关线上跳至另一条相轨迹。

升温时间，在升温时，相轨迹沿图 9-30 中 AB 运动。AB 对应的相轨迹方程为

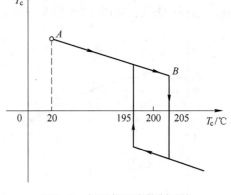

$$\dot{T}_c = \frac{605 - T_c}{100}$$

$$t = \int_{20}^{200} \frac{\mathrm{d}T_c}{\dot{T}_c} = \int_{20}^{200} \frac{100}{605 - T_c} \mathrm{d}T_c$$

$$= 100\ln\frac{585}{405} = 36.77 \ \text{s}$$

MATLAB 验证：应用 MATLAB 软件包，在 Simulink 环境下搭建如图 9-31 所示的温控系统

图 9-30 恒温箱温度控制系统

仿真模型，其中 MATLAB Function 环节的调用函数为 m 文件 fun. m，运行它可在相平面上精确绘出 T_c-$\dot{T}_c$ 相轨迹，同时也可绘出恒温箱温度控制系统的时间响应曲线，如图 9-32（a）和（b）所示，最后测得升温时间 $t = 36.96$ s，保温精度为±5 ℃，与理论分析结果一致。

MATLAB Function 环节的调用函数：

```
function y = fun (u)
if ((u (2) >= 5) | ((u(2)>=-5) && (u(1) >=0)))
    y = 110;
else
    y = 0;
end
```

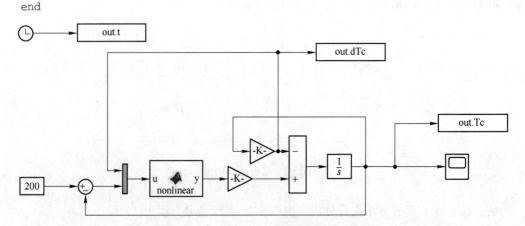

图 9-31 Simulink 环境下的温控系统仿真模型

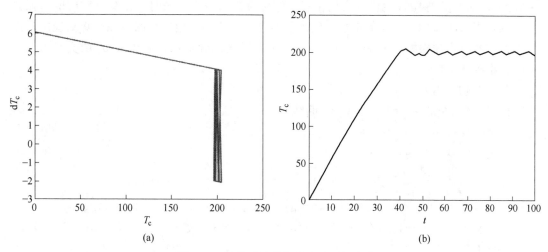

图 9-32　温控系统的相轨迹及时间响应

（a）相轨迹；（b）时间响应曲线

【例 9-7】带死区的仪表伺服机构控制。带有弹簧轴的仪表伺服机构的结构图如图 9-33 所示。试用描述函数法并应用 MATLAB 确定线性部分为下列传递函数时系统是否稳定？是否存在自振？若有，参数是多少？

（1）$G(s) = \dfrac{4000}{s(20s + 1)(10s + 1)}$；

（2）$G(s) = \dfrac{20}{s(10s + 1)}$。

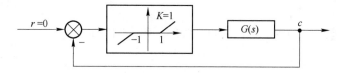

图 9-33　仪表伺服系统

解：应用 MATLAB 仿真法进行求解。

（1）死区非线性描述函数。由表 9-1 知

$$N(A) = \frac{2}{\pi}\left[\frac{\pi}{2} - \arcsin\frac{1}{A} - \frac{1}{A}\sqrt{1 - \left(\frac{1}{A}\right)^2}\right],\ A \geq 1$$

（2）稳定性分析。非线性系统闭环特征方程为

$$G(j\omega) = -\frac{1}{N(A)}$$

因为系统线性部分是稳定的，根据前面分析，在复平面上，下列结论成立：

若 $G(j\omega)$ 曲线 Γ_G 与负倒描述函数 $-1/N(A)$ 曲线不相交，则当 Γ_G 曲线不包围 $-1/N(A)$ 曲线时非线性系统稳定，当 Γ_G 曲线包围 $-1/N(A)$ 线时，非线性系统不稳定；

若 $G(j\omega)$ 曲线 Γ_G 与负倒描述函数 $-1/N(A)$ 曲线存在交点，则在交点处，当

$-1/N(A)$ 曲线沿振幅 A 的增加方向由不稳定区域进入稳定区域时，该交点对应的自振是稳定的；当 $-1/N(A)$ 沿 A 的增加方向由稳定区域进入不稳定区域时，该交点对应的自振是不稳定的。自振振幅 A 由交点处 $-1/N(A)$ 上幅值 A 确定；自振频率 ω_0 由交点 $G(j\omega)$ 上的频率确定。

（3）MATLAB 程序。

1）绘制系统的 Γ_G 和 $-1/N(A)$ 曲线

```
clc; clear;
G1 = tf([4000],[200 30 1 0]);
G2 = tf([20],[10 1 0]);
A = 1.0001:0.001:1000;
x = real(-1./((2*((pi/2)-asin(1./A)-(1./A).*sqrt(1-(1./A).^2)))/pi+j*0)));
y = imag(-1./((2*((pi/2)-asin(1./A)-(1./A).*sqrt(1-(1./A).^2)))/pi+j*0)));
% when the system is G1
figure(1);
w = 0.001:0.001:1;
nyquist(G1,w); hold on;
plot(x,y); hold off;
axis([-60000 0 -40000 40000]);
% when the system is G2
figure(2);
w = 0.001:0.001:20;
nyquist(G2,w); hold on;
plot(x,y);
hold off;
axis([-30 -0.1 0.1]);
```

2）当初始条件 $c(0)=2$ 时，绘制系统的零输入响应曲线

```
t=0:0.01:8;
c01=[2 0 0]';
[t,c1]=ode45('sys1',t,c01);
figure(1)
plot(t,c1(:,1));grid
%
t=0:0.01:120;
c02=[2 0]';
[t,c2]=ode45('sys2',t,c02);
figure(2)
plot(t,c2(:,1));grid
```

　调用函数：当仪表伺服系统 $G(s) = \dfrac{4000}{s(20s+1)(10s+1)}$

```
function dc=sys1(t,c)
dc1=c(2);
dc2=c(3);
```

```
if(c(1)>1)
dc3 =-0.15 * c(3)-0.005 * c(2)-20 * c(1)+20;
elseif(abs(c(1))<1)
dc3 =-0.15 * c(3)-0.005 * c(2);
else
dc3 =-0.15 * c(3)-0.005 * c(2)-20 * c(1)-20;
end
dc =[dc1 dc2 dc3]';
```

调用函数：当仪表伺服系统 $G(s) = \dfrac{20}{s(10s + 1)}$

```
function de = sys2 (t, c)
dc1 = c (2);
if (c (1) >1)
    dc2 =-0.1 * c (2) -2 * c (1) +2;
elseif (abs (c (1) ) <1)
    dc2 =-0.1 * c (2);
else
    dc2 = 0.1 * c (2) -2 * c (1) -2;
end
de = [dc1 dc2] ';
```

（4）仿真结果。运行 m 文件，作 $G(j\omega) = \dfrac{4000}{j\omega(1 + j20\omega)(1 + j10\omega)}$ 曲线与 $-\dfrac{1}{N(A)}$ 曲线，如图 9-34（a）所示；当初始条件 $c(0) = 2$ 时，系统的零输入应如图 9-34（b）所示。由图可知，仪表伺服系统在取 $G(s) = \dfrac{4000}{s(20s + 1)(10s + 1)}$ 时，存在不稳定自振。令

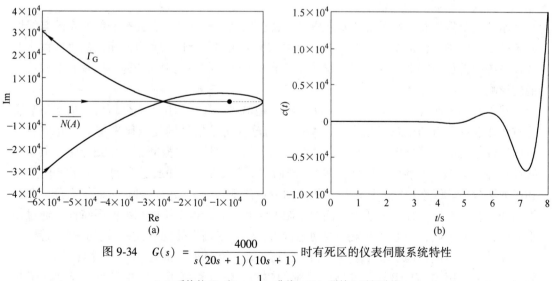

图 9-34　$G(s) = \dfrac{4000}{s(20s + 1)(10s + 1)}$ 时有死区的仪表伺服系统特性

（a）系统的 Γ_G 和 $-\dfrac{1}{N(A)}$ 曲线；（b）零输入时间响应

$\mathrm{Im}G(\mathrm{j}\omega)=0$，得频率 $\omega_c = 0.0707\ \mathrm{rad/s}$。同时由 $G(\mathrm{j}\omega_c) = -\dfrac{1}{N(A_c)}$，得振幅 $A_c = 1.001$。但是注意这种自激振荡是观察不到的，图 9-34（b）也证实了这一点。

同理，作 $G(s) = \dfrac{20}{s(10s+1)}$ 曲线与 $-\dfrac{1}{N(A)}$ 曲线，如图 9-35（a）所示；当初始条件 $c(0) = 2$ 时，系统的零输入响应如图 9-35（b）所示。由图可见，$\varGamma_G$ 曲线不包围 $-\dfrac{1}{N(A)}$ 曲线且没有交点，仪表伺服系统稳定，不存在自激振荡。

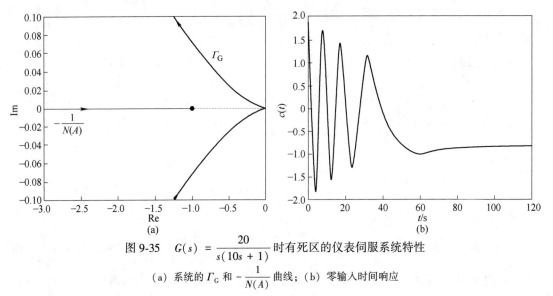

图 9-35　$G(s) = \dfrac{20}{s(10s+1)}$ 时有死区的仪表伺服系统特性

（a）系统的 $\varGamma_G$ 和 $-\dfrac{1}{N(A)}$ 曲线；（b）零输入时间响应

本 章 小 结

本章主要探讨非线性系统的基本概念、特征以及分析方法。首先是非线性系统与线性系统的根本区别，包括叠加原理的不适用性、稳定性的复杂性以及自激振荡的可能性。非线性系统的特征与定义部分强调了非线性环节在实际控制系统中的普遍性以及其对系统性能的影响。

接着阐述了非线性系统的分析方法，特别是描述函数法和相平面分析法。描述函数法通过将非线性环节的稳态正弦响应（基波）与输入正弦信号的复数比来定义，允许我们借用线性系统的频域分析方法来研究非线性系统的稳定性和自振问题。详细介绍了典型非线性特性（如饱和特性、死区特性等）描述函数求取方法，并通过实例展示了如何用描述函数法分析非线性系统的稳定性。相平面分析法则介绍了如何通过相平面图来分析非线性系统的状态变化过程，包括相轨迹的绘制方法和二阶线性系统的相平面图特性。通过相平面图，我们可以直观地理解系统的动态行为，包括平衡点的稳定性和系统的响应特性。

此外，本章还强调了 MATLAB 在非线性控制系统分析中的应用，通过具体的实例，展示了如何利用 MATLAB 进行非线性系统的建模、仿真和分析。这些实例不仅加深了我们对非线性系统理论的理解，也提高了我们解决实际非线性控制问题的能力。

习　题

9-1　三个非线性系统的非线性环节一样，线性部分分别为

（1）$G(s) = \dfrac{1}{s(0.1s + 1)}$

（2）$G(s) = \dfrac{2}{s(s + 1)}$

（3）$G(s) = \dfrac{2(1.5s + 1)}{s(0.1s + 1)(s + 1)}$

试问用描述函数法分析时，哪个系统分析的准确度高？

9-2　判断图 9-36 中所示各系统是否稳定；$-1/N(A)$ 与 $G(j\omega)$ 两曲线的交点是否为自振点？

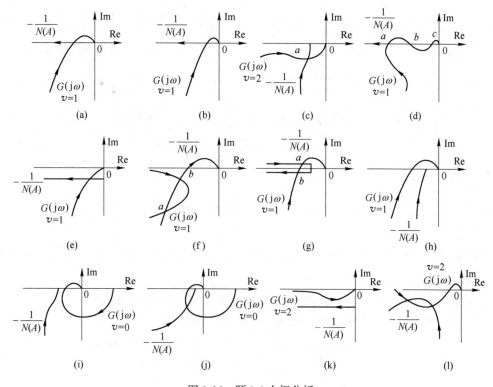

图 9-36　题 9-2 自振分析

9-3　已知非线性系统如图 9-37 所示，其中 $M = 1$，$h = 0.1$，试用描述函数法分析系统的稳定性。

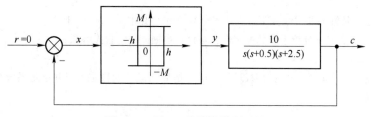

图 9-37　题 9-3 非线性控制系统

9-4　非线性系统如图 9-38 所示，设 $a = 1$，$b = 3$，试用描述函数法分析系统的稳定性。为使系统稳定，继电器的参数 a、b 应如何调整？

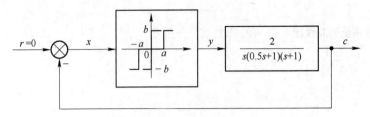

图 9-38　题 9-4 非线性控制系统

9-5　将图 9-39 中各非线性系统化简成非线性部分 $N(A)$ 与等效的线性部分 $G(s)$ 相串联的单位反馈系统，并写出线性部分的传递函数 $G(s)$。

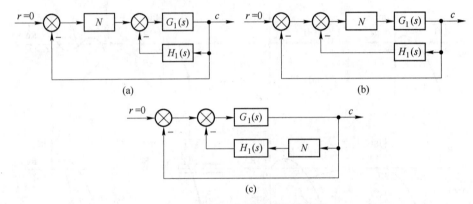

图 9-39　题 9-5 非线性系统结构图

9-6　已知非线性系统的结构图如图 9-40 所示。图中非线性环节的描述函数为 $N(A) = \dfrac{A + 6}{A + 2}$ $(A > 0)$，试用描述函数法确定：

（1）使该非线性系统稳定、不稳定以及产生周期运动时，线性部分的 K 值范围；

（2）判断周期运动的稳定性，并计算稳定周期运动的振幅和频率。

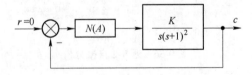

图 9-40　题 9-6 图

9-7　具有滞环继电特性的非线性控制系统如图 9-41 所示，其中 $M = 1$，$h = 1$。

（1）当 $T = 0.5$ 时，分析系统的稳定性，若存在自振，确定自振参数；

（2）讨论 T 对自振的影响。

9-8　非线性系统如图 9-42 所示，试用描述函数法分析周期运动的稳定性，并确定系统输出信号振荡的振幅和频率。

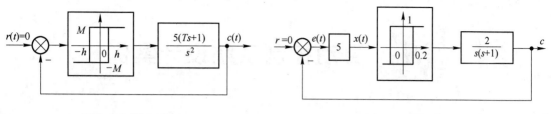

图 9-41　题 9-7 图　　　　　　　　　　图 9-42　题 9-8 图

9-9　设一阶非线性系统的微分方程为

$$\dot{x} = -x + x^3$$

试确定系统有几个平衡状态，分析平衡状态的稳定性，并绘出系统的相轨迹。

9-10　已知非线性系统的微分方程为

$(1)\ \ddot{x} + (3\dot{x} - 0.5)\dot{x} + x + x^2 = 0$

$(2)\ \ddot{x} + x\dot{x} + x = 0$

$(3)\ \ddot{x} + \sin x = 0$

试求系统的奇点，并概略绘制奇点附近的相轨迹图。

9-11　某控制系统采用非线性反馈改善系统性能，系统结构如图 9-43 所示，试绘制系统单位阶跃响应的相轨迹图。

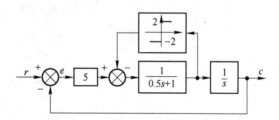

图 9-43　题 9-11 图

9-12　试用相平面法分析图 9-44 所示系统在 $\beta = 0$、$\beta < 0$ 及 $\beta > 0$ 三种情况下相轨迹的特点。

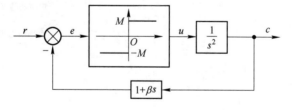

图 9-44　题 9-12 图

延伸阅读

10 自动控制系统设计案例

本章提要

· 掌握双容水箱液位控制系统设计；

· 掌握倒立摆控制系统设计。

思维导图

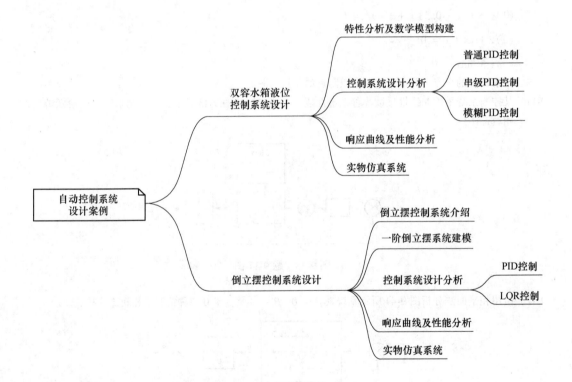

工业自动化是机器设备或生产过程在不需要人工直接干预的情况下，按预期的目标实现测量、操纵等信息处理和过程控制的统称。自动化技术就是探索和研究实现自动化过程的方法和技术，如今已经被广泛地应用于机械制造、电力、建筑、交通运输、信息技术等领域，成为提高劳动生产率的主要手段。如何设计出性能优良的自动化控制系统，以达到增加产量、提高质量、降低消耗、确保安全等目的，一直是从事自动化控制的工程技术人员的努力方向和奋斗目标。

MATLAB 由美国 MathWorks 公司出品的商业数学软件，用于数据分析、无线通信、深度学习、图像处理与计算机视觉、信号处理、量化金融与风险管理、机器人以及控制系统等领域。MATLAB 是 matrix 和 laboratory 两个词的组合，意为矩阵工厂（矩阵实验室），软件主要面对科学计算、可视化以及交互式程序设计的高科技计算环境。它将数值分析、矩阵计算、科学数据可视化以及非线性动态系统的建模和仿真等诸多强大功能集成在一个易于使用的视窗环境中，为科学研究、工程设计以及必须进行有效数值计算的众多科学领域提供了一种全面的解决方案，并在很大程度上摆脱了传统非交互式程序设计语言（如 C、Fortran）的编辑模式，代表了国际科学计算软件的先进水平。

本章综合运用前面学习的自动控制理论针对两个常用控制案例进行分析、设计和仿真。MATLAB 在本章中的应用主要是在 Simulink 中搭建双容水箱和倒立摆系统数学模型及系统框图，并观察在不同控制策略和算法下系统的性能。以此来选择适合的控制策略和算法，使设计满足要求。

10.1 双容水箱液位控制系统设计

液位是工业生产自动化中四大热工参数之一，许多生产设备中的液位需要控制。要想了解液位，首先得知道物位。物位是指存放在容器或者工业设备中物质的高度或者位置。若此物质为液体，表征液面的高低，就称为液位，工业生产中液位控制至关重要。例如，锅炉汽包的液位关系到锅炉的正常运行，液位过高，使得生产的蒸汽品质下降，从而影响其他生产环节或装置的运行；液位过低，会发生锅炉汽包被烧干引起爆炸的事故。因此，必须对锅炉汽包的液位进行检测和控制，及时发现问题，消除安全隐患，确保安全生产和设备安全运行。本节将对双容水箱的液位控制进行介绍。

双容水箱是较为典型的非线性、时延对象，工业上许多被控对象的整体或局部都可以抽象成双容水箱的数学模型，具有很强的代表性和工业背景，研究双容水箱的建模及控制具有重要的理论意义及实际应用价值。双容水箱的数学建模以及控制策略的研究对工业生产中液位控制系统的研究有指导意义，例如工业锅炉、结晶器液位控制。而且，双容水箱的控制可以作为研究更为复杂的非线性系统的基础，又具有较强的理论性，属于应用基础研究，同时它具有较强的综合性，涉及控制原理、智能控制、流体力学等多个学科。通过水箱液位的控制系统可以熟悉生产过程的工艺流程，从控制的角度理解它的静态和动态工作特性。

10.1.1 双容水箱特性分析及数学模型构建

双容水箱模型是工业生产过程中的常见控制对象，由两个具有自平衡能力的单容水箱，两个手阀，一个微型水泵组成，两个手阀全部打开，使两个工作水箱与大储水箱形成回路。水泵作为执行器向系统提供循环动力，通过液位传感器实时检测下水箱液位以实现负反馈控制。设备中所有阀门均为 Simulink 仿真模拟，在实际中，通过调节调速器来控制水泵运行功率，进而达到控制水箱液位的效果。在达到稳态水箱液位之后，可以通过手动调节上水箱的液位形成扰动（在仿真模拟中可直接改变液位），借此检验系统恢复稳态的性能。

双容水箱中下水箱液位即为该系统的被控量，通常选取上水箱的进水流量（或调节阀开度）为控制量。双容水箱示意图如图 10-1 所示。c_0、c_1 分别为水箱的底面积，Q_0、Q_1、Q_2 分别为水的流量，R_0、R_1、R_2 为阀 1、2、3 的阻力，称为液阻。由流体力学知识，经过线性化处理可得：

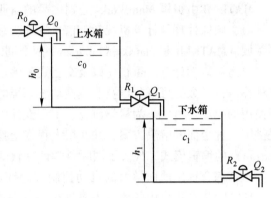

图 10-1   垂直双容水箱模型图

$$\Delta Q = \frac{\Delta h}{R} \qquad (10\text{-}1)$$

根据物料守恒可得方程：

$$\Delta Q_0 - \Delta Q_1 = \frac{\mathrm{d}\Delta h_0}{\mathrm{d}t}c_0 \qquad (10\text{-}2)$$

$$\Delta Q_1 - \Delta Q_2 = \frac{\mathrm{d}\Delta h_1}{\mathrm{d}t}c_1 \qquad (10\text{-}3)$$

将式（10-1）代入上面两个公式：

$$\Delta Q_0 - \frac{\Delta h_1}{R_1} = \frac{\mathrm{d}\Delta h_0}{\mathrm{d}t}c_0$$

$$\frac{\Delta h_1}{R_1} - \frac{\Delta h_2}{R_2} = \frac{\mathrm{d}\Delta h_1}{\mathrm{d}t}c_1$$

对上面两个公式做拉普拉斯变换得：

$$Q_0(s) - \frac{h_0(s)}{R_1} = c_0 s h_0(s)$$

$$\frac{h_0(s)}{R_1} - \frac{h_1(s)}{R_2} = c_1 s h_1(s)$$

$$\frac{h_1(s)}{Q_0(s)} = \frac{R_2}{c_0 c_1 R_1 R_2 s^2 + c_1 R_2 s + c_0 R_1 s + 1} = \frac{R_2}{T_0 T_1 s^2 + T_0 s + T_1 s + 1}$$

其中，$T_0 = c_0 R_1$，$T_1 = c_1 R_2$。

考虑系统的延时特性，最终表达式为：

$$\frac{h_1(s)}{Q_0(s)} = \frac{R_2}{T_0 T_1 s^2 + T_0 s + T_1 s + 1}\mathrm{e}^{-T_2 s}$$

代入所有装置参数值可得所建立水箱模型的表达式为：

$$G(s) = \frac{0.52}{20s + 1}e^{-3s} \cdot \frac{0.7}{12s + 1}e^{-4s}$$

可以从该表达式中看出双容水箱有着较大的系统时滞,为了消除时滞环节的影响,减小超调量,减少调节时间,可以选取不同的控制方法来设计控制系统。

10.1.2　实物仿真系统

实物仿真采用的是 A1000 多容水箱实验系统,如图 10-2 所示。作为一类典型的复杂控制系统,它具有泄露管道、水平和垂直多容、变容单元、多变量、大时滞、非线性及耦合等特点,很好地模拟了实际工业生产中的一些被控对象。非常适合于进行算法研究。

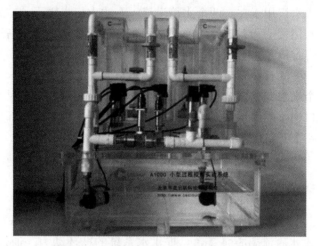

图 10-2　A1000 多容水箱实验系统实物图

A1000 多容水箱实验系统的工艺流程如图 10-3 所示。

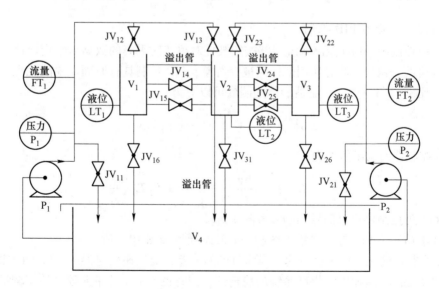

图 10-3　A1000 多容水箱实验系统工艺流程图

A1000 多容水箱实验系统提供了两路动力支流，可以一路用于提供水流，一路用于提供干扰。JV_{13} 和 JV_{23} 提供泄漏干扰。主体结构包括：

（1）储水箱主体。提供了整个系统的支撑。

（2）三容水箱。

左边水箱有一个入水口和四个出水口。右边上出水用于溢流，如果水过多则从中水箱溢流。右边中出水口用于和中水箱形成垂直多容系统。右边下出水口用于和中水箱形成水平两容和水平三容。底部出水口用于水回到储水箱。底部还有一个开口用于提供液位泄流。

中间水箱有五个入水口，两个出入水口，两个出水口。前面的入水口是两个水路的入水。左右最上面的入水口用于左右两个水箱溢流。左边中出水用于和左边水箱形成垂直多容系统。左边下出水口用于和左水箱形成水平两容，以及水平三容。右边下出水口用于和右水箱形成水平两容，以及水平三容。底部出水口用于水回到储水箱。底部还有一个开口用于提供液位泄流。中间有根管道，如果水过多则从此管道溢流。

右边水箱有一个入水口，四个出水口。左边上出水用于溢流，如果水过多则从中水箱溢流。左边下出水口用于和中水箱形成水平两容，以及水平三容。底部出水口用于水回到储水箱。底部还有一个开口用于提供液位泄流。

（3）测控点。

压力测点 2 个，用于测量泵出口的压力（$0 \sim 50$ kPa；$4 \sim 20$ mA）。

流量测点 2 个，用于测量注水流量（$0 \sim 0.6$ m³/h）。

液位测点 3 个，用于测量各实验水柱的水位（$0 \sim 3$ kPa；$4 \sim 20$ mA）。

（4）循环泵。潜水直流离心泵 2 台，提供水系统的循环动力。通过 A1000 控制器控制水泵，以便控制水箱的出口流量及管路压力，作为控制系统的执行器。

10.1.3　控制系统设计分析

10.1.3.1　普通 PID 控制

在工业控制中，PID 控制系统能够按照被控对象实时采集的数据与给定值比较产生的偏差进行比例、积分、微分作用来控制被控对象，PID 控制具有原理简单的优点，应用十分广泛。比例+积分+微分控制器的传递函数可以写为：

$$G(s) = K_P + \frac{K_P}{T_I} \cdot \frac{1}{s} + K_P T_D s$$

PID 控制器的输出信号为：

$$u(t) = K_P e(t) + \frac{K_P}{T_I} \int_0^t e(\tau) \mathrm{d}\tau + K_P T_D \frac{\mathrm{d}e(t)}{\mathrm{d}t}$$

式中，$u(t)$ 为控制器输出信号；$e(t)$ 为偏差信号。

设计水箱液位 PID 控制系统框图和 Simulink 模型如图 10-4 所示。

PID 控制器的比例作用反应的是当前时刻的偏差，能迅速反应误差，较大的比例作用可以加快系统的响应速度，提高系统的稳定性，同时也会给系统带来较大的超调量；积分作用反映的是误差的累积作用，只要有误差存在，系统就在不断累积，因此积分作用能有效消除稳态误差；微分作用反映的是误差的变化趋势，有利于系统克服振荡，提高系统的

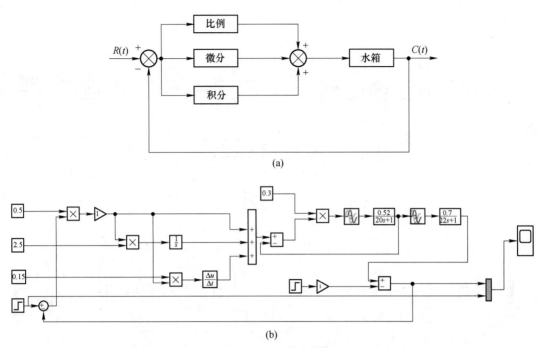

图 10-4 普通 PID 控制系统原理及 Simulink 模型搭建

稳定性。PID 具有以下优点:

(1) 其结构简单,鲁棒性和适应性较强;

(2) 其调节整定很少依赖于系统的具体模型;

(3) 各种高级控制在应用上还不完善;

(4) 大多数控制对象使用常规 PID 控制即可满足实际的需要;

(5) 高级控制难以被企业技术人员掌握。

10.1.3.2 串级 PID 控制

串级 PID 顾名思义是将两个 PID 模块串接,形成一个双闭环的控制系统。该系统的被控变量有两个,分为主控变量和副控变量,主控变量是主水箱(即下水箱)的液位值,副控变量是副水箱(即上水箱)的液位值。该系统的控制过程为,通过设定值,它与液位检测器 2 所测得并传送的数据之差为主调节器的输入偏差信号,经过主调节器处理之后作为副调节器的给定值,与液位检测器 1 所得的数据作差成为副调节器的输入偏差信号,经过副调节器处理后,作用在仿真水泵上以控制其开度,从而达到控制水流量,稳定水箱液位的目的。

设计水箱液位串级 PID 控制系统及 Simulink 模型如图 10-5 所示。

串级调节系统参数整定一般采用两步法和一步法完成。因为对于水箱液位的控制只需要满足主控量下水箱液位中的值为定值,并且两步法在寻找两个 4∶1 的衰减振荡过程较为繁琐,可以在调参的过程中对主、副控制器的 PID 参数整定采用一步法。其操作步骤如下:

(1) 首先根据副回路参数的类型,按经验法选择好副调节器比例系数。

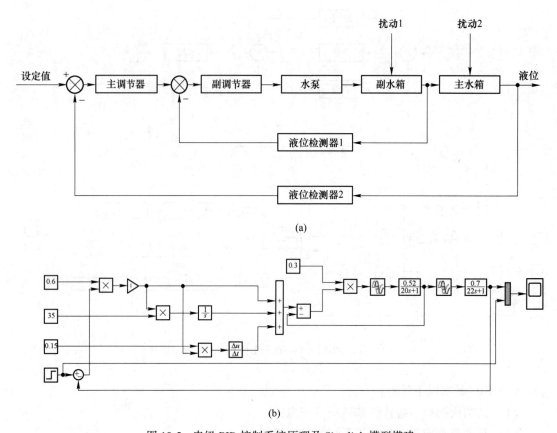

(a)

(b)

图 10-5 串级 PID 控制系统原理及 Simulink 模型搭建

（2）将副调节器按经验值设定好，然后按简单调节系统（单回路调节系统）单回路调节器参数方法整定主调节器参数。

（3）观察调节系统调节过程，根据主调节器（单回路调节器）和副调节器（外给定调节器）放大系数匹配的原理，适当整定主、副调节器参数，使主参数品质最好。

（4）串级调节器参数整定过程中如出现振荡，可将主调节器或副调节器任一参数加大，即可消除系统振荡。如果出现剧烈振荡，可将系统转入人工手动操作，待生产稳定之后，重新投运和整定。

在调节过程中对于副回路的 PID 根据经验只需采用 P 控制就好，因为串级调节系统副回路控制器控制质量要求不高，一般都采用 P 或 PI 作用，如选用 PID 作用后可能会产生振荡，反而给系统造成故障。

10.1.3.3 模糊 PID 控制

尽管经典的 PID 具有多种优点，但由于实际对象通常具有非线性、时变不确定性、强干扰等特性，应用常规 PID 控制器难以达到理想的控制效果；在生产现场，由于参数整定方法繁杂，常规 PID 控制器参数往往整定不良、性能欠佳。这些因素使得 PID 控制在复杂系统和高性能要求系统中的应用受到了限制。

在现实控制中，被控系统并非是线性时不变的，往往需要动态调整 PID 的参数，而模糊控制正好能够满足这一需求，模糊 PID 控制器是将模糊算法与 PID 控制参数的自整定相结合的一种控制算法，亦可认为是模糊算法在 PID 参数整定上的应用。设计的模糊 PID 控制系统框图和 Simulink 模型如图 10-6 所示。

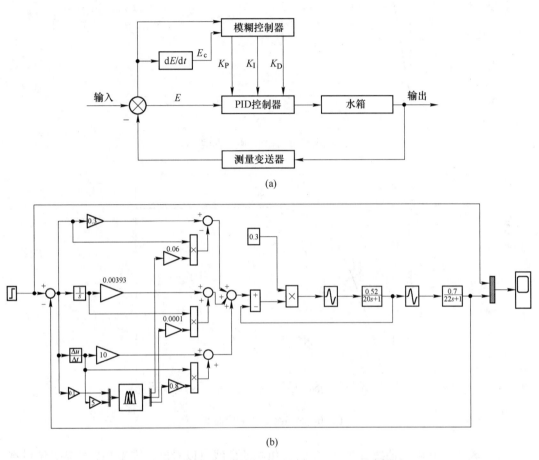

(a)

(b)

图 10-6　模糊 PID 控制系统原理及 Simulink 模型搭建

模糊 PID 控制是在 PID 算法的基础上，以误差 e 和误差变化率 e_c 作为输入，利用模糊规则进行模糊推理，查询模糊矩阵表进行参数调整，来满足不同时刻的 e 和 e_c 对 PID 参数自整定的要求。主要包含三部分：模糊化、模糊推理和解模糊，选择合适的论域、模糊规则表等自适应调节 K_P、K_I、K_D 的值，以此实现自适应控制。

10.1.4　响应曲线及性能分析

（1）普通 PID 响应曲线（见图 10-7）：由响应曲线可以看出，普通 PID 控制下，系统的超调量在 6%左右，调节时间在 352 s。在 500 s 时在副水箱处加入 60%的扰动，经过 228 s 后恢复稳态，说明系统具有一定的抗干扰能力。

（2）串级 PID 响应曲线（见图 10-8）：由响应曲线可以看出，在串级 PID 的控制下，系统没有超调，调节时间在 450 s。与普通 PID 控制相比，串级 PID 控制系统的过渡过程平稳性得到加强，基本能够实现无超调量调节，能够实现无静差调节，但调节时间有所加长。

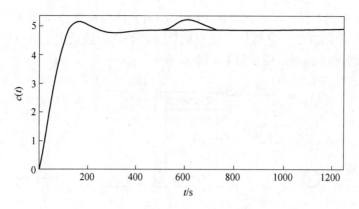

图 10-7　普通 PID 响应曲线

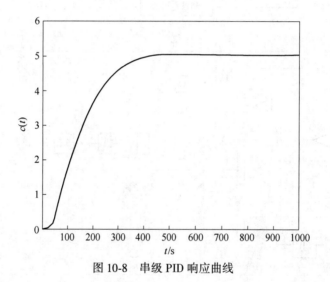

图 10-8　串级 PID 响应曲线

（3）模糊 PID 响应曲线（见图 10-9）：由响应曲线可以看出，模糊 PID 控制系统没有超调量，而且调节时间在 260 s。同样在 500 s 时在副水箱处加入 60% 的扰动，经过 150 s 后恢复稳态。相比于前两种控制方法，控制效果最佳。

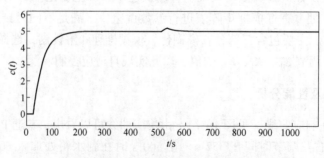

图 10-9　模糊 PID 响应曲线

10.2 倒立摆控制系统设计

倒立摆装置被公认为自动控制理论中的典型实验设备，也是控制理论教学和科研中不可多得的典型物理模型。它深刻揭示了自然界一种基本规律，即一个自然不稳定的被控对象，运用控制手段可使之具有良好的稳定性。通过对倒立摆系统的研究，不仅可以解决控制中的理论问题，还能将控制理论所涉及的三个基础学科：力学、数学和电学（含计算机）有机地结合起来，在倒立摆系统中进行综合应用。在多种控制理论与方法的研究和应用中，特别是在工程实践中，也存在一种可行性的试验问题，将理论和方法与有效的经验结合，倒立摆为此提供一个从控制理论通往实践的桥梁。

倒立摆控制系统（Inverted Pendulum System，IPS）是一个复杂的、不稳定的、非线性系统。对倒立摆系统的研究能有效地反映控制中的许多典型问题，如：非线性问题、鲁棒性问题、镇定问题、随动问题以及跟踪问题等，本节将对倒立摆的控制进行分析。

10.2.1 倒立摆控制系统介绍

倒立摆已经由原来的直线一级倒立摆扩展出很多种类，典型的有直线倒立摆，环形倒立摆，平面倒立摆等，倒立摆系统是在运动模块上装有倒立摆装置，由于在相同的运动模块上可以装载不同的倒立摆装置，倒立摆的种类由此而丰富很多，按倒立摆的结构来分，有以下类型的倒立摆。

10.2.1.1 直线倒立摆

直线倒立摆是在直线运动模块上装有摆体组件，直线运动模块有一个自由度，小车可以沿导轨水平运动，在小车上装载不同的摆体组件，可以组成很多类别的倒立摆（如图10-10~图10-12所示）。直线柔性倒立摆和一般直线倒立摆的不同之处在于，柔性倒立摆有两个可以沿导轨滑动的小车，并且在主动小车和从动小车之间增加了一个弹簧，作为柔性关节。

图 10-10　倒立摆旋转运动模块

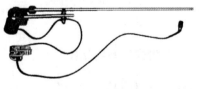

图 10-11　直线一级摆

10.2.1.2 环形倒立摆

环形倒立摆是在圆周运动模块上装有摆体组件，圆周运动模块有一个自由度，可以围绕齿轮中心做圆周运动，在运动手臂末端装有摆体组件，根据摆体组件的级数和串联或并联的方式，可以组成很多形式的倒立摆（如图10-13~图10-15所示）。

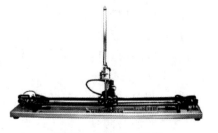

图 10-12　直线二级摆

图 10-13　环形一级摆

图 10-14　环形串联二级摆

图 10-15　环形并联二级摆

10.2.1.3　平面倒立摆

平面倒立摆是可以做平面运动的运动模块上装有摆杆组件。平面运动模块主要有两类：一类是 *XY* 运动平台，另一类是两自由度机械臂（如图 10-16 和图 10-17 所示）。摆体组件也有一级、二级、三级和四级很多种。

图 10-16　平面摆

图 10-17　两自由度球关节

10.2.2　一阶倒立摆系统建模

在忽略了空气流动，各种摩擦之后，可将倒立摆系统抽象成小车和匀质杆组成的系统，如图 10-18 所示。

定义如下变量：

M ——小车质量；

m ——摆杆质量；

b ——小车摩擦系数；

l ——摆杆转动轴心到杆质心的长度；

I ——摆杆惯量；

F ——加在小车上的力；

x ——小车位置；

ϕ ——摆杆与垂直向上方向的夹角；

θ ——摆杆与垂直向下方向的夹角（考虑到摆杆初始位置为竖直向下）。

下面对这个系统作受力分析。图 10-19 是系统中小车和摆杆的受力分析图，其中，N 和 P 为小车与摆杆相互作用力的水平和垂直方向的分量。

注意：在实际倒立摆系统中检测和执行装置的正负方向已经完全确定，因而矢量方向定义如图 10-19 所示，图示方向为矢量正方向。

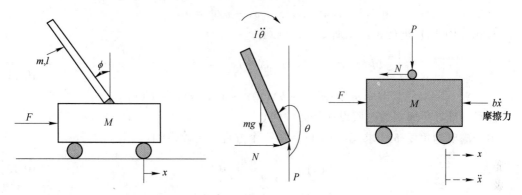

图 10-18　一阶倒立摆模型示意图　　　图 10-19　倒立摆模型受力分析

分析小车水平方向所受的合力，可以得到以下方程：

$$M\ddot{x} = F - b\dot{x} - N \tag{10-4}$$

由摆杆水平方向的受力进行分析可以得到下面等式：

$$N = m\frac{\mathrm{d}^2}{\mathrm{d}t^2}(x + l\sin\theta)$$

即

$$N = m\ddot{x} + ml\ddot{\theta}\cos\theta - ml\dot{\theta}^2\sin\theta \tag{10-5}$$

把式（10-5）代入式（10-4）中，就得到系统的第一个运动方程：

$$(M + m)\ddot{x} + b\dot{x} + ml\ddot{\theta}\cos\theta - ml\dot{\theta}^2\sin\theta = F \tag{10-6}$$

为了推出系统的第二个运动方程，我们对摆杆垂直方向上的合力进行分析，可以得到下面方程：

$$P - mg = m\frac{\mathrm{d}^2}{\mathrm{d}t^2}(l\cos\theta)$$

即

$$P - mg = -ml\ddot{\theta}\sin\theta - ml\dot{\theta}^2\cos\theta \tag{10-7}$$

力矩平衡方程如下：

$$-Pl\sin\theta - Nl\cos\theta = I\ddot{\theta} \tag{10-8}$$

注意：此方程中力矩的方向，由于 $\theta = \pi + \phi$，$\cos\phi = -\cos\theta$，$\sin\phi = -\sin\theta$，故等式前面有负号。

合并式（10-7）和式（10-8），消去 P 和 N，由 $I = \dfrac{1}{3}ml^2$ 得到第二个运动方程：

$$\frac{4}{3}ml^2\ddot{\theta} + mgl\sin\theta = -ml\ddot{x}\cos\theta \tag{10-9}$$

设 $\theta = \pi + \phi$，假设 ϕ 与 1（单位是 rad）相比很小，即 $\phi < 1$，则可以进行近似处理：$\cos\theta = -1$，$\sin\theta = -\phi$，$\left(\dfrac{\mathrm{d}\theta}{\mathrm{d}t}\right)^2 = 0$。用 u 来代表被控对象的输入力 F，线性化后两个运动方程式（10-6）和式（10-9）如下：

$$\begin{cases} \dfrac{4}{3}l\ddot{\phi} - g\phi = \ddot{x} \\ (M+m)\ddot{x} + b\dot{x} - ml\ddot{\phi} = u \end{cases} \tag{10-10}$$

对式（10-10）进行拉普拉斯变换，得到：

$$\begin{cases} \dfrac{4}{3}l\Phi(s)s^2 - g\Phi(s) = X(s)s^2 \\ (M+m)X(s)s^2 + bX(s)s - ml\Phi(s)s^2 = U(s) \end{cases} \tag{10-11}$$

注意：推导传递函数时假设初始条件为 0。

由于输出为角度 ϕ，求式（10-11）第一个方程，可以得到：

$$X(s) = \left(\dfrac{4}{3}l - \dfrac{g}{s^2}\right)\Phi(s) \tag{10-12}$$

把式（10-12）代入式（10-11）第二个方程，得到

$$(M+m)\left(\dfrac{I+ml^2}{ml} - \dfrac{g}{s}\right)\Phi(s)s^2 + b\left(\dfrac{I+ml^2}{ml} + \dfrac{g}{s^2}\right)\Phi(s)s - ml\Phi(s)s^2 = U(s)$$

整理后得到传递函数：

$$\dfrac{\Phi(s)}{U(s)} = \dfrac{\dfrac{ml}{q}s^2}{s^4 + \dfrac{\dfrac{4}{3}bml^2}{q}s^3 - \dfrac{(M+m)mgl}{q}s^2 - \dfrac{bmgl}{q}s} \tag{10-13}$$

其中，$q = (M+m)(I+ml^2) - (ml)^2$。

式（10-10）对 $\ddot{x}$、$\ddot{\phi}$ 解代数方程，得到解如下：

$$\begin{cases} \dot{x} = \dot{x} \\ \ddot{x} = \dfrac{-4b}{4M+m}\dot{x} + \dfrac{3mg}{4M+m}\phi + \dfrac{4}{4M+m}u \\ \dot{\phi} = \dot{\phi} \\ \ddot{\phi} = \dfrac{-3b}{(4M+m)l}\dot{x} + \dfrac{3g(M+m)}{(4M+m)l}\phi + \dfrac{3}{(4M+m)l}u \end{cases}$$

整理后得到系统状态空间方程为

$$\begin{bmatrix} \dot{x} \\ \ddot{x} \\ \dot{\phi} \\ \ddot{\phi} \end{bmatrix} = \begin{bmatrix} 0 & 1 & 0 & 0 \\ 0 & \dfrac{-4b}{4M+m} & \dfrac{3mg}{4M+m} & 0 \\ 0 & 0 & 0 & 1 \\ 0 & \dfrac{-3b}{4M+m} & \dfrac{3g(M+m)}{4M+m} & 0 \end{bmatrix} \begin{bmatrix} x \\ \dot{x} \\ \phi \\ \dot{\phi} \end{bmatrix} + \begin{bmatrix} 0 \\ \dfrac{4}{4M+m} \\ 0 \\ \dfrac{3}{(4M+m)l} \end{bmatrix} u \tag{10-14}$$

$$y = \begin{bmatrix} x \\ \phi \end{bmatrix} = \begin{bmatrix} 1 & 0 & 0 & 0 \\ 0 & 0 & 1 & 0 \end{bmatrix} \begin{bmatrix} x \\ \dot{x} \\ \phi \\ \dot{\phi} \end{bmatrix} + \begin{bmatrix} 0 \\ 0 \end{bmatrix} u \qquad (10\text{-}15)$$

10.2.3 控制系统设计分析

10.2.3.1 PID 控制

经典控制理论的研究对象主要是单输入单输出的系统，控制器设计时一般需要有关被控对象的较精确模型。PID 控制器因其结构简单，容易调节，且不需要对系统建立精确的模型，在控制上应用较广。

首先，对于倒立摆系统输出量为摆杆的角度，它的平衡位置为垂直向上的情况。系统控制结构框图如图 10-20 所示。图中，$KD(s)$ 是控制器传递函数，$G(s)$ 是被控对象传递函数，即式（10-13）。

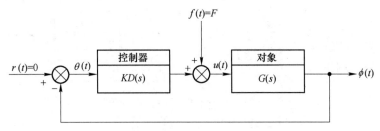

图 10-20 一阶倒立摆闭环系统结构图

考虑到输入 $r(t) = 0$，结构图变换成图 10-21。

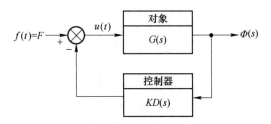

图 10-21 一阶倒立摆闭环系统简化图

该系统的输出为：

$$\Phi(s) = \frac{G(s)}{1 + KD(s)G(s)} F(s)$$

$$= \frac{\dfrac{num}{den}}{1 + \dfrac{(numPID)(num)}{(denPID)(den)}} F(s)$$

$$= \frac{num(denPID)}{(denPID)(den) + (numPID)(num)} F(s)$$

式中 num ——被控对象传递函数的分子项；

　　　den ——被控对象传递函数的分母项；

$numPID$ ——PID 控制器传递函数的分子项；

$denPID$ ——PID 控制器传递函数的分母项。

PID 控制器的传递函数为：

$$KD(s) = K_D s + K_P + \frac{K_I}{s} = \frac{K_D s^2 + K_P s + K_I}{s} = \frac{numPID}{denPID}$$

调节 PID 控制器的各个参数，以得到满意的控制效果。

前面讨论的输出量只考虑了摆杆角度，接下来我们考虑在施加扰动的过程中，小车位置如何变化。考虑小车位置，得到改进的系统框图如图 10-22 所示。其中，$G_1(s)$ 是摆杆传递函数；$G_2(s)$ 是小车传递函数。

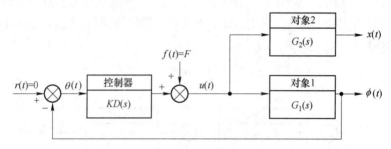

图 10-22　改进的 PID 系统控制框图

由于输入信号 $r(s) = 0$，所以可以把结构图转换成图 10-23。其中，反馈环代表我们前面设计的摆杆的控制器（从图 10-23 我们可以看出此处只对摆杆角度进行了控制，并没有对小车位置进行控制）。小车位置输出为：

$$X(s) = \frac{G_2(s)}{1 + KD(s)G_1(s)}F(s) = \frac{\dfrac{num_2}{den_2}}{1 + \dfrac{(numPID)(num_1)}{(denPID)(den_1)}}F(s)$$

$$= \frac{(num_2)(denPID)(den_1)}{(denPID)(den_1)(den_2) + (numPID)(num_1)(den_2)}F(s)$$

式中，num_1、den_1、num_2、den_2 分别代表被控对象 1 和被控对象 2 传递函数的分子和分母；$numPID$ 和 $denPID$ 分别代表 PID 控制器传递函数的分子和分母。下面我们来求 $G_2(s)$，

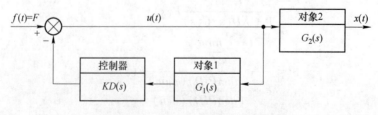

图 10-23　等价 PID 系统控制框图

根据前面的推导，有：

$$X(s) = \left(\frac{4}{3}l - \frac{g}{s^2} \right) \varPhi(s)$$

可以推出小车位置的传递函数为：

$$G_2(s) = \frac{X(s)}{U(s)} = \frac{\dfrac{\frac{4}{3}ml^2}{q}s^2 - \dfrac{mgl}{q}}{s^3 + \dfrac{\frac{4}{3}bml^2}{q}s^2 - \dfrac{(M+m)mgl}{q}s - \dfrac{bmgl}{q}} \qquad (10\text{-}16)$$

可以看出，$den_1 = den_2 = den$，小车位置的算式可以简化成：

$$X(s) = \frac{(num_2)(denPID)}{(denPID)(den) + k(numPID)(num_1)}F(s)$$

在 Simulink 中建立直线一级倒立摆的模型，如图 10-24 所示。

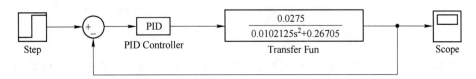

图 10-24　PID 控制 Simulink 模型搭建

10.2.3.2　LQR 控制

用 LQR 方法计算反馈系数。在现代控制理论中，基于二次型性能指标进行最优设计的问题已成为最优控制理论中的一个重要问题。而利用变分法建立起来的无约束最优控制原理，对于寻求二次型性能指标线性系统的最优控制是很适用的。对于一阶倒立摆线性控制对象，前面建立了其状态方程式（10-14），可以写成标准形式：

$$\dot{X}(t) = A(t)X(t) + B(t)u(t), \ X(t_0) = X_0$$

寻求最优控制，使性能指标：

$$J = \frac{1}{2}X^{\mathrm{T}}(t_{\mathrm{f}})SX(t_{\mathrm{f}}) + \int_{t_0}^{t_{\mathrm{f}}} [X^{\mathrm{T}}(t)Q(t)X(t) + u^{\mathrm{T}}(t)R(t)u(t)]\,\mathrm{d}t \qquad (10\text{-}17)$$

达到极小值。这是二次型指标泛函，要求 S、$Q(t)$、$R(t)$ 是对称矩阵，并且 S 和 $Q(t)$ 应是非负定的或正定的，$R(t)$ 应是正定的。

式（10-17）右端第一项是未知项，实际上它是对终端状态提出一个符合需要的要求，表示在给定的控制终端时刻 t_{f} 到来时，系统的终态 $X(t_{\mathrm{f}})$ 接近预定终态的程度。

式（10-17）右侧的积分项是一项综合指标。积分中的第一项表示对于一切的 $t \in [t_0, t_{\mathrm{f}}]$，对状态 $X(t)$ 的要求。用它来衡量整个控制期间系统的实际状态与给定状态之间的综合误差，类似于经典控制理论中给定参考输入与被控制量之间的误差的平方积分。这一积分项越小，说明控制的性能越好。积分的第二项是对控制总能量的限制。

如果仅要求控制误差尽量小，则可能造成求得的控制向量 $u(t)$ 过大，控制能量消耗过大，甚至在实际上难以实现。实际上，上述两个积分项是相互制约的，要求控制状态的误差平方积分减小，必然导致控制能量的消耗增大；反之，为了节省控制能量，就不得不降低对控制性能的要求。求两者之和的极小值，实质上是求取在某种最优意义下的折中，这种折中侧重哪一方面，取决于加权矩阵 $Q(t)$ 及 $R(t)$ 的选取。如果重视控制的准确性，则应增大加权矩阵 $Q(t)$ 的各元素，反之则应增大加权矩阵 $R(t)$ 的各元素。$Q(t)$ 中的各元素体现了对 $X(t)$ 中各分量的重视程度，如果 $Q(t)$ 中有些元素等于零，则说明对 $X(t)$ 中对应的状态分量没有任何要求，这些状态分量往往对整个系统的控制性能影响较微小。由此也能说明加权矩阵 $Q(t)$ 为什么可以是正定或非负定对称矩阵。因为对任意一个控制分量所消耗的能量都应限制，又因为计算中需要用到矩阵 $R(t)$ 的逆矩阵，所以 $R(t)$ 必须是正定对称矩阵。

在 Simulink 中建立直线一级倒立摆的模型，如图 10-25 所示。

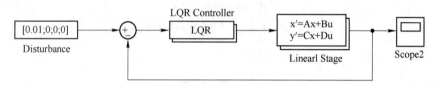

图 10-25　LQR 控制 Simulink 模型搭建

假设全状态反馈可以实现（四个状态量都可测），找出确定反馈控制规律的向量 K，满足 $u(k) = -Kx(k)$。

LQR 函数允许选择两个参数——R 和 Q 这两个参数用来平衡输入量和状态量的权重。最简单的情况是假设 $R = 1$，$Q = C' \times C$。当然，也可以通过改变 Q 矩阵中的非零元素来调节控制器以得到期望的响应。令式（10-17）中

$$Q = C' \times C = \begin{bmatrix} 1 & 0 & 0 & 0 \\ 0 & 0 & 0 & 0 \\ 0 & 0 & 1 & 0 \\ 0 & 0 & 0 & 0 \end{bmatrix}$$

式中，Q_{11} 代表小车位置的权重，而 Q_{33} 是摆杆角度的权重，输入的权重 R 是 1。

令 $Q_{11} = 1$、$Q_{33} = 1$，求得：

$$K = \begin{bmatrix} -1 & -1.7855 & 25.422 & 4.6849 \end{bmatrix}$$

10.2.4　响应曲线及性能分析

10.2.4.1　PID 控制

先设置 PID 控制器为 P 控制器，令 $K_P = 9$，$K_I = 0$，$K_D = 0$ 得到仿真结果如图 10-26 所示。

从图 10-26 中可以看出，控制曲线不收敛，因此增大控制量，令 $K_P = 40$，$K_I = 0$，$K_D = 0$，得到仿真结果如图 10-27 所示。

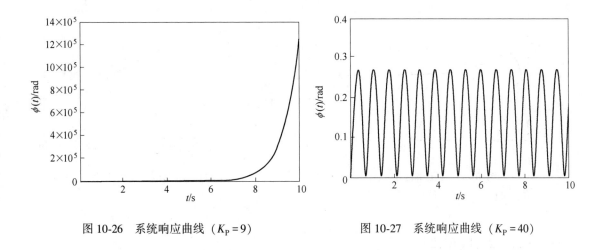

图 10-26　系统响应曲线（$K_P = 9$）　　　　图 10-27　系统响应曲线（$K_P = 40$）

从图 10-27 中可以看出，闭环控制系统持续振荡，周期约为 0.7 s。为消除系统的振荡增加微分控制参数 K_D，令 $K_P = 40$，$K_I = 0$，$K_D = 4$，得到仿真结果如图 10-28 所示。

从图 10-28 中可以看出，系统调节时间过长，大约为 4 s，且在两个振荡周期后才能稳定，因此再增加微分控制参数 K_D，令 $K_P = 40$，$K_I = 0$，$K_D = 10$，仿真得到结果如图 10-29 所示。

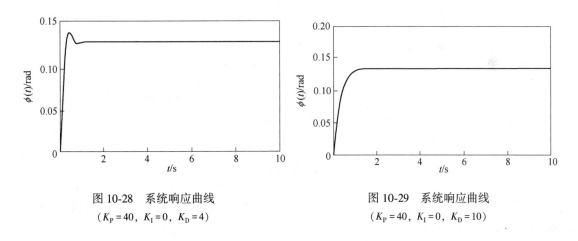

图 10-28　系统响应曲线　　　　　　　　图 10-29　系统响应曲线
（$K_P = 40$，$K_I = 0$，$K_D = 4$）　　　　　　（$K_P = 40$，$K_I = 0$，$K_D = 10$）

从图 10-29 可以看出，系统在 1.5 s 后达到平衡，但是存在一定的稳态误差。为消除稳态误差，增加积分参数 K_D，令 $K_P = 40$，$K_I = 20$，$K_D = 10$，得到仿真结果，如图 10-30 所示。

从图 10-30 仿真结果可以看出，系统稳态误差减小，但由于积分因素的影响，调节时间明显增大。此时，小车的位置输出曲线如图 10-31 所示。由图 10-31 可以看出，由于 PID 控制器为单输入单输出系统，所以只能控制摆杆的角度，并不能控制小车的位置，所以小车会往一个方向运动。

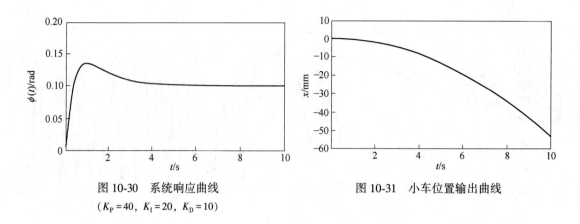

图 10-30   系统响应曲线
($K_P = 40$, $K_I = 20$, $K_D = 10$)

图 10-31   小车位置输出曲线

10.2.4.2   LQR 控制

取 $Q_{11} = 1$、$Q_{33} = 1$，则 $K = [-1 \quad -1.7855 \quad 25.422 \quad 4.6849]$，LQR 控制的阶跃响应如图 10-32 所示。从图中可以看出，闭环控制系统响应的超调量很小，但调节时间和上升时间偏大，我们可以通过增大控制量来缩短调节时间和上升时间。

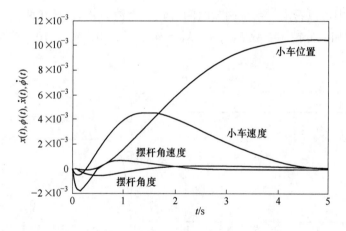

图 10-32   直线一级倒立摆 LQR 控制仿真结果（一）

可以发现，Q 矩阵中，增加 Q_{11} 使调节时间和上升时间变短，并且使摆杆的角度变化减小。若取 $Q_{11} = 1000$、$Q_{33} = 200$，则

$$K = [-31 \quad 623 \quad -20 \quad 151]$$

输入参数，运行得到响应曲线如图 10-33 所示。

从图 10-33 中可以看出，系统响应时间有明显的改善，增大 Q_{11} 和 Q_{33}，系统的响应还会更快，但是对于实际控制系统，过大的控制量会引起系统振荡。

10.2.5   实物仿真系统

实物仿真采用 A6140 系列倒立摆、高级 PLC 试验箱与 80PS080X3.10-01 伺服电源，实验软件采用 MATLAB/Simulink 的实时工具箱 RTW（Real-Time Workshop）实现控制任

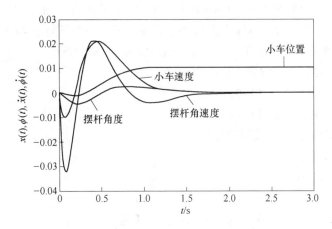

图 10-33　一级倒立摆 LQR 控制仿真结果（二）

务，选择 Visual C/C++语言编译环境，程序编译下载到 PLC 中运行。A6140 系列倒立摆如图 10-34 所示。

图 10-34　A6140 系列倒立摆

A6140 系列倒立摆主要部件有：交流服电机、同步带或辊轴、增量式光电编码器小车、摆杆、滑杆、限位开关等。

高级 PLC 试验箱，以箱式安装贝加莱 PLC，并安装基本数字量、模拟量及一些功能模块。该试验箱集成了贝加莱 X20 系列的 CP1484CPU，还集成了 6×6 的 DI/DO1AI/1AO、PWM 调速、PWM 温度控制和步进电机控制。

使用 A6100 型倒立摆控制系统时需和高级 PLC 试验箱对接使用，通过试验箱侧面的标准航插连接，并检查端子排接线航插排线说明，见表 10-1。

表 10-1　航插排线说明

针号	1	2	3	4	5	6	7	8	9	10	11	12
接线		DC 5V	GND			A1	B1	R1	A2	B2	R1	
信息		编码器供电				X 方向编码器			Y 方向编码器			

80PS080X3. 10-01 伺服电源：PS080X3. 10-01 电源模块可以通过现场总线配置（X2X 链接）。综合诊断选项、斩波器输出连接外部制动电阻，一个额外的 24 V 输出，能够连接多个模块并联，使这个电源单元成为一个 ACOPOSmicro 驱动系统。

（1）输入：3×380 V 到 480 V AC 的+10%；

（2）输出电压通过 X2X 链接；

（3）状态信息通过 X2X 链接；

（4）斩波器输出连接外接制动电阻；

（5）三相宽范围输入；

（6）封闭金属外壳。

接线为：

X1：电源输入，用于 380 V 电源输入及模块接地；

X2：DC 24~80 V 电源输出，用于给伺服系统供电；

X3：斩波器输出；

X4：电压输出 24 V 直流电/2 A，可用来给行程开关供电；

X5：X2X 链接接口。

习题参考答案

第1章

1-4 方法1：被控变量是血糖浓度，给定信号根据糖尿病人当前一段时间的情况，利用可编程信号发生器产生，执行结构微型电机泵调节胰岛素注射速率，构成开环控制系统，如图（a）所示。

方法2：在开环控制的基础上增加一个血糖测量传感器。将测量值与预期血糖浓度比较，由偏差来调整电机泵的阀门，构成闭环控制系统，如图（b）所示。

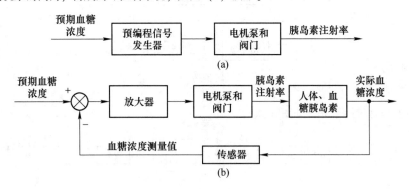

血糖浓度控制系统

1-5 接线端1接地，2与4相连，5接地，3不需要连接。

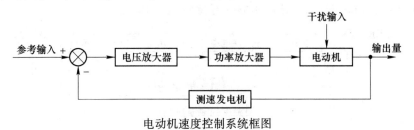

电动机速度控制系统框图

1-6 系统的方框图如图所示。

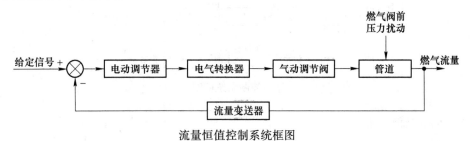

流量恒值控制系统框图

1-7 液位自动控制系统框图如图所示。

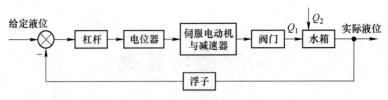

液位自动控制系统框图

1-8 在本系统中，蒸汽机是被控对象，蒸汽机的转速 ω 是被控量，给定量是设定的蒸汽机希望转速。离心调速器感受转速大小并转换成套筒的位移量，经杠杆传递调节供汽阀门，控制蒸汽机的转速，从而构成闭环控制系统。

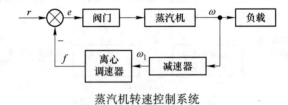

蒸汽机转速控制系统

1-9 仓库大门自动控制系统框图如图所示。

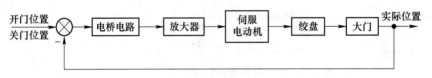

仓库大门自动控制系统框图

1-10 被控对象：电冰箱；被控量：冰箱内温度；给定量：设定温度。

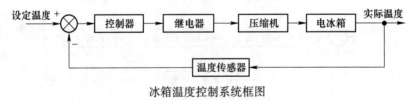

冰箱温度控制系统框图

1-11 系统的原理方框图如图所示。

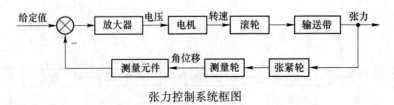

张力控制系统框图

1-12 系统方框图如图所示。

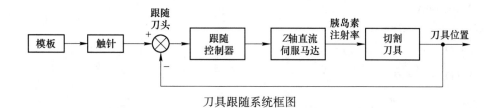

刀具跟随系统框图

1-13 系统方框图如图所示。

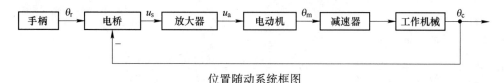

位置随动系统框图

1-14 系统的被控对象是热交换器，被控量是热水温度，控制装置是温度控制器。

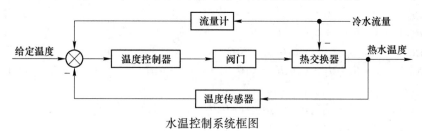

水温控制系统框图

1-15 （1）非线性时变系统；（2）线性定常系统；（3）线性时变系统；（4）非线性时变系统；（5）线性定常系统；（6）非线性定常系统；（7）线性延迟系统。

第 2 章

2-1 $\dfrac{\mathrm{d}c}{\mathrm{d}t} = \dfrac{1}{A}(Q_1 - Q_2)$

2-2 （a）$\dfrac{\mathrm{d}^2 y(t)}{\mathrm{d}t^2} + \dfrac{b}{m}\dfrac{\mathrm{d}y(t)}{\mathrm{d}t} + \dfrac{k}{m}y(t) = \dfrac{1}{m}F(t)$

（b）$\dfrac{\mathrm{d}y}{\mathrm{d}t} + \dfrac{k_1 k_2}{b(k_1 + k_2)}y = \dfrac{k_1}{k_1 + k_2}\dfrac{\mathrm{d}x}{\mathrm{d}t}$

（c）$\dfrac{\mathrm{d}^4 y}{\mathrm{d}t^4} + \dfrac{2K}{m}\dfrac{\mathrm{d}^2 y}{\mathrm{d}t^2} = \dfrac{K}{m^2}F(t)$

2-3 （a）$\dfrac{\mathrm{d}u_c}{\mathrm{d}t} + \dfrac{R_1 + R_2}{CR_1 R_2}u_c = \dfrac{\mathrm{d}u_r}{\mathrm{d}t} + \dfrac{1}{CR_1}u_r$

（b）$\dfrac{\mathrm{d}u_c^2}{\mathrm{d}t^2} + \dfrac{3}{CR}\dfrac{\mathrm{d}u_c}{\mathrm{d}t} + \dfrac{1}{C^2 R^2}u_c = \dfrac{\mathrm{d}u_r^2}{\mathrm{d}t^2} + \dfrac{2}{CR}\dfrac{\mathrm{d}u_r}{\mathrm{d}t} + \dfrac{1}{C^2 R^2}u_r$

（c）$\dfrac{\mathrm{d}u_c^2}{\mathrm{d}t^2} + \dfrac{L + R_1 R_2 C}{R_1 LC}\dfrac{\mathrm{d}u_c}{\mathrm{d}t} + \dfrac{R_1 + R_2}{R_1 LC}u_c = \dfrac{R_2}{R_1 LC}u_r$

2-4 $\Delta Q = \dfrac{K}{2\sqrt{P_0}}\Delta P$

2-5　$\Delta F \approx 12.11\Delta x$

2-6　$k(t) = \delta(t) - e^{-t} + 2e^{-2t}(t \geqslant 0)$

2-7　（1）$x(t) = e^{t-1}$

　　　（2）$x(t) = \dfrac{2}{3}\sin 3t$

　　　（3）$x(t) = \dfrac{1}{2} + \dfrac{1}{2}e^{-t}(\sin t - \cos t)$

　　　（4）$x(t) = -\dfrac{t^2}{4}e^{-2t} + \dfrac{t}{4}e^{-2t} - \dfrac{3}{8}e^{-2t} + \dfrac{1}{3}e^{-3t} + \dfrac{1}{24}$

2-8　$c(t) = 1 - 4e^{-t} + 2e^{-2t}$

2-9　$\Delta e_d = -[E_{d_0}\sin\alpha_0]\Delta\alpha$

2-10　$\Phi(s) = \dfrac{C(s)}{R(s)} = \dfrac{100(4s+1)}{12s^2 + 23s + 25}$，$\Phi_e(s) = \dfrac{E(s)}{R(s)} = \dfrac{10(12s^2 + 23s + 5)}{12s^2 + 23s + 25}$

2-12　（a）$\dfrac{C(s)}{R(s)} = \dfrac{G_1 - G_2}{1 - G_2 H}$

　　　（b）$\dfrac{C(s)}{R(s)} = \dfrac{G_1 G_2 G_3}{1 + G_1 G_2 + G_2 G_3 + G_1 G_2 G_3}$

　　　（c）$\dfrac{C(s)}{R(s)} = \dfrac{G_1 G_2 G_3 + G_1 G_4}{1 + G_1 G_2 H_1 + G_2 G_3 H_2 + G_1 G_2 G_3 + G_1 G_4 + G_4 H_2}$

　　　（d）$\dfrac{C(s)}{R(s)} = G_4 + \dfrac{G_1 G_2 G_3}{1 + G_1 G_2 H_1 + G_2 H_1 + G_2 G_3 H_2}$

2-13　（a）$\dfrac{C(s)}{R(s)} = \dfrac{P_1\Delta_1 + P_2\Delta_2}{\Delta} = \dfrac{G_1 - G_2}{1 - G_2 H}$

　　　（b）$\dfrac{C(s)}{R(s)} = \dfrac{P_1\Delta_1}{\Delta} = \dfrac{G_1 G_2 G_3}{1 + G_1 G_2 + G_2 G_3 + G_1 G_2 G_3}$

　　　（c）$\dfrac{C(s)}{R(s)} = \dfrac{P_1\Delta_1 + P_2\Delta_2}{\Delta} = \dfrac{G_1 G_2 G_3 + G_1 G_4}{1 + G_1 G_2 H_1 + G_2 G_3 H_2 + G_1 G_2 G_3 + G_1 G_4 + G_4 H_2}$

　　　（d）$\dfrac{C(s)}{R(s)} = \dfrac{P_1\Delta_1 + P_2\Delta}{\Delta} = P_2 + \dfrac{P_1\Delta_1}{\Delta} = G_4 + \dfrac{G_1 G_2 G_3}{1 + G_1 G_2 H_1 + G_2 H_1 + G_2 G_3 H_2}$

2-14　$\dfrac{C(s)}{R(s)} = \dfrac{G_1 G_2 G_3 G_4}{1 + G_3 G_4 H_1 + G_2 G_3 H_2 + G_1 G_2 G_3 G_4 H_3}$

2-15　$\dfrac{X_5(s)}{X_1(s)} = \dfrac{a_{12}a_{23}a_{34}a_{45} + a_{12}a_{24}a_{45} + a_{12}a_{25}(1 - a_{34}a_{43} + a_{44})}{1 + a_{23}a_{32} + a_{44} - a_{34}a_{43} + a_{24}a_{43}a_{32} + a_{23}a_{32}a_{44}}$

2-16　（a）$\dfrac{C(s)}{R(s)} = \dfrac{G_1}{1 + G_1 G_2 - G_1 G_3}$

　　　（b）$\dfrac{C(s)}{R(s)} = \dfrac{G_1 G_2(1 + H_1 H_2)}{1 + H_1 H_2 - G_1 H_1}$

　　　（c）$\dfrac{C(s)}{R(s)} = \dfrac{G_2(G_1 + G_3)}{1 + G_2(H_1 + G_1 H_2)}$

　　　（d）$\dfrac{C(s)}{R(s)} = \dfrac{G_1 G_2 G_3}{1 + G_1 H_1 + G_2 H_2 + G_3 H_3 + G_1 H_1 G_3 H_3}$

　　　（e）$\dfrac{C(s)}{R(s)} = \dfrac{G_1 G_2 G_3}{1 + G_2(G_3 H_2 + H_1 - G_1 H_1)} + G_4$

(f) $\dfrac{C(s)}{R(s)} = \dfrac{G_2(G_1 + G_3)}{1 + G_1 G_2 H_1}$

2-17 (a) $\dfrac{C(s)}{R(s)} = \dfrac{G_1 G_2 G_3 G_4}{1 - G_2 G_3 H_1 + G_1 G_2 G_3 H_3 - G_1 G_2 G_3 G_4 H_4 + G_3 G_4 H_2}$

(b) $\dfrac{C(s)}{R(s)} = \dfrac{G_1 G_2 G_3 + G_3 G_4(1 + G_1 H_1)}{1 + G_1 H_1 - G_3 H_3 + G_1 G_2 G_3 H_1 H_2 H_3 - G_1 H_1 G_3 H_3}$

(c) $\dfrac{C(s)}{R(s)} = \dfrac{2 G_1 G_2 - G_1 + G_2}{1 - G_1 + G_2 + 3 G_1 G_2}$

(d) $\dfrac{C(s)}{R(s)} = \dfrac{G_1 G_2 + G_3}{1 + G_2 H_1 + G_1 G_2 H_2 + G_1 G_2 + G_3 - G_3 H_1 G_2 H_2}$

2-18 (a) $\dfrac{C(s)}{R(s)} = \dfrac{\sum p_i \Delta_i}{\Delta} = \dfrac{G_1 G_2 G_3 G_4 G_5}{1 + G_3 H_1 + G_2 G_3 H_2 + G_3 G_4 H_3} + G_6$

(b) $\dfrac{C(s)}{R(s)} = \dfrac{\sum p_i \Delta_i}{\Delta} = \dfrac{G_3 G_4 G_5 G_6(G_1 G_2 + G_7) + G_6 G_8(G_1 - G_7 H_1)(1 + G_4 H_2)}{\Delta}$

(c) $\dfrac{C(s)}{R(s)} = \dfrac{\sum p_i \Delta_i}{\Delta} = \dfrac{50 \times 1.5 + 20 \times 11}{19.5} = 15.128$

(d) $\dfrac{C(s)}{R(s)} = \dfrac{\sum p_i \Delta_i}{\Delta} = \dfrac{abcd + de(1 - bg)}{1 - af - bg - ch - efgh + acfh}$

(e) $\dfrac{C(s)}{R_1(s)} = \dfrac{\sum p_i \Delta_i}{\Delta} = \dfrac{bcde + ade + (a + bc)(1 + eg)}{1 + cf + eg + adeh + bcdeh + cefg}$,

$\dfrac{C(s)}{R_2(s)} = \dfrac{\sum p_i \Delta_i}{\Delta} = \dfrac{el(1 + cf - ah - bch)}{1 + cf + eg + adeh + bcdeh + cefg}$

(f) $\dfrac{C(s)}{R_1(s)} = \dfrac{\sum p_i \Delta_i}{\Delta} = \dfrac{ah + aej + aegi + bdh + bdej + bdegi + ci + cdfh + cdefj}{1 - defg}$,

$\dfrac{C(s)}{R_2(s)} = \dfrac{\sum p_i \Delta_i}{\Delta} = \dfrac{i + dfh + defj}{1 - defg}$, $\dfrac{C(s)}{R_3(s)} = \dfrac{\sum p_i \Delta_i}{\Delta} = \dfrac{h + ej + egi}{1 - defg}$

2-19 (1) $c(t) = \dfrac{1}{2} - \dfrac{1}{3} e^{-t} - \dfrac{1}{6} e^{-4t}$

(2) $e(t) = \dfrac{2}{3} e^{-t} + \dfrac{1}{3} e^{-4t}$

第 3 章

3-1 (1) 系统的闭环传递函数为 $\Phi(s) = \dfrac{C(s)}{R(s)} = \dfrac{2s + 1}{(s + 1)^2}$, 开环传递函数为 $G(s) = \dfrac{\Phi(s)}{1 - \Phi(s)} = \dfrac{2s + 1}{s^2}$

(2) $t_t = 1 \text{ s}$, $t_p = 2 \text{ s}$, $\sigma_p = 13.5\%$

3-2 (1) $\sigma_p = e^{\frac{-\pi \xi}{\sqrt{1 - \xi^2}}} = 63.85\%$, $t_s = \dfrac{3.5}{\xi \omega_n} = 3.5 \text{ s}$

(2) $K_f = 8.97$, $t_s = 1.08 \text{ s}$

(3) 内反馈的作用是增加系统的阻尼比, 降低超调量和调节时间, 但是使得系统的稳态误差增加

3-3 $G(s) = \dfrac{1400}{s(s + 26.9)}$

3-4　$K_1 = 1$, $K_2 = 4.1$, $T = 0.27$

3-5　$v = 1$, $K = 10$, $T = 1$; $v = 2$, $K = 10$, $T = 0$

3-6　$\omega_n = 2$ rad/s；$\xi = 0.6$；$\Phi(s) = \dfrac{40}{s^2 + 2.4s + 4}$

3-7　（1）由图得 $\omega_n = 4.95$ rad/s，$K = 2$，$\xi = 0.61$

　　（2）$H(s) = \dfrac{2(\xi' - \xi)}{K\omega_n}s$

3-8　（1）$K_b = 2.7$, $s_2 = -4.56$, $s_3 = -0.44$

　　（2）$t_s = \begin{cases} 3T = 6.81 \text{ s} & \Delta = 5\% \\ 4T = 9.08 \text{ s} & \Delta = 2\% \end{cases}$

3-9　（1）$K = 128$；（2）$s_1 = -4$, $s_{2,3} = -4 \pm j4$

3-10　（1）$\begin{cases} \beta = 0, \text{ 临界稳定} \\ \beta > 0, \text{ 稳定} \end{cases}$

　　　（2）$\begin{cases} 0 < \xi < 1, \text{ 得 } 0 < \beta < 2\sqrt{\dfrac{K_1}{K_2}}, \text{ 欠阻尼，衰减振荡} \\[4mm] \xi = 1, \text{ 得 } \beta = 2\sqrt{\dfrac{K_1}{K_2}}, \text{ 临界阻尼，无振荡衰减} \\[4mm] \xi > 1, \text{ 得 } \beta > 2\sqrt{\dfrac{K_1}{K_2}}, \text{ 过阻尼，无振荡衰减} \end{cases}$

3-11　$\sigma_p = 4.3\%$

3-13

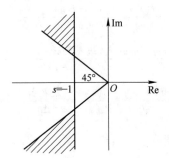

3-14　（1）

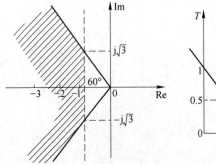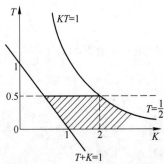

$$(2)\begin{cases} 0 < T < \dfrac{1}{2} \\ T + K > 1 \\ KT \leqslant 1 \end{cases}$$

3-15 （1）

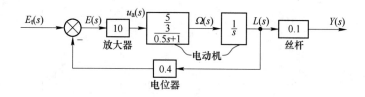

（2）$\dfrac{Y(s)}{E_t(s)} = \dfrac{\dfrac{40}{3} \times \dfrac{1}{4}}{s^2 + 2s + \dfrac{40}{3}}$

（3）$t_p = 0.89\ \text{s}$ ，$\sigma_p = 40.8\% = \text{e}^{-0.85}$ ，$t_s = 3.5\ \text{s}$ ，$y(\infty) = 0.25$

第 4 章

4-1 系统不稳定

4-2 （1）一对纯虚根为 $s_{1,2} = \pm 2\text{j}$

（2）一对纯虚根为 $s_{1,2} = \pm\sqrt{5}\text{j}$

（3）一对纯虚根为 $s_{1,2} = \pm\sqrt{2}\text{j}$

4-3 $0 < K < 1.708$

4-4 $\tau > 0$

4-5 （1）$e_{ss1} = \infty$ ，$e_{ss2} = \infty$

（2）$e_{ss1} = 0.2, e_{ss2} = \infty$

（3）$e_{ss1} = 0, e_{ss2} = 20$

4-6 （1）$K_p = 50, K_v = 0, K_a = 0$

（2）$K_p = \infty$ ，$K_v = \dfrac{K}{200}, K_a = 0$

（3）$K_p = \infty$ ，$K_v = \infty, K_a = 1$

4-7 （1）$e_{ss} = 0$；（2）$e_{ss} = -\dfrac{1}{K}$；（3）$e_{ss} = -\dfrac{1}{K}$

4-8 （1）$-1 < K < 11.25$

（2）$K = 1.05, s_{1,2} = -1.1 \pm \text{j}1.49, s_3 = -4.8$

4-9 （1）不稳定；（2）$0.5362 < K_1 < 0.9327$

第 5 章

5-1

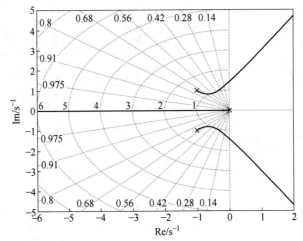

5-2　$K < 0.686$ 或 $K > 23.32$

5-3

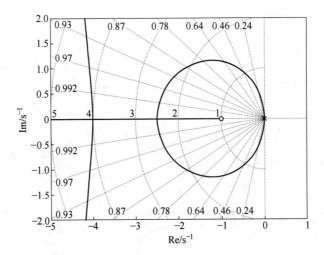

5-4

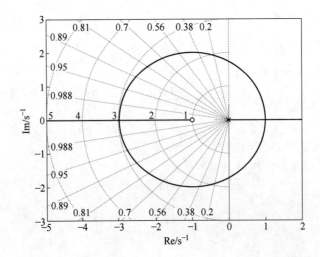

5-5

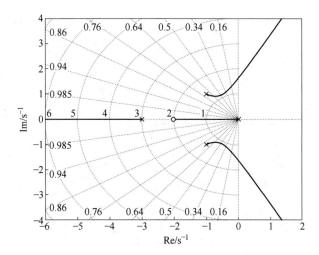

5-6 $K \leqslant 11$

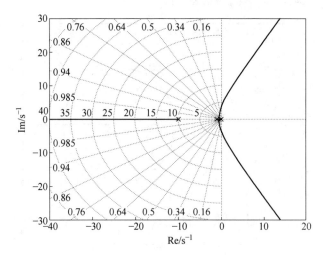

5-8 $12.6 < K < 210$

5-9

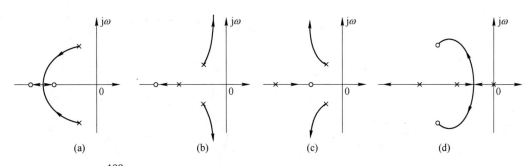

5-10 $K = 30$, $z = \dfrac{199}{30}$

5-11

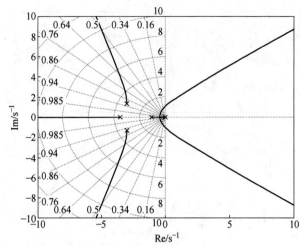

5-12 重实根的 K^* 为 0.54，7.46，纯虚根的 K^* 为 2

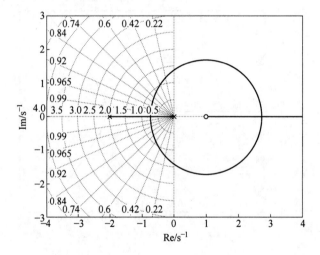

5-13 （1）

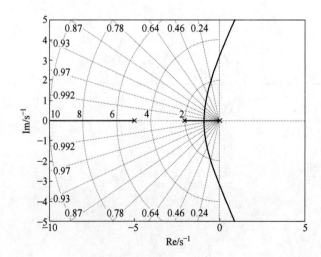

（2）

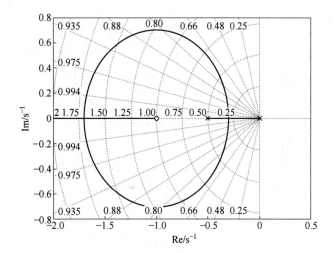

（3）

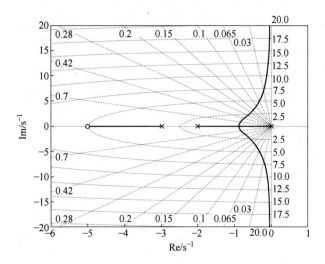

5-14 （1）

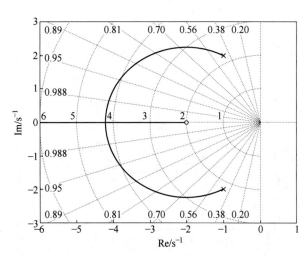

（2）

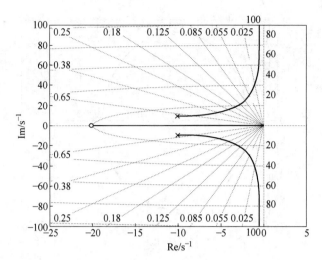

5-15

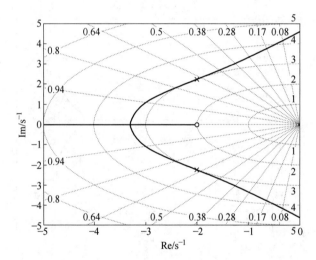

5-16　$1<K<\dfrac{9}{7}$

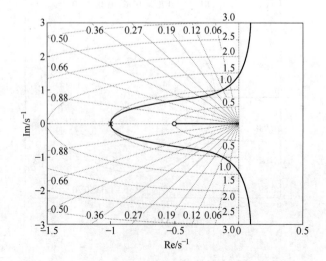

5-17　　$1 < K < 3.75$

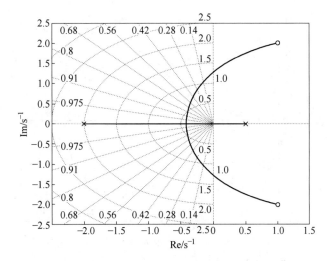

5-18　（1）

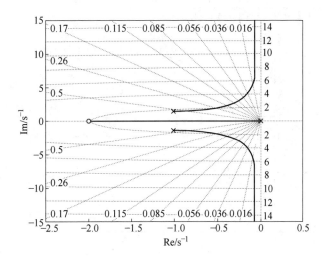

（2）

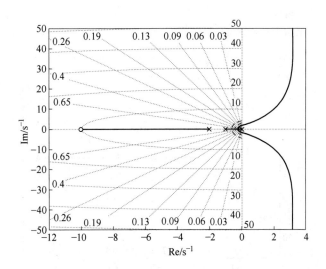

5-19

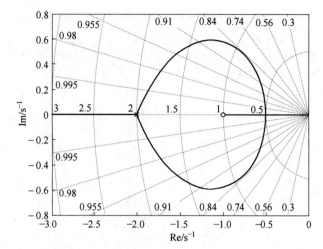

5-20 （1）$\Phi(s) = \dfrac{20}{(s + 3 + j4.24)(s + 3 - j4.24)}$

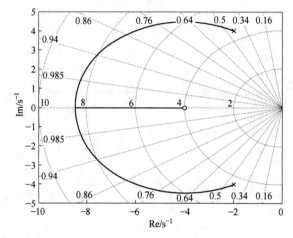

（2）$\Phi(s) = \dfrac{30(s + 2)}{(s + 1.56)(s + 38.44)}$

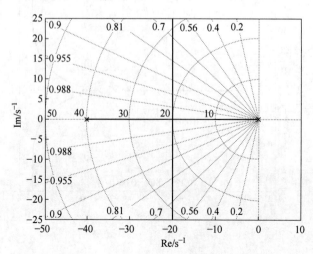

5-21 $0 < K < 4.8$

5-22 （1）

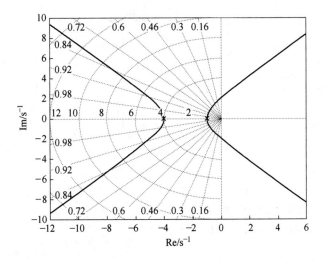

（2）$K \leqslant 7.8934$ 时，$\sigma_{\mathrm{p}} \leqslant 4.32\%$

（3）不能

（4）不能

第6章

6-1 $G(\mathrm{j}\omega) = \dfrac{36}{(\mathrm{j}\omega + 4)(\mathrm{j}\omega + 9)} = A(\omega)\mathrm{e}^{\mathrm{j}\varphi(\omega)}$，其中 $A(\omega) = \dfrac{36}{\sqrt{(\omega)^2 + 16}\,\sqrt{(\omega)^2 + 81}}$，$\varphi(\omega) =$

$-\arctan\dfrac{\omega}{4} - \arctan\dfrac{\omega}{9}$

6-2 $\omega_{\mathrm{c}} = 0.75 \ \mathrm{rad/s}$

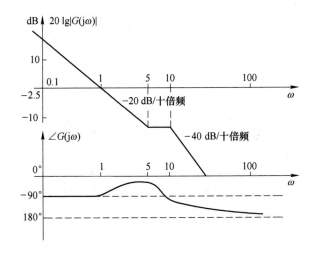

6-3

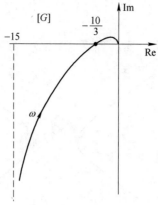

6-4 $\omega_n = 1.848 \text{ rad/s}, \ \xi = 0.6532$

6-5 (1) $\omega = 0.5 \text{ rad/s}, A(\omega) = 17.86, \varphi(\omega) = 153.4°$

(2) $\omega = 2 \text{ rad/s}, A(\omega) = 0.383, \varphi(\omega) = 327.6°$

6-6 $K = 28.5 \text{ s}^{-1}$

6-7 $G(s) = \dfrac{9000}{s^2 + 12.18s + 900}$

6-8 (1)

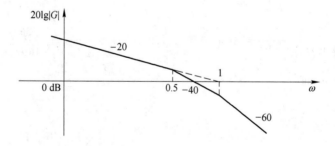

(2)

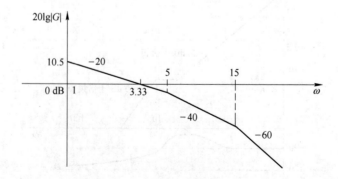

（3）

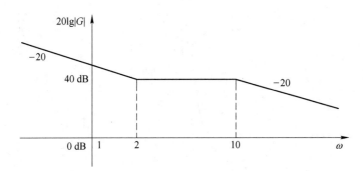

（4）

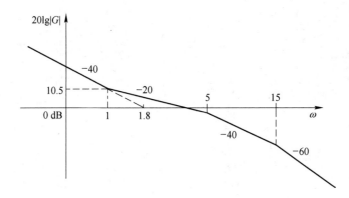

6-9　（a）（b）（c）（h）稳定，其余不稳定

6-10　（a）不稳定，其余稳定

6-11　不稳定

6-12　（1）$\gamma = 55°$；（2）$\gamma = -15.8°$；（3）$\gamma = -52.7°$

6-13　（1）$\omega_c = 3.758\ \text{rad/s}$，$\gamma = 28°$；（2）$\omega_r = 3.742\ \text{rad/s}$，$M_r = 2.066$

6-14　$G(s) = \dfrac{1000(s+1)}{(1000s+1)(0.01s+1)}$

6-15　$c_s(t) = 1.185\cos(3t + 73.15°)$

6-16　（a）$G(s) = \dfrac{100}{\left(\dfrac{1}{\omega_1}s + 1\right)\left(\dfrac{1}{\omega_2}s + 1\right)}$

　　　（b）$G(s) = \dfrac{\omega_3^2\left(\dfrac{1}{\omega_1}s + 1\right)}{s^2\left(\dfrac{1}{\omega_2}s + 1\right)}$

（c）$G(s) = \dfrac{s}{\omega_1\left(\dfrac{1}{\omega_2}s + 1\right)\left(\dfrac{1}{\omega_3}s + 1\right)}$

6-17　闭环稳定

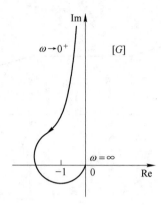

第 7 章

7-1　$G_c(s) = \dfrac{5(s + 1)}{s + 5}$

7-2　（a）$G_0(s) = \dfrac{20}{s(0.1s + 1)}$，$G(s) = \dfrac{20(2s + 1)}{s(0.1s + 1)(10s + 1)}$

　　　（b）$G_0(s) = \dfrac{20}{s(0.1s + 1)}$，$G(s) = \dfrac{20}{s(0.01s + 1)}$

7-3　$G_c(s) = \dfrac{\dfrac{s}{2.86} + 1}{\dfrac{s}{19} + 1}$

7-4　（1）$\gamma = 50.63°$

　　　（2）

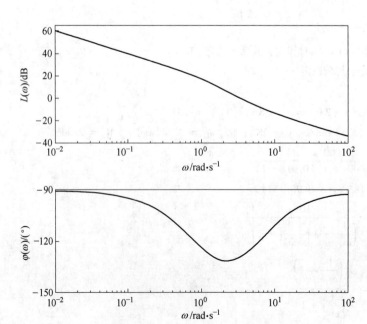

(3) $K_p = 2\sqrt{3}$，$K_D = 0$

7-5　（1）（c）相位裕度更大，稳定性更好；（2）使用（c）校正方案

7-6　滞后-超前校正

7-7　（2）

7-8　（1）$K = 0.635$，$e_{ss} = 1.575$

（2）$K = 5$，$G_c(s) = \dfrac{17.86s + 1}{159.46s + 1}$

7-9　$G_c(s) = \dfrac{\tau s + 1}{s}$　$(\tau > T)$；$G_r(s) = \dfrac{K}{s}$

第 8 章

8-1　（1）$E(z) = \dfrac{1}{b - a}\left(\dfrac{z}{z - e^{-aT}} - \dfrac{z}{z - e^{-bT}}\right)$

（2）$E(z) = \dfrac{k}{a}\dfrac{z(1 - e^{-aT})}{z^2 - (1 + e^{-aT})z + e^{-aT}}$

（3）$E(z) = \dfrac{z}{z - 1} + \dfrac{Tz}{(z - 1)^2} = \dfrac{z^2 + (T - 1)z}{(z - 1)^2}$

（4）$E(z) = \dfrac{e^{-1}z + 1 - 2e^{-1}}{(z - 1)(z - e^{-1})}$

（5）$E(z) = \dfrac{T^2 z e^{3T}(z e^{3T} + 1)}{(z e^{3T} - 1)^3}$

（6）$E(z) = \dfrac{T^3 z(z^2 + 4z + 1)}{6(z - 1)^4}$

8-2　（1）$e^*(t) = \displaystyle\sum_{n=0}^{\infty} 10(2^n - 1)\delta(t - nT)$

（2）$e^*(t) = \displaystyle\sum_{n=0}^{\infty}(-2n - 3)\delta(t - nT)$

8-3　（1）$e(0) = 1$，$e(\infty) = 0$

（2）$e(0) = 1$，$e(\infty) = 0$

（3）$e(0) = 0$，$e(\infty) = 1$

（4）$e(0) = 0$，$e(\infty) = \infty$

8-5　$c(0) = 0$，$c(1) = 1$，$c(2) = 4$，$c(3) = 15$，$c(4) = 56$

8-6　（1）$c^*(t) = \displaystyle\sum_{n=0}^{\infty}\left[\dfrac{11}{2}(-1)^n - 7(-2)^n + \dfrac{5}{2}(-3)^n\right]\delta(t - nT)$

（2）$c^*(t) = \displaystyle\sum_{n=0}^{\infty}\left[-\dfrac{2}{5}(-2)^n + \dfrac{3}{10}(-3)^n + \dfrac{1}{10}\left(\cos\dfrac{n\pi}{2} - \sin\dfrac{n\pi}{2}\right)\right]\delta(t - nT)$

8-7　（a）$C(z) = \dfrac{G_2(z)G_1(z)R(z) + G_3(z)G_1(z)R(z)}{1 + HG_2(z)G_1(z) + HG_3(z)G_1(z)}$

（b）$C(z) = \dfrac{G_2(z)G_1R(z) + G_3(z)G_1R(z)}{1 + HG_2(z)G_1(z) + HG_3(z)G_1(z)}$

8-8　（1）$C(z) = \dfrac{0.1603z^3 + 0.0384z^2}{z^4 - 2.8464z^3 + 2.8982z^2 - 1.0585z + 0.0067}$

（2）$c^*(t) = 0.16\delta(t - T) + 0.49\delta(t - 2T) + 0.94\delta(t - 3T) + 1.42\delta(t - 4T) + \cdots$

（3）闭环系统不稳定，无法求得输出响应的终值

8-9 （1）稳定，其余不稳定

8-10 （1）$c(0) = 0$, $c(1) = 0.43$, $c(2) = 0.31$, $c(3) = 0.34$, $\cdots$

（2）$-1 < K < 2.16$

8-11 （1）系统不稳定；（2）$0 < K < 5.73$

8-12 $e(\infty) = 0.1$

8-13 $K > 10$

8-14 $e_{ss} = 0.1$

8-15 $K_p = \infty$, $K_v = 0.1$, $K_a = 0$, $e_{ss} = 1$

8-16 $c(nT) = 0.005\delta(t - T) + 0.019\delta(t - 2T) + 0.041\delta(t - 3T) + 0.069\delta(t - 4T) + \cdots$

第9章

9-6 （1）K 值为 $0 \to \dfrac{2}{3} \to 2 \to \infty$ 时，稳定→自振→不稳定

（2）$A = \dfrac{6K - 4}{2 - K}$, $\omega = 1 \text{ rad/s}$, $\left(\dfrac{2}{3} < K < 2\right)$

9-7 （1）$T = 0.5$ 时，$A = 1.18$；（2）自振振幅随 T 增大而减小

9-8 $\omega = 3.91 \text{ rad/s}$, $A = 0.806$，$c(t)$ 的振幅为 0.161

9-9 稳定的平衡状态：$x = 0$；不稳定平衡状态：$x = -1$, $+1$；图略

9-10 （1）$x = 0$：不稳定的焦点，$x = -1$：鞍点，图略

（2）$x = 0$：中心点，图略

（3）$x = 2k\pi$：中心点；$x = (2k + 1)\pi$：鞍点，$k = 0$, $+1$, ± 2，图略

参 考 文 献

［1］ 胡寿松. 自动控制原理［M］. 6 版. 北京：科学出版社，2013.

［2］ 刘国海. 自动控制原理［M］. 2 版. 北京：机械工业出版社，2018.

［3］ 王建辉，顾树生. 自动控制原理［M］. 2 版. 北京：清华大学出版社，2007.

［4］ 刘文定，谢克明. 自动控制原理［M］. 3 版. 北京：电子工业出版社，2013.

［5］ 胥布工. 自动控制原理［M］. 2 版. 北京：电子工业出版社，2016.

［6］ 卢京潮. 自动控制原理［M］. 北京：清华大学出版社，2003.

［7］ 邹见效. 自动控制原理［M］. 北京：机械工业出版社，2017.

［8］ 李友善. 自动控制原理［M］. 3 版. 北京：国防工业出版社，2005.

［9］ 张德丰. MATLAB 控制系统设计与仿真［M］. 北京：电子工业出版社，2009.

［10］ 李昕. MATLAB 数学建模［M］. 北京：清华大学出版社，2017.

［11］ 李素玲. 自动控制理论［M］. 2 版. 北京：机械工业出版社，2016.

［12］ 宋永端. 自动控制原理（下）［M］. 北京：机械工业出版社，2020.

［13］ 潘丰，徐颖秦. 自动控制原理［M］. 2 版. 北京：机械工业出版社，2015.

［14］ 李昕. MATLAB 数学建模［M］. 北京：清华大学出版社，2017.

［15］ 周毅钧，王传礼，伍广，等. 双容水箱实验教学系统设计仿真［J］. 淮南职业技术学院学报，2013，13（4）：13-16.

［16］ Lin Y, Ye X L. Cascade fuzzy self-tuning PID control for the liquid-level control of double water-tank［J］. Advanced Materials Research, 2011, 383-390：207-212.

［17］ Franklin G F, Powell J D, Emami-Naeini A, et al. Feedback control of dynamic systems［M］. Upper Saddle River：Prentice hall, 2002.

［18］ Dorf R C, Bishop R H. Modern control systems［M］. Upper Saddle River：Prentice hall, 2023.

［19］ Nise N S. Control systems engineering［M］. John Wiley & Sons, 2020.